풀어 쓴

재료 열역학

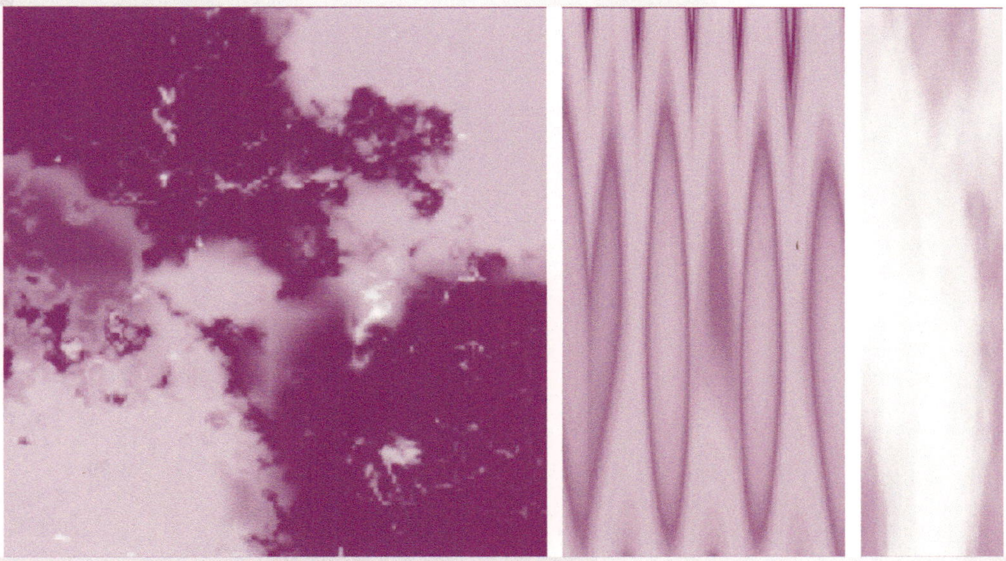

박종욱 저

진샘미디어
JINSAEM

Preface

재료공학에서 다루는 대부분의 문제들이 열역학의 범주 내에 있는 것들이 보통이기 때문에 열역학은 재료공학에서 가장 기본이 되는 학문 중의 하나이지만 학생들이나 연구하는 사람들 모두 어렵다고 느낀다. 나도 대학시절 열역학을 처음 접했을 때, 그 개념들이 너무 모호하고 복잡하여 곤혹을 치렀던 기억이 있었다. 운 좋게 미국유학시절 St. Pierre 교수를 만나 열역학을 배우면서 암흑같이 깜깜하던 열역학의 개념들이 갑자기 환한 태양이 내 앞을 비쳐주는 것같이 머릿속에 명쾌하게 정리될 때의 쾌감을 아직도 잊을 수가 없다. 우연하고 무질서하게 일어나는 것 같은 자연현상들을 새로운 개념과 수학적인 논리들로 정연하게 정리해가는 천재들의 놀라운 지혜에 감탄하였고 또 그 생각을 따라가면서, 지금 만날 수는 없지만 마치 천재들의 생각과 가까이서 대화하는 것 같은 친근함을 느꼈던 좋은 기억이 있다. 아마 이런 좋은 추억이 나로 하여금 지금 감히 열역학 책을 쓰게 하는 원동력이 되지 않았나 생각된다.

요즘 재료공학이 과거의 철강 중심의 기계재료에서 나노, 반도체, 전자 세라믹스, 배터리나 연료전지 같은 전자 및 에너지관련 재료분야로 확장되면서 재료공학생들이 배워야 할 열역학 지식의 변신이 필요한 시점에 이르렀다고 여겨진다. 그래서 내가 KAIST에서 대학생들에게 열역학을 가르치면서, 나의 대학원 시절의 기억을 살려서, 그리고 연구 중 만났던 열역학 문제들을 상기하며 열역학에 대한 나의 부분적인 성취를 정리하는 뜻에서 내가 이해한 열역학을 풀어서 쉽게 이해할 수 있게 써보았다. 나는 이 책을 열역학 제 1 법칙, $dU = TdS - PdV + HdM + \gamma dA + \Phi dq + \sum_i \mu_i dn_i$의 각 항목을 따라 TdS는 열, PdV는 기체, HdM은 자성재료, γdA는 재료의 표면, Φdq는 전기화학, $\mu_i dn_i$는 혼합용액의 열역학으로 나누어 서술하였다. 주로 중요한 대표 핵심이론을 중심으로 서술하였고 좀 더 상세한 이론이나 응용은 예제를 통해 접하도록 구성하였다. 이 책을 통해 미약하지만 내가 아는 열역학 지식을 학생들에게 쉽게 전달하여 학생들이 앞으로 나를 넘어 더 높은 단계의 열역학 지식을 탐구하는데 조금이라도 힘을 보태고 져 이 책을 썼다.

누군가 "이 세상에 열역학을 완벽히 이해하고 있는 사람은 없다"고 하는 이야기를 들은 적이 있다. 아마도 맞는 말인 듯싶다. 열역학이란 학문은 너무 넓어서 마치 장님이 코끼리 만지듯이 말하는 사람마다 서로 다르다. 나도 이 책에서 내가 느끼고, 안다고 생각하는 열역학을 썼다. 그러나 만약 읽다가 이해가 안 가면, (나는 내가 이해하는 내용만 기술 했지만), 내가 모르고 쓴 것일지도 모른다고 여겨주시기 바란다.

이 책을 펴내기 까지 나의 부족한 열역학 지식을 채워주신 지도교수 Robert A. Rapp 교수와 열역학 선생님 George St. Pierre 교수에게 감사드립니다. 그리고 기꺼이 같이 토의해준 물리과 이 순칠 교수와 책 편찬 비용을 도와주신 박 승빈 학장님 그리고 그림을 열심히 그려준 이 희진선생님께 고맙다는 마음을 전하고 싶습니다. 끝으로 옆에서 같이 살면서 항상 나를 더 높이 도전케 만드는 나의 사랑하는 부인 황 정숙교수에게 이 책을 바치고 싶습니다.

초판이라 미숙한 점이 많이 있지만 생각을 정리하는 첫걸음으로 생각하고 겸허한 마음으로 재료 열역학 책을 펴냅니다.

그 동안 가졌던 마음의 짐을 내려놓으며 후학들을 위해 남깁니다.

저자 박 종욱

Contents

CHAPTER 1 열역학의 법칙들 9

1.1 열역학 第一 法則(The 1st law of Thermodynamics) 11

1.2 이상기체 24

1.3 열역학 第 二 法則(The 2nd law of Thermodynamics) 29

1.3.1 엔트로피 31

1.3.2 Clausius Inequality 41

1.3.3 퇴화일(degraded work) 51

1.4 열역학 第 三 法則(The 3rd law of Thermodynamics) 60

1.5 조합 방정식(combination equations) 및 보조함수(auxiliary functions) 64

1.6 열역학에서의 수학공식들 72

1.6.1 Transformation Formula 72

1.6.2 열역학에서의 수학규칙 73

1.6.3 Maxwell 관계식(Maxwell Relation) 74

1.6.4 Maxwell 관계식의 응용 76

1.7 열역학적 평형(Thermodynamic Equilibrium) 84

1.7.1 자발반응의 에너지 변화 84

1.7.2 상율(Phase Rule)에 의한 안정성 기준 92

CHAPTER 2 고상 및 액상 열역학 109

2.1 일원 계 물질의 열역학-1차 변태(First Order Transition) 102

2.1.1 Clausius-Clapeyron Equation 105
2.1.2 외부 총압력에 따른 평형 증기압의 변화 112

2.2 이원 계 재료의 열역학 120
2.2.1 용액 열역학 함수 120
2.2.2 Tangent Intercept Principle(TIP) 126
2.2.3 활동도 측정방법 137
2.2.4 희박농도 원소의 활동도 체계 141
2.2.5 공통접선의 원리(Common Tangent Intercept Principle) 156
2.2.6 라울과 헨리의 법칙(Raoult's and Henry's Law) 160
2.2.7 Van't Hoff의 법칙 167

2.3 혼합용액의 열역학적 모델(MIXTURE FORMALISM) 178
2.3.1 이상용액(Ideal Solution) 178
2.3.2 정상용액(Regular Solution) 182
2.3.3 Regular Solution Model의 응용 188
2.3.4 α-함수 197
2.3.5 실제용액(Real Solution) 201

CHAPTER 3 기체 열역학 203

3.1 혼합가스 상에서 Gibbs 자유에너지의 차이 204
3.2 엘링검 그래프(Ellingham Diagram) 220
3.3 상변화(相變化)가 있는 경우 온도에 따른 ΔGo 229
3.4 Ellingham 그래프로 본 제련공학 232
3.5 기체 분위기에 따른 고체상의 상태도 (Phase Stability Diagram) 235
3.5.1 등 화학 포텐샬(활동도) 선(iso-chemical potential line) 그리는 방법 236
3.5.2 등 압력선(Constant Total Pressure-Isobars) 그리는 방법 239
3.5.3 $M-C-O$ 상태도 그리기 240

3.5.4 $M-O-S$ 상태도 253

3.6 삼상 상태도 257

3.7 산소압력에 따른 휘발성 원소의 증기압-Kellog Diagram 262

CHAPTER 4 전기화학 열역학 267

4.1 전압의 종류 269

4.2 기전력의 발생 275

4.3 Galvanic Cell 287

4.4 화학적인 일의 양 291

4.5 기준전극 293

4.5.1 제 1종 표준기준전극 (standard reference electrode of 1st kind) 294

4.5.2 제 2종 표준 기준전극 (standard reference electrode of 2nd kind) 295

4.6 전기화학반응 298

4.7 전압/PH(Poubaix) 그래프 302

4.7.1 물의 안정영역 302

4.7.2 Fe Pourbaix 그래프 305

CHAPTER 5 계면 열역학 311

5.1 계면의 정의 313

5.2 계면 에너지 317

5.3 표면 흡착 321

5.4 전하를 띤 계면 327

5.5 굴곡 진 표면 336
5.6 Wetting 347
5.7 Adhesion 350
5.8 산화물(Ceramic)의 표면 351

CHAPTER 6 통계 열역학 359

6.1 기초적인 기체 운동이론 360
6.2 양자역학(Quantum Mechanics) 367
6.3 Macrostate와 Microstate 369
6.4 여러 가지 확률함수들 373
6.4.1 Bose-Einstein statistics 373
6.4.2 Fermi-Dirac statistics 379
6.4.3 Classical 분포 380
6.4.4 Maxwell-Boltzmann 분포함수 382
6.4.5 Partition Function 383
6.4.6 Partition Function(Z 함수)와 열역학 함수 값 389
6.5 열역학 함수의 응용 393
6.5.1 Einstein Cystal 393
6.5.2 Monoatomic gas 395

INDEX 399

CHAPTER 1

열역학의 법칙들

열역학 第一 法則(The 1st law of Thermodynamics) • 1.1

이상기체 • 1.2

열역학 第 二 法則(The 2nd law of Thermodynamics) • 1.3

열역학 第 三 法則(The 3rd law of Thermodynamics) • 1.4

조합 방정식(combination equations) 및 보조함수(auxiliary functions) • 1.5

열역학에서의 수학공식들 • 1.6

열역학적 평형(Thermodynamic Equilibrium) • 1.7

Thermodynamics is nothing but a mathematical understanding
of the natural phenomena
• Park •

열역학은 축적된 물리상수(예 열팽창계수, 압축계수, 비열, Young's modulus, 변위상수 등) 값들을 이용하여 만물의 현상을 예측하는 기술이다. 그런데 실제로 보면 이 물리상수 값들은 미분 값들임을 알 수 있다. 예를 들면 열팽창계수는 길이를 온도로 미분한 값이고 압축계수는 부피를 압력으로 미분한 값이다. 이렇게 인류는 절대 값보다는 상대값에 더 익숙하다. 열역학은 이런 미분값의 미학이라고 생각하면 된다. 즉, 인류가 오랜 세월을 통해 경험한 사실들을 미분수학적인 방법을 통하여 체계화한 일종의 실험의 수학법칙들의 모음이다. 따라서 통계 열역학에서는 원자나 전자 수준의 미시적 계를 다루기도 하지만 보통 비교적 거시적 계의 성질을 다루는 학문이라 하겠다. 특히, 계의 물리적 성질사이의 미분적 관계식(물리 상수)으로부터 각종 열역학적 함수 값이나 에너지의 변화 값을 알게 해주고 이로부터 계의 안정성에 관한 정보를 준다고 하겠다. 여기서 우리가 다루는 "계"란 크게 계(system), 주변계(surrounding) 그리고 우주계(universe)를 들 수 있다. 즉, 계를 싸고 있는 것을 주변계라고 부르며 계와 주변계를 합친 것을 우주계라고 부른다.

앞에서 설명했듯이 열역학은 인류가 지금까지 경험한 사실들을 수학 법칙화 한 것이기 때문에 당연히 현재까지 이 세상에서 일어난 일 중에 열역학에 위배된 일이 한번도 일어나지 않았고 또 앞으로도 없을 것이라고 말 할 수 있겠다. 따라서 여러분이 열역학을 잘 이해하면 순리를 이해하는 혜안이 생긴다고 말 할 수 있겠다.
이 장을 시작하기 전에, 뒤에 서술한 6절의 '열역학의 수학법칙들'에 나오는 수학규칙들을 미리 공부하는 것이 이 장의 이해에 도움이 될 것으로 생각된다.

1.1 열역학 第一 法則(The 1st law of Thermodynamics)

열역학 제 일 법칙은 "*고립계(isolated system)에서 내부에너지, U*는 보존 된다*"고 말할 수 있다. 고립계(isolated system)란 열, 일 및 물질 등 모든 것의 이동이 금지된 견고한 벽으로 싸인 독립된 계를 말한다. 즉, 우주계라고 보면 된다. 이를 수식적으로는

$$dU_{isolated\ system} = 0 \tag{1-1}$$

와 같이 표현되며 U 는 상태함수*(state function)이기 때문에 경로에 무관한 값을 가지므로

$$\oint dU = 0 \tag{1-2}$$

와 같이 쓸 수 있다. 도식적으로 표현하면 U 가 T 와 V 의 함수, $U = f(T, V)$일 때 [그림 1.1]과 같이 순환과정에 대하여 $\oint dU = 0$가 성립된다.

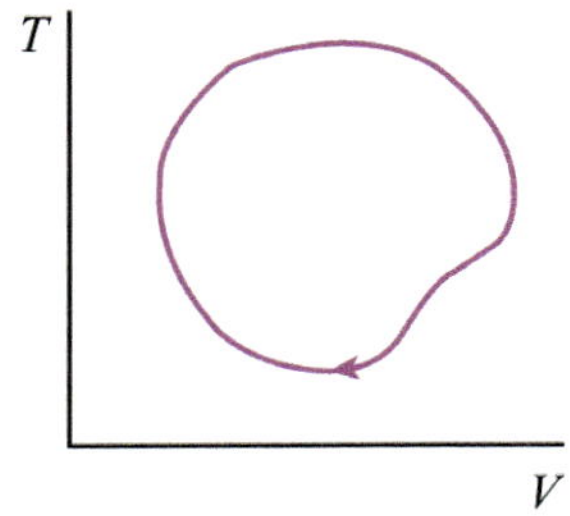

[그림 1.1] T-V평면에서 순환과정을 통한 상태변화

보충설명

■ **내부에너지**

계의 내부 상태에만 의존하는 정적인 에너지(즉 “energy at rest”)를 의미한다. 따라서 중력장에 의한 위치에너지나 운동에너지 등은 포함되지 않는다.

■ **상태함수(state function)**

경로에 무관하게 상태가 주어지면 함수의 값이 유일한 값으로 결정되는 함수를 말한다. 이와 같은 상태함수는 ① exact differential, 즉 $U=f(T, V)$일 때 $dU=(\partial U/\partial T)_V dT+(\partial U/\partial V)_T dV$로 쓸 수 있으며 그 계수끼리는 ② Maxwell relation이 성립된다. 즉, $dU=g(T, V)dT+h(T, V)dV$라 할 때 $(\partial g/\partial V)_T=(\partial h/\partial T)_V$이 성립되며 ③ 2차미분에서 변수의 순서에 무관하다.

■ **왜 계의 상태는 5개의 변수, U, T, S, P, V 중 2개의 변수만 있으면 정의되는가?**

열역학 제 1 과 제 2 법칙에서 오는 $dU=TdS-PdV$가 상태의 5개 변수를 관련짓는 유일한 법칙이다. 그런데 2개의 식,

$$T=(\partial U/\partial S)_V,\ P=-(\partial U/\partial V)_S$$

에 의해 온도와 압력이 관계되므로 식은 3개, 변수가 5개로 2개만이 독립변수이다. 여기서는 T와 V의 함수로 U가 표현되었다.

즉 $\left[\frac{\partial}{\partial T}\left(\frac{\partial U}{\partial P}\right)_T\right]_P = \left[\frac{\partial}{\partial P}\left(\frac{\partial U}{\partial T}\right)_P\right]_T$ 로 $\frac{\partial^2 U}{\partial T \partial P} = \frac{\partial^2 U}{\partial P \partial T}$ 이 성립된다.

여기서 참고로 다음과 같은 가상적인 계에 대한 용어설명을 하고 넘어가기로 하자.

- **단힌계**(closed system) : 주변과 열 및 일의 이동은 가능하나 물질의 통과가 불가능한 계
- **열린계**(open system) : 주변과 물질이동 뿐만 아니라 열 및 일의 이동도 가능한 계
- **단열계**(adiabatic system) : 주변과의 열 교환이 차단되어 있는 계
- **고립계**(isolated system) : 주변과 열이나 일 및 물질의 교환이 금지된 계, 우주계와 같다.

따라서 열린계(open system)에서의 내부에너지 변화, dU 는 식 (1-1)과 달리 계로 열, 일 및 물질의 이동이 자유롭게 발생하기 때문에 그로 인한 내부에너지의 변화는 각각의 기여분을 더해준 값이 된다. 즉 열, δQ 이 들어오면 내부에너지가 증가하고, 외부에서 계에 일, dW 을 해주면 내부에너지가 증가하고, 물질, dn_i 이 외부에서 영입되면 그에 비례해서 에너지가 증가된다. 이를 식으로 표현하면

$$dU = \delta Q + \delta W + \sum \mu_i dn_i \tag{1-3}$$

로 쓸 수 있다. 따라서 식 (1-3)이 일반적인 계의 열역학 제 1 법칙이다. 여기서 δQ 는 외부로부터 계로 유입된 열의 양을 나타내고 δW 는 외부로 부터 계에 일을 해줌으로써 계의 내부에너지를 증가시킨 양이 된다. 만약 이 계가 일을 했다면 계가 일을 함으로써 계의 내부에너지가 감소하므로 $\delta W < 0$ 이 된다. 열과 일은 일반적인 계에서 자유롭게 왕래가 가능한 에너지로서 계에 유입되면 에너지를 증가 시켜 양의 값을 가지고 계로부터 유출되면 계의 에너지를 감소시켜 음의 값을 가진다. 일반적으로 지금까지는 주로

기계적인 측면에서 열역학을 배워왔기 때문에 식 (1-3)의 경우 δW 항이 주로 기계적인 일, $-PdV$ 에 국한되었다. 그러나 그것은 여러 가지 종류의 일 중의 하나이다. 그외에 전기적인 일, 자기장에 의한 일, 표면에너지에 의한 일 등을 첨가하여야 완전한 일이 된다고 하겠다. 이러한 일들의 각각의 성분을 알아보면

- **기계적 일** : -PdV [고체의 경우 : $-\sigma d\epsilon$]
- **전기적 일** : $\Phi z_i F dn_i = \Phi dq$[$\Phi$: Galvani potential, z : valence ($z_i F dn_i = dq$)]
- **자기적 일** : HdM [H : 자기장의 세기, M : magnetization]
- **표면에너지 일** : γdA [γ : 표면에너지, A : 표면적]
- **유전일** : EdP [E : 인가전압, P : polarization]

와 같이 표현되며 이를 식 (1-3)에 대입하면 비로소 열역학 제 1 법칙이 식 (1-4)와 같이 완성된다. 즉 일반적인 열린계에서의 내부에너지 변화량은

$$dU = dq - PdV + HdM + \Phi dq + \gamma dA + EdP + \sum_i \mu_i dn_i \quad (1\text{-}4)$$

로 표현될 수 있다.

보충설명 여러 가지 종류의 일

▪ 기계적 일

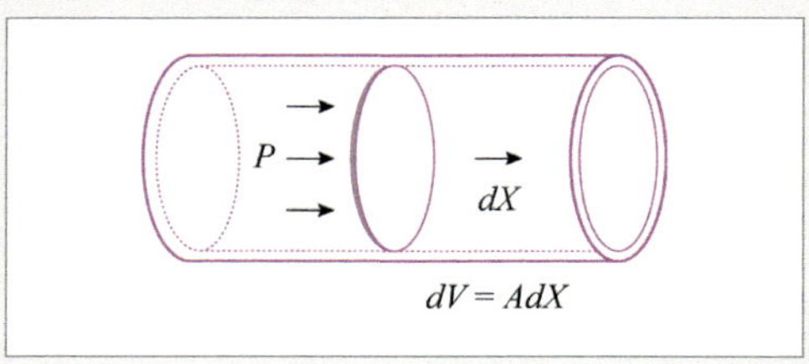

위 그림에서와 같이 계가 외부에 한 일은 (힘×거리) 이므로 $dW = Px Axdx = PdV$ 가 된다.

따라서 밖으로 일을 함으로써 계의 내부 에너지는 PdV 만큼 줄어들게 된다.

▪ 자기적인 일(Magnetic Work)

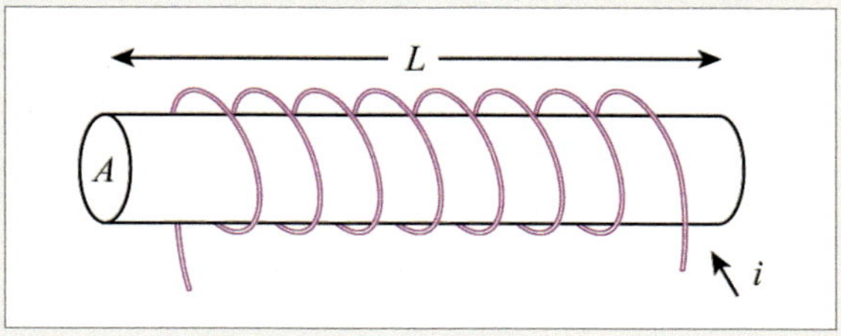

물질의 magnetization, M(단위 부피당 자기 dipole moment의 수)은 $M=\chi H$로 쓸 수 있다. 여기서 H는 외부자기장의 세기이고 χ는 volume magnetic susceptibility이다. 또한 magnetic flux density, B는 $B=\mu_o(H+M)=\mu_o(1+\chi)H$로 표현될 수 있다. 여기서 μ_o는 진공 중의 permeability로서 $4\pi\times 10^{-7}JC^{-2}m^{-1}s^2$이다. B는 매체를 통과하는 자기선의 밀도로서 M이 H와 같은 방향이면(즉, $\chi>0$: paramagnetic) 증가하고 M이 H와 반대방향이면 ($\chi<0$: diamagnetic) 감소한다.

위 그림과 같이 봉 위에 저항이 없는 전기선을 N번 감은 솔레노이드를 통하여 paramagnetic 재료인 봉에 전기선을 통하여 i 라는 전류를 통하여 일을 한다고 생각해보자. 내부에 자기 flux가 발생하고 이때 봉 내부를 통과하는 총 자기 flux는 $\Phi=BA$가 된다. 만약 dt 사이에 전류를 di만큼 증가시키면 그때 발생되는 전기선의 기전력은

$$E=-N\frac{d\Phi}{dt}=-NA\frac{dB}{dt}$$

이고 전류 i에 의해 발생되는 자기장의 세기, $H=Ni/L$(즉, $i=HL/N$)이 된다.

또한 이때 외부에서 dt 동안 가해준 일의 양은

$$dW=Eidt$$

가 된다. 따라서 E와 i를 대입하면

$$dW=VHdB \text{ (부피, } V=LA)$$

가 된다. 그런데 $B=\mu_o(H+M)$이므로 위식은 다시

$$dW = \mu_o VHdH + \mu_o VHdM$$

로 쓸 수 있다. 여기서 첫째 항은 진공 중에서 자기장의 세기를 높이는데 드는 일의 양이고 둘째 항, $\mu_o VHdM$은 봉의 자기 모멘트를 변화시키는데 드는 일의 양에 해당된다. 부피, V인 봉의 자기모멘트의 양, $M' = VM$인데 간단하게 하기위해 $M' = \mu_o VM$이라 정의하여 자기장의 단위를 $4\pi \times 10^{-7}$ HAm(henry amp. meter)라고 하면 봉의 내부에너지와 관계없는 진공에 한 일을 뺀 자기적 일의 양은 다음과 같이 된다.

$$dW = HdM'$$

■ 유전 일(Dielectric Work)

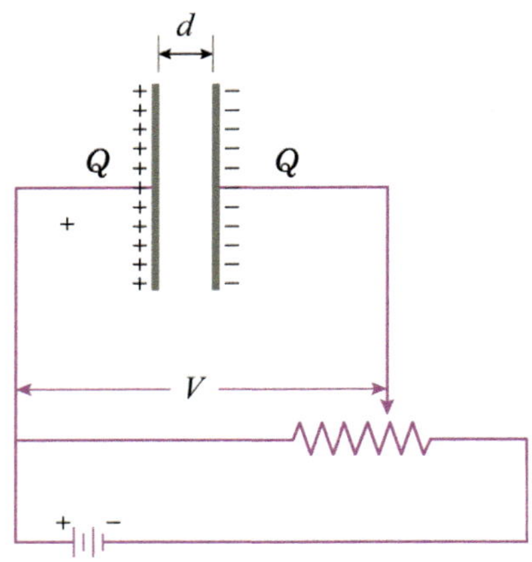

[절연체에 분극에 따른 전압발생]

절연성 재료(dielectric material)는 도전성 재료(conductor)에 비해 전하를 띤 입자의 수가 적기 때문에 재료에 전장(Electric Field)이 걸렸을 때 전하들이 이동하는 현상보다는 재료내에서 쌍극자(dipole)형의 분극(polarization)현상이 발생하게 된다. 따라서 전장은 재료에 쌍극자를 분극하는 일을 하게 되는 것이다.

우선 가운데가 진공으로 빈, 면적이 A이고 간격이 d인 콘덴서(capacitor)를 생각해보자. 여기에 전압 V를 인가하여 콘덴서 양쪽에 $+Q$와 $-Q$의 전하가 축적되었다고 가정하자. 이때 가

운데 빈 공간에 발생되는 전장의 세기, E 는 $E = Q/\epsilon_o A$ 와 같이 된다. 여기서 ϵ_o는 진공의 permittivity로서 8.854×10^{-12} $\text{coul}^2/\text{Nm}^2$이다. 그런데 전압은 전장의 세기에 거리를 곱한 값이 되므로 $V = Ed = Qd/\epsilon_o A$ 가 된다. 따라서 캐패시턴스(capacitance)의 정의에 의해 캐패시턴스는 $C = Q/V = A\epsilon_o/d$ 가 된다.

만약 이 공간에 절연물질을 삽입하면 전장 내에 물질의 전하들이 노출되기 때문에 전장이 없을 때의 고른 분포에서 벗어나서, 양전하는 전장방향으로 움직이게 되고 음전하는 전장의 반대방향으로 움직이게 되어 전하의 분극현상이 발생하게 된다. 따라서 이 분극에 의해 주변에 전장을 발생시켜 캐패시터 양면의 전하도 k 배 만큼 줄어들게 된다. 즉 대전된 전하의 양이 Q/k 가 되게 된다. 이 k 를 우리는 절연상수(dielectric constant)라고 부른다. 따라서 전극사이에 절연물질이 삽입되어 있는 경우는 아래와 같이 전장의 세기와 전압값, 그리고 캐패시턴스가 Q 가 Q/k 로 대체된 값이 된다.

$$\boldsymbol{E} = Q/k\epsilon_o A \tag{a}$$

$$V = \boldsymbol{E}d = Qd/k\epsilon_o A \tag{b}$$

$$C = Q/V = A\epsilon_o k/d \tag{c}$$

한편 절연체의 분극양, P 는 단위 부피당 분극크기(dipole moment)로 정의 되는데 이는 전기장의 세기와 아래와 같은 관계식을 가진다.

$$\boldsymbol{P} = \epsilon_o (k-1) E \tag{d}$$

그리고 전극판의 전하의 대전양, D(electric displacement)는

$$D = \epsilon_o E + P \tag{e}$$

가 된다. 여기서 $D = k\epsilon_o E$ 이고 $D = Q/A$ 이다. 그러므로 캐패시터를 아래 그림과 같이 대전시키는 데 드는 일의 양은 $dW = VdQ$ 가 되고 따라서 $dW = (\boldsymbol{E}d)\, d(AD) = dA\boldsymbol{E}d\boldsymbol{D} = \overline{V}\boldsymbol{E}dD$ 로 쓸 수 있다. 여기서 $\overline{V}$ 는 캐패시터의 부피가 된다. 그런데 $D = \epsilon_o \boldsymbol{E} + \boldsymbol{P}$ 이므로 식 (e)는 다시

$$dW = \overline{V}\epsilon_o EdE + \overline{V}EdP \tag{f}$$

가 된다. 여기서 첫째 항은 절연물질이 없을 경우, $P=0$ 이 되므로 진공의 내부 전장의 세기를 $d\boldsymbol{E}$ 만큼 증가 시키는 데 필요한 일의 양이 된다. 즉 전장의 세기를 $d\boldsymbol{E}$ 만큼 증가 시키려면 $\overline{V}\epsilon_o EdE = d(\overline{V}\epsilon_o E^2/2)$ 이므로 내부에서 $\overline{V}\epsilon_o E^2/2$ 만큼의 일을 해주어야 한다는 의미이다. 둘째 항은 절연물질의 분극양을 $d\boldsymbol{P}$ 만큼 증가시키는 데 필요한 에너지의 양이 된다. 즉 절연체를 분극시키는 경우 외부에서

$$dW = \overline{V}EdP \tag{g}$$

의 일을 해주어야 한다는 것을 의미한다. 만약 절연물질의 총 분극양을 $\boldsymbol{P}'$ 라고 하면 절연물질에 해준 일의 양은

$$dW = \boldsymbol{E}d\boldsymbol{P}'$$

가 된다.

■ 전기적인 일(Electrical Work)

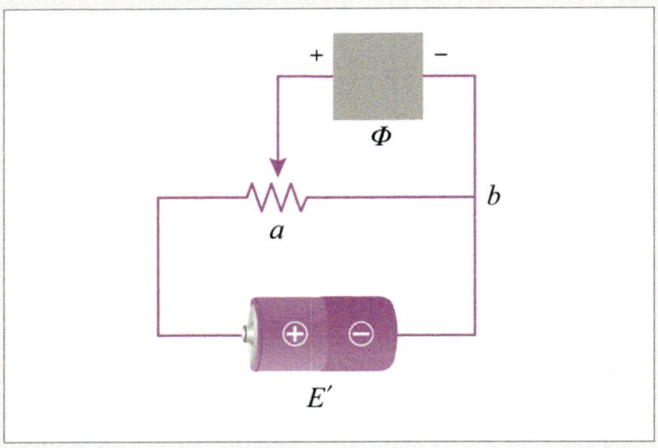

만약 아래 그림과 같이 전압값이 Φ 인 갈바닉 셀을 $E' > \Phi$ 인 밧데리에 연결하여 위 회로와 같이 가변저항에 연결, 전압값, V_{ab} 가 Φ 와 같게 만들었다고 가정하면 갈바닉 셀에 흐르는 전류의 값은 0이된다. 만약 $V_{ab} > \Phi$ 로 만들면 갈바닉 셀에 +극에서 −극으로 전류가 흐르게 된다 이때 흐르는 전류를 I 라고 하면 이 전류가 dt 동안 셀에 한 일의 양은

$$dW = \Phi\, Idt$$

가 된다. 그런데 Idt 는 총 흐른 전하의 양과 같으므로 Φ

$$dW = \Phi dq$$

가 된다.

■ 표면일

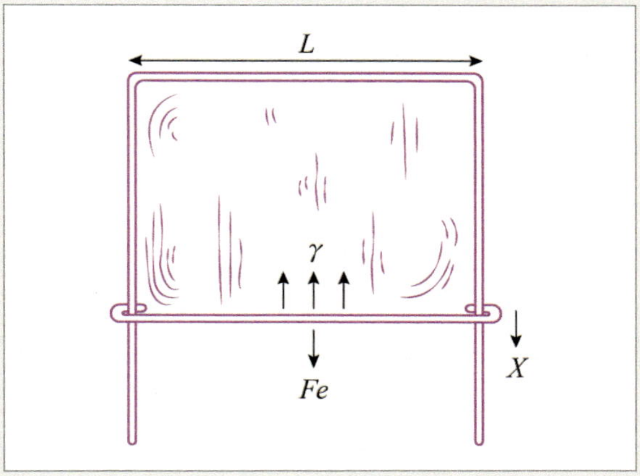

위 그림과 같은 비누방울 실험에서 비누방울의 표면장력, γ 에 의한 힘, $2\gamma L$과 외부의 힘, Fe가 평형을 이루고 있다고 가정해보자. 여기서 γ는 단위 경계면에 미치는 힘으로 정의되고 경계면이 양쪽으로 두면이 존재하기 때문에 $2\gamma L$이 되었다. 만약 철심이 Fe의 힘으로 밑으로 dx 만큼 이동하였다면 이때 계에 한 일의 양은

$$dW = F_e x = 2d\gamma\, Ldx$$

가 된다. 그런데 $dA = 2Ldx$ 이므로

$$dW = \gamma dA$$

가 된다.

예제

액체 나이트로 벤젠($C_6H_5NO_2$)의 절연상수, k가 아래와 같은 관계식으로 표현될 경우, 이 물질에 전장을 가하여 그 세기를 0에서 10^4V/m로 올리는 경우 1m^{3}의 나이트로 벤젠에 한 일의 양을 계산하시오.(단, 전장의 세기에 따라 나이트로 벤젠의 온도는 아래와 같은 식으로 변한다.)

$$T(℃) = 90 + 4\times 10^{-3}\boldsymbol{E} \quad \text{(a)}$$

$$k = 34.2 - 0.104\,T(℃) \quad \text{(b)}$$

위 관계식으로부터 식 (a)를 식 (b)에 대입하면 다음과 같이 된다.

$$k-1 = 23.8 - 4.16\times 10^{-4}E$$

따라서 $\boldsymbol{P} = \epsilon_o(k-1)\boldsymbol{E}$ 이므로 $P = (23.8 - 4.16\times 10^{-4}E)E$가 된다. 이를 미분하면 $dP = \epsilon_o(23.8 - 4.16\times 10^{-4}\times 2E)dE$ 이 된다. 이 식을 $dW = \overline{V}\boldsymbol{E}d\boldsymbol{P}$ 에 대입하면 $W = \overline{V}\int EdP = \overline{V}\epsilon_o\int_0^{10^4}(23.8E - 8.32\times 10^{-4}E^2)dE = 8.08\times 10^{-9}$ joules의 일을 외부에서 해주어야 한다.

$M, q, A, \mathbb{P}$가 일정할 경우, 닫힌계($dn_i = 0$)에서 내부에너지를 변화시키는 방법은 위 식 (1-4)로 부터 (1)부피를 일정하게 하고(기계적인 일의 부존재) 열을 유입시켜 온도를 올리므로서 변화시키거나, (2)압력을 일정하게 하고(이 경우 계의 부피는 변하므로 기계적인 일의 존재) 열을 유입시켜 온도와 부피를 동시에 증가시키므로 써 내부에너지를 변화시키는 두가지 방법이 있다. 이와같이 계의 온도를 1° 올리는데 필요한 열의 양을 계(물질)의 비열이라고 부른다.

■ 비열에는 C_v와 C_p가 있다.

(1) C_v : *물질의 부피를 일정하게 한 상태에서 온도를 1° 올리는데 드는 열의 양*

이때는 계의 부피가 일정하므로 기계적인 일, $dW = -\int PdV = 0$이 된다. 따라서 다른 일과 물질의 이동이 없다면 내부에너지의 변화는

$$dU = dQ \tag{1-5}$$

로 표현되며 따라서 비열은 정의에 의해

$$C_v = \left(\frac{dQ}{dT}\right)_v = (dU/dT)_v \tag{1-6}$$

로 표시할 수 있다.

(2) C_p : *외부 압력을 일정하게 유지시키면서 온도를 1° 올리는데 드는 열의 양*

이 경우 압력을 일정하게 유지하기 때문에 열, 주입에 따른 온도 향상으로 부피가 팽창하기 때문에 그에 따른 기계적인 일, $\delta W = -\int PdV$를 계가 외부에 하게 된다. 따라서 내부에너지의 변화량, $U_2 - U_1$은

$$U_2 - U_1 = dQ - P(V_2 - V_1) \tag{1-7}$$

가 되고 열의 공급양, dQ 는

$$dQ = (U_2 + PV_2) - (U_1 + PV_1) \tag{1-8}$$

이 된다. 이때 엔탈피, H*를

$$H \equiv U + PV \tag{1-9}$$

라고 정의하면 $dQ = H_2 - H_1$이 된다. 따라서 비열, C_p는 정의에 의해

$$C_p = (dQ/dT)_P = (dH/dT)_P \tag{1-10}$$

인 관계가 성립된다.

보충설명

■ **Enthalpy(H)**

식 (1-10)으로부터 온도 T에서의 물질의 엔탈피는 $H_T = H_{T_o} + \int_{T_o}^{T} C_p dT$ 가 됨을 알 수 있다.

이때 만약 물질의 상변태가 발생된다면 상변태 시 발생되는 엔탈피 변화, ΔH^m(잠열)을 더해주면 된다.

여기서 C_p는 C_v에 비해 부피팽창에 해당되는 일을 더 하기 때문에 그 차이는 이상기체인 경우 단위온도 증가에 따른 부피팽창의 일이 되어

$$C_p - C_v = P(dV/dT)_P \tag{1-11}$$

가 됨을 알 수 있다. 참고로 고체의 경우는

$$C_P - C_v = \frac{\alpha^2 VT}{\beta} \tag{1-12}$$

가 된다[예제 참조]. 여기서 α와 β는 각각 압력이 일정할 경우의 고체의 열팽창계수 $\left(\frac{1}{V}\left(\frac{\partial V}{\partial T}\right)_P\right)$와 온도가 일정할 때 고체의 압축계수$\left(-\frac{1}{V}\left(\frac{\partial V}{\partial P}\right)_T\right)$에 해당된다. 참고로 hydrostatic pressure 상태($\sigma_x = \sigma_y = \sigma_z$)에 있는 고체의 경우 $\beta = 3(1-2\nu)/E$ 로 유도된다. 여기서 ν 는 Poisson ratio이고 E는 Young's modulus이다.

예제

이상기체에서 $C_p - C_V = P(dV/dT)_P$ 임을 증명하시오.

풀이

$C_p - C_V = \left(\frac{\partial H}{\partial T}\right)_p - \left(\frac{\partial U}{\partial T}\right)_V = \left(\frac{\partial U}{\partial T}\right)_p + P\left(\frac{\partial V}{\partial T}\right)_p - \left(\frac{\partial U}{\partial T}\right)_V$ 그런데

$dU = \left(\frac{\partial U}{\partial V}\right)_T dV + \left(\frac{\partial U}{\partial T}\right)_V dT$ 이므로 $\left(\frac{\partial U}{\partial T}\right)_p = \left(\frac{\partial U}{\partial T}\right)_V + \left(\frac{\partial U}{\partial V}\right)_T \left(\frac{\partial V}{\partial T}\right)_p$ 를 위식에 대입하면

$$C_p - C_V = (dV/dT)_P\left[P + \left(\frac{\partial U}{\partial V}\right)_T\right]$$

가 된다. 그런데 이상기체의 경우 $\left(\frac{\partial U}{\partial V}\right)_T = 0$ 이므로 QED. 이상기체의 경우는 $C_p - C_V = R$ 가 된다.

예제

고체의 경우 $C_P - C_V = \frac{\alpha^2 VT}{\beta}$ 임을 증명하시오.

여기서 $\alpha = \frac{1}{V}\left(\frac{\partial V}{\partial T}\right)_P$: 열팽창계수, $\beta \equiv -\frac{1}{V}\left(\frac{\partial V}{\partial P}\right)_T$: 압축계수(compressibility) 이다.

풀이

$$C_P - C_V = \left(\frac{\partial H}{\partial T}\right)_P - \left(\frac{\partial U}{\partial T}\right)_V = \left(\frac{\partial U}{\partial T}\right)_P + P\left(\frac{\partial V}{\partial T}\right)_P - \left(\frac{\partial U}{\partial T}\right)_V$$

$$= \left(\frac{\partial U}{\partial T}\right)_V + \left(\frac{\partial U}{\partial V}\right)_T\left(\frac{\partial V}{\partial T}\right)_P + P\left(\frac{\partial V}{\partial T}\right)_P - \left(\frac{\partial U}{\partial T}\right)_V$$

$$\leftarrow \left[dU = \left(\frac{\partial U}{\partial V}\right)_T dV + \left(\frac{\partial U}{\partial T}\right)_V dT \quad \left(\frac{dU}{dT}\right)_P = \left(\frac{\partial U}{\partial V}\right)_T\left(\frac{\partial V}{\partial T}\right)_P + \left(\frac{\partial U}{\partial T}\right)_V\right]$$

$$= \left(\frac{\partial V}{\partial T}\right)_P\left\{\left(\frac{\partial U}{\partial V}\right)_T + P\right\} = \left(\frac{\partial V}{\partial T}\right)_P\left[T\left(\frac{\partial S}{\partial V}\right)_T - P + P\right]$$

$$= T\left(\frac{\partial V}{\partial T}\right)_P\left(\frac{\partial S}{\partial V}\right)_T = T\left(\frac{\partial V}{\partial T}\right)_P\left(\frac{\partial P}{\partial T}\right)_V \quad \leftarrow \quad \left(\frac{\partial S}{\partial V}\right)_T = \left(\frac{\partial P}{\partial T}\right)_V$$

$$= -T\left(\frac{\partial V}{\partial T}\right)_P\left(\frac{\partial P}{\partial V}\right)_T\left(\frac{\partial V}{\partial T}\right)_P \quad \leftarrow \quad \left(\frac{\partial T}{\partial P}\right)_V\left(\frac{\partial P}{\partial V}\right)_T\left(\frac{\partial V}{\partial T}\right)_P = -1$$

$$= -T\cdot\alpha V\left(-\frac{1}{\beta V}\right)\cdot\alpha V = \alpha^2 VT/\beta$$

1.2 이상기체

물질은 온도, 압력, 부피 그리고 구성성분이 결정 되면 물질의 완전한 열역학적인 상태가 정의 된다고 볼 수 있다. 기체의 경우, 1660년 Boyle이 온도가 일정할 경우 기체의 부피는 압력에 반비례함을 실험적으로 발견하였다. 또한 Charles는 1787년 부피가 일정할 경우 기체가 벽에 미치는 압력은 온도에 비례함을 발견하였다. 이를 종합하면 아래와 같은 식들로 쓸 수 있다.

① **온도가 일정할 경우** : $P = \frac{A}{V}$ (Boyle의 법칙)

② **부피가 일정할 경우** : $P = BT$ (Charles의 법칙)

다시 말하면

$$\left(\frac{\partial P}{\partial V}\right)_T = -\frac{A}{V^2} = -\frac{P}{V} \tag{1-13}$$

$$\left(\frac{\partial P}{\partial T}\right)_V = B = \frac{P}{T} \tag{1-14}$$

와 같이 쓸 수 있다. 한편 압력의 변화는 위 관계식 (1-13)과 (1-14)로부터 다시 쓰면

$$dP = \left(\frac{\partial P}{\partial V}\right)_T dV + \left(\frac{\partial P}{\partial T}\right)_V dT \tag{1-15a}$$

$$= -\frac{P}{V}dV + \frac{P}{T}dT \tag{1-15b}$$

가 되고 이는 정리하면 $dP/P + dV/V = dT/T$ 가 되고 $\ln P + \ln V = \ln T$ 인 관계로 간단히 쓸 수 있다. 따라서 일반적인 기체의 경우에는

$$PV = CT \tag{1-16}$$

인 관계가 만족된다. 만약 1mole의 이상기체에 대한 상수 C 의 값을 R이라고 하면 이 상수, R을 가스상수(gas constant)라고 정의된다. 즉 이상기체 1몰인 경우에는

$$PV = RT \tag{1-17}$$

가 성립된다. 또한 Avogadro의 실험으로부터 압력과 온도가 일정할 경우, 같은 부피에 포함된 가스입자의 수는 가스종류에 상관없이 항상 같기 때문에 가스상수 R 은 가스의 종류에 상관없이 항상 일정한 값을 갖는다. 또한 부피는 가스입자의 수에 비례하기 때문에 n 몰의 가스의 경우 상태 방정식은

$$PV = nRT \qquad (1\text{-}18)$$

가 된다. 여기서 R 의 값은 0.082055l · atom/mole · deg 혹은 1.987cal/mole deg 나 8.3144 joule/mole deg가 된다.

이상기체의 경우 열팽창계수, $\alpha = \dfrac{1}{V}\left(\dfrac{\partial V}{\partial T}\right)_P$ 와 압축계수, $\beta = -\dfrac{1}{V}\left(\dfrac{\partial V}{\partial P}\right)_T$ 는 식 (1-18)을 대입하면 각각

$$\alpha = \frac{1}{T}, \qquad \beta = \frac{1}{P}$$

로 온도와 압력의 역수임을 쉽게 알 수 있다. 또한 물질의 U, T, P 과 V 사이의 관계인 열역학 상태 방정식(예제 참조)은

$$P = T\left(\frac{\partial P}{\partial T}\right)_V - \left(\frac{\partial U}{\partial V}\right)_T \qquad (1\text{-}19)^*$$

로 표현된다. 여기에 식 (1-14)를 대입하면 이상기체의 경우

$$\left(\frac{\partial U}{\partial V}\right)_T = 0 \ \ (\text{이상기체}) \qquad (1\text{-}20)^*$$

이 된다. 또한 $(\partial H/\partial P)_T = [\partial(U+PV)/\partial P]_T = [\partial(U+RT)/\partial P]_T = 0^*$인 관계가 만족되므로

$$\left(\frac{\partial U}{\partial P}\right)_T = 0 \ (\text{이상기체}) \qquad (1\text{-}21)$$

이 성립한다. 결론적으로 이상기체의 내부에너지는 온도만의 함수가 됨을 말해준다.

좀 더 일반적으로 말하면 $PV = RT$ 를 만족하는 그 어떤 물질도, 물질의 내부 에너지는 온도만의 함수로 쓸 수 있음을 말해 준다. 그러나 실제 가스는 이상기체와 달리 입자간의 상호작용(Van der Waals 작용)에 의해 $PV = RT$ 식에서 벗어나게 된다. 특히 높은 압력이나 낮은 온도에서는 가스입자간의 거리가 작아 이상거동에서 벗어나는 정도가 커지게 된다. 이 경우, 가스의 상태 방정식은 실험적으로 $[P+(a/V^2)](V-b) = RT$로 표현된다. 여기서 a와 b는 상수이다. 따라서 실제 가스의 경우 내부에너지는 온도만의 함수라고 할 수는 없다.

예제

물질의 열역학 상태 방정식, $P = T\left(\frac{\partial P}{\partial T}\right)_V - \left(\frac{\partial U}{\partial V}\right)_T$를 증명하시오.

풀이

가역과정의 경우 $dU = TdS - PdV$이고 $U = f(T, V)$이면 $dU = (\partial U/\partial T)_V dT + (\partial U/\partial V)_T dV$ 이므로 $TdS - PdV = (\partial U/\partial T)_V dT + (\partial U/\partial V)_T dV$가 된다. 따라서 $dS = \frac{1}{T}\left(\frac{\partial U}{\partial T}\right)_V dT + \frac{1}{T}\left[\left(\frac{\partial U}{\partial V}\right)_T + P\right] dV$로 쓸 수 있다. 여기서 Maxwell 관계식을 이용하면 $\left[\frac{\partial}{\partial V}\frac{1}{T}\left(\frac{\partial U}{\partial T}\right)_V\right]_T = \left[\frac{\partial}{\partial T}\frac{(\partial U/\partial V)_T + P}{T}\right]_V$이 되고 이를 다시 정리하면 $\frac{1}{T}\frac{\partial^2 U}{\partial V \partial T} = \frac{1}{T}\left[\frac{\partial^2 U}{\partial T \partial V} + \left(\frac{\partial P}{\partial T}\right)_V\right] - \frac{1}{T^2}\left[\left(\frac{\partial U}{\partial V}\right)_T + P\right]$이 되어 양변에 T를 곱한 후 정리하면 $0 = \left(\frac{\partial P}{\partial T}\right)_V - \frac{1}{T}\left[\left(\frac{\partial U}{\partial V}\right)_T + P\right]$가 된다.

유제 $V = T\left(\frac{\partial V}{\partial T}\right)_P + \left(\frac{\partial H}{\partial P}\right)_T$ 임을 증명하시오.

■ $\left(\frac{\partial U}{\partial V}\right)_T$ 에 관하여…

이는 부피증가에 의한 내부에너지 변화량으로서 시스템의 내부압력을 의미한다. 즉 가스의 경우는 분자간 인력이 없다고 생각하면 "0"이지만 고체나 액체의 경우는 분자간에 인력이 작용하여 이 항이 상당히 크다.

$P(dV/dT)_P$ 는 단위온도 증가에 따른 외부 압력 P 에 대항하여 시스템이 한 일의 양이고 $\left(\frac{\partial U}{\partial V}\right)_T \left(\frac{\partial V}{\partial T}\right)_p$ 는 단위온도 증가에 따른 내부압력 $\left(\frac{\partial U}{\partial V}\right)_T$ 에 대항하여 시스템이 한 일의 양이 된다.

■ $\left(\frac{\partial U}{\partial V}\right)_T = 0$의 증명

$dU = TdS - PdV$ 이므로 $(\partial U/\partial V)_T = T(\partial S/\partial V)_T - P$ 그런데 $dF = -SdT - PdV$ 로부터 Maxwell relation을 만들면 $(dS/dV)_T = (dP/dT)_V$ 가 된다. 여기에 이상가스 방정식, $PV = RT$ 를 대입하면 $(dP/dT)_V = R/V$ 가 되고 따라서 $(\partial U/\partial V)_T = T(R/V) - P = 0$이 된다.

■ $(\partial H/\partial P)_T = 0$의 증명

위 예제와 비슷한 방법으로 상태 방정식 $V = T(\partial V/\partial T)_P + (\partial H/\partial P)_T$ 를 유도할 수 있다. 여기에 $(\partial V/\partial T)_P = R/P = V/T$ 를 대입하면 $(\partial H/\partial P)_T = 0$이 된다.

"Now, in the *second* law of thermodynamics . . ."

1.3 열역학 第 二 法則(The 2nd law of Thermodynamics)

세상에는 열역학 제 1 법칙(에너지 보존의 법칙)을 만족하지만 절대로 현실에서 일어날 수 없는 현상이 존재한다! 예를 들면 두개의 서로 다른 온도, T_1과 $T_2(T_2 > T_1)$의 물질을 단열계 내에서 서로 접촉시켜두면 한참 후에는 두개의 물질이 같은 온도(T_0 : $T_2 > T_0 > T_1$)에 도달되게 된다. 그러나 반대로 T_0인 두개의 물질을 단열계 내에 장시간 두어도, 에너지가 보존이 됨에도 불구하고, 원래 온도인 T_1과 T_2로 돌아가는 현상은 절대로 일어나지 않는다! 따라서 열역학 제 1 법칙에 부합한다고 다 발생되는 것은 아니다. 즉 이로부터 우리는 어떤 다른 법칙에 의해 자연현상의 진행방향이 결정되고 있음을 알 수 있다. 위의 경우에서 두 경우 모두 계의 총 내부에너지는 같았기 때문에 총 에너지의 변화량이 반응방향의 지표가 될 수는 없다는 것을 이미 알았다.

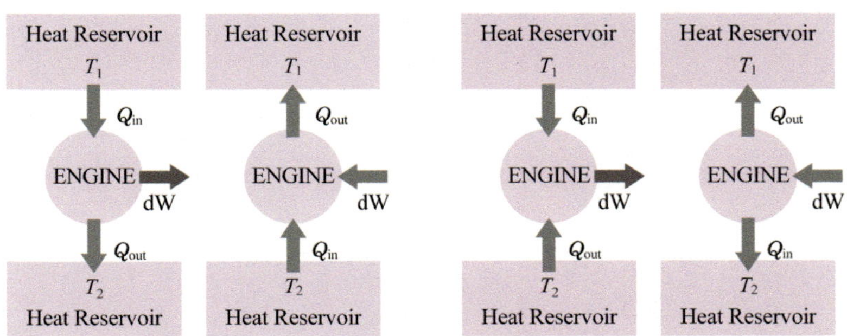

(a) 가능한 일/열 변환 (b) 불가능한 일/열 변환

[그림 1.2]

이 자연현상의 방향을 나타내는 열역학적 지표를 고안하는데 아마도 열역학의 역사에 있어서 가장 오랜시간이 흘렀고 많은 천재들의 기여가 있었던 것 같다. 그것이 바로 독일의 물리학자 Clausius(1822~1888)가 제안한 엔트로피(Entropy)이다. Clausius*는 "세상에서 열만을 낮은 온도의 곳에서 높은 온도의 곳으로 흐르게 할 수는 없다"([그림 1.2(a)])고 제안하였다. 이는 Kelvin*이 말한 "이 세상의 어떤 것도 열을 외부에서 받아

그 전부를 일로 변환시키는 열/일 변환(혹은 그 반대의 변환)은 존재하지 않는다"([그림 1.2(b)])와 동일한 의미이다. 즉 열을 일로 변환시키기 위해서는 아래그림(a)와 같이 열의 손실이 필요하며 열을 낮은 온도에서 높은 온도로 보내기 위해서는 일이 공급되어야 한다는 말과 같다. 다시 말하면 그림(b)와 같은 변환은 열역학에 위배되기 때문에 세상에 존재하지 않는다.

열역학 제 2 법칙은 위에서 언급한 바와 같이 어떤 과정의 자연적인 진행방향(spontaneous process)을 말해주는 법칙으로서 다음과 같은 3가지 형태로 표현된다. 첫째는 ① 엔트로피의 개념법칙이고 둘째는 ② Clausius inequality의 식으로 나타내기도 하며 셋째는 Guggenheim이 주장한 ③ 퇴화일의 형식으로 표현되기도 한다. 그 각각의 개념을 여기서 차례로 살펴보기로 하자.

보충설명

▪ Clausius Statement 설명

가령 예를 들면 낮은 온도 T_1에 있는 계 A에서 높은 온도 T_2에 있는 계 B로 열 Q를 보냈다고 가정하면 이때 A에서는 Q/T_1의 엔트로피가 감소하고 B에서는 Q/T_2의 엔트로피가 증가하여 전체적으로 $-Q/T_1 + Q/T_2 < 0$이 되어 불가능한 과정이 된다. 또한 냉장고(Carnot refrigerator)에 있어서 낮은 온도, T_1에서 열 Q_1을 뽑아 높은 온도, T_2로 Q_2를 보내는 경우, $Q_2/Q_1 = T_2/T_1$ 관계가 만족되므로 $|Q_1| \neq |Q_2|$로서 열만 이동 되는 게 아니라 $|Q_2| - |Q_1|$ 만큼의 일이 냉장고를 돌리기 위해 일로 공급 되어야 한다. 따라서 이 또한 Clausius의 말에 합치된다.

▪ Kelvin Statement 설명

만약 어떤 온도, T의 reservoir에서 열 Q를 받아 그 전부를 일 W로 변환시켰다면 이는 reservoir의 엔트로피를 Q/T 만큼 감소시켰을 뿐 다른 계에 증가 된 엔트로피가 없기 때문에 불가능한 과정이 된다.

1.3.1 엔트로피

통계열역학 적으로 보면 엔트로피는 "무질서도(無秩序度, degree of randomness)"라고 정의되며 Boltzmann이 말한 것과 같이 시스템의 엔트로피는 시스템이 가질 수 있는 여러 가지 상태의 경우의 수, Ω*와 다음과 같은 관계를 가지고 있다.

$$S = k \ln \Omega$$

여기서 k는 Boltzmann 상수이고 Ω는 시스템이 가질 수 있는 경우의 수 이다.

"**고립계**(isolated system)**에서 일어나는 모든 과정의 경우, 엔트로피**(entropy)**는 감소할 수가 없다.**"** 이를 수식적으로 표현하면 아래 식 (1-22)와 같이 표현되고 이를 열역학 제 2 법칙이라고 부른다. 에너지와 마찬가지로 엔트로피는 상태함수*(state function)이다. 그러나 에너지는 보존되지만 엔트로피는 보존되는 양이 아니다. 엔트로피는 없어질 수 없고 항상 생성되는 성질을 가지고 있다. 따라서 이 세상은 영원히 새로 생성되는 엔트로피의 짐을 감수하면서 살아가야만 한다. 마치 원시사회에서는 삶이 간단했지만 현대 사회는 살아가는 방법도 다양하고 삶 자체도 복잡하다.

$$dS_{고립계} \geq 0 \tag{1-22}$$

단, 여기서 과정이 가역적으로 일어나는 경우는 $dS_{rev.} = 0$ (고립계 : isolated system)가 된다.

보충설명

■ Ω

Ω는 미시적 상태의 경우의 수(microstate)이다. 가령 물질 내에 존재하는 구별이 불가능한 N_o개의 원자가 에너지 준위 ϵ_1, ϵ_2, ϵ_3, $\cdots$ ϵ_N에 각각 n_1, n_2, n_3, $\cdots$ n_N 개의 원자가 차지하고 있는

경우를 가정하면 총에너지는 $U=\sum_i \epsilon_i n_i$가 되고 $W=\dfrac{N_o!}{n_1!n_2!n_3!\cdots n_N!}$가 된다.

※ 엔트로피는 항상 최대값을 유지한다.

식 (1-22)는 고립계의 경우를 말하며 고립계 내에 존재하는 부분계의 경우는 엔트로피가 감소할 수도 있다. 그러나 이 경우 다른 부분계의 엔트로피가 더 증가하여 결과적으로 전체 계의 엔트로피는 증가하게 된다.

고전 열역학에서는 엔트로피*는 경험적으로 아래와 같이 정의된다.

$$dS \equiv \frac{\delta q_{rev}}{T} \tag{1-23}$$
(1-23)*

여기서 가역반응에서 교환된 열만이 계의 엔트로피 값의 변화상태를 알 수 있는 척도가 되고 비가역반응에 의해 교환된 열로는 계의 엔트로피 변화 값을 정확히 말할 수 없다. 그러나 엔트로피는 상태함수(state function)이기 때문에 비가역 반응의 경우라도 상태변수가 같으면 가역반응에 의해 변화된 상태와 같은 엔트로피 값을 가진다. 따라서 비가역적으로 간 상태와 동일한 상태가 되도록 가역적인 과정을 통해 계를 움직이면 그 때의 열량을 가지고 과정의 엔트로피 변화 값을 계산할 수 있다. 또한 내부 에너지의 경우와 마찬가지로, 엔트로피는 상태함수*이므로 경로에 무관하여

$$\oint dS = 0 \tag{1-24}$$

가 성립된다. 일반적으로 엔트로피의 단위는 joule/°K 나 cal/°K를 사용하며 ① 혼란도* (degree of randomness) 혹은 ② 비가역도(degree of irreversibility) 등으로 이해되는데 과학사에서 보면 이 개념을 정립하는데 많은 시간이 걸렸던 것 같다. 아직도 한마디

로 명확히는 말할 수 없지만 그냥 혼돈의 과정 중에서 그 정도를 나타내주는 척도로 이해하면 되겠다.

열역학 제 1 법칙에 식 (1-23)을 대입하면 열역학 제 1 법칙을 아래와 같이 다시 쓸 수 있다. 이를 열역학 제 1 법칙과 제2 법칙이 조합된 식이라는 의미에서 "조합방정식(Combination Equation)"이라고 부른다.

$$dU = TdS - PdV + HdM + \Phi Fd\mathfrak{z} + \gamma dA + \mathrm{E}d\mathrm{P} + \sum_i \mu_i dn_i \tag{1-25}$$

보충설명

■ 엔트로피(ENTROPY)란?

우리가 집에서 방에 있다가 "화장실에 가면 혹시 공기가 없지 않을까?"라고 생각하여 산소 호흡기를 가지고 화장실 가는 사람은 아마 없을 것이다. 우리는 경험으로 이미 집안에 공기가 골고루 퍼져있다는 것을 알고 있다. 그러면 어떻게 공기가 한쪽에 몰려 있는 일이 발생하지 않는가? 그것이 엔트로피이다.

[그림 A]와 같이 10개의 기체입자가 상자 안에 들어 있는데 (a)의 경우는 5-5로 분포되어 있고 (b)의 경우는 9-1로 편중되어 분포되어 있다. 이때 10개를 두방에 배치하는 일어날 수 있는 총 경우의 수는 2^{10}=1024 가지가 되고 (a)의 경우는 가능한 경우의 수가 10!/5!5!=252가지, 그리고 (b)의 경우는 10가지이다(여기서 (a)나 (b)와 같이 최후의 결과장면을 macrostate 그리고 그 최후의 결과장면에 해당되는 경우의 수를 microstate라고 부른다). 주어진 계에서 가능한 경우의 수(number of microstate)가 곧 "엔트로피"이다. 모든 개별 경우의 수는 같은 확률이므로 경우의 수가 많으면 엔트로피가 높고, 적으면 엔트로피는 낮다. 즉 엔트로피가 클수록 일어날 확률이 높다.

따라서 (a)의 경우가 (b)의 경우보다 무려 25배나 확률이 높다. 10개 입자로 이러했는데 만약 입자를 1000개로 늘리면 그 차이는 더욱 엄청나다. 가령 500-500의 경우, 일어날 수 있는 경우의 수는 $\sim 10^{299}$ 이고 900-100의 경우는 $\sim 10^{140}$으로 그 차이가 무려 10^{159}배이다. 그러니 만약 Avogadro수에 가까우면 아마 그 차이는 천문학적일 것이다. 그러므로 우리가 화장실 가서 질식사할 염려는 안 해도 좋다! 즉 평형상태는 엔트로피가 최대값인 균일하게 분포되어 있는 경우이고 이것이 몰리는 경우 즉 엔트로피가 감소하는 경우로 가는 일은 일어나지 않는다.

그러면 이번에는 5℃의 물컵 안에 얼음덩어리(0℃)를 넣는 경우를 생각해보자. 온도는 내부 입자의 운동에너지의 산물이다. 따라서 컵 안의 물은 빠른 속도로 돌아다니면서 가끔 느리게 움직이는 얼음의 물분자와 충돌하여 그 운동에너지를 얼음에 전달하고 자기는 운동에너지를 낮추는 열전달 현상이 계에서 벌어진다. 이 경우 엔트로피의 값은 물입자들의 총에너지는 같으면서 개별 물입자들에게 운동에너지를 배당해주는 경우의 수이다. 물은 온도가 높아 입자에게 개별 에너지를 할당하여 온도에 의해 주어진 총에너지를 맞출 수 있는 가능한 경우의 수가 많으므로 얼음의 엔트로피 보다 높다. 또한 컵 전체로 보면 얼음과 물이 따로 떨어져 있을 경우는 (b) 경우와 같이 운동에너지가 골고루 배치되어 있지 않아 엔트로피가 낮고 얼음이 녹아 컵 내에 골고루 퍼지는 경우는 엔트로피가 높아져서 얼음이 녹게 된다. 이것이 계의 엔트로피는 증가하는 방향으로 움직인다는 열역학 제 2 법칙이다.

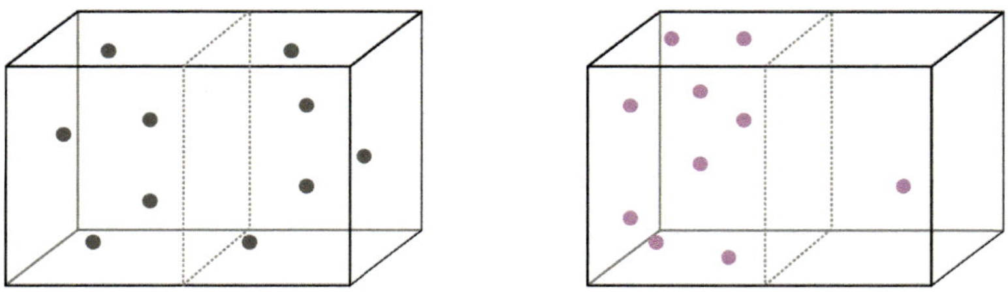

(a) (b)

[그림 A] 두 개의 macrostate

■ $dS = \delta Q / T$의 증명

계의 상태수를 Ω 라고 하면 Ω를 계의 내부 에너지와 부피의 함수로 표시하면

$$d\ln\Omega = \left(\frac{\partial \Omega}{\partial U}\right)_V dU + \left(\frac{\partial \ln\Omega}{\partial V}\right)_U dV$$

와 같이 된다. 만약 Ω가 변화하지 않도록, 즉, S가 일정하도록 U와 V를 변화시키는 경우

$$\left(\frac{\partial \ln\Omega}{\partial V}\right)_U = -\left(\frac{\partial \ln\Omega}{\partial V}\right)_V \left(\frac{dU}{dV}\right)_S = \beta P$$

가 된다. 여기서 우리는 $\Omega S = k\ln$와 $(\partial ln\Omega/\partial U)_V = \left(\partial \frac{S}{k}/\partial U\right)_V = \beta = 1/kT$와 $(dU/dV)_S = -P$인 관계를 이용하였다. 따라서 $d\ln\Omega = \beta dU + \beta PdV$가 된다. 그런데 $dS = d(k\ln\Omega) = kd\ln\Omega = k\beta dU + k\beta PdV$ 이므로

$$dS = k\beta(dU + PdV) = dq/T$$

가 된다.

■ **exact differential**

dQ는 상태함수가 아니라서 exact differential이 성립되지 않는다. 즉 exactness는 상태변수(T, V, P등)로 나타낼 수 있다는 것과 동일하다(path independence). 그러나 $dQ-dW$(열역학 제 1 법칙)나 dQ/T(열역학 제 2 법칙)의 형태로 만들면 이는 상태함수가 되어 완전미분이 가능해진다.

■ **$dS = \delta Q/T$ 가 상태함수(state function)인 이유는?**

$\delta Q = dU + PdV$에서 이상기체인 경우 $PV = RT$이므로 $\delta Q = C_v dT + (RT/V)dV$가 된다. 따라서 δQ는 상태함수가 아니다. 그러나 $\delta Q/T = C_v dT/T + (R/V)dV$ 이므로 $\int_1^2 \delta Q/T = C_v ln(T_2/T_1) + Rln(V_2/V_1)$이 되어 상태함수가 된다.

식 (1-25)의 첫째항인 TdS는 계의 열출입, dQ인 관계가 성립되므로 T, P, V 의 변화에 따른 계의 열 출입을 아래의 "TdS 방정식"을 사용하면 쉽게 예측 할 수 있다.

$$TdS = C_v dT + T(\partial P/\partial T)_V dV \quad (1\text{-}26)$$

$$TdS = C_p dT - T(\partial V/\partial T)_P dP \quad (1\text{-}27)$$

$$TdS = C_p(\partial T/\partial V)_P dV + C_v(\partial T/\partial P)_V dP \quad (1\text{-}28)$$

예를 들면 만약 액체나 고체인 재료를 단열 압축시키면 재료의 온도가 올라갈까 아니면

내려갈까? 하는 문제도 쉽게 식 (1-26)를 이용하여 예측할 수 있다. 단열과정의 경우, $dS=0$이므로 $(\partial P/\partial T)_V=\alpha/\beta$를 이용하면 식 (1-26)은

$$dT=-\frac{\alpha T}{kC_v}dV \tag{1-29}$$

이 된다. 따라서 $dV<0$이므로 $\alpha,\ \beta>0$이면 온도는 올라가게 된다. 실제로 0°에서 4° 사이의 물($\alpha<0$)을 제외한 대부분의 재료가 단열 압축 시 온도가 상승하게 된다. 또한 단열용기 내에 재료를 넣고 압력을 올리는 경우 재료의 온도를 일정하게 유지하기 위해서는 얼마의 열을 공급 또는 빼주어야 하는가 하는 문제도 식 (1-27)로부터 $dT=0$이므로 $dQ=-T(\partial V/\partial T)_VdP=\alpha VTdP$이 된다. 따라서 $\alpha>0$인 경우 $dQ<0$이므로 열을 방출하게 되어 열을 빼주어야 한다.

보충설명

■ **α와 β의 중요성**

P, T, V의 편미분 관계식은 대부분 α와 β 및 C_p P, V, T를 이용하여 표현할 수 있다.

- 부피 팽창계수 : $\alpha=(1/V)(\partial V/\partial T)_P$
- 등온 압축계수 : $\beta=(1/V)(\partial V/\partial P)_T$

예제

1st TdS 방정식, $TdS=C_vdT+T(\partial P/\partial T)_VdV$ 을 증명하시오.

풀이

계의 독립변수를 T와 V라고 가정하면, 즉 $U=f(T,V)$ 그리고 $S=g(T,V)$라고 하면

$$dU = \left(\frac{\partial U}{\partial T}\right)_V dT + \left(\frac{\partial U}{\partial V}\right)_T dV$$

이므로 $dS = (dU + PdV)/T$에 대입하면

$$dS = \frac{1}{T}\left(\frac{\partial U}{\partial T}\right)_V dT + \frac{1}{T}\left[\left(\frac{\partial U}{\partial V}\right)_T + P\right] dV$$

가 된다. 또한 $dS = \left(\frac{\partial S}{\partial T}\right)_V dT + \left(\frac{\partial S}{\partial V}\right)_T dV$ 가 성립된다. 따라서 각각의 계수가 동일하므로

$$\left(\frac{\partial S}{\partial T}\right)_V = \frac{1}{T}\left(\frac{\partial U}{\partial T}\right)_V \qquad \text{(a)}$$

$$\left(\frac{\partial S}{\partial V}\right)_T = \frac{1}{T}\left[\left(\frac{\partial U}{\partial V}\right)_T + P\right] \qquad \text{(b)}$$

가 성립된다. 그런데 2차미분의 순서는 동일하므로 즉, $\left[\frac{\partial}{\partial V}\left(\frac{\partial S}{\partial T}\right)_V\right]_T = \left[\frac{\partial}{\partial T}(\frac{\partial S}{\partial V})_T\right]_V =$ $\left[\frac{\partial}{\partial V}\left(\frac{\partial S}{\partial T}\right)_V\right]_T = \left[\frac{\partial}{\partial T}(\frac{\partial S}{\partial V})_T\right]_V$ 이므로 식 (a)와 (b)의 오른쪽 항을 각각 V와 T로 미분한 값이 같아야 된다. 따라서

$$\frac{1}{T}\frac{\partial^2 U}{\partial V \partial T} = \frac{1}{T}\left[\frac{\partial^2 U}{\partial T \partial V} + \left(\frac{\partial P}{\partial T}\right)_V\right] - \frac{1}{T^2}\left[\left(\frac{\partial U}{\partial V}\right)_T + P\right]$$

가 되고 이를 이항정리하면 결과적으로

$$\left(\frac{\partial U}{\partial V}\right)_T = T\left(\frac{\partial P}{\partial T}\right)_V - P \qquad \text{(c)}$$

가 된다. 그런데 식 (a)는 $\left(\frac{\partial S}{\partial T}\right)_V = \frac{C_v}{T}$ 가 되고 식 (c)를 식 (b)에 대입하면 $\left(\frac{\partial S}{\partial V}\right)_T = \left(\frac{\partial P}{\partial T}\right)_V$

가 된다. 따라서 $dS=\left(\frac{\partial S}{\partial T}\right)_V dT+\left(\frac{\partial S}{\partial V}\right)_T dV$는

$$dS=\frac{C_v}{T}dT+\left(\frac{\partial P}{\partial T}\right)_V dV \text{ 혹은 } TdS=C_v dT+T(\partial P/\partial T)_V dV$$

이 된다.

예제

2nd TdS 방정식, $TdS=C_p dT-T(\partial V/\partial T)_P dP$ 임을 증명하시오.

풀이

계의 독립변수를 T와 P라 하면 $H=f(T,P)$와 $S=g(T,P)$가 성립된다. 따라서

$$dH=\left(\frac{\partial H}{\partial T}\right)_P dT+\left(\frac{\partial H}{\partial P}\right)_T dP$$

가 된다. 이를 $dS=(dH-VdP)/T$ 에 대입하면

$$dS=\frac{1}{T}\left(\frac{\partial H}{\partial T}\right)_P dT+\frac{1}{T}\left[\left(\frac{\partial H}{\partial P}\right)_T-V\right]dP$$

가 된다. 그런데 $dS=\left(\frac{\partial S}{\partial T}\right)_P dT+\left(\frac{\partial S}{\partial P}\right)_T dP$ 이므로 계수끼리 같게 놓으면

$$\left(\frac{\partial S}{\partial T}\right)_P=\frac{1}{T}\left(\frac{\partial H}{\partial T}\right)_P \quad \text{(a)}$$

$$\left(\frac{\partial S}{\partial P}\right)_T=\frac{1}{T}\left[\left(\frac{\partial H}{\partial P}\right)_T-V\right] \quad \text{(b)}$$

위 예제와 마찬가지로 2차 미분값을 만들어 같게 놓고 정리하면

$$\left(\frac{\partial H}{\partial P}\right)_T = -T\left(\frac{\partial V}{\partial T}\right)_P + V \qquad \text{(c)}$$

가 된다. $\left(\frac{\partial H}{\partial T}\right)_P = C_p$가 되고 식 (c)를 식 (b)에 대입하여 이를 $dS = \left(\frac{\partial S}{\partial T}\right)_P dT + \left(\frac{\partial S}{\partial P}\right)_T dP$ 에 대입하면

$$TdS = C_p\, dT - T(\partial V/\partial T)_P dP$$

가 된다.

예제

고체의 열탄성효과(Thermoelastic effects) : 고체를 단열 팽창(인장)하면 온도가 내려가고 단열 압축시키면 온도가 올라가는 현상을 실험적으로 발견하였다. 열역학적인 측면에서 고체를 단열 상태에서 인장응력을 가할 경우(adiabatic elastic expansion)의 온도 변화, $(dT/dl)_q$를 Maxwell 관계를 이용하여 구해보자.

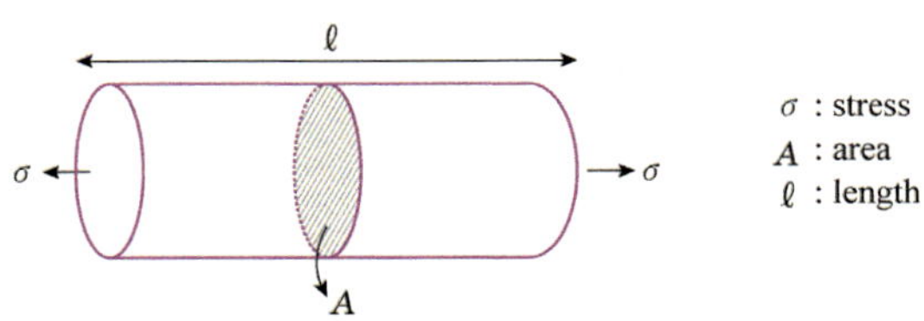

[고체의 단열 팽창 및 인장]

풀이

단열인장이므로 고체의 내부 에너지 변화량은 $dU = A\sigma d\ell$ (인장응력의 경우 : $\sigma < 0$, 압

축응력의 경우 : $\sigma > 0$)이 된다. 그런데 U는 상태함수이므로 U를 T와 V의 함수, $U=f(T,V)$로 나타내면 다음과 같이 쓸 수 있다.

$$dU=\left(\frac{\partial U}{\partial T}\right)_V dT+\left(\frac{\partial U}{\partial V}\right)_T dV=C_V dT+\left(\frac{\partial U}{\partial V}\right)_T dV \tag{a}$$

$$=C_V dT+\left(\frac{\partial U}{\partial \ell}\right)_T d\ell \quad (\because dV=Ad\ell)$$

그런데 U의 조합 방정식, $dU=TdS+A\sigma d\ell$에서 길이 변화에 따른 내부 에너지 변화량은

$$\left(\frac{dU}{d\ell}\right)_T=T\left(\frac{dS}{d\ell}\right)_T+A\sigma \tag{b}$$

이 된다. 또한 $dF=-SdT+A\sigma d\ell$로부터 Maxwell관계식을 도출하면 $\left(\frac{\partial S}{\partial \ell}\right)_T=-A\left(\frac{\partial \sigma}{\partial T}\right)_\ell$ 이 되고 이를 식 (b)에 대입하면

$$\left(\frac{dU}{d\ell}\right)_T=-\mathrm{AT}\left(\frac{\partial \sigma}{\partial \mathrm{T}}\right)_\ell+\mathrm{A}\sigma \tag{c}$$

가 된다. 따라서 식 (a)는

$$dU=C_V dT+\left\{A\sigma-AT\left(\frac{\partial \sigma}{\partial T}\right)_\ell\right\}d\ell \tag{d}$$

과 같이 표현된다. 그런데 $\mathrm{dU}=\mathrm{A}\sigma\mathrm{d}\ell$과 (d)로부터 $A\sigma d\ell=C_V dT+A\sigma d\ell-AT\left(\frac{\partial \sigma}{\partial T}\right)_\ell d\ell$ 이 성립하므로

$$\left(\frac{dT}{d\ell}\right)_{q=0}=\frac{AT}{C_V}\left(\frac{\partial \sigma}{\partial T}\right)_\ell \tag{e}$$

이 된다. 여기에 σ, T와 l에 대해 변환식(transformation formula)을 적용하면

$$\left(\frac{\partial \sigma}{\partial T}\right)_{\ell} = -\left(\frac{\partial \sigma}{\partial \ell}\right)_{T}\left(\frac{\partial \ell}{\partial T}\right)_{\sigma} = -\epsilon\alpha$$

(ϵ:Young's Modulus, α:Thermal Expansion coefficient)와 같이 되고 따라서 식 (e)는 $\left(\frac{dT}{d\ell}\right)_{Q=0} = -\frac{AT}{C_V}\epsilon\alpha$로 열역학 적으로 인장응력이 가해질 경우는 온도가 내려가고 압축의 경우는 온도가 올라가게 됨을 알 수 있다.

1.3.2 Clausius Inequality

Rudolf Clausius(1822~1888)

(1) Carnot Cycle

역사적으로 보면 열역학이라는 학문이 증기기관 엔진의 발견과 더불어 이를 이해하기 위해 집중적으로 연구되었기 때문에 엔트로피의 개념도 아마 카노트 순환과정(Carnot cycle)에서 유래하지 않았나 여겨진다. Carnot 엔진은 [그림 1.3]과 같이 가역적인 과정으로 순환하는 엔진을 말한다. 예를 들면 [그림 1.3(a)]와 같이 ab 과정에서는 온도를 T_2로 유지시키면서 등온 팽창을 하여 외부(reservoir)로부터 Q_2의 열을 흡수하고, bc과정에서는 단열팽창으로 열의 이동없이 계의 온도를 T_2에서 T_1으로 낮춘 후, 다시 cd 과정에서 T_1으로 등온 압축하면서 Q_1의 열을 내놓고, 마지막으로 단열압축과정인 da로 원래의 상태로 돌아가는 순환과정이다. 이 과정에서 엔진은 Q_2의 열을 받고 Q_1의 열을 내놓았으며 사각형 내의 면적에 해당하는 기계적일을 하게 된다. 이를 도식적으로 나타내면 [그림 1.3(b)]와 같이 된다. 즉 온도가 T_2인 reservoir로부터 Q_2의 열을 받아 [그림 1.3(a)]의 사각형 면적에 해당되는 순 일, W를 하고 온도가 T_1인 reservoir로 Q_1의 열을 돌려주게 된다.

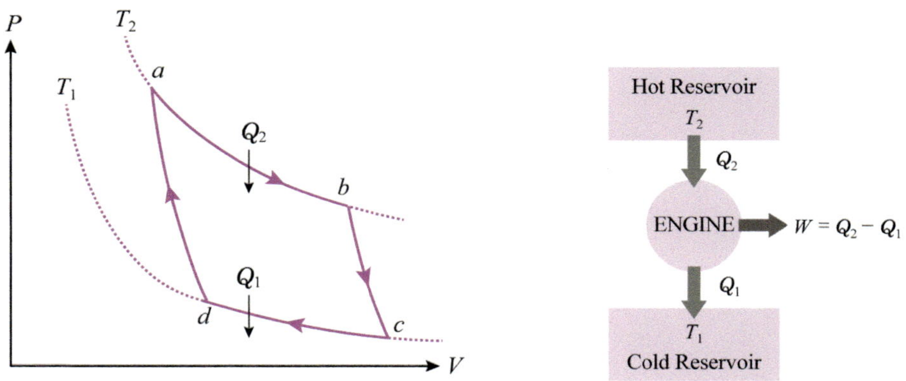

(a) Carnot 과정의 P-V 그래프

(b) Carnot 과정의 도식적인 그림

[그림 1.3]

여기서 Q는 상태함수가 아니기 때문에 순환과정에서 $\oint dq \neq 0$이지만 dQ/T 값은 상태함수가 됨을 발견하였다. 즉 엔트로피(dQ/T)는 순환과정에서 "0"이 되어 $\oint \frac{dq}{T} = 0$ 이 성립됨을 발견하였다. 따라서 Carnot 과정에서

$$Q_2/T_2 + Q_1/T_1 = 0 \text{ 혹은 } Q_2/T_2 = -Q_1/T_1 \tag{1-30}$$

이 성립한다.

예제

이상기체를 아래 그림과 같이 Ⓐ과정과 Ⓒ과정에서는 각각 단열압축, 단열 팽창을 하고 Ⓑ과정과 Ⓓ과정에서는 각각 등온 팽창, 등온 압축을 하는 Carnot엔진(예 자동차 엔진)에서 다음 물음에 답하시오.

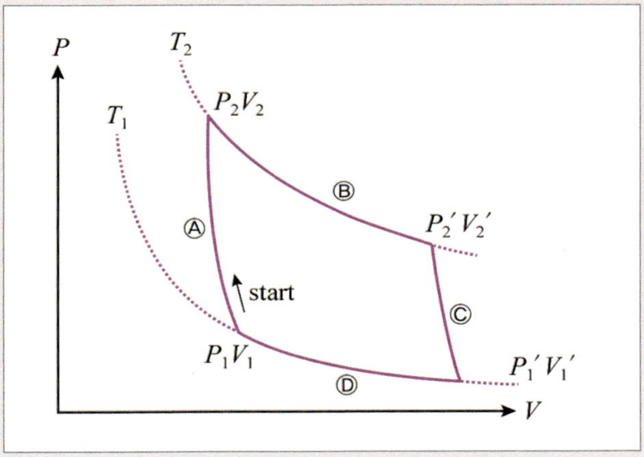

(1) 등온 과정(Ⓑ와 Ⓓ)에서 흡수한 열과 한 일의 양을 구하시오.

풀이

1몰의 이상기체는 등온과정의 경우 $PV=RT$의 관계를 가지고 있다. 또한 온도가 일정하므로 내부에너지의 변화는 없다. 따라서 $dU=\delta Q+dW=0$ 즉 $\delta Q=-dW$이다.

$$\text{계에 한 일의 양} = -\int_{V_i}^{V_f} PdV = -RT\int_{V_i}^{V_f}\frac{dV}{V} = -RT\ln\frac{V_f}{V_i}$$

계가 흡수한 열$=-dW=RT\ln\dfrac{V_f}{V_i}$ (여기서 V_i는 초기 부피, V_f는 최종 부피)

따라서 Ⓑ과정의 경우 : $dW_2=-RT_2\ln\dfrac{V_2}{V_2}$ $\qquad \delta Q_2=RT_2\ln\dfrac{V_2}{V_2}$

Ⓓ과정의 경우 : $dW_1=RT_1\ln\dfrac{V_1}{V_1}$ $\qquad \delta Q_1=-RT_1\ln\dfrac{V_1}{V_1}$

(2) 단열 과정(Ⓐ와 Ⓒ)에서 흡수한 열과 계가 한 일의 양을 구하시오.

풀이

단열과정이므로 흡수한 열의 양=0이다. 따라서 $dU=dW$가 성립된다. 그런데

$$dU=(\partial U/\partial T)_V dT+(\partial U/\partial V)_T dV=C_v dT+(\partial U/\partial V)_T dV=dW$$

이고 내부에너지는 온도의 함수이므로 $(\partial U/\partial V)_T=0$이되어 결국

$$C_v dT=dW$$

가 된다. 즉

계에 한 일의 양$=C_v(T_f-T_i)$

계의 에너지 변화량$=C_v(T_f-T_i)$

따라서 Ⓐ과정의 경우 : $dW=C_v(T_2-T_1)$ $\quad dU-C_v(T_2-T_1)$

Ⓑ과정의 경우 : $dW=C_v(T_1-T_2)$ $\quad dU-C_v(T_1-T_2)$

(3) 단열과정에서 온도와 부피의 관계를 구하시오.

풀이

단열과정에서의 계에 한 일의 양은 $C_v dT$이고 이는 기계적인 일이므로 $-PdV$와 같다. 즉

$$C_v dT=-(RT/V)dV$$

인 관계가 성립된다. 따라서

$$\frac{V_f}{V_i}=\left(\frac{T_f}{T_1}-C_\nu/R\right) \qquad \text{(단열과정)}$$

(4) **단열과정과 등온과정에서의 P 와 V 의 관계를 생각해 보시오.**

풀이

단열과정의 경우 위 식으로부터 $V = I_o T^{-C_v/R}$ 인 관계가 됨을 알 수 있다. 그런데 이상기체는 $PV = RT$ 이므로 이를 대입하면

$$PV^{1+(R/C_v)} = I'_o$$

인 형태로 위 P-V 그래프에서 보는 바와 같이 과정 Ⓐ와 과정 Ⓒ는 등온과정에 비해 압력의 변화가 급격하게 그려진다. 반면 등온과정(과정 Ⓑ와 과정 Ⓓ)은 $PV = RT$ 가 성립되고 P-V 그래프에서 단열 과정에 비해 압력의 변화가 완만하게 그려진다.

(5) **단열과정에서의 부피비가 $V_2/V_1 = V_2'/V_1'$ 임을 보이시오(단, C_v는 일정).**

풀이

$V_2/V_1 = V_2'/V_1' = (T_2/T_1)^{-C_v/R}$ 따라서 $V_2 : V_2 = V_1 : V$ 가 된다.

(6) $\dfrac{q_2+q_1}{q_2} = \dfrac{T_2-T_1}{T_2}$ **관계가 성립됨을 증명하시오.**

풀이

한 순환을 돌았을 때 총 에너지 변화는 없다. 즉 $dU = 0$이다. 혹은 $dQ = -dW$ 이다. 문항(1)로부터

총 흡수한 열량 $= Q_1 + Q_2$ (두 등온과정에서의 흡수열)

$$\text{계에 한 일의 총양} = -RT_2\ln\left(\frac{V_2'}{V_2}\right) + RT_1\ln\left(\frac{V_1'}{V_1}\right) = -R(T_2-T_1)\ln\left(\frac{V_2'}{V_2}\right) \quad \text{(a)}$$

여기서 단열과정에서의 일은 문항(2)에 의해 서로 상쇄되었다. 따라서 총 흡수 열량은 다음과 같이 된다.

$$Q_1 + Q_2 = R(T_2 - T_1)\ln\left(\frac{V_2'}{V_2}\right) \tag{b}$$

그런데 문항(1)에서

$$Q_2 = RT_2 \ln\left(\frac{V_2'}{V_2}\right) \tag{c}$$

이므로 식 (c)와 식 (b)로부터 다음과 같이 됨을 알 수 있다.

$$\frac{Q_2 + Q_1}{Q_2} = \frac{T_2 - T_1}{T_2} \tag{d}$$

여기서 $Q_1 + Q_2$ 는 계가 한 총일의 양에 해당되므로 이 값은 엔진의 효율과 같게 된다.

(7) 예제 (6)의 결과로부터 $\dfrac{Q_1}{T_1} + \dfrac{Q_2}{T_2} = 0$이 됨을 증명하시오.

풀이

문항 (6)의 식 (d)를 정리하면 $1 + \dfrac{Q_1}{Q_2} = 1 - \dfrac{T_1}{T_2}$이 되고 이는 다시 아래와 같이 된다.

$$\frac{Q_1}{Q_2} = -\frac{T_1}{T_2}$$

(2) 절대온도의 개념

Sir William Thompson(Lord Kelvin) Belfast 1824–Ayrshire 1907

만약 [그림 1.4]와 같은 일련의 엔진들이 서로 연결되어 바로 위 엔진의 열(Q_{n+1})을 받아서 바로 아래에 있는 엔진에 열(Q_n)을 주고 주변에 같은 양 만큼의 일(W)을 하는 직렬로 연결 된 Carnot 엔진들을 생각하면 모든 n에 대해

$$Q_{n+1} - Q_n = W \tag{1-31}$$

이 성립한다. 여기서 편의상 열과 일의 방향이 [그림 1.4]의 화살표 방향을 양의 값으로 하도록 한다. Carnot 엔진의 경우 모든 n에 대해 $T_n/Q_n = T_{n+1}/Q_{n+1} = x$($x$는 상수)인 관계가 성립하므로 식 (1-29)는 다음과 같이 표현된다.

$$T_{n+1} - T_n = xW \tag{1-32}$$

여기서 $xW = 1°K$가 되도록 하면 절대온도 기준을 잡을 수 있다. 또한 식 (1-32)로부터

$$T_n = T_{n+1}(1 - W/Q_{n+1}) \tag{1-33}$$

이 되고 Kelvin의 법칙에 의해 $W < Q_{n+1}$이기 때문에 절대로 온도는 음의 값을 가질 수 없다.

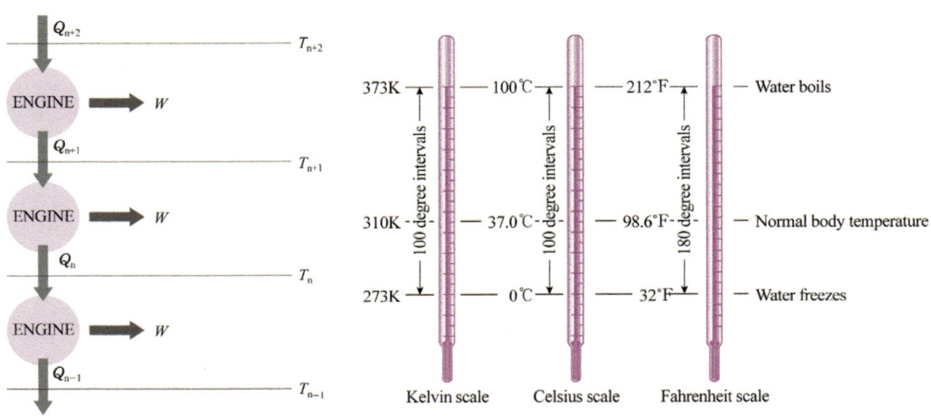

[그림 1.4] 열역학 절대온도(Kelvin)와 이상기체 온도척도의 등가

(3) 임의의 과정

Clausius inequality는 열역학 제 2 법칙을 식 (1-22)와 같이 전체 고립계의 측면에서 정의하는 것이 아니고 우리가 관심 있는 특정한 계에 대하여 규정한 법칙이라고 볼 수 있다. 우리가 관심있는 임의의 가역과정의 상태변화는 [그림 1.5]와 같은 수많은 Carnot 순환과정의 합으로 표현 할 수 있다. 즉 다음과 같은 관계식이 성립된다.

$$\oint \frac{Q_{rev}}{T} = \sum_i \frac{Q_{rev}}{T} \qquad (1\text{-}34)$$

그러나 "일반적인 계에서 비가역적인 반응을 포함하는 모든 순환과정(cyclic process)에서 $\delta Q/T$의 합은 "0"보다 같거나 작다"는 것을 발견하였다. 즉 인생에서 경험했듯이 들어오기(+)는 어려워도 나가기(−)는 쉽다는 머피의 경험법칙과 일치한다. 이를 수식적으로 표현하면

$$\oint \frac{Q_{rev}}{T} \leq 0 \quad \text{[system]} \qquad (1\text{-}35)$$

가 된다. 이를 Clausius inequality*라고 부르고 열역학 제 2 법칙의 일반적인 표현이다. 이 표현은 고립계가 아니라 특정계인 점에 유의하기 바란다. 고립계로 보면 역시 $dS > 0$이 되어야 한다.

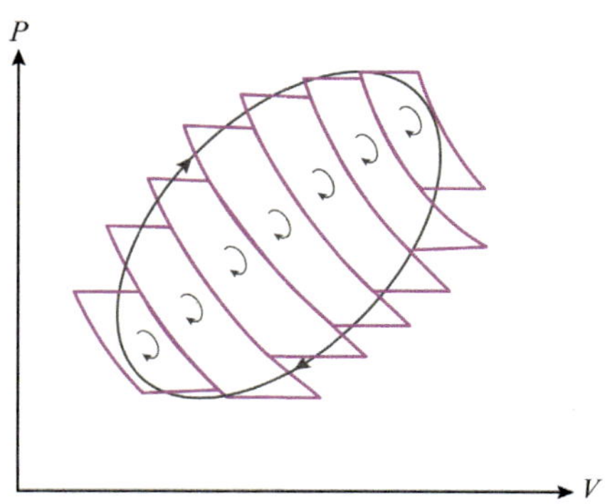

[그림 1.5] Carnot 과정으로 구성된 일반적인 과정

보충설명

■ Clausius inequality의 증명

[그림 A(a)]와 같이 작동하는 임의의 시스템을 생각해 보자. 이는 도식적으로는 [그림 (b)]와 같이 된다. 즉 온도가 T_1, T_2인 RESERVOIR로부터 각각 Q_1과 Q_2의 열을 흡수해서 W의 일을 하고 Q_o 만큼의 열을 온도가 T_o인 RESERVOIR에게 주는 시스템(path I)을 생각해보자. 여기에 엔진 A는 $Q_{1A}=-Q_1$가 되도록 온도가 T_o인 RESERVOIR에서 Q_{oA}를 뺏어오고 엔진 B는 $Q_{2B}=-Q_2$가 되도록 온도가 T_o인 RESERVOIR에서 Q_{oB}를 뺏어오며 각각 W_A와 W_B의 일을 한다. 즉 그림(b)와 같이 path I에 path II와 III를 더 돌리면 결국 엔진은 원위치에 오게 된다. 열역학 제 1법칙의 측면에서 보면 $Q_o-Q_{oA}-Q_{oB}=W_A+W_B-W$이면 된다. 그러나 열역학 제 2법칙은 열을 일로 바꾸거나 일을 열로 바꿀 수 없다(Kelvin statement)! 따라서 열은 계에서 나가야 한다. 즉

$$Q_o+Q_{oA}+Q_{oB}<0 \tag{a}$$

이 성립되어야 한다. 여기서 계에서 방출되는 경우는 음수값을 갖는다. 그런데 Carnot 엔진의 성격상 다음 관계가 성립한다.

$$\frac{Q_{1A}}{T_1}+\frac{Q_{oA}}{T_o}=0 \quad [Q_{1A}=-Q_1]$$

$$\frac{Q_{2B}}{T_2}+\frac{Q_{oB}}{T_o}=0 \quad [Q_{2B}=-Q_2]$$

따라서

$$Q_{0A}=T_0\left(\frac{Q_1}{T_1}\right)$$

$$Q_{0B}=T_0\left(\frac{Q_2}{T_2}\right)$$

가 성립되고 이를 식 (a)에 대입하여 정리하면 결국

$$\frac{Q_0}{T_0}+\frac{Q_1}{T_1}+\frac{Q_2}{T_2}\leq 0$$

이 된다.

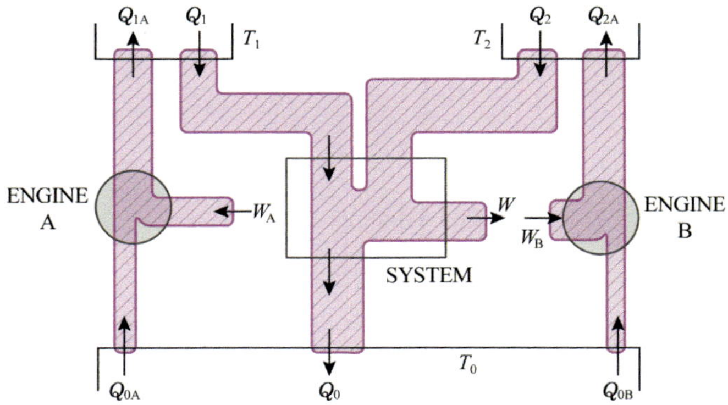

(a) 열 엔진의 도식적 구조

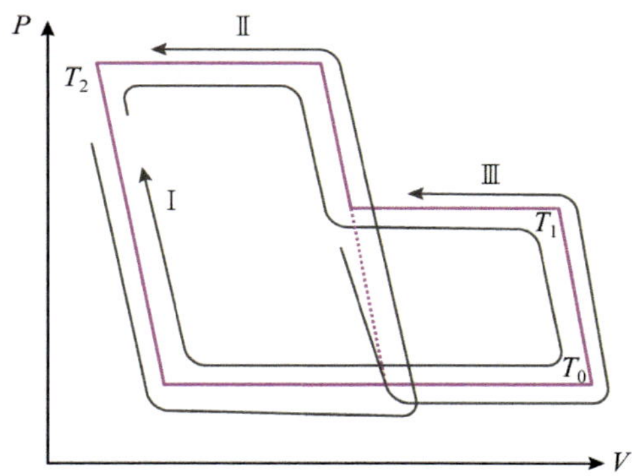

Ⅰ + Ⅱ + Ⅲ = 0

(b) 열 엔진의 P-V 그래프

[그림 A]

▪ Clausius inequality를 이용한 엔트로피 증가의 법칙 증명

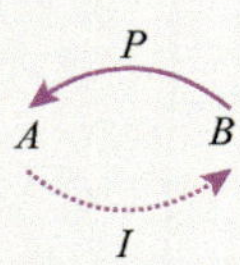

만약 아래 그림과 같이 A에서 B 까지는 단열상태에서 비가역적인 과정으로 가고 다시 B 에서 A 까지는 가역적인 과정으로 진행하는 경우에 Q/T를 적분하여 보면

$$\int_I \frac{\delta q}{T} + \int_R \frac{\delta q}{T} \leq 0$$

가 된다. 그런데 A에서 B 는 단열과정이므로 열의 출입이 없어 $\int_I \frac{\delta q}{T} = 0$이 되고 $\int_I \frac{\delta q}{T} = S$이 된다. 따라서

$$S_B > S_A$$

가 된다.

1.3.3 퇴화일(degraded work)

열역학 제 2 법칙의 다른 표현으로 "모든 비가역적 과정에서는 항상 퇴화일이 내부에서 발생 된다"라고 Guggenheim이 이야기 하였다. 즉 비가역적인 과정의 경우 내부에서 일로 소모되어 가역적인 과정보다 더 적은 일을 외부에 하게 마련이다. 만약 한번은 가역적으로 한번은 비가역적으로 과정을 진행하여 같은 상태로 가게 만들면 내부에너지는 상태함수이므로 그때의 내부 에너지 변화량은 같다. 따라서 두 과정 모두 $dU = dq + dW$ 가 성립되므로

$$\delta Q_{irrev} + \delta W_{irrev} = \delta Q_{rev} + \delta W_{rev} \tag{1-36}$$

가 된다. 식 (1-36)을 정리하면

$$\delta Q_{rev} = \delta Q_{irrev} + (\delta W_{irrev} - \delta W_{rev}) \tag{1-37}$$

가 된다. 여기서 만약 퇴화일, $\Delta W_{degradaded} \equiv \delta W_{irrev} - \delta W_{rev}$ 이라고 정의하면 항상

$$\Delta W_{degradaded} > 0 \tag{1-38}$$

이 성립한다. 그런데 계가 하는 일은 $W < 0$이므로 $|\delta W_{irrev}| < |\delta W_{rev}|$로서 비가역 과정에서는 가역과정에서보다 더 적은 일을 외부로 함을 말한다. 이를 종합하면 식 (1-37)은 다음 식으로 간단히 다시 표시할 수 있다.

$$\delta Q_{rev} = \delta Q_{irrev} + \Delta W_{degradaded} \tag{1-39}$$

여기서 $\Delta W_{degradaded}$은 시스템과 주변과의 에너지 교환에 있어서 비가역적인 정도를 나타내주는 척도로 생각 할 수 있다. 또한 식 (1-38)과 (1-39)로 부터 비가역반응은 가역반응보다 더 적은 열을 흡수하고 더 적은 일을 함을 알 수 있다.

위의 퇴화 일의 개념을 이용하여 엔트로피 증가의 법칙(열역학 제 2 법칙)을 다음과 같은 4가지 경우의 예로 알아보자.

(1) 팽창과정

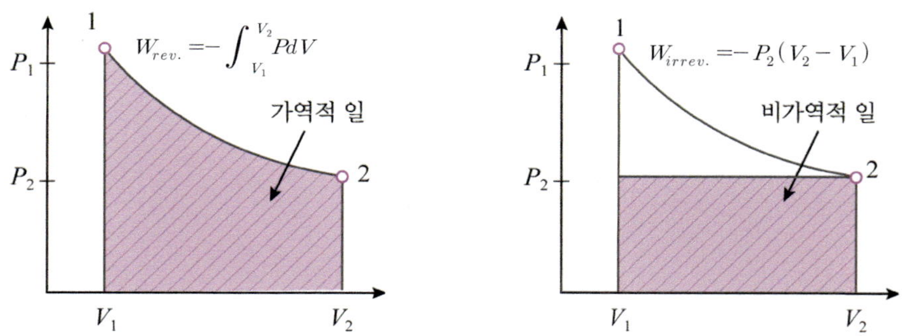

(a) 가역과정 (b) 비가역과정

[그림 1.6] P-V에 의한 일

[그림 1.6]과 같이 어떤 닫힌계에서 상태 1(P_1, V_1)로 있는 가스실린더를 한번은 등온 가역적으로 상태 2(P_2, V_2)로 변화시킨 경우와 다른 한번은 외부압력을 최후 상태 압

력인 P_2로 일정하게 놓고 등온 비가역적으로 V_2 까지 팽창시킨 경우를 놓고 보자. 여기서 가역적으로 진행된 경우 계에 한 일의 양은 $W_{rev}=-\int_{V_1}^{V_2} PdV$이며, 비가역적인 관점의 경우 계에 한 일의 양은 $W_{IRREV.}=-P_2(V_2-V_1)$이다. 따라서 퇴화 일, $\Delta W_{degradaded}=W_{irrev}-W_{rev}>0$이 성립 됨 알 수 있다.

이 경우 비가역적인 과정에서의 계의 엔트로피 변화는 가역과정에서 교환된 열량으로 정의되므로

$$dS_{system}=\frac{\delta Q_{rev}}{T}=\frac{\delta Q_{irrev}}{T}+\frac{\Delta W_{degradaded}}{T} \tag{1-40}$$

가 되고 주변의 엔트로피 변화량은 주변으로부터 δQ_{irrev}을 가져왔으므로

$$dS_{surrounding}=-\frac{\delta Q_{irrev}}{T} \tag{1-41*}$$

가 된다. 따라서 실린더와 주변을 포함하는 전체 계(고립계)로 보면 전체 엔트로피의 변화량은 아래와 같이 0보다 크게 되고 따라서 비가역과정에서는 고립계의 엔트로피가 증가한다는 열역학 제 2 법칙에 부합된다.

$$dS_{isolated}=dS_{syst}+dS_{surr}=\frac{\Delta W_{degradaded}}{T}>0 \tag{1-42}$$

보충설명

- $dS_{surrounding}=-\delta Q_{irrev}/T$

원래 $dSZ\equiv\delta Q_{rev.}/T$로 정의 되나 surrounding은 무한히 큰 계이므로 열의 이동이 전체 surrounding에 영향을 미치지 않을 정도로 미세하여 surrounding의 측면에서 보면 가역적인 과정으로 생각할 수 있다.

예제

위 예에서 $(P_1,\ V_1)$에서 가역적으로 $(P_2,\ V_2)$로 갔다가 비가역적으로 돌아오는 경우와 반대로 비가역적으로 먼저가고 가역적으로 원래로 오는 경우에 대해 Clausius inequality를 생각해 보시오.

풀이

비가역적으로 갔다가 가역적으로 오는 경우는 $\frac{dQ_{irrev}}{T}+(-\frac{dQ_{rev}}{T})<0$이 된다. 그러나 반대방향은 비가역 등온 과정의 열을 알 수 없다. 그러나 이것도 음의 값을 가질 것이다.

(2) 용해과정

가령 [그림 1.7(a)]와 같이 얼음(0℃)을 5℃ 되는 물에 넣었을 때 얼음이 녹는 비가역 자발반응(spontaneous process)과 [그림 1.7(b)]와 같이 0℃의 물에 넣었을 때 얼음이 녹는 가역반응(reversible process)에서의 각각의 엔트로피 변화에 대해 알아보자.

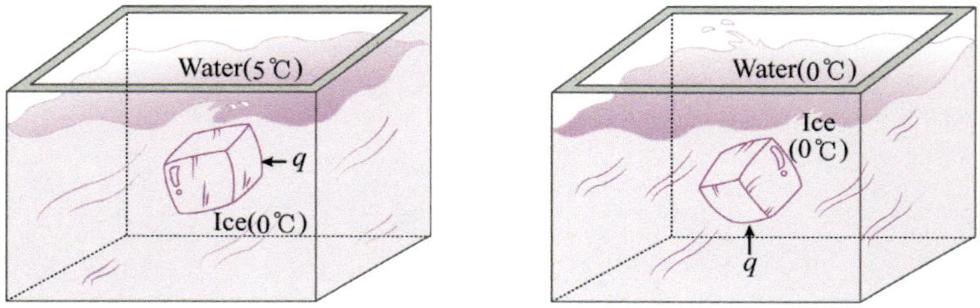

(a) 얼음의 비가역적인 용해 (b) 가역적인 용해

[그림 1.7]

■ 비가역적 용해(Spontaneous Process)

얼음의 엔트로피 증가량은 $\Delta S_{ICE}=\frac{Q}{273}$이 되고 물의 엔트로피 변화량은 $\Delta S_{water}=-\frac{Q}{278}$이 되어 총 엔트로피(고립계)의 변화량은 $\Delta S_{TOTAL}=Q\left(\frac{1}{273}-\frac{1}{278}\right)>0$

이 된다. 즉 자발반응의 경우 고립계의 엔트로피는 증가하였다.

- 가역적인 용해(Equilibrium Reversible Process)

얼음의 엔트로피 증가량은 $\Delta S_{ICE} = \frac{Q}{273}$ 이 되고 물의 엔트로피 변화량은 $\Delta S_{water} = -\frac{Q}{273}$ 이 되어 총 엔트로피(고립계)의 변화량은 $\Delta S_{TOTAL} = Q\left(\frac{1}{273} - \frac{1}{273}\right) = 0$ 이 된다. 즉 평형반응의 경우 고립계의 엔트로피는 변화는 없다.

예제

액체금속의 융점이 $T_m = 1100K$라고 가정하자. 이때 Richard's rule을 이용하여 1000K로 과냉각되어 있는 이 액체금속이 등온 응고할 때 ΔS를 구하시오. 이 현상을 열역학 제 2 법칙의 측면에서 논하시오. (Hint Richard's Rule : $\Delta S_{fusion} = \frac{\Delta H_f}{T} \simeq 8.4 J/g \cdot K$)

풀이

Richard's Rule은 $\Delta S_{fusion} = \frac{\Delta H_{fusion}}{T_{m.p}} = 8.4\, Joule/g-atom°k$이므로 $T_{m.p} = 1100K$에서 $\Delta H_{fusion} = 8.4 \times 1100 = 9240 Joule/g.atom = 2200\, cal/mole$가 된다. 따라서 아래 도표로부터

$$\Delta S^{(l\rightarrow s)}_{fusion\ 1000°K} = \int_{1000}^{1100} \frac{(C_{P(l)} - C_{P(s)})}{T} dT - \frac{H_{fusion}}{T_{m.p}}$$

이 되고 만약 $\Delta C_P \simeq 0$라고 가정하면 액체와 고체상태에서 온도변화에 따른 엔트로피 변화는 서로 상쇄되므로 $\Delta S_{fusion} = -\frac{2200}{1100} = -2$이 된다. 그런데 주변의 엔트로피 변화는 $\Delta S_{surr} = \frac{2200}{1000} = 2.2$ 이므로 총 엔트로피 변화는 $\Delta S_{Total} = \Delta S_{sys} + \Delta S_{surr} = 0.2 e.u > 0$ 이다.

따라서 자발반응 > 0!

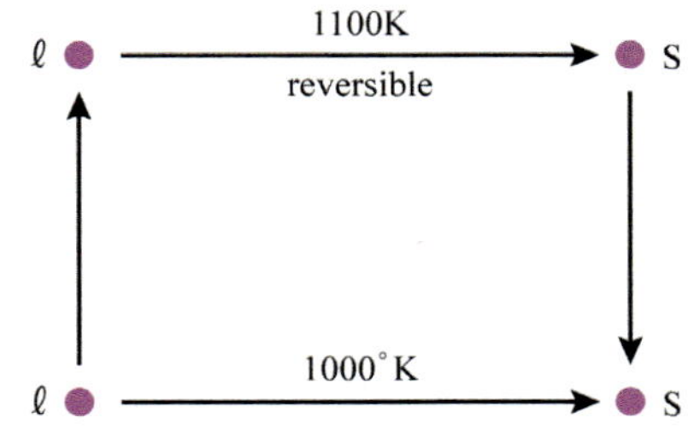

[과냉각 Loop Analysis]

(3) 증발과정(Evaporation)

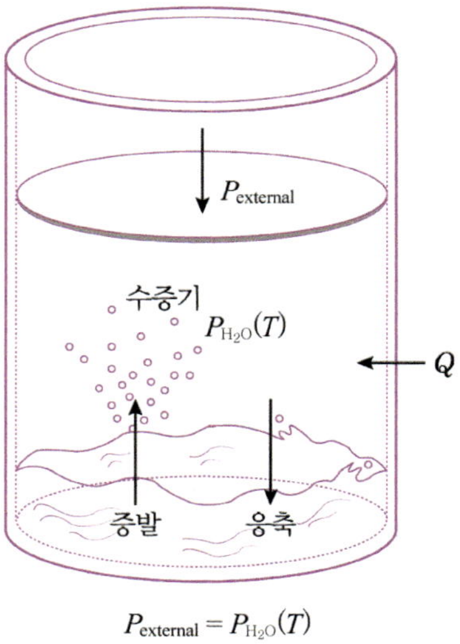

[그림 1.8] 실린더 팽창에 따른 물의 증발

물이 들어있는 피스톤을 팽창시키는데 다음의 두 가지 경로의 일을 생각해보자

① $P_{external} = P_{H_2O}(T)$로 평형을 유지한 채 ΔV만큼 팽창시키는 경우 : 이 때의 내부에너지 변화는 다음과 같다.

$$\Delta U = Q_{rev.} - P_{H_2O}(T)\Delta V \tag{1-43}$$

② $P_{external} = P_{H_2O}(T) - \Delta P$ 로 압력을 낮춰 급히 ΔV 만큼 팽창시키는 경우 : 이 때의 내부에너지 변화는 다음과 같다.

$$\Delta U = Q_{irrev.} - (P_{H_2O} - \Delta P)\Delta V \tag{1-44}$$

그런데 U 는 상태함수(state function)이므로 ΔU 는 두 경로 다 ΔV 팽창 후 실린더 내의 온도와 압력이 같기 때문에 동일한 값을 가진다. 따라서

$$Q_{rev.} = \Delta U + P_{H_2O}(T)\Delta V \tag{1-45}$$

$$Q_{irrev} = \Delta U + (P_{H_2O} - \Delta P)\Delta V \tag{1-46}$$

이 되고 그 차이는

$$Q_{rev} - Q_{irrev} = \Delta P\Delta V = W_{irrev} - W_{rev} = \Delta W_{degradaded} \tag{1-47*}$$

이고 이 값은 양의 값을 가지게 된다.

① 과정(가역과정)의 경우에 계와 주변의 엔트로피 변화는 각각 $\Delta S_{water/vapor} = Q_{rev.}/T$와 $\Delta S_{reservoir} = -Q_{rev.}/T$ 이 되므로 전체 계의 엔트로피 변화는 없게 된다.

$$\Delta S_{TOT} = 0 \tag{1-48}$$

그러나 ②의 경우(자발과정)에 계와 주변의 엔트로피 변화는 각각 $\Delta S_{water/vapor} = Q_{rev}/T$와 $\Delta S_{reservoir} = -Q_{irrevl}/T = -Q_{rev}/T + (W_{irrev} - W_{rev})/T$ 이 되므로 전체 계의 엔트로피 변화는

$$\Delta S_{TOT} = \Delta S_{irrev.} > 0 \tag{1-49}^*$$

이 되어 양의 값을 가지게 된다. 즉 열역학 제 2 법칙에 따라 고립계의 엔트로피는 증가하게 된다. 여기서 $\Delta S_{irrev} \equiv (W_{irrev} - W_{rev})/T$이다.

보충설명

- $W_{max} = -P_{H_2O}(T)\Delta V$ 이고 자발반응으로 갈수록 계에 한 일은 커지고 흡수되는 열은 작아짐을 알 수 있다. 즉 $Q_{rev.} - Q_{irrev} = W_{irrev} - W_{rev}$가 된다. 그러나 물 1몰을 증발시키는데 드는 열량 $Q_{rev.}$로 일정하다. 따라서 자발반응의 경우 $Q_{irrev}(< Q_{rev})$의 열만 흡수했으므로 내부에서 나머지 $Q_{rev.} - Q_{irrev}$의 열이 발생하였음을 알 수 있다. 이와 같이 자발반응의 경우는 내부에서 열이 발생하게 된다. 이는 자발반응의 경향, 즉 ΔP가 클수록 커진다.

- **$\Delta S_{irrev.}$에 관하여…**

  $\Delta S_{degradaded} \equiv (W_{irrev} - W_{rev})/T$ 이다. 실제로 자발반응의 경우 내부에서 열이 발생하는 것이 아니라 갑자기 피스톤을 팽창시키므로서 만들어지는 내부의 혼란에 의해 열을 공급한 것과 같은 효과(즉, $Q_{rev.} - Q_{irrev}$ 만큼의 효과)로 물을 수증기화 시킴을 의미한다. 따라서 외부에서는 q 만큼만 흡수하고 내부의 급팽창 효과로 $Q_{rev.} - Q_{irrev}$ 만큼 보충해서 $Q_{rev.}$에 해당하는 물을 수증기화 해준 셈이다. 따라서 혼돈의 효과로 $(Q_{rev.} - Q_{irrev})/T$ 만큼의 엔트로피를 증가 시켰다.

(4) 응축과정(condensation)

마찬가지로 [그림 1.8]에서 외부에서 $P_{external} + \Delta P$ 를 가해 물 1몰이 응축될 때까지 압축한 후 $P_{external}$ 로 정지시킬 경우를 알아보자. 이때 계가 받는 일의 양은 가역반응의 경우로 "$W_{rev} = P_{external}\Delta V$"이고 비가역 반응의 경우는 "$W_{irrev} = (P_{external} + \Delta P)\Delta V$"이다. 따라서 계의 엔트로피 변화량은 경로에 무관하므로 정의에 의해

$$\Delta S_{water/vapor} = Q_{rev}/T \tag{1-50}$$

그러나 reservoir의 엔트로피 변화량은 실제 열 출입에 의해 결정되므로

$$\Delta S_{reservoir} = -\frac{Q_{irrev}}{T} \tag{1-51}$$

가 된다. 따라서 총 엔트로피 변화량은 아래와 같이 된다.

$$\Delta S_{TOT} = \frac{Q_{rev} - Q_{irrev}}{T} = \frac{\Delta P \Delta V}{T} > 0 \tag{1-52}$$

보충설명

자발반응의 일은 $(P_{external} + \Delta P)\Delta V$ 로 응축에 필요한 최소의 일보다 많은 부분은 시스템에서 열로 퇴화(degradation)됐다고 말할 수 있다. 즉 가역반응의 경우는 $Q_{rev.}(< Q$ 로 1몰의 물을 응축할 때 나오는 열)의 열만 reservoir로 내보내지만 자발반응에서는 $Q(> Q_{rev.})$로 더 큰 열을 내보낸다. 이는 물응축에서 생기는 열, $Q_{rev.}$에다가 자발적인 성격 때문에 내부에서 발생하는 비가역열, $Q - Q_{rev.}$를 합해서 그렇게 된다. 그래서 이 열 중 나가서 엔트로피 감소에 기여하고 나머지 $Q_{irrev - Q_{rev.}}$는 내부엔트로피 증가에 기여한다.

It'll never work!

Closed-cycle mill, 17th century

1.4 열역학 第 三 法則(The 3rd law of Thermodynamics)

Max Karl Ernst Ludwig Planck (1858~1947, 독일)

Hermann Walther Nernst (1864~1941, 독일)

과거 열역학 제 2 법칙이 잘 이해되지 않던 시절에는 한때 발열량(ΔH)의 정도가 자발반응의 정도라고 생각한 시절이 있었다. 열이 발생되는 반응은 자발반응이고 그 발열량의 크기에 비례해서 반응속도도 결정된다고 믿었다. 아마 지금도 열역학을 공부하지 않은 사람들 중에는 그렇게 믿는 사람들이 있을 것으로 생각된다. 그러나 흡열반응이 자발반응이 되는 경우도 실험적으로 발견이 되면서 이 학설이 깨지게 되었다. 실제로 그 후 온도와 압력이 일정할 경우 엔탈피(H)대신 Gibbs 에너지(G)가 감소하는 것이 자발반응의 척도가 된다는 것이 알려졌다. 그러나 온도가 아주 내려가서 절대온도 0K에 가까워지면 실험적으로 [그림 1.9]와 같이 ΔG 값이 ΔH 값에 가까워지는 것이 발견되었다. 그래서 아마 발열량의 정도가 자발반응의 정도라고 이야기 했던 것이 가능했지 않았나 싶다.

엔탈피 변화와 Gibbs 에너지 변화를 정확하게 표현하면

$$\Delta G = \Delta H - T\Delta S = \Delta H + T\left(\frac{\partial \Delta G}{\partial T}\right)_P \tag{1-53}$$

로 쓸 수 있다. 따라서 $(\partial \Delta G/\partial T)_P = 0$이 아니면 $\Delta G \neq \Delta H$ 이기 때문에 실험적 결과로부터 0K 근처에서는

$$\lim_{T \to 0}(\partial \Delta G/\partial T)_P = 0 \quad (1\text{-}54)$$

이 되고, 또한 다시한번 절대온도 0K부근에서는 $\Delta G = \Delta H$ 이기 때문에

$$\lim_{T \to 0}(\partial \Delta H/\partial T)_P = 0 \quad (1\text{-}55)$$

이 성립된다. 이 식들의 의미는 [그림1.9]와 같이 온도가 0K로 낮아지면 ΔG 와 ΔH 값이 평탄하게 됨을 말한다.

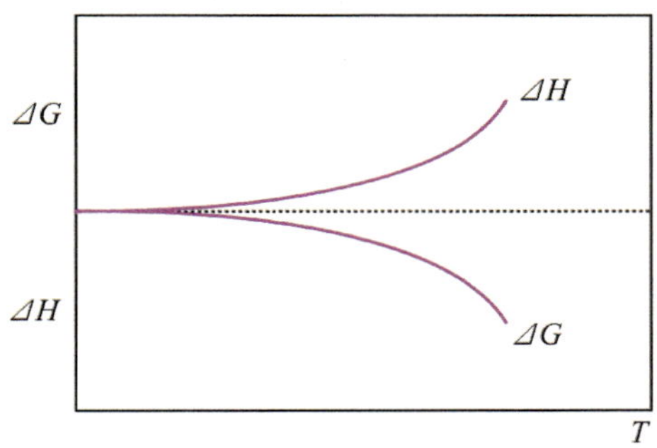

[그림 1.9] 온도에 따른 ΔG와 ΔH

그런데 $(\partial \Delta G/\partial T)_P = \Delta S$ 이기 때문에 식 (1-54)로부터 0K근처에서는 모든 반응의 엔트로피 변화는

$$\lim_{T \to 0} \Delta S = 0 \quad (1\text{-}56)$$

임을 의미한다. 즉 "**절대온도 0° 근처에서 일어나는 모든 반응과정은 엔트로피의 변화가 없다**"(Nernst, 1906년). 더 나아가서 식 (1-56)이 모든 반응에 적용되기 위해서는 "**0°K 에서 *평형상태*에 있는 순수한 결정체의 엔트로피는 0 이다**"(Planck)라고 할 수 있다. 즉

$$\lim_{T\to 0} S = 0 \text{ [열역학 제 3 법칙]} \tag{1-57}$$

이 된다. 이를 열역학 제 3 법칙이라고 부르며 이는 물질의 엔트로피의 절대량을 정의해 주는 중요한 법칙이다. 따라서 절대온도 0°에서 모든 순수한 물질은 $S=0$ 이므로 만약 물질을 가역적으로 부피를 일정하게 해주거나 혹은 압력을 일정하게 유지한 채 온도 T로 올려주는 경우 그 온도에서의 엔트로피 값은 각각

$$S_T = \int_0^T \frac{C_v}{T} dT \tag{1-58)*$$

혹은

$$S_T = \int_0^T \frac{C_p}{T} dT \tag{1-59)*$$

가 된다. 그래서 열역학 제 3법칙에 의해 우리는 원하는 온도에서 물질의 절대 엔트로피의 양을 식 (1-58)이나 식 (1-59)를 이용해 쉽게 계산할 수 있다(상변화가 없을 경우). 그런데 절대 0° 근처에서 물질의 엔트로피 값이 일정 값, 0으로 존재해야 하므로 식 (1-58)과 (1-59)에서

$$\lim_{T\to 0} C_v = \lim_{T\to 0} C_p = 0 \tag{1-60}$$

이 되지 않으면 엔트로피가 ∞로 발산됨을 알 수 있다.

보충설명

■ 상변화가 있을 경우 엔트로피 값

$$S_T = \int_0^{T_m} \frac{C_p}{T} dT + \frac{\Delta H_m}{T_m} + \int_{T_m}^{T_b} \frac{C_p}{T} dT + \frac{\Delta H_b}{T_b} + \int_{T_b}^{T} \frac{C_p}{T} dT$$

(T_m : melting temperature, T_b : boiling temperature)

예제

절대온도 0°에서는 팽창계수, $\beta = 0$임을 증명하시오.

풀이

절대온도 0°에서는 어떤 과정도 엔트로피의 변화가 없으므로 $\lim_{T \to 0} \left(\frac{\partial S}{\partial P} \right)_T = \lim_{T \to 0} \left(\frac{\partial S}{\partial V} \right)_T = 0$ 이 된다. 여기에 Maxwell 관계식을 적용하면 $\lim_{T \to 0} - \left(\frac{\partial V}{\partial T} \right)_P = 0$이 된다.

이와 같이 0K에서는 절대 엔트로피의 값이 0이 되기 때문에 [그림 1.10]의 왼쪽의 상태도는 나타날 수가 없게 된다. 즉, 0K에서는 배열 가능한 경우수가 1개인 순수한 상태나 화학당량의 상태(stoichiometric compound)의 화합물질로만 존재한다. 다시 말하면 같은 구조를 가지는 혼합물의 경우(immiscible solution)는 순수한 상태로 존재고, 금속간 화합물(intermetallic compound)을 만드는 경우는 화합물 구조에 맞는 화학당량의 금속간 화합물 상태(stoichiometric compound)로 있어야만 배열 방법이 1가지가 되어 배열 엔트로피가 0이 된다.

3rd rule of thermodynamics. If all else fails, see rule 1 and 2

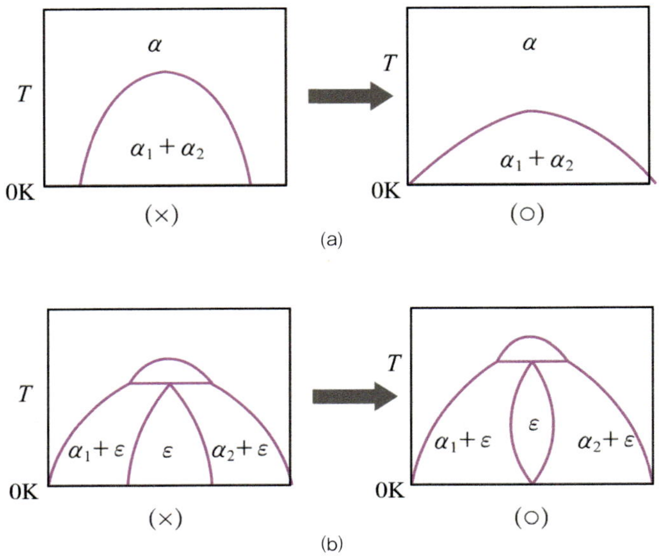

[그림 1.10] 열역학 제 3 법칙에 의해 불가능한 상태도

1.5 조합 방정식(combination equations) 및 보조함수(auxiliary functions)

열역학 제 1 법칙에 의해 내부에너지의 변화, dU는 일반적인 계에서

$$dU = \delta Q + \delta W + \sum \mu_i \mathrm{dn_i} \tag{1-61}$$

와 같이 되며 여기에 열역학 제 2 법칙, 식 (1-23)을 적용하면

$$dU = TdS - PdV + HdM + \varnothing dq + \gamma dA + EdP + \sum_i \mu_i dn_i \tag{1-62}$$

로 표현 할 수 있다. 이를 "조합 방정식(combination equation)"이라고 부른다. 식

(1-62)의 의미는 내부에너지, U가 S, V, M, q, A, P와 n_i의 상태함수임을 나타내 준다. 즉,

$$U = f(S, V, M, q, A, P, n_i) \tag{1-63}$$

이다. 식 (1-63)은 U가 상태함수(state function)*이기 때문에 완전미분(exact differential)이 가능하므로

$$\begin{aligned} dU = & \left(\frac{\partial U}{\partial S}\right)_{V, M, q, A, P, ni} dS + \left(\frac{\partial U}{\partial V}\right)_{S, M, q, A, P, ni} dV \\ & + \left(\frac{\partial U}{\partial M}\right)_{S, V, q, A, P, ni} dM + \left(\frac{\partial U}{\partial q}\right)_{S, V, M, A, P, ni} dq \\ & + \left(\frac{\partial U}{\partial P}\right)_{S, V, M, q, A, ni} dP + \sum \left(\frac{\partial U}{\partial n_i}\right)_{S, V, M, q, A, P, n\ sub\{j \neq i\}} dn_i \end{aligned} \tag{1-64}$$

로 표현될 수 있다. 식 (1-63)과 식 (1-64)를 비교하면 온도(T), 압력(P), 자기장의 세기(H), 표면장력(γ) 및 화학포텐샬(μ_i)* 등과 같은 시강변수(intensive variable)들의 열역학적인 정의가 다음과 같음을 발견 할 수 있다.

$$(\partial U/\partial S)_{V, M, q, A, n_i} = T \tag{1-65*}$$

$$-(\partial U/\partial V)_{S, M, q, A, n_i} = P \tag{1-66}$$

$$(\partial U/\partial M)_{S, V, q, A, n_i} = H \tag{1-67}$$

$$(\partial U/\partial A)_{S, V, M, q, n_i} = \gamma \tag{1-68}$$

$$(\partial U/\partial q)_{S, V, M, A, n_i} = \Phi \tag{1-69}$$

$$(\partial U/\partial n_i)_{S, V, M, q, A, n_{j \neq i}} = \mu_i \tag{1-70}$$

보충설명

■ exactness

경로에 무관한 값을 가지는 상태함수(state function)는 그 미분 값이 exact하다. 즉 $df = g(A,B)dA + h(A,B)dB$ 에서 $(\partial g/\partial B)_A = (\partial h/\partial A)_B$ (Maxwell relation)가 성립된다.

즉, $dU(P,V) = \left(\frac{\partial U}{\partial P}\right)_V dP + \left(\frac{\partial U}{\partial V}\right)_P dV$ 에서 $\frac{\partial}{\partial V}\left[\left(\frac{\partial U}{\partial P}\right)_V\right]_P = \frac{\partial}{\partial P}\left[\left(\frac{\partial U}{\partial V}\right)_P\right]_V$ 가 성립된다.

■ chemical potential, μ_i란?

이미 우리는 열역학 제 일 법칙에서 $\mu_i = (dU/dn_i)_{S,V,q,A,M,n_{j\neq i}}$ 임을 알았다. 그러나 우리는 곧 μ_i를 다른 방식으로도 정의할 수 있음을 알 수 있다. 즉,

$$\mu_i = (dG/dn_i)_{T,P,q,A,M,n_{j\neq i}}$$
$$\mu_i = (dH/dn_i)_{S,P,q,A,M,n_{j\neq i}}$$
$$\mu_i = (dF/dn_i)_{T,V,q,A,M,n_{j\neq i}}$$

와 같이 정의 할 수도 있다. 실제로 재료분야에서는 온도와 압력을 변수로 주로 사용하기 때문에 G에 의한 화학 포텐샬의 정의를 주로 사용한다.

■ electrochemical potential, $\tilde{\mu}_i$란?

전하를 띤 원소의 화학 포텐샬, μ_i는 진정한 의미의 에너지가 아니라 전하를 무시하였을 경우, 원소첨가에 따른 에너지 증가량에 해당한다. 따라서 전하를 띤 원소들을 다룰 때는 화학 포텐샬은 의미가 없다. 전하를 띤 원소를 다룰 경우는 항상 전기화학 포텐샬, $\tilde{\mu}_i$의 측면에서 정의 되어야 한다.

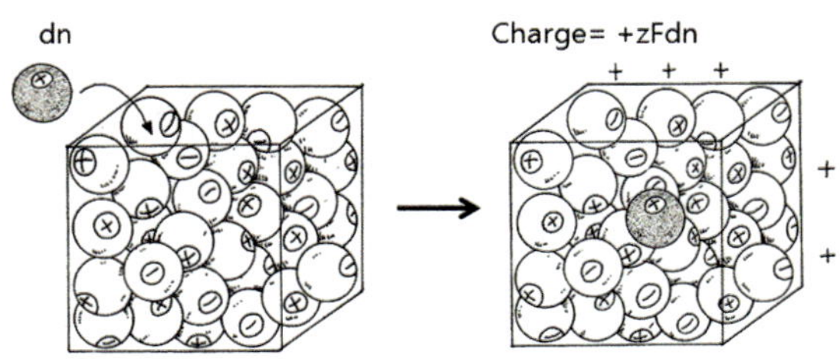

[그림 A] 전하를 띤 원소를 계에 주입 할 때의 전체 계의 전하 변화

■ **열린계에서의 Gibbs 에너지의 변화**

$$dG = VdP - SdT + HdM + \gamma dA + \Phi zFdn_j + \sum_i \mu_i dn_i$$

에서 다른 변수들을 고정하고 전하를 띤 원소 j를 dn_j몰 첨가 할 경우, 그에 따라 원소 j를 중성으로 생각했을 때의 화학 포텐셜 증가 외에 계의 총 전하량이 변하여 전기적인 에너지가 변하므로 발생되는 Gibbs 자유에너지 증가율을 합한

$$\left(\frac{dG}{dn_j}\right)_{T,P,M,A,n_{j\neq i}} = \mu_j + zF\Phi$$

가 된다. 이를 전기화학 포텐샬이라고 정의하였다.

■ **열역학의 온도란?**

식 (1-65)로부터 온도는 $T = (\partial U/\partial S)_V$ 가 되므로 온도란 "계의 엔트로피를 증가시킬 때 그에 따른 계 에너지의 증가분"이라고 정의 할 수 있다. 온도가 서로 다른 두 물질을 접촉시킬 경우 열은 높은 온도에서 낮은 온도 쪽으로 흐른다. 이는 온도의 정의, $(\partial U/\partial S)_{V...}$ 측면에서 보면 같은 열(즉 $dU = q$ 이므로 같은 내부에너지 변화)에 대해 엔트로피의 증가 분 $(\delta Q/T)$이 큰 쪽이 낮은 온도라는 우리의 상식에 합치된다.

이때 식 (1-62)에서 보면 S, V, M, q, A, P, n_i는 시량변수*(示量變數, extensive property)이고 T, P, H, Φ, γ, E, μ_i는 시강변수*(示强變數, intensive property)임을 발견할 수 있다. 다시 말하면 U 를 반응량으로 미분해 주면 그 반응에 대한 자극의 정도가 나온다는 것을 말해준다. 이와 같이 어떤 함수(여기서는 U)가 시량변수 만의 독립변수로 표현되면 이를 동초함수(homogeneous function)라고 부르며 나아가서 이 함수가 1차 미분함수(lst order homogeneous function)로 표현되는 경우 ***Euler's Theorem****이 적용되어 그 함수의 절대 값을 알 수 있다.

따라서 Euler's Theorem[*]에 의해 식 (1-62)는 다음과 같이 쓸 수 있다.

$$U = TS - PV + HM + \varnothing q + \gamma A + \sum_i \mu_i n_i \tag{1-71}$$

식 (1-71)은 완전 미분(perfect differential)이 가능하므로

$$dU = (TdS + SdT) - (PdV + VdP) + (HdM + MdH) + \cdots \tag{1-72}$$

과 같이 쓸 수 있다. 식 (1-62)와 식 (1-72)를 비교하면

$$SdT - VdP + MdH + qd\varnothing + Ad\gamma + \sum_i n_i d\mu_i = 0 \tag{1-73}$$

이 됨을 알 수 있다. 식 (1-73)을 Gibbs-Duhem 방정식이라고 부른다.

보충설명

- **extensive/intensive properties**

시량변수는 양이나 크기와 같이 합하면 그 양이 선형적으로 더해지는 성격을 가지는 변수이고 시강변수는 합칠 수 없는 성질을 가진 변수이다.

Gibbs energy와 같은 함수는 $dG = VdP - SdT + HdM + \Phi dq + \gamma dA + \sum \mu_i dn_i$ 로 표현되며 M, q, A, n_i와 같은 시량변수 외에 P, T와 같은 시강변수를 포함하기 때문에 동초함수가 아니라서 Euler's Theorem 이 적용되지 않는다.

- **Euler theorem 의 증명**

$U = f(S, V, M, A, q, P, n_i)$와 같은 일차 동초함수(1st order homogeneous equation)인 경우 $U(\alpha S, \alpha V, \alpha M, \alpha A, \alpha q, \alpha n_i) = \alpha U$와 같이 쓸 수 있다. 따라서 $\beta \ll 1$인 경우 $U((1+\beta)S,$

$(1+\beta)V,(1+\beta)M,\ \cdots\ )=(1+\beta)U$가 되는데 이 식을 Taylor expansion하면 $U((1+\beta)S,$ $(1+\beta)V,(1+\beta)M,\cdots\ )=U(S,V,M\cdots)+\left(\frac{\partial U}{\partial S}\right)\beta S+\left(\frac{\partial U}{\partial V}\right)\beta V+\cdots=(1+\beta)U$ 와 같이 쓸 수 있다. 그런데 식 (1-65)~(1-70)으로부터 $\left(\frac{\partial U}{\partial S}\right)=T,\ \left(\frac{\partial U}{\partial V}\right)=-P,\cdots$이 성립되므로 $U=TS-PV+HM+\gamma A+\Phi q+\mu_i n_i$가 된다.

식 (1-71)의 내부에너지에서 기계적인 일에 의한 에너지을 제외한 내부 에너지 함수를 엔탈피(Enthalpy)라고 정의하면 식 (1-9)에서와 같이 엔탈피, H 는

$$H\equiv U+PV \tag{1-74}$$

와 같이 표현된다. 마찬가지로 내부에너지에서 열에 의한 에너지 값을 제외한 내부에너지는 Helmoltz 에너지라고 부르며 Helmoltz 에너지, F 는

$$F\equiv U-TS \tag{1-75}$$

로 정의 된다. 또한 내부에너지에서 기계적인 일과 열에 의한 에너지를 제외한 내부에너지를 Gibbs 에너지라고 부르며 이는

$$G\equiv H-TS=F+PV \tag{1-76}$$

와 같이 정의 한다. 실제로 열과 기계적일 이외의 다른 일들을 많이 다루는 재료분야에서는 Gibbs 에너지를 많이 사용한다.

이와 같은 보조함수들은 나중에 설명하는 바와 같이 사용분야에 따라 수학적인 표현이 편리하도록 고안된 함수들이다. 여러분도 만약 더욱 편리한 보조함수를 만들어낼 수 있으면 얼마든지 여러분의 이름을 붙인 함수를 만들 수 있습니다. 그러면 이러한 보조함

수들이 어떻게 조합방정식(combination equation)과 관련하여 확장된 조합함수(extended combination equation)[*]를 만드는 지를 알아보기로 하자. 식 (1-76)의 Gibbs 자유에너지함수는 상태함수이기 때문에 미분하면 완전미분이 가능하여

$$dG = dU + PdV + VdP - TdS - SdT \tag{1-77}$$

로 쓸 수 있다. 여기에 열역학 제 1 법칙에 의한 dU, 식 (1-62)를 대입하면

$$dG = -SdT + VdP + HdM + \gamma dA + \varnothing dq + EdP + \sum_i \mu_i dn_i \tag{1-78}$$

와 같이 나타낼 수 있다. 식 (1-78)을 Gibbs 에너지함수의 확장된 조합함수라고 부르며 이를 살펴보면 G 는 온도와 압력과 다른 시량변수들(M, A, q, P, n_i)의 함수로 표현되어 짐을 알 수 있다. 이 식을 식 (1-62)와 비교해 보면 내부에너지는 우리가 측정하기 곤란한 S와 V, M, A, q, P, n_i의 변수였으나, G 는 측정과 제어가 용이한 온도와 압력의 함수로 표현되어 졌음을 알 수 있다. 따라서 내부에너지의 변화를 알려면 엔트로피와 같은 측정 불가능한 값의 변화를 알아야 하나 Gibbs 에너지의 변화는 측정 가능한 온도나 압력의 변화로 쉽게 알 수 있게 된다. 이것이 바로 우리가 Gibbs 에너지 보조함수를 사용하게 되는 원인이다. 당연히 만약 계의 온도와 압력이 일정하면 G 는 시량변수들만의 함수가 된다. 마찬가지 방법으로 식 (1-74)와 식 (1-75)를 미분한 후 여기에 각각 식 (1-62)를 대입하면 dH 와 dF 는

$$dH = TdS + VdP + HdM + \cdots + \sum_i \mu_i dn_i \tag{1-79}$$

$$dF = -SdT - PdV + HdM + \cdots + \sum_i \mu_i dn_i \tag{1-80}$$

와 같이 표현되는 것을 여러분은 쉽게 알 수 있으리라 믿는다. 직접 한번 유도해 보기 바랍니다. 식 (1-78) ~ (1-80)을 살펴보면 Gibbs 에너지 함수는 온도(T), 압력(P), M, A,

q 그리고 농도(n_i)의 함수이므로 온도와 압력의 효과를 많이 다루는 재료공학 적인 측면에서 사용하기 편리한 함수임을 알 수 있고, 반면 Helmoltz 에너지 함수(F)는 온도와 부피의 함수이므로 부피가 거의 변하지 않는 고체 물리학에서 사용하기 편리한 함수의 형태를 가짐을 알 수 있다.

보충설명

■ **G와 F의 의미**

열역학 제 1법칙, $U = TS - PV + HM + \Phi q + \gamma A + \sum_i \mu_i n_i$ 로부터 열 외의 일$\left(-PV + HM + \Phi q + \gamma A + \sum_i \mu_i n_i\right)$은 $H = U - TS$가 됨을 알 수 있다(Euler's theorem을 이용). 즉 열에 의한 에너지를 뺀 나머지 일에 의한 계의 에너지를 Helmoltz 에너지라고 한다. 마찬가지로 열과 기계적인 일($-PV$)를 뺀 나머지 에너지를 Gibbs 에너지로 정의하면 $G = U - TS + PV$가 된다. 그런데 1기압 하에서는 고체나 액체의 경우, $F \simeq G$이다. 왜냐하면 $G = F + PV$인데 1기압은 1.013×10^6dyne/cm^{2}이고 이는 에너지 밀도 1.013×10^6 erg/cm^{3}에 해당된다. 약 고체 내에 1cm^3 당 원자 단위 부피가 Ωcm^{3}인 원자가 3×10^{22}개 있다고 가정하면 $P\Omega = 1.013 \times 10^6/[3 \times 10^{22} \times 1.6\text{x}10^{-12}]$eV/atom$= 0.21 \times 10^{-4}$ eV/atom이 된다. 이는 고체나 액체의 원자 결합에너지 0.1–1eV에 비해 약 0.01%로 아주 작은 값이다.

1.6 열역학에서의 수학공식들

1.6.1 Transformation Formula

세 상태변수 x, y, z 사이에는 다음 과 같은 관계가 만족된다.

$$\left(\frac{\partial x}{\partial y}\right)_z\left(\frac{\partial y}{\partial z}\right)_x\left(\frac{\partial z}{\partial x}\right)_y=-1 \tag{1-81}$$

이를 쉽게 아래 그림과 같은 방법으로 기억할 수 있다.

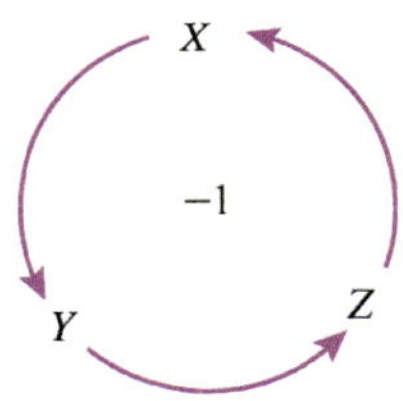

[그림 1.11] 변환식의 도식적 표현

보충설명

■ Transformation Formula의 증명

상태함수 $x=x(y,z)$에서 $dx=\left(\frac{\partial x}{\partial y}\right)_z dy+\left(\frac{\partial x}{\partial z}\right)_y dz$가 된다. 그런데 $dx=0$인 경우, 즉 x값이 일정한 경우

$$\left(\frac{\partial x}{\partial y}\right)_z dy=-\left(\frac{\partial x}{\partial z}\right)_y dz$$

혹은

$$\left(\frac{\partial x}{\partial y}\right)_z\left(\frac{\partial y}{\partial z}\right)_x=-\left(\frac{\partial x}{\partial z}\right)_y$$

혹은

$$\left(\frac{\partial x}{\partial y}\right)_z\left(\frac{\partial y}{\partial z}\right)_x\left(\frac{\partial z}{\partial x}\right)_y = -1$$

가 된다.

1.6.2 열역학에서의 수학규칙

선형 방정식에서 어떤 함수 f에 작용자(operator) H를 작용시켜 g가 나온다고 가정하면 즉 수식적으로 $H \cdot f = g$가 성립된다고 하면 f의 변형된 형태에 작용자를 작용시키면 결과는 같은 형태로 변형된 형태의 g가 결과로 나온다. 열역학에서 나오는 함수의 변형된 형태란 Δf, $\bar{f}$, $\overline{f^m}$ 등이 있다. 따라서 $H \cdot \Delta f = \Delta g$, $H \cdot \bar{f} = \bar{g}$, $H \cdot \bar{f}^m = \bar{g}^m$의 관계가 성립된다.

예제

Van't Hoff 법칙 $\dfrac{\partial(\Delta G°/T)}{\partial(1/T)} = \Delta H°$가 됨을 증명하시오.

풀이

$$\left[\frac{1}{T}dG - \frac{G}{T^2}dT\right] \Big/ dT = \frac{1}{T}\left(\frac{\partial G}{\partial T}\right)_P - \frac{G}{T^2} = \frac{1}{T}(-S) - \frac{G}{T^2} \quad \text{이므로} \quad \frac{\partial(G/T)}{\partial T}\bigg|_P = \frac{-H}{T^2}$$

이 된다. 따라서 $\Delta G°$ 함수를 작용시키면 결과는 $\Delta H°$로 변한다. 그런데 $\Delta G° = -RT\ln K$의 형태를 가지므로 이 식을 이용하면 온도에 따른 반응상수, K의 변화를 구할 수 있다. 즉 $\dfrac{\partial \ln K}{\partial(1/T)} = -\dfrac{\Delta H°}{R}$이 된다. Van't Hoff 法則은 일종의 Le Chatelier's law의 정량적인 표현이 된다. 즉 온도가 올라가게 되면 반응은 열을 흡수하는 방향으로 진행된다는 것이다.

1.6.3 Maxwell 관계식(Maxwell Relation)

만약 함수 z가 x와 y의 상태함수일 경우 즉 $z=f(x,y)$일 때 z의 변화량은 다음과 같이 쓸 수 있다.

$$dz=\left(\partial a\frac{z}{\partial ax}\right)_y dx+\left(\frac{\partial z}{\partial y}\right)_x dy \tag{1-82}$$

이를 간단히 $dz=Qdx+Rdy$라고 표시하면 Q와 R 사이에는 다음과 같은 관계가 성립된다.

$$\left(\frac{\partial Q}{\partial y}\right)_x=\left(\frac{\partial R}{\partial x}\right)_y \tag{1-83}$$

이를 Maxwell 관계식이라고 부른다.

보충설명

■ **Mazwell 관계식의 증명**

$$\left(\frac{\partial Q}{\partial y}\right)_x=\left(\frac{\partial R}{\partial x}\right)_y=\frac{\partial}{\partial y}\left[\left(\frac{\partial z}{\partial x}\right)_y\right]_x=\frac{\partial^2 z}{\partial x\partial y}$$

이와 같은 Maxwell 관계식은 상태함수인 모든 열역학 함수에 적용 할 수 있다. 즉

$$dU=TdS-PdV+HdM+\varnothing Fdz+\gamma dA+\sum_i \mu_i dn_i \tag{1-84}$$

$$dH=TdS+VdP+HdM+\varnothing Fdz+\gamma dA+\sum_i \mu_i dn_i \tag{1-85}$$

$$dG = -SdT + VdP + HdM + \varnothing Fd\mathfrak{z} + \gamma dA + \sum_i \mu_i dn_i \qquad (1\text{-}86)$$

$$dF = -SdT - PdV + HdM + \varnothing Fd\mathfrak{z} + \gamma dA + \sum_i \mu_i dn_i \qquad (1\text{-}87)$$

함수들의 임의의 두 변수 사이에서 적용하여 측정이 불가능한 관계식 값을 측정이 가능한 관계식으로 변환하여 편리하게 사용 할 수 있다. 예를 들면 내부에너지 함수식 (1-84)에서 TdS와 $-PdV$ 두 항에 대해 Maxwell 관계식을 적용하여 보면

$$-\left(\frac{\partial P}{\partial S}\right)_V = \left(\frac{\partial T}{\partial V}\right)_S \qquad (1\text{-}88)$$

과 같은 관계를 얻을 수 있다. 이 식은 측정이 불가능한 $-\left(\frac{\partial P}{\partial S}\right)_V$ 값을 측정이 가능한 $\left(\frac{\partial T}{\partial V}\right)_S$ 값으로부터 구할 수 있도록 해 주었음을 알 수 있다. 또 $\mu_1 dn_1$ 과 $\mu_2 dn_2$ 항에 대해 Maxwell 관계식을 적용하면

$$\left(\frac{\partial \mu_2}{\partial n_1}\right)_{n_2} = \left(\frac{\partial \mu_1}{\partial n_2}\right)_{n_1} \qquad (1\text{-}89)$$

의 관계식을 이끌어 낼 수 있다. 따라서 이와 같이 Maxwell 관계식을 이용하면 무수히 많은 관계식을 만들어 낼 수 있음을 알 수 있다. 이때 각 식의 제약조건(constraint)에 주의하기 바란다.

1.6.4 Maxwell 관계식의 응용

(1) 압력을 변화시킬 때의 엔트로피 변화, $-\left(\frac{\partial S}{\partial P}\right)_T = \left(\frac{\partial V}{\partial T}\right)_P$에 관하여…

$dG = VdP - SdT$에 Maxwell 관계식을 적용하면 $-\left(\frac{\partial S}{\partial P}\right)_T = \left(\frac{\partial V}{\partial T}\right)_P$이 얻어진다. 따라서 물질의 $P-V-T$ 관계를 알 수 있으면 그 엔트로피 값의 변화를 구할 수 있음을 말해준다. 이 경우 물질의 엔트로피 변화량은

$$S_2 - S_1 = -\int_{P_1}^{P_2} \left(\frac{\partial V}{\partial T}\right)_P dP \tag{1-90}$$

과 같이 표현된다. 이를 이상기체와 고체에 적용해 보면 다음과 같다.

① 이상기체 $(PV = RT)$를 1기압에서 10기압으로 올릴 경우의 ΔS : 이상기체는 $\left(\frac{\partial V}{\partial T}\right)_P = \frac{R}{P}$ 이므로 $\left(\frac{\partial S}{\partial P}\right)_T = -R/P$ 이 되고 온도가 일정하면 $dS = -(R/P)dP = -Rd\ln P$가 된다. 따라서 엔트로피 변화량은

$$\Delta S = -R\ln P\,|_1^{10} = -R\ln 10 = -19.14\text{J/molK}$$

이 된다.

② 고체를 일정온도에서 1기압에서 10기압으로 올릴 경우의 ΔS : 고체의 열팽창계수는 $\alpha_V = \frac{1}{V}\left(\frac{\partial V}{\partial T}\right)_P$로 정의된다. 따라서 $\left(\frac{\partial V}{\partial T}\right)_P = \alpha_V V$가 되고 엔트로피 변화량은

$$\Delta S = -\int_1^{10} V\alpha_V dP = -V\alpha_V(10-1) = -9V\alpha_V = -3\alpha_l V(10-1)^{*}\text{J/molK}$$

가 된다.

보충설명

■ $\alpha_V = 3\alpha_l$ 증명

$$\alpha_l = \frac{1}{l}\left(\frac{\partial l}{\partial T}\right)_\sigma \quad l^3 = V \rightarrow \ln V = 3\ln l \rightarrow \frac{dV}{V} = 3\frac{dl}{l}$$

혹은

$$\frac{1}{V}\left(\frac{\partial V}{\partial T}\right)_P = \frac{3}{l}\left(\frac{\partial l}{\partial T}\right)_\sigma$$

따라서 $\alpha_V = 3\alpha_l$

(1) 부피를 변화 시킬 때의 엔트로피 변화, $\left(\frac{\partial S}{\partial V}\right)_T = \left(\frac{\partial P}{\partial T}\right)_V$에 관하여…

식 (1-85)의 $-SdT$와 $-PdV$ 항에 Maxwell 관계식을 적용하면 $\left(\frac{\partial S}{\partial V}\right)_T = \left(\frac{\partial P}{\partial T}\right)_V$ 관계를 얻게 된다. 이로부터 [그림 1.12]의 두 경우에 대해 이상기체를 가정하고 기체를 혼합할 때 발생되는 혼합 엔트로피 변화량(entropy of mixing)을 구해보자.

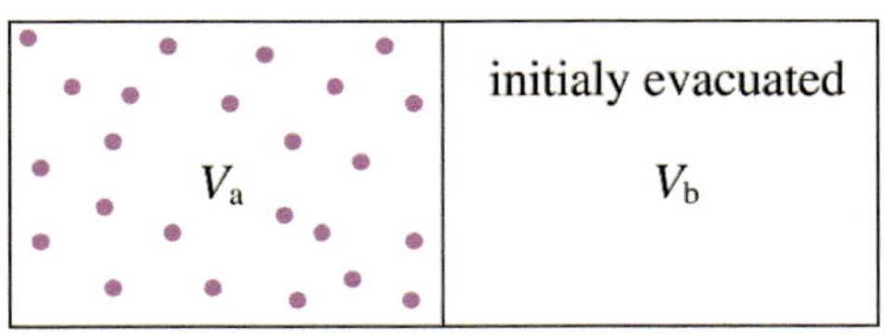

(a) 한쪽방의 가스를 확산시키는 경우

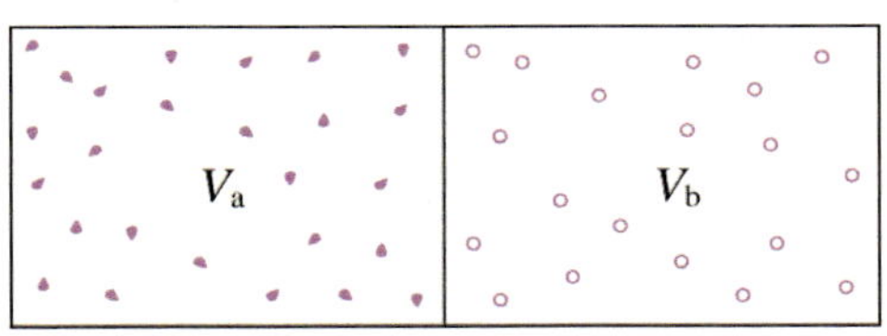

(b) 양쪽의 다른 농도의 가스를 혼합하는 경우

[그림 1. 12]

① 한쪽에 몰려있는 n_a 몰의 가스를 갑자기 등온 팽창시키는 경우(혹은 단열 팽창) :

이상기체의 경우 $\left(\frac{\partial S}{\partial V}\right)_T = \left(\frac{\partial P}{\partial T}\right)_V = \frac{n_a R}{V}$ 이므로

$\Delta S = \int_{V_a}^{V_a + V_b} n_a \frac{R}{V} dV = n_a R \ln(V_a + V_b)/V_a$이 된다.

② ①의 응용예

양쪽에 각각 같은 압력과 온도($T_a = T_b,\ P_a = P_b$)로 존재하는 가스를 갑자기 격막을 제거시켜서 혼합시킬 경우 : 이 때 전체 혼합 엔트로피 변화는 각각의 합이 된다. 따라서

$$\Delta S = \Delta S_a + \Delta S_b = R\left[n_a \ln\left(\frac{V_a + V_b}{V_a}\right) + n_b \ln\left(\frac{V_a + V_b}{V_b}\right)\right] \quad (1\text{-}91)$$

이 되고 몰당 엔트로피 변화는 $\Delta S/(n_a + n_b)$이므로 다음과 같이 된다.

$$\Delta S^m = -R(X_a \ln X_a + X_b \ln X_b) \quad (1\text{-}92)$$

일반적으로 n가지 종류의 가스를 섞는 경우 엔트로피의 변화는 다음과 같다.

$$\Delta S^m = -R\sum_{i=1}^{n} X_i \ln X_i \quad (1\text{-}93)$$

■ Magnetic Cooling[magnetocaloric effect]

자기적 일을 뺀 유효 자기일 함수, H^*를

$$H^* = U - HM \quad (1\text{-}94)$$

이라고 정의하면

$$dH^* = TdS - MdH \tag{1-95}$$

가 된다. 이는 엔탈피의 $dH = TdS + VdP$ 와 유사한 형태로 이를 자기엔탈피라고도 부른다. 즉 M이 V에 해당되고 H가 P에 해당된다고 볼 수 있다. 마찬가지로 H가 일정할 경우의 열용량, C_H 와 M이 일정할 경우의 열용량, C_M 을 각각

$$C_H = (\partial H^* / \partial T)_H \tag{1-96}$$

와

$$C_M = (\partial U / \partial T)_M \tag{1-97}$$

으로 쓸 수 있다. 여기서 Helmholtz 함수($F = U - TS$)와 유사하게 새로운 함수, F^*를

$$F^* = H^* - TS \tag{1-98}$$

라고 정의하면 $dF^* = dH^* - TdS - SdT$ 로부터

$$dF^* = -SdT - MdH \tag{1-99}$$

로 F^*가 T와 H의 함수로 표현할 수 있다. 따라서

$$(\partial F^* / \partial T)_H = -S \tag{1-100}$$

$$(\partial F^* / \partial H)_T = -M \tag{1-101}$$

이 된다. 또한 Maxwell 관계식으로부터

$$\left(\frac{\partial S}{\partial H}\right)_T = \left(\frac{\partial M}{\partial T}\right)_H \tag{1-102}$$

로 쓸 수 있다. 보통 paramagnetic 재료는 $(\partial M/\partial T)_H < 0$인 성질을 가지고 있다. 즉 $(\partial S/\partial H)_T < 0$이다.

이를 이용하여 계의 온도를 극저온까지 내리는 과정을 소개 하면 다음과 같다. paramagnetic 재료(예 $Cr_2(SO_4)_3 \cdot K_2SO_4 \cdot 24H_2O$)의 엔트로피 값을 자기장 H에 따라 온도의 함수로 그리면 아래 그래프와 같이 된다.

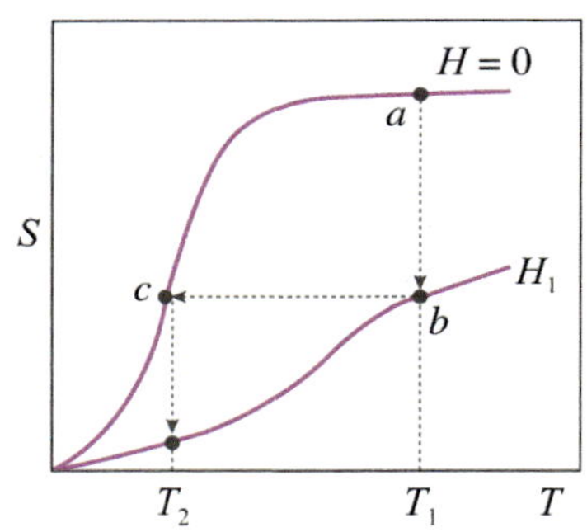

[그림 1.13] $H=0$과 H_1에서의 온도에 따른 엔트로피의 변화

여기서 첫째로 paramagnetic 재료를 자기장을 가해줄 수 있는 용기에 넣은 후 액체 He을 이용하여 일단 절대온도 약 4° 까지 온도를 낮춘다. 그리고 희석냉장방식(dilution refrigerator)을 이용하여 절대온도를 T_1(수십 mK)까지 낮추고 그 상태에서 등온가역 과정(reversible isothermal process)을 통하여 서서히 재료에 $H=0$에서 H_1으로 자기장을 가하면 계의 엔트로피는 [그림 1.13]의 점 a에서 점 b로 낮아지게 된다. 이때 2nd TdS 방정식에 의하면 TdS = $C_H dT + T\left(\frac{\partial M}{\partial T}\right)_H dH^*$가 된다. 그런데 $(\partial M/\partial T)_H < 0$ 이고 $dT=0$ 이므로

$$dQ = TdS = T\left(\frac{\partial M}{\partial T}\right)_H dH < 0 \tag{1-103}$$

이 되어 열이 계에서 밖으로 빠져나가게 된다.

둘째로는 주변의 heat bath를 제거한 후 고립시켜서 가역단열과정(reversible adiabatic process)으로 자기장을 제거해주면 계는 점 b에서 점 c로 이동하면서 온도가 T_1에서 T_2로 떨어지게 된다. 이를 "reversible adiabatic demagnetization"이라고 부르며 극저온을 만드는 대표적인 방법이다. 이를 열역학적으로 설명하면 다시 2nd TdS 방정식에서 $dS=0$ 이므로

$$dT = -\frac{T}{C_H}\left(\frac{\partial M}{\partial T}\right)_H dH \tag{1-104}$$

가 된다. 여기서 $(\partial M/\partial T)_H < 0$이고 $dH < 0$이므로 $dT \ll 0$이 된다. 이러한 과정을 반복하므로써 계의 온도를 약 10^{-3}K 이하 까지 낮출 수 있다.

보충설명

■ **$TdS = C_H dT + T\left(\frac{\partial M}{\partial T}\right)_H dH^*$ 의 증명**

T와 H가 독립변수라고 생각하면 $S = f(T, H)$이고 $H^* = g(T, H)$가 된다. 또한 $dH^* = TdS - MdH$ 이므로 $dS = (dH^* + MdH)/T$가 된다.

여기서 $dH^* = (\partial H^*/\partial T)_H dT + (\partial H^*/\partial H)_T dH$를 대입하여 정리하면

$$dS = \frac{1}{T}\left(\frac{\partial H^*}{\partial T}\right)_H dT + \frac{1}{T}\left[\left(\frac{\partial H^*}{\partial H}\right)_T + M\right] dH \tag{a}$$

로 쓸 수 있다. 그런데 $dS = (\partial S/\partial T)_H dT + (\partial S/\partial H)_T dH$ 이므로 각각의 계수끼리 같다고 놓으면

$$\left(\frac{\partial S}{\partial T}\right)_H = \frac{1}{T}\left(\frac{\partial H^*}{\partial T}\right)_H = C_H/T \qquad \text{(b)}$$

$$\left(\frac{\partial S}{\partial H}\right)_T = \frac{1}{T}\left[\left(\frac{\partial H^*}{\partial H}\right)_T + M\right] \qquad \text{(c)}$$

이 된다. 여기서 이차미분의 순서와는 무관한 성질(즉, $\frac{\partial^2 S}{\partial H \partial T} = \frac{\partial^2 S}{\partial T \partial H}$)을 이용하여 위 식 (b)와 (c)를 같게 놓으면

$$\left(\frac{\partial H^*}{\partial H}\right)_T = T\left(\frac{\partial M}{\partial T}\right)_H - M \qquad \text{(d)}$$

가 된다. 식 (d)를 식 (c)에 대입하여 이를 다시 $dS = (\partial S/\partial T)_H dT + (\partial S/\partial H)_T dH$에 대입하면

$$dS = \frac{C_H}{T}dT + \left(\frac{\partial M}{\partial T}\right)_H dH^*$$

가 된다.

■ 자기 변형(magnetostriction), $\epsilon = \mu_o(\partial \chi_m/\partial \sigma)_H \frac{H^2}{2}$에 대하여…

자기적인 일과 응력의 일을 포함하는 열역학 제 1 법칙의 단위 부피 당 내부 에너지의 변화량은

$$dU = TdS - PdV + HdM + \sigma d\epsilon \qquad \text{(1-105)}$$

로 표현된다. 여기서 우리가 아래와 같은 새로운 보조함수(내부에너지에서 자기일과 탄성일을 뺀 유효일),

$$\widetilde{H} \equiv U - HM - \sigma\epsilon \tag{1-106}$$

를 설정 해보면 그 변화량은 완전미분에 의해

$$d\widetilde{H} = dU - HdM - MdH - \sigma d\epsilon - \epsilon d\sigma \tag{1-107}$$

이 되고 여기에 열역학 제 1 법칙에 의해 식 (1-62)를 대입하면

$$d\widetilde{H} = TdS - MdH - \epsilon d\sigma \tag{1-108}$$

가 된다. 위 식의 둘째 항과 셋째 항에 Maxwell 관계식을 적용하면

$$\left(\frac{\partial \mu_o M}{\partial \sigma}\right)_H = \left(\frac{\partial \epsilon}{\partial H}\right)_\sigma \tag{1-109}$$

가 된다. 왼쪽 항은 H가 일정하므로 이 식은 다시 다음과 같이 표현할 수 있다.

$$\epsilon = \int_0^H \left(\frac{\partial \epsilon}{\partial H}\right)_\sigma dH = \mu_o \int_0^H \left(\frac{\partial M}{\partial \sigma}\right)_H dH \tag{1-110}$$

그런데 자화율(magnetic susceptibility), $\chi_m = M/H$로 정의 되므로 위식은 다시

$$\epsilon = \mu_o \int_0^H \left(\frac{\partial \chi_m}{\partial \sigma}\right)_H HdH = \mu_o \left(\frac{\partial \chi_m}{\partial \sigma}\right)_H \left(\frac{H^2}{2}\right) \tag{1-111}$$

이 된다.

1.7 열역학적 평형(Thermodynamic Equilibrium)

1.7.1 자발반응의 에너지 변화

열역학 第 2 法則으로부터 우리는 이미 어떤 상이 불안정한 상태(non-equilibrium state)에서 안정한 상태(equilibrium state)로 가는 경우(즉, 자발반응), 상을 포함하는 전체 계의 엔트로피는 항상 증가한다는 사실을 알았다. 즉 자발반응의 방향은 엔트로피가 증가하는 방향이다. 수식적으로는 다음과 같이 쓸 수 있다.

$$dS(\text{고립계}) > 0 \quad (\text{자발반응}) \tag{1-112}$$

도식적으로는 [그림 1.14]와 같이 평형상태는 엔트로피가 최대값을 갖는 점에서 결정되며 평형상태에서 비평형상태로 가게 되면 엔트로피가 감소하게 되고 따라서 열역학 제 2 법칙에 위배되기 때문에 자연에서 이와 같은 현상은 절대로 발생할 수 없게 된다.

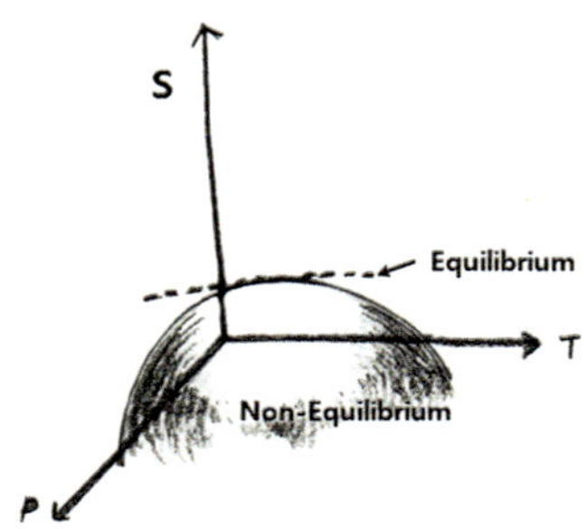

[그림 1.14] 자발반응에서의 반응 경로에 따른 엔트로피 변화

이쯤에서 고립계(isolated system)라는 개념적 상태를 정량화하여 수학적으로 정의하고 넘어가도록 하자. 고립계는 열과 일의 교환 및 물질이동이 금지되므로 다음과 같은 요건들을 갖게 된다.

보충설명

■ **고립계의 정의**

고립계(isolated system) ≡ ① 일정한 부피(V)
② 일정한 내부 에너지(U)
③ 일정한 구성원소의 수(n_i)
④ 일정한 자화량(M)
⑤ 일정한 전하량(q)
⑥ 일정한 면적(A)

따라서 비평형 상태에 있는 경우, 고립계의 엔트로피가 증가한다는 식 (1-112)는 수식적으로

$$dS_{U,\mathrm{V},\mathrm{M},\mathrm{n_i},\mathrm{q},\mathrm{A}} > 0 \quad \text{(열역학 제 2 법칙)} \tag{1-113}$$

과 같이 쓸 수 있다. 식 (1-113)은 이 자체로 어떤 고립계의 자발반응의 방향을 알려주는 척도로 사용 할 수 있다. 여기서 만약 계가 평형상태에 있는 경우는 물론 $dS = 0$이 되므로 평형인지 아닌지 모르는 임의의 상태에 대해서는 우리는 그 계의 반응은 항상 "전체 고립계의 엔트로피가 $dS \geq 0$이 된다"라고 말할 수 있다. 그러나 식 (1-113)은 우리가 원하는 특정 계와 아울러 그 주변까지를 포함하는 전체 계, 즉, 고립계를 다루어야하는 불편함이 있다. 이를 극복하기 위하여 우리는 우리가 원하는 특정 계에 대해 다음과 같은 보조 에너지 함수 값의 변화로부터 고립계가 아닌 특정계의 자발반응의 방향을 예측하는 지표로 사용한다.

$$dU_{S,V,M,\mathfrak{z},A,n_i} \leq 0 \tag{1-114}$$

$$dH_{S,P,M,\mathfrak{z},A,n_i} \leq 0 \tag{1-115}$$

$$dG_{T,P,M,\mathfrak{z},A,n_i} \leq 0 \tag{1-116}$$

$$dF_{T,V,M,\mathfrak{z},A,n_i} \leqq 0 \tag{1-117}$$

식 (1-114) ~ 식 (1-117)은 비가역반응(자발반응)일 때는 "<"가 성립되고, 가역반응(평형반응)의 경우는 "="가 성립됨을 말한다. 즉 식 (1-116)에서 T, P, M 등이 일정할 때 계의 Gibbs 자유에너지, G의 값이 작아지는 방향으로 반응이 진행된다는 말이다.

그러면 한 예로 식 (1-116)를 증명해 보도록 하자.

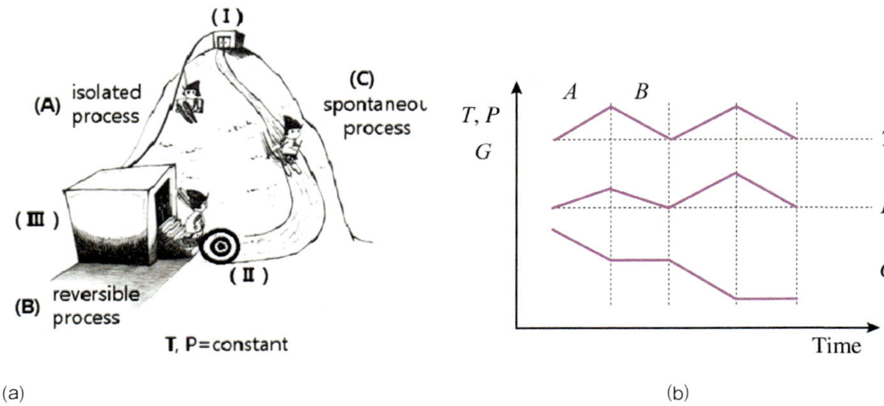

[그림 1.15] 비가역 반응의 분석도

만약 온도와 압력이 일정한 상태에서 자발적으로 반응이 (I)에서 (II)로 진행되는 과정을 생각해 보자. 이때 사고실험(thought experiment)을 통해 그 자발반응(I)-(II)를 [그림 1.15(a)]와 같은 과정을 수많이 연속적으로 반복하여 일어나는 과정으로 생각할 수 있다. 즉 먼저 상태 (I)에서 상태 (III)로 갈 때는 계를 두꺼운 벽으로 싸서 고립계가 되도록 한 후 그 안에서 과정이 자발적으로 조금 진행되게 한다. 이때 고립계 내에서 아마 온도와 압력이 상태 (I)과 다른 상태(III)으로 가게 되면[과정 A] 이 반응을 정지시키고 계를 싸고 있는 벽을 제거하여 외부 reservoir와 접촉시킨 후 아주 천천히 가역적으로(평형을 유지시키면서) 원래의 온도와 압력이 복원되도록 하여 상태(II)로 다시 가게 한다[과정 B]고 가정해 보자. 실제로 이와 같은 공정을 무수히 반복 하면 [그림 1.15(b)]와 같이 압력과 온도가 조금 변했다가 원래 상태의 온도와 압력으로 가지만 내부에서는 비가역적인 반응이 진행되어 G 값이 변하는 과정을 겪게 된다. 이때 [과정 B]에서는 가역과정이므로 Gibbs 에너지의 변화가 없다.

[그림 1.15(a)]의 [과정 A]에서 계의 G 값의 변화는 가역과정이 아니므로 자유 에너지를 완전 미분한 값,

$$dG_A = dU_A + PdV_A + VdP_A - TdS_A - SdT_A \tag{1-118}$$

이 되고 앞에서 설명한 바와 같이 고립계이기 때문에 $dU_A = 0$, $dV_A = 0$이 되어 식 (1-118)은

$$dG_A = VdP_A - TdS_A - SdT_A \tag{1-119}$$

가 된다. 한편 [과정 B]의 경우는 가역과정이기 때문에 G 값의 변화는 없지만 수식적으로는 G 값의 변화는

$$dG_B = VdP_B - SdT_B \tag{1-120}$$

로 표현 될 수 있다. 따라서 (I) → (II)로 진행 되는 과정의 자유에너지의 총변화, dG_C는 식 (1-119)와 식 (1-120)을 더한 값,

$$dG_C = V(dP_A + dP_B) - S(dT_A + dT_B) - TdS_A \tag{1-121}$$

가 된다. 그러나 [과정 C]가 온도와 압력의 변화가 없는 경우이기 때문에 $dP_A + dP_B = 0$, $dT_A + dT_B = 0$가 되어 전체 과정의 Gibbs 자유에너지 변화는

$$dG_C = -\, TdS_A \tag{1-122}$$

이 된다. 그런데 열역학 제2법칙에 의해 반응이 자발적으로 일어나기 위해서는 고립계 즉 [과정 A]에서는 $dS_A \geq 0$이어야 하기 때문에 식 (1-120)에서 자발반응은 $dG < 0$이 되어야 한다. 즉 자발반응의 경우 항상 G 값이 낮아지는 방향으로 과정이 진행됨을 의미 한다. 여기서 G는 전체 계의 값이 아니라 원하는 특정계의 값이기 때문에 전체 계의 엔트로피 값을 알아야 하는 식 (1-122)보다 편리하게 반응의 방향을 예측 할 수 있다.

보충설명

■ dS(isolated system) > 0과 dG < 0의 관계의 다른표현

만약 압력이 일정한 상태에서 비가역적인 과정에 의해 외부(surrounding)에서 시스템으로 열, Q가 이동하였다고 생각해 보자. 이때 외부는 너무 크기 때문에 가역적이라 생각할 수 있기 때문에 외부계가 잃은 엔트로피 양은 $dS(\text{surrounding}) = Q/T$로 쓸 수있다. 그런데 압력이 일정한 경우, 식 (1-8)과 같이 $Q = dH(\text{system})$이 된다. 따라서

$$dS(\text{surrounding}) = dH(\text{system})/T \tag{a}$$

가 된다. 그런데 system의 엔트로피 변화량은 비가역적이기 때문에 알수는 없지만 열역학 제 2 법칙에 의해 $dS_{\text{system}} + dS_{\text{surrounding}} > 0$ 이므로 위 식 (a)를 대입하면

$$dS_{\text{system}} + dH(\text{system})/T > 0 \tag{b}$$

가 된다. 즉,

$$dH(\text{system}) - TdS(\text{system}) < 0 \tag{c}$$

로 $dG = dH - TdS$라 정의하면 식 (c)는 $dG < 0$이 된다.

그 외 $dH_{S,P,M,\mathfrak{z},\mathfrak{n}i,} \leqq 0$와 $dU_{S,V,M,\mathfrak{z},\mathfrak{n}i} \leqq 0$의 경우는 연습 삼아 각자 유도해 보기 바란다. 또한 이러한 보조함수 외에 다음과 같은 여러 자발반응의 기준들이 유도될 수 있다.

$$(dP)_{H,S} \geqq 0 \tag{1-123}$$

$$(dP)_{G,T} \geqq 0 \tag{1-124}$$

$$(dV)_{U,S} \leqq 0 \tag{1-125}$$

$$(dV)_{A,T} \leqq 0 \tag{1-126}$$

$$(dT)_{A,V} \leqq 0 \tag{1-127}$$

$$(dT)_{G,P} \leqq 0 \tag{1-128}$$

그러나 실제로 식 (1-123) ~ 식 (1-128)의 경우는 가상적인 값인 G, S 등 실험적으로 측정이 불가능한 제약조건들을 함유하기 때문에 실제 이용하기에는 어려운 기준이다. 그러나 식 (1-114) ~ 식 (1-117) 특히, G 값의 변화는 온도와 압력이 일정한 경우를 다루기 때문에 재료나 화학에서, F 값의 변화는 부피가 별로 변화하지 않는 고체물리 분야에서 아주 편리하게 계의 안정여부를 판단할 때 사용된다.

보충설명

▪ 자발반응의 $dF_{T,V,M,\mathfrak{z},\mathfrak{n}i} \leqq 0$의 증명

불안정한 상태에서 안정한 상태로 T, V(그 외 M, $\mathfrak{z}$, n_i)가 일정하게 유지된 채 진행되는 자발반응의 dF는 이 공정을 [그림 A]와 같이 두 가지로 나누어서 첫 번째는 이 과정을 고립시켜서 반응이 약간 진행되게 한 후([과정 A]), 이 상태에서 다시 가역적으로 평형상태로 가게 공정 [B]를 진행시킨다. 이때의 전체 dF는 $dF_c = dF_A^{isol.} + dF_B^{rev.}$가 된다.

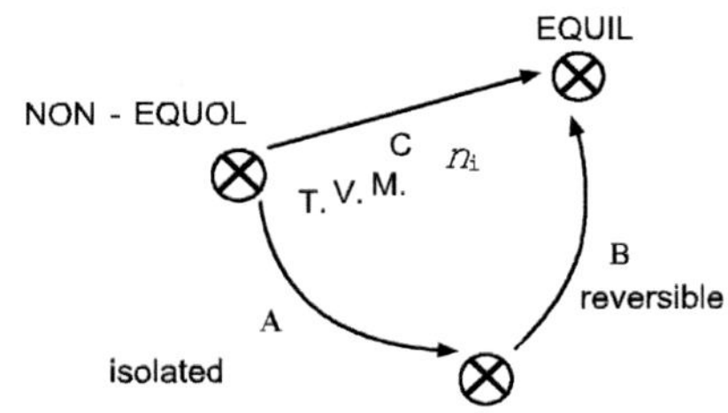

[그림 A] 불안정한 상태에서 안정한 상태로 가는 경우의 dF

$F = U - TS$ 이므로 첫 번째 [과정 A]에서의 dF_A는 자발반응이므로 완전미분으로 표현되어

$$dF_A = dU_A - SdT_A - TdS_A \qquad \text{(a)}$$

가 된다. 또한 두 번째 [과정 B]는 가역적인 과정을 통해 온도와 부피를 원래 값으로 돌이키는 경우에 해당하므로 그때의 dF_B는

$$dF_B = -SdT_B - PdV_B \qquad \text{(b)}$$

와 같이 된다. 따라서 전체 과정의 dF_c는

$$dF_c = dF_A + dF_B = -S(dT_A + dT_B) - PdV_B - TdS_A \qquad \text{(c)}$$

가 된다. 여기서 공정의 온도와 부피를 일정(즉, $dT_C = 0$, $dV_C = 0$)하게 유지시키는 제한조건 때문에 식 (c)에서 $dT_A + dT_B = 0$이 되고 고립과정 [A]에서는 부피의 변화가 없기 때문에 $dV_B = 0$이 성립되어 식 (c)는 결국

$$dF_c = -TdS_A \qquad \text{(d)}$$

가 된다. 그런데 열역학 제2법칙에 의해 고립계에서는 $dS_A \geq 0$ 이기 때문에 자발반응의 경우는

$dF_c \leq 0$ (e)

이 되어야 한다. 이때 "="은 평형반응에 적용되며 "<"는 자발반응에 적용된다.

예제

자발반응의 경우 $(dP)_{G,T} \geq 0$가 됨을 유도해 보시오.

풀이

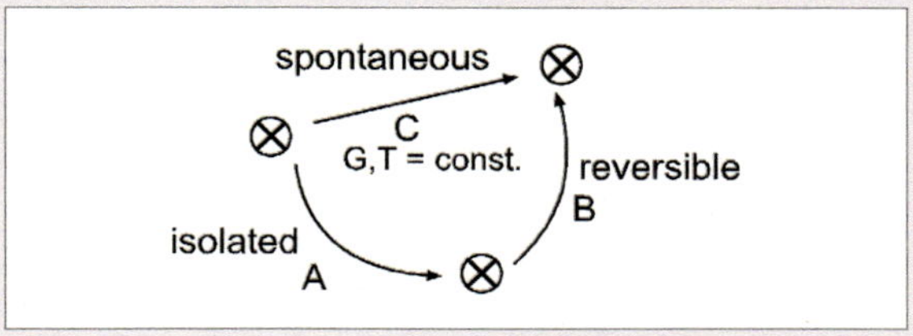

① 과정 A : $dG_A = dU_A + PdV_A + VdP_A - TdS_A - SdT_A$

② 과정 B : $dG_B = VdP_B - SdT_B$

③ 따라서 $dG_c = dG_A + dG_B = V(dP_A + dP_B) - S(dT_A + dT_B) - TdS_A$

그런데 $dP_A + dP_B = dP_C = \frac{dG_C}{V} + \frac{T}{V}dS_A$ 그리고 가정에 의해 $dG_C = 0$이므로

$$dP_C = \frac{T}{V}dS_A \geq 0$$

이 된다.

예제

열역학 제2법칙을 이용하여 닫힌계(closed system)에서 엔트로피와 내부에너지가 일정할 때는 부피는 감소하려는 방향으로 가는 것을 증명하시오. (즉, $dV_{S,U} \leq 0$의 증명)

풀이

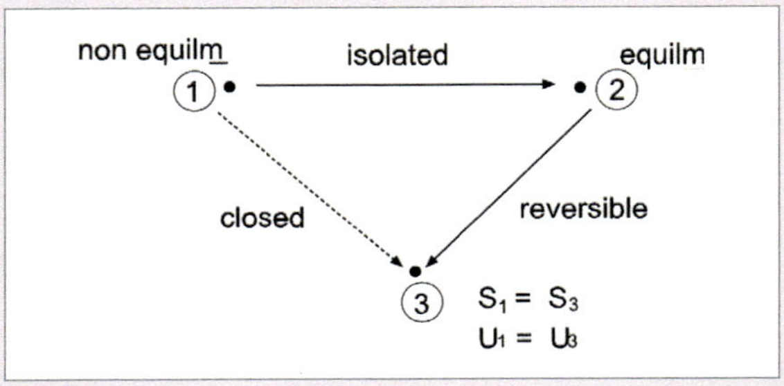

$$dU_{1\to2}=0$$
$$dU_{2\to3}=TdS_{2\to3}-PdV_{2\to3}$$
$$dU_{1\to3}=dU_{1\to2}+dU_{2\to3}$$
$$=TdS_{2\to3}-PdV_{2\to3}$$

그런데 $dU_{1\to3}=0$ $\quad dS_{1\to3}=dS_{1\to2}+dS_{2\to3}=0$ ← 문제에서 0

$$dV_{1\to3}=dV_{1\to2}+dV_{2\to3}=dV_{2\to3}$$
$$\therefore dU_{1\to3}=0=T(-dS_{1\to2})-PdV_{1\to3}$$
$$dV_{1\to3}=-\frac{T}{P}dS_{1\to2}\leqq 0 \quad (\because \Delta S_{1\to2}^{isol.}\geqq 0)$$

1.7.2 상율(Phase Rule)에 의한 안정성 기준

다른 안정기준(stability criteria)으로서는 "상율(phase rule)"에 의한 것이 있다. 접촉된 여러 상 간에 평형상태를 유지하려면 각 상(phase)의 모든 원소들의 "화학 포텐셜(chemical potential)"이 같아야 하고 T, P 등과 같은 시강변수(intensive property)들이 같아야 한다. 예를 들어 [그림 1.16]과 같이 서로 접촉된 α 상과 β 상이 안정을 유지하기 위한 조건을 알아보자. 이 경우 각상의 모든 구성 성분에 대하여 각각의 화학 포텐셜이 같아야 하고 각 상의 시강변수(intensive property)들도 동일하여야 한다. 그렇지 않다면 온도와 압력이 변하게 되고, 원소들이 화학 포텐셜이 높은 상 쪽에서 낮은 상 쪽으로 이동하여 불안정한 상태가 된다.

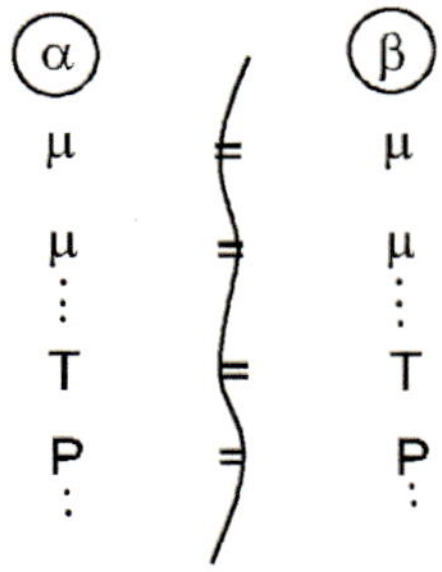

[그림 1.16] α 상과 β 상의 열역학적인 평형

따라서 만약 각 상의 화학성분 원소의 수가 C 개 있고 相의 수가 P 개 있는 경우 이 계의 상태를 완벽하게 정의하기 위해서 구해야 할 총 변수의 개수는 각 상의 원소의 농도값 과 모든 상에 공통으로 적용되는 시강변수의 수의 합이 된다. 그런데 전자는 (원소의 수-1) 즉 $C-1$(모든 성분원소의 합은 100%이므로)과 상의 수, P의 곱인 $[P(C-1)]$이 되고 후자는 시강변수의 수, $\varnothing$ 가 된다. 따라서 총 변수의 개수는

$$P(C-1)+\varnothing \tag{1-129}$$

가 된다. 여기서 $\varnothing$ 는 P, T 등을 말한다. 그런데 위에서 설명한 바와 같이 평형상태에서는 각 상간에 성분원소들의 화학포텐셜이 같아야하므로 각 성분원소에 대해 그 화학포텐셜이 같다는 $(P-1)$개의 식을 만들 수 있다. 따라서 성분원소의 총 수가 C개이므로 총 만들어지는 식의 수는 $C(P-1)$개가 된다.

$$\begin{array}{ll} & \mu_1^\alpha = \ \mu_1^\beta = \ \cdots = \ \mu_1^P \qquad \rightarrow (P-1)\text{式} \\ C\downarrow & \vdots \qquad\qquad\qquad \vdots \\ & \mu_C^\alpha = \ \mu_C^\beta = \ \cdots = \mu_C^P \quad \therefore\ C(P-1)\text{式} \end{array}$$

그런데 일반적으로 변수들의 값이 정의되기 위해서는 만들 수 있는 식의 수가 변수의 수보다 작아야한다. 따라서 변수의 값이 구해지기 위한 조건은 총변수이 수, $P(C-1)+\varnothing$ 가 총 방정식의 수, $C(P-1)$보다 커야 한다. 그렇지 않으면 각 변수들에 대해 한 개의 값이 정의 되지 못하여 함수관계가 성립되지 못한다. 이를 수식적으로 표현하면

$$P(C-1)+\varnothing\ C(P-1)$$

즉

$$PC+\varnothing \tag{1-130}$$

가 되어야 한다. 따라서 계가 가지는 Gibbs 자유도(F)를 $F=C-P+\varnothing$ 라고 정의하면 식 (1-130)으로부터

$$F=C-P+\varnothing \geqq 0 \tag{1-131}$$

가 성립된다. 식 (1-131)을 "Gibbs의 상률"이라고 부른다.즉, $F=0$ 이면 변수의 수와 식의 수가 같아서 변수의 값이 유일하게 결정되며, $F=1$ 이면 변수와 변수사이에 1개의 관계식으로 연결된 경우를 말한다.

상률에 의해 상태도 상에서 나타나는 모양을 알아보면 자유도가 0($F=0$: **univariant point**)이면 **점**으로 나타나며 자유도가 1($F=1$: **univariant line**)이면 선으로 나타나고 자유도가 2이면($F=2$: **divariant plane**) **평면**으로 나타난다. 그리고 자유도가 3 ($F=3$: **trivariant space**)이면 **공간**으로 나타나게 된다. 예를 들면 [그림 1.17]에서와 같이 액체가 안정한 영역, L에서는 $F=2-1+1=2$가 되어 자유도가 2가되고 공정점 c 에서는 α, β, L의 3상이 안정하므로 $F=2-3+1=0$이 되어 자유도가 0이 된다. 그러나 $\beta+L$가 안정한 영역과 $\alpha+L$과 $\alpha+\beta$공존 영역에서는 평면임에도 불구하고 $F=2-2+1=1$, 즉 자유도가 1이 된다. 이는 실제 이 영역들이 평면이 아니라 두

성분을 연결해 주는 타이라인(tie line)으로 구성되어있기 때문이다. 즉, $\beta + L$ 영역에서 보면 조성 a를 가지는 액체상은 조성 b를 가지는 β 상과 서로 평형을 유지해야만 한다는 것을 의미한다.

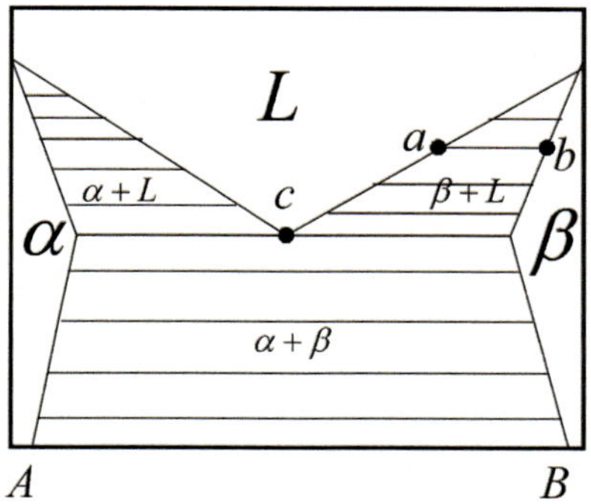

[그림 1.17] 공정점의 상태도

예제

아래그림에서 상태도 (a)는 상율에 어긋나기 때문에 일어날 수 없고 열역학적으로는 상태도 (b)가 합당함을 증명하시오.

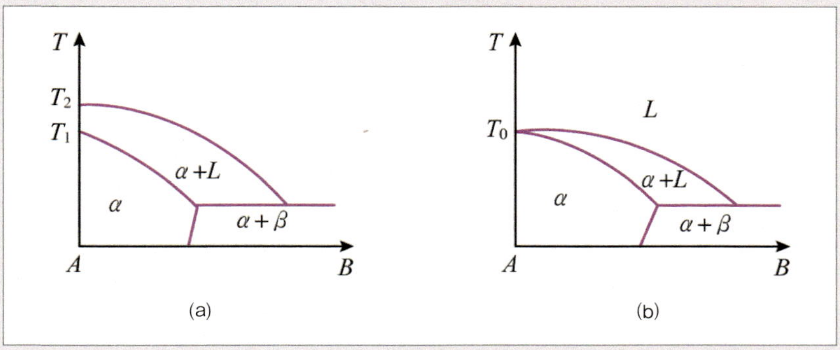

풀이

순수한 물질 A가 온도영역 T_1부터 T_2 사이에서 2개의 상이 공존하는 모양을 가지고 있다. 이는 상율에 어긋난다. 압력이 일정한 경우이므로 시강변수(온도와 압력)는 온도로 1이 되어 식 (1-131)로 부터 $F=C-P+1=1-2+1=0$이 되어야 한다. 즉 2개의 상이 공존하는 경우는 자유도가 "0"이 됨을 의미한다. 이는 온도의 자유가 존재하지 않는 다는 말이므로 한 개의 온도에서만 2상이 공존할 수 있음을 의미한다.

예제

아래 그림에서 상태도 (a)는 상율에 어긋나기 때문에 상태도 (b)와 같이 되어야 함을 증명하시오.

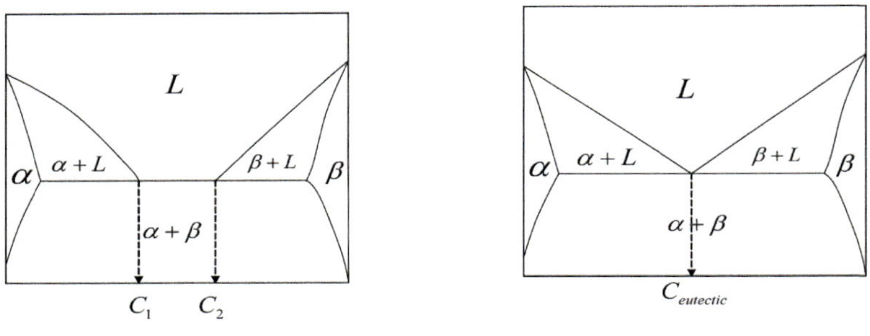

(a) (b)

풀이

압력이 일정하게 정해지고 온도에 따른 2개의 원소($C=2$)로 구성된 3개의 상($P=3$)이 공존하는 경우이므로 $\Phi=1$이 된다. 따라서 $F=2-3+1=0$이 되어 상태도 상에서 그림 (b)와 같이 점으로 나타나야 한다.

예제

그림과 같이 물의 삼중점에서는 온도와 압력이 유일하게 결정됨을 증명하시오.

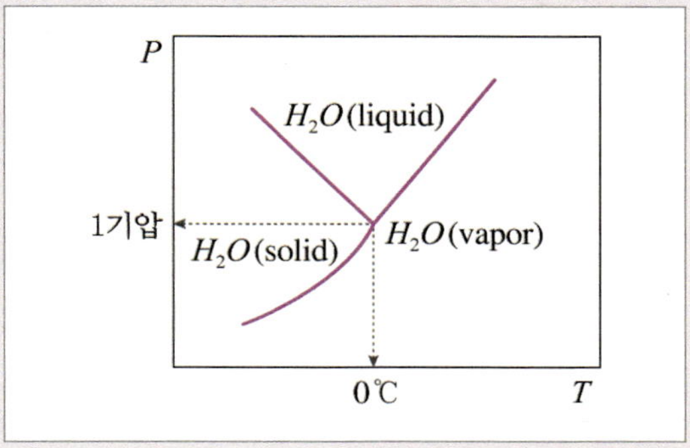

풀이

온도와 압력이 자유롭게 변하는 $\Phi=2$인 계에서 원소는 H_2O로 1개($C=1$)이고 상은 3개 ($P=3$) 이므로 $F=1-3+2=0$이므로 상태도 상에서 점으로 나타나야 한다.

CHAPTER 2

고상 및 액상 열역학

일원 계 물질의 열역학*-1차 변태(First Order Transition) • 2.1

이원 계 재료의 열역학 • 2.2

혼합용액의 열역학적 모델(MIXTURE FORMALISM) • 2.3

A mathematician may say anything he pleases,
but a physicist must be at least partially sane.
• W. Gibbs •

자유에너지는 P, T, V 등의 상태변수의 함수인데 이 자유에너지를 상태변수로 미분하면 아래 식에서 보는바와 같이 물질의 열역학적인 또 다른 상태변수가 나온다.

$$\left(\frac{\partial G}{\partial T}\right)_p = -S$$

$$\left(\frac{\partial G}{\partial P}\right)_T = V$$

다시 이 상태변수를 한 번 더 상태변수로 미분하면, 즉 자유에너지를 상태변수로 두 번 미분하면 이번에는 아래 식과 같이 물질의 물리적 상수 값(예 α-열팽창계수, c_p-비열, β-compressibility 등)이 나오게 된다.

$$\left(\frac{\partial^2 G}{\partial T^2}\right)_p = -\frac{c_p}{T}$$

$$\left(\frac{\partial^2 G}{\partial P^2}\right)_T = -\beta V$$

Paul Ehrenfest의 분류법* 에 의하면, 물질의 1차 변태(first order transition)는 자유에너지 값은 연속적인 함수를 가지나 그 1차 미분 값은 불연속적인 값을 가지는 경우를 말한다. 여기에 속하는 변태는 대개 잠열(latent heat)을 수반하며 급작스럽게 일어나는 것이 보통이다. 예로는 녹는 현상, 증발현상, 동소변태*(allotropic transformation) 등을 들 수 있다. 또한 2 차 변태는 아래 그림과 같이 자유에너지와 그 1차 미분값은 연속적인 값을 가지나 2차 미분값은 불연속적인 값을 가지는 경우에 해당된다. 2차 변태는 대부분 연속적인 과정을 통해 일어나며 예로서는 order-disorder 변태*, ferromagnetic 변태, antiferromagnetic 변태, 초전도 변태 등을 들 수 있다.

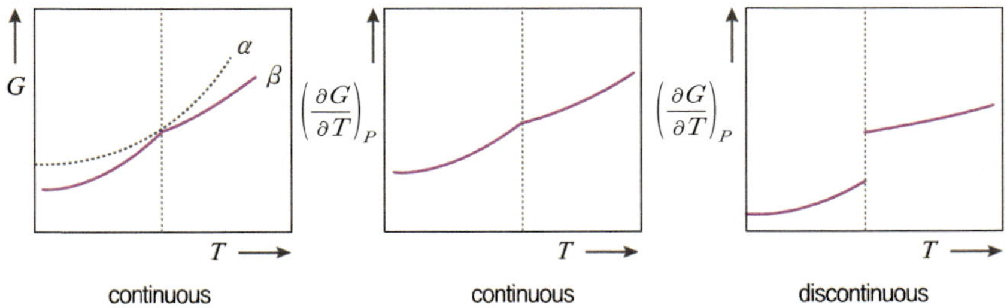

우리는 여기서 주로 1차 변태의 열역학적인 문제들을 다루기로 한다. 2차 변태의 경우는 좀더 전문적인 상변태 문헌을 참고하시기 바란다.

보충설명

■ **Paul Ehrenfest의 분류법**

실제로 이 분류법은 어떤 재료의 경우, 2차 변태의 성질을 가지고 있지만 변태점에서 불연속적인 값을 가지기 보다는 Δc_p 값들이 무한대를 가지는 실험적 경우가 많이 발견되었기 때문에 엄밀하게는 문제가 있다. 그러나 무한대인가 아니면 불연속적인 어떤 값을 가지는가의 문제는 열역학적으로 증명된 바가 없기 때문에 편의상 이 분류법을 소개하였다.

■ **동소변태(allotropic transformation)**

동일 원소에서의 변태를 말하며 흑연 → 다이아 몬드, $BCC\ \alpha$철 → $FCC\ \gamma$철, β-Sn → α-Sn 등이 있다.

■ **order-disorder 변태**

예를 들면 FCC 구조의 구리에 금을 첨가하면 낮은 온도에서는 금이 FCC의 코너자리에 들어가서 Cu_3Au로 ordered 형태를 하지만, 온도가 올라가면 금이 FCC의 임의의 자리를 차지하며 $Cu-Au$의 disordered 형태를 가지게 된다.

2.1 일원 계 물질의 열역학* – 1차 변태(First Order Transition)

보충설명

이해를 쉽게 하기 위해 편의상, 제목을 1원소계, 2원소계…로 나누었으나 전격적으로 발생되는 1차변태의 모든 형태에 적용이 가능하다. 예를 들면 2원계에서 일어나는 공정점 변태(eutectic transformation)도 여기에 속한다.

압력이 일정할 경우, 물질의 고체 상, 액체 상 및 기체 상(相)의 온도에 따른 Gibbs 자유에너지는 일반적으로 각각 [그림 2.1]과 같이 된다. 이 경우 순수한 일원계 물질(성분원소가 1개)이라고 생각해 보면 저온에서는 고체상의 Gibbs 자유에너지 값이 가장 낮고 온도가 올라갈수록 차례로 액체상, 기체상 순으로 가장 낮은 값을 보이게 된다. 따라서 저온에서는 고체상이 가장 안정하게 되고 온도가 올라가면 고체가 녹아서 액체가 되고 더 온도를 올리면 증발하여 기체가 되는 우리의 경험과 일치하게 된다. 특히 고체와 액체의 Gibbs 자유에너지가 같아지는 용융점(T_m)에서는 고체와 액체가 공존하게 되고, 마찬가지로 기화점(T_b)에서는 액체와 기체가 공존하게 된다. 이는 상률($F = C - P + 2$)에 의해 $C = 1$이고 상이 2개 존재하면 $F = 1$로서 압력이 정해지면 온도는 자동으로 결정되거나 반대로 온도가 정해지면 그에 따라 압력이 결정된다는 이론과 일치한다. [그림 2.1]에서 각 곡선의 기울기는 앞장에서 서술한 바와 같이 $dG = VdP - SdT$의 계수로 부터

$$(\partial G/\partial T)_P = -S \tag{2-1}$$

인 관계가 만족된다. 따라서 기울기의 절대 값은 각 상의 엔트로피 값과 같으며 이 값은 고체 < 액체 < 기체 순으로 증가함을 알 수 있다.

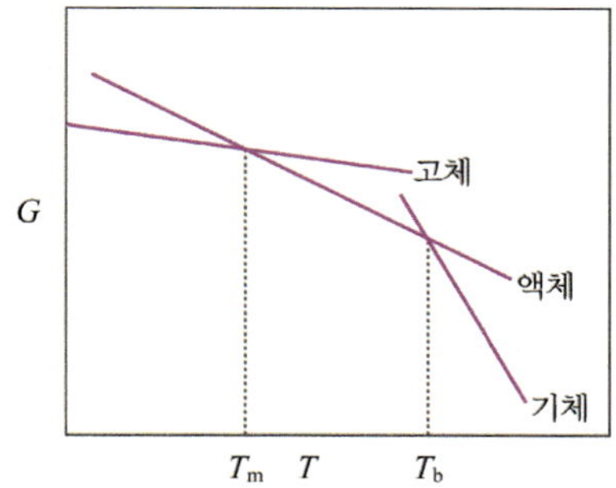

[그림 2.1] 고체, 액체, 기체의 온도에 따른 G의 값

예제

두 쪽으로 접촉되어있는 같은 크기의 고체가 한 쪽은 100°이고 다른 한쪽은 50°로 있으면 나중에는 같은 온도인 75°로 변하게 됨을 우리는 이미 알고 있다. 그러나 그 반대로 75°로 되어 있는 두 조각의 고체가 50°와 100°로 변하는 일은 현실에서 절대로 일어나지 않는다. 그 이유를 설명하고 그로부터 고체의 온도에 따른 Gibbs 에너지의 함수모양을 유추하시오.

풀이

온도와 압력이 일정할 경우 계는 Gibbs 에너지가 낮아지는 방향으로 움직인다. 그리고 $dG = VdP - SdT$ 로 표현된다. 따라서 상태변수로부터 $(\partial G/\partial T)_P = -S$ 가 성립되고 $S > 0$ 이므로 $G-T$ 그래프는 아래 그림과 같이 음의 기울기를 갖게 된다. 만약 75°로 있는 물질의 단위 G 값이 A에 해당된다면 각각 온도가 50°와 100°로 변화될 때 그 G 값은 각각

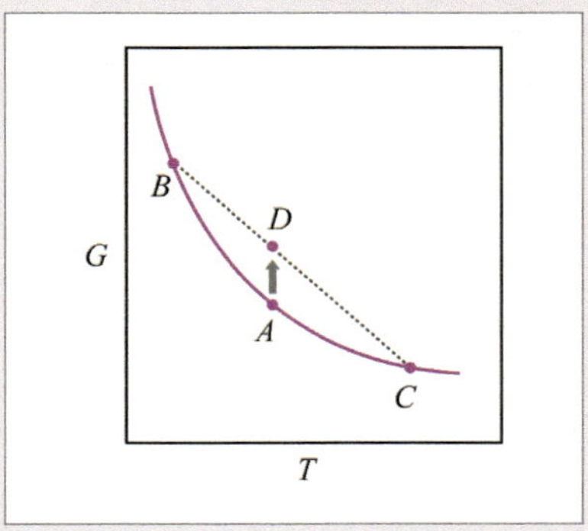

B와 C로 변하게 되고 그 평균 G값은 D가 되어 결과적으로 온도분리가 일어나면 G값이 A에서 D로 변하게 되어 G값의 증가로 이어져서 자연적인 발생이 불가능하게 된다. 따라서 $G-T$ 그래프는 오목한 모양$\partial^2 G/\partial T^2 > 0$을 함을 알 수 있다.

여기서 만약 외부압력을 변화 시키면 용융점과 기화점은 어떻게 변하는지를 살펴보자. 온도를 일정하게 하고 압력을 변화시킬 때의 Gibbs 자유 에너지의 변화량은 식 (2-1)에서와 마찬가지로

$$(\partial G/\partial P)_T = V \tag{2-2}$$

로 표현된다. 따라서 압력에 따른 Gibbs 자유에너지의 변화는 그 상의 부피 값에 해당하는 비율로 증가함을 알 수 있다. 즉 압력이 높아지면 G 값이 증가하고 반대로 압력이 감소하면 G 값이 감소한다. 그런데 1 몰의 물질을 놓고 보면 그 부피는 기체≫액체>고체 순이므로 압력이 변할 때 기체, 액체 그리고 고체의 순서로 G 값이 많이 변화함을 알 수 있다. 따라서 압력이 낮아지는 경우 기화점이 낮아지는 정도가 용융점이 낮아지는 정도보다 커 질 것을 예상 할 수 있다.

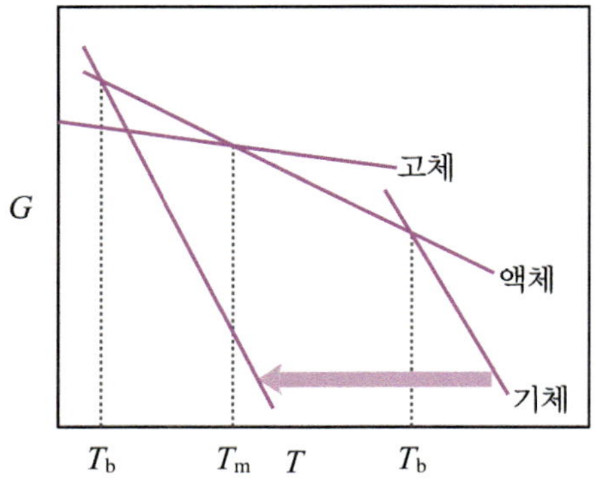

[그림 2.2] 압력이 감소하는 경우 기체의 G 값이 낮아져서 승화현상이 일어나는 경우

우리는 이와 같은 현상을 이미 경험적으로 알고 있다. 높은 산에 올라가게 되면 압력이 낮아져서 물의 기화점이 감소하여 밥을 지을 때 물이 100° 보다 낮은 온도에서 끓게 되고 따라서 끓는 현상으로 밥의 조리를 판단하게 되면 쌀이 덜 익게 되어 낭패를 당하는 현상을 경험했을 것이다. 그러나 높은 산에서 얼음이 0℃ 아래에서 녹아 생기는 문제는 아직 들어보지 못하였다. 아마 많은 차이가 나지 않아서 일 것 같다.

그런데 만약 압력이 낮아질 경우 [그림 2.2]와 같이 기체의 $G-T$ 곡선이 다른 것보다 두드러지게 낮아져서 물질의 기화점(T_b)이 용융점(T_m)보다 작아지는 경우가 생기는 재료들이 있다. 이 경우 외부에서 물질의 온도를 올리게 되면 고체상태가 액체로 녹지 않고 바로 기체로 기화해 버리는 현상(승화현상)이 발생된다. 대표적인 예가 드라이아이스이다. 이산화탄소의 고체상인 드라이아이스는 고압에서는 고체 → 액체 → 기체 순으로 변하지만 대기압에서는 가열하면 녹지 않고 바로 승화하여 가스로 되어 버린다.

2.1.1 Clausius-Clapeyron Equation

Rudolf Clausius(1822~1888, Poland Physicist)

Benoit Clapeyron(1799~1864, Franch Chemist)

앞에서 서술한 바와 같이 물질의 G 값은 압력이 증가하면 그 상의 부피에 해당하는 비율로 증가하므로 두상의 G 값이 같아지는 온도(교점)의 변화도 압력변화와 두상의 기울기 차이(엔트로피 차이)에 의해 결정되어지리라고 짐작할 수 있다. Clausius-Clapeyron 식은 압력에 따른 용융점이나 기화점의 변화현상을 부피와 엔트로피 차이의 견지에서 수식적으로 표현한 것이다. 이 식은 평형자유도(degree of freedom)가 "1"인 계에만 적용이 가능하다. 즉 변수 P와 T로 만든 2차원 지도에서는 선(univariant line)으로 나타나거나 온도나 압력 중 한 변수가 고정되는 경우(이원계 상태도), 다른 변수가 자동적으로 고정되어 점(invariant point)으로 나타나는 경우에 해당된다. 이 경우 서로 평형을 이루는 상간에 평형온도와 압력의 관계는 다음의 형태를 가진다. 이를 Clausius-Clapeyron 식이라고 부른다.

$$\frac{dT}{dP} = \frac{\Delta V}{\Delta S} = \frac{T\Delta V}{\Delta H} \tag{2-3}^*$$

예를 들면 [그림 2.3]은 물(H_2O)의 상태도로서 물과 수증기가 공존하는 경우(①), 물과 얼음이 공존하는 경우(③), 얼음과 얼음 위의 수증기가 평형을 이루며 공존하는 경우(②)의 온도와 압력의 경계선을 표시하고 있다. 이와 같이 1 원소 계(H와 O의 상대적 양이 변하지 않고 H_2O 가 하나의 원소형태로 행동하므로 일원계와 동일)에서 두 상이 공존하는 경우는 모두 자유도가 1이므로 이 경우 공존 평형조건을 온도와 압력의 측면에서 살펴보는데 Clausius-Clapeyron 식을 사용할 수 있다. 그러면 각 경계선을 Clausius-Clapeyron 관계식을 이용하여 구하여 보자.

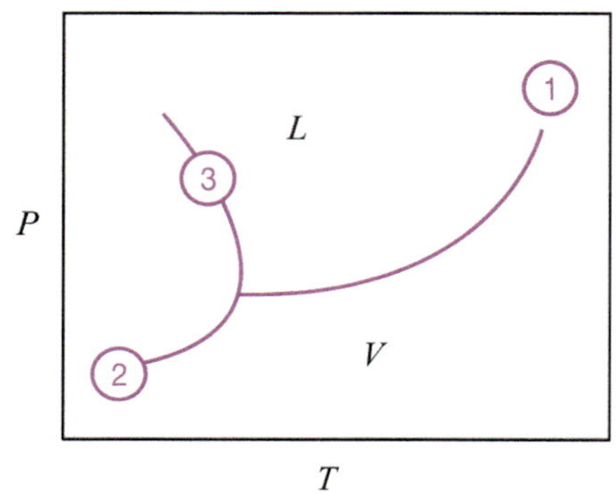

[그림 2.3] 온도와 압력에 따른 물의 각 상의 영역

예제

어떤 재료가 순수한지 아닌지를 아는 방법 중에 가열하여 재료를 녹일 때 녹는점이 나타나는 모양을 보고 판단 할 수 있다. 만약 녹는점이 한점에서 나타나지 않고 어떤 영역의 범위에서 나타나면 이는 불순물이 포함된 것이다. 그 이유를 설명하시오.

풀이

일원계에서 녹는점에서는 두 개의 상이 공존하므로 $F=1-2+2=1$이 된다. 따라서 압력이 정해지는 경우 자유도는 0이 되어 녹는점이 하나의 점으로 나타나야만 한다. 만약 불순물이 포함되면 자유도가 1 이상이 되어 어떤 온도범위를 가지고 녹게 된다.

보충설명

▪ Clausius–Clapeyron 식의 증명

Helmoltz 엔너지의 변화, $dF=-SdT-PdV$에 Maxwell 관계식을 적용하면 $(\partial P/\partial T)_V=(\partial S/\partial V)_T$가 된다. 여기서 $(\partial P/\partial T)_V$는 부피를 일정하게 유지시키는 상태에서 온도변화에 따른 압력의 변화이다. 다른 방법으로는 chain rule을 적용하면 바로 $(\partial P/\partial T)_{\Delta G}=-(\partial T/\partial \Delta G)_P$ $(\partial \Delta G/\partial P)_T=\Delta S/\Delta V$이 된다. 따라서 $\dfrac{dP}{dT}=\dfrac{\Delta H}{T\Delta V}$(Clausius–Clapeyron Eqn.)이 된다.

▪ 자유도 수와 변수와의 관계

[그림 2.3]과 같은 일원계의 $P-T$ 그래프에서는 각각의 상을 나타내 주는 영역(고체, 액체, 기체) 내에서는 온도와 압력이 임의로 자유롭게 변할 수 있으므로 자유도가 2(bivariant region)가 되고 각 영역을 분리해 주는 선 위에서는 온도가 변하면 압력이 결정되므로 자유도가 1(univariant line)이 된다. 또한 세 개의 상이 공존하는 점에서는 온도와 압력이 자동적으로 결정되므로 자유도가 0(invariant point)이 된다. 우리가 많이 다루는 온도와 성분으로 표시되는 이원계 상태도의 경우, 대부분 압력이 1기압으로 고정된 상태이기 때문에 자유도는 $F=C-P+1$(독립변수 온도와 압력에서 압력을 제외)로 표현되며 상을 나타내 주는 영역에서는 마찬가지로 자유도는 2(온도와 농도)가 되고 선 위에서는 자유도가 1이 되며 점에서는 자유도가 0이 된다. 그러나 압력을 새로운 변수로 더할 경우 자유도가 1개씩 는다. 따라서 이 경우 상태도의 점으로 표현되는 온도지점의 압력에 따른 변화는 자유도가 1로 취급된다.

(1) 응축 상 간의 평형

[그림 2.3]에서 선③(얼음과 물의 평형) 위에서는 얼음과 물이 평형을 이루며 공존하게 된다. 이 경우 온도와 압력의 변화에 따른 물과 얼음의 G 값의 변화는 각각

$$dG_L = V_L dP - S_L dT \quad (2\text{-}4)$$

$$dG_S = V_S dP - S_S dT \quad (2\text{-}5)$$

이 되고 두 상이 평형을 유지하기 위해서는 $dG_L = dG_S$이어야 하므로 식 (2-4)와 식 (2-5)로부터

$$\frac{dT_m}{dP} = \frac{V_L - V_S}{S_L - S_S} = \frac{\Delta V_m}{\Delta S_m} \text{ (압력변화에 따른 얼음의 융점 변화)} \quad (2\text{-}6)$$

관계가 만족되어야 한다. 여기서 얼음과 물이 공존하는 온도는 얼음의 융점에 해당되므로 T_m이 된다. 그런데 평형상태에서는 얼음이 물로 변하는 반응의 Gibbs 자유에너지의 변화량, $\Delta G_m = \Delta H_m - T\Delta S_m$=0이어야 하므로 $\Delta S_m = \Delta H_m / T$가 되어 식 (2-6)은

$$\frac{dT}{dP} = \frac{\Delta V_m}{\Delta S_m} = \frac{T\Delta V_m}{\Delta H_m} \quad (2\text{-}7)$$

와 같이 간단히 쓸 수 있다. 보통 고체는 녹을 때 부피가 증가한다(단, 얼음, Bi, Ga 등은 예외임). 그리고 용융엔탈피 ΔH_m은 항상 양의 값을 가진다. 따라서 식 (2-7)로부터 대부분의 재료는 압력이 올라가면 녹는점이 상승함을 알 수 있다. 그러나 얼음의 경우, 녹을 때 부피가 감소*하기 때문에 압력이 올라가면 녹는점이 내려가서 [그림 2.3]에서 선③의 기울기가 음의 값을 가짐을 알 수 있다. 따라서 우리가 스케이트를 탈 때 날씨가 추움에도 불구하고 스케이트의 압력에 의해 녹는점이 내려가서, 영하의 온도임에도 불구

하고 표면의 얼음이 녹아 물로 변하여 얼음과 스케이트 날 사이의 계면마찰력을 줄여주게 되고 그 결과 쉽게 미끄러지게 되는 것이다. 이렇게 스케이팅에는 열역학의 비밀이 숨겨져 있다. 날이 뾰족할수록 얼음에 가해지는 압력이 높아져서, 융점을 더 낮추고, 더 잘 미끄러지기 때문에 스피드 스케이팅 선수들이 열심히 날을 가는 것이다.

보충설명

▪ **얼음의 융점 변화**

대개 1기압 증가 마다 약 0.01K 정도의 융점이 내려간다. 따라서 몸무게에 의해 스케이트 날로 얼음에 약 200 ~ 300 기압정도를 가할 경우, 얼음의 녹는 온도는 약 2 ~ 3° 정도 떨어지게 된다.

예제

물의 융점(얼음이 녹는점)이 1° 내려가면 얼마의 압력이 필요한지 계산하시오. (단, $T_m(H_2O)$ =273K(1기압), ΔH_m =6.012KJ/mol, ρ_{water} =0.9999g/cm^3, ρ_{ice} =0.9168g/cm^{3}이다.

풀이

물과 얼음의 몰당 부피는 각각 $V_{water} = 18.015\,\text{g/mol} \div \rho_{water}$ 그리고 $V_{ice} = 18.015\,\text{g/mol} \div \rho_{ice}$가 된다. 따라서 $\Delta V = V_{water} - V_{ice} = -1.6331\,\text{cm3/mol}$이 된다. 이 값을 Clausius-Clepeyron 식에 적용하면 $dP/dT = \dfrac{\Delta H_m}{T_m \Delta V_m} = \dfrac{6012\ J/mol}{-1.6331\,cm^3/mol \cdot (1m^3/10^6cm^3) \cdot 273\,K} =$ $-133\text{atm/K} = -133\text{atm/K}$가 된다.

(2) 응축 상과 기체 상의 평형

일원계의 경우 [그림 2.3]의 선①과 선② 위에서와 같이 응축상(물이나 얼음)은 자체의 기체상(수증기)과 평형상태를 유지하게 된다. 예를 들면 물과 수증기의 평형은 T-P 그래프에서 선①을 따라 존재하게 된다. 이 경우 온도와 압력의 변화에 따른 각 상의

Gibbs 자유에너지 변화는 위 식 (2-4)와 식 (2-5)에서와 마찬가지로

$$dG_L = V_L dP - S_L dT \tag{2-8a}$$

$$dG_V = V_V dP - S_V dT \tag{2-8b}$$

과 같이 쓸 수 있다. 이 때 두상이 평형상태를 유지하기 위해서는 $dG_L = dG_V$ 관계가 만족되어야 하므로 온도와 압력의 변화비율은

$$\frac{dT}{dP} = \frac{V_V - V_L}{S_V - S_L} = \frac{\Delta V}{\Delta S} \tag{2-9}$$

가 되어야 한다. 그런데 식 (2-9)에서 동일한 몰수를 가지는 경우 수증기의 부피가 물이나 얼음의 부피보다 훨씬 크므로 $V_V - V_L \simeq V_V = nRT/p_{H_2O}$라고 쓸 수 있고 두 상이 평형상태를 유지하는 경우 $\Delta G_{vaporization} = \Delta H_b - T_b \Delta S_b = 0$ 이므로 $\Delta S_b = \Delta H_b / T_b$ 라고 쓸 수 있다. 따라서 이를 식 (2-9)에 대입하면

$$\frac{dT}{dP} = \frac{\Delta V}{\Delta S_b} \simeq \frac{V_V}{\Delta H_b / T_b} = \frac{nRT_b / p_{H_2O}}{\Delta H_b / T_b} \quad \text{(온도에 따른 응축상의 수증기압의 변화)} \tag{2-10}$$

와 같이 된다. 그런데 여기서 일원계의 경우 수증기압이 바로 전체 압력, P 가 된다. 따라서 수증기의 압력은

$$\frac{dP}{P} = \left(\frac{\Delta H^{\circ}_{vap}}{nR}\right)\frac{dT}{T^2} = -\frac{\Delta H^{\circ}_{vap}}{nR} d\left(\frac{1}{T}\right) \tag{2-11a}$$

$$d\ln P = -\frac{\Delta H^{\circ}_{vap}}{nR} d\left(\frac{1}{T}\right) \tag{2-11b}$$

이 된다. 여기서 순수한 수증기와 물의 엔탈피 차이이므로 $\Delta H^{\circ *}$로 되었다. 만약 $\Delta H^{\circ}_{\neq f(T) vap}$ (즉, $\Delta C_P = C_{P(V)} - C_{P(\ell)} = 0$)이라면 [그림 2.11(a)]와 같이 $\ln P$가 $1/T$에 직선적으로 반비례하게 된다. 그러나 실제 $\Delta H^{T,o}_{vap} = \Delta H^{o}_{vap.To} + \int_{To}^{T} \Delta C_P dT$ ($\Delta C_P = C_{P(V)} - C_{P(\ell)}$)이기 때문에 $\Delta C_p \neq 0$일 경우 $\Delta H^{o}_{vap} = f(T)$이고 따라서 $\ln P - 1/T$ 그래프는 직선이 아니라 [그림 2.4(b)]와 같이 곡선*으로 표현된다.

보충설명

▪ ΔH^{o}

H는 PV일을 배제한 에너지이기 때문에 표준상태의 압력 1기압과 관계가 없이 순수한 상태면 된다.

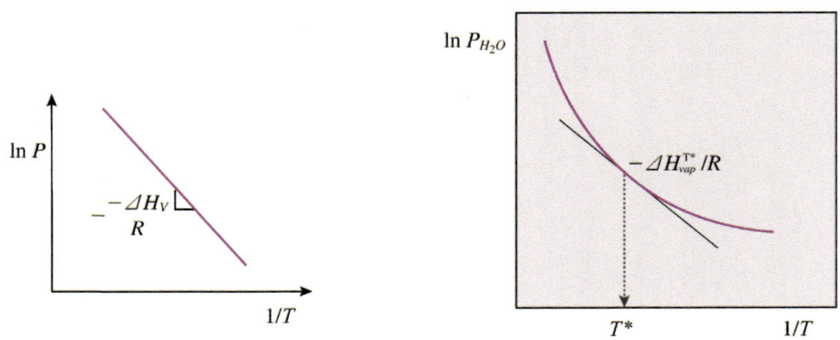

(a) $\Delta H^{o}_{vap} \neq f(T)$인 경우 (b) $\Delta H^{o}_{vap} = f(T)$인 경우(T^* 온도에서의 기울기는 $-\frac{\Delta H^{T^*}_{vap}}{R}$)

[그림 2.4] 온도에 따른 증기압의 변화

따라서 우리는 식 (2-11)로부터 액체나 고체상 위에 존재하는 원소의 증기압을 구할 수 있다. 즉 i 원소의 응축상과 평형을 이루는 i 원소기체의 압력은

$$p_i = p^o \exp(-\Delta H_{vap}/RT) \tag{2-11c}$$

의 형태로 표현된다.

2.1.2 외부 총압력에 따른 평형 증기압의 변화

그러면 우리가 경험하는 현상은 대부분 대기압에서 일어나기 때문에 참고로 온도가 일정할 경우, 응축상(예 액체)의 평형증기압(p_i)이 계의 전체 총 압력(P)에 따라 어떻게 변하는지를 알아보자. 이때 i 원소의 기체상과 액체상 간의 평형조건은 화학 포텐샬이 $d\mu_i^{vap}(T,p_i) = d\mu_i^{liquid}(T,P)$로 동일해야 됨을 쉽게 알 수 있다. 그런데

$$d\mu_i^{vap}(T,p_i) = V_{vap} dp_i$$
$$d\mu_i^{liquid}(T,P) = V_{liquid} dP$$

가 된다. 따라서

$$\frac{dp_i}{dP} = \frac{V_{liquid}}{V_{vap}}$$

가 된다. 실제로 $V_{liquid}/V_{vap} \sim 10^{-4}$이기 때문에 보통의 압력에서는 평형증기압의 변화는 무시할 정도로 작음을 알 수 있다. 평형증기가 이상기체 행동을 한다면 위식은 다시

$$\frac{dp_i}{dP} = \frac{p_i V_{liquid}}{RT}$$

가 된다. 이를 적분하면 $RT\int_{p^o}^{p} \frac{dp_i}{p_i} = V_{liquid}\int_{p^o}^{P} dP$ 가 된다. 여기서 p^o는 일원계 원소의 평형 기체분압에 해당 된다. 따라서 전체 압력이 P로 변화할 때의 평형기체 분압은

$RT\ln(p/p^o) = V_{liquid}(P - p^o)$가 되고 정리하면 전체 압력, P에서의 i 원소의 평형압력은

$$p_i = p^o \exp\left[\frac{V_{liquid}}{RT}(P - p^o)\right] \tag{2-12}$$

로 전체 압력이 증가하면 평형 압력도 증가함을 알 수 있다.

보충설명

- 물은 4℃일 때 부피가 가장 작다.
- 외부에 다른 압력에 중첩하여 수증기 압력이 더해지는 경우라도 식 (2-8)과 식 (2-9)의 dP는 $d(P + P_{H_2O})$가 되고 이중 수증기의 압력만 변하므로 $d(P + P_{H_2O}) = dP_{H_2O}$가 된다.
- 압력이 높은 경우는 응축상과 기체상의 압력차이가 많지 않아 $\triangle V_v \simeq V$라고 쓸 수 없다. 이 경우는 $\dfrac{dT}{dP} = \dfrac{T\Delta V}{\Delta H}$가 된다.
- $\triangle H_{vap}$가 온도에 일차함수인 경우 보통 $\log P = A/T + B\log T + C$의 형태를 가진다.
- $p_i = p^o \exp(-\Delta H_{vap}/RT)$
  이 식은 응축상의 원자가 표면에서 주변의 결합을 끊고 기체상으로 나가는 빈도를 말해준다. 이와 같은 형태의 Boltzmann식은 자연현상에서 많이 나타난다. 이 식의 의미는 열에너지, kT와 원자의 결합에너지 ΔH_{vap}의 비에 의해 결합을 끊고 나가는 원자의 수가 지수함수 적으로 비례한다는 것이다.
- $d\mu_i^{vap}(T, p_i) = d\mu_i^{liquid}(T, P)$를 일정한 온도에서 P에 대해 미분하면 $\left(\dfrac{\partial \mu_i^{vap}}{\partial p_i}\right)_T \left(\dfrac{\partial p_i}{\partial P}\right)_T = \left(\dfrac{\partial \mu_i^{liquid}}{\partial P}\right)_T$로 표현할 수 있다. 이는 $\overline{V}_{vap}\left(\dfrac{\partial p_i}{\partial P}\right) = \overline{V}_{liquid}$와 같게 된다. 여기서 $\overline{V}$는 i 원소의 몰 부피(molar volume)에 해당된다. 따라서 $\left(\dfrac{\partial p_i}{\partial P}\right)_T = \dfrac{V_{liquid}}{V_{vap}}$이 된다.

Clausius-Clapeyron 식은 위에서 설명한 일원계 뿐만 아니라 다원계에서도 자유도가 1인 경우($C=P-1$) 광범위하게 적용이 가능하다. 예를 들면 이원계 재료의 공정점(eutectic point) 에서는 상(P)이 L, α, β로 3개이고 원소(C)는 2개이므로 자유도가 1 ($F=1$)로서 식 (2-3)을 이용하면 압력 변화에 따른 공정점 온도의 변화를 쉽게 알 수가 있다. 또한 바다 속 깊은 곳에서는 천연가스가 마치 돌과 같은 고체의 형태로 지각을 형성하며 존재한다고 한다. 이도 Clausius-Clapeyron 식의 좋은 예의 하나이다. 바다 속은 고압이므로 가스가 어는 온도가 심해 바다의 온도인 2 ~ 3℃로까지 상승되어 질 것으로 짐작된다. 따라서 가스가 고체상태로 존재하는 것이 열역학적으로 안정함을 예측할 수 있다. 그러나 환경의 변화로 바다의 온도가 상승하게 되면 석화가스층의 승화점을 넘게 되어 바다로부터 대량의 가스가 분출되면서 그 위에 있는 배나 비행기가 부력을 잃게 되어 버뮤다 삼각지에서 종종 발생하는 배나 비행기의 실종사건들이 일어나는 것이 아닌가 싶다.

보충설명

▪ Van't Hoff 법칙(식 2-55)과 Clausius Clapeyron 식의 관계

물과 수증기와의 평형 반응, H_2O(liquid)$=$ H_2O(vap)에서 반응상수는 $K=p_{H_2O}/a_{H_2O}$가 된다. 여기서 순수한 물의 활동도는 1이다. 그런데 Van't Hoff 법칙에 의해 반응상수는 $\dfrac{d\ln p_{H_2O}}{d(1/T)}=-\dfrac{\Delta H^o_{vap}}{R}$가 만족된다. 즉 수증기 압력은 온도에 대해 $p_{H_2O}\propto\exp(-\Delta H^o_{vap}/RT)$인 관계가 만족된다. 이는 Clausius Clapeyron 식 (2-11(b))와 동일하다.

▪ Le Chatlier의 법칙과 Clausius-Clapeyron 식

Clausius-Clapeyron 식은 상태변수, T, P에 대한 "르샤틀리에 법칙"으로 이해 할 수 있다. 르샤틀리에 법칙이란 "모든 자연현상은 외부에서 가하는 작용을 완화시키는 방향으로 진행 된다"는 것이다. 즉 물이 끓는 것과 같이 $\Delta V>0$, $\Delta H>0$인 경우에는 식 (a)으로부터

$$\frac{dT}{dP} = \frac{\Delta V}{\Delta S} = \frac{T\Delta V}{\Delta H} \quad \text{(a)}$$

가 된다. 즉, 외부압력이 낮아지면 외부의 압력변화를 완화시키기기 위하여 물이 쉽게 증발하여 끓는 온도를 낮추게 된다. 또한 흡열반응의 경우 온도가 올라갈수록 반응이 왕성해지나 부피가 증가하므로 압력이 올라가게 되어 압력을 낮추는 방향으로 가게 되는 르샤틀리에의 법칙인 것이다. 스케이트의 압력에 의해 얼음이 녹는 현상을 르샤틀리에 법칙의 관점에서 보면 압력이 가해지면 압력을 완화시키기 위해 얼음의 부피를 감소시켜야 하기 때문에 녹는 것이다.

예제

25℃에서 1atm의 공기압력을 받는 경우 물은 공기압력이 없을 때의 23.756mmHg 보다 큰 증기 압력을 갖는다. 대기의 압력에 의해서 물의 증기압은 얼마나 증가하겠는가? 수증기는 이상기체와 같이 행동하며 물의 밀도는 1g/cm^{3}이다.

풀이

$0.082(298)\ln(p/23.756) = 18\times10^{-6}(760-23.756)$[1atm=760mmHg]으로 $p=23.773$mmHg 이다. 따라서 증기압 증가량은23.773－23.756=0.017mmHg이다.

예제

1000℃에서 Pb의 증기압을 3배로 하려면 Pb에 가해야 될 불활성 가스의 압력은 얼마로 해야 하는가? (단, 1000℃에서의 액체 Pb의 밀도는 9.79g/cm^{3}이고 Pb의 원자량은 207.21g이다.)

풀이

1000℃에서 $Pb(l)$와 $Pb(g)$가 평형상태에 있고, 가스는 이상기체와 같이 행동한다면

$$dG_{\mathrm{Pb}(l)} = dG_{\mathrm{Pb}(g)} \text{ 이므로 } V_{\mathrm{Pb}(l)}dP = RTd\ln P_{\mathrm{Pb}(g)} \quad ①$$

가 된다. 따라서 납의 증기압을 3배로 하기 위한 불활성기체의 증기압은

$V_{pb(l)} = \dfrac{207.21\text{g/mol}}{9.79g/\text{cm}^3} = 21.17 \times 10^{-3}\text{l/mole}$가 되고 ① 을 적분하면

$$21.17 \times 10^{-3}\text{l/mol}\,(P-1) = 0.0821\ \left(\frac{\text{atm.l}}{\text{mol.k}}\right)1273 \times \ln 3$$

가 되고 따라서 불활성가스의 압력, $P = 5424.7\text{atm}$ 이 되어야 한다.

예제

아래 그림의 CO_2 상태도를 보고 다음을 설명하시오.

(a) A, B, C의 상을 명시하시오.

(b) 대기압 하에서 드라이아이스가 승화하는 이유를 설명하시오.

(c) 이 상태도를 보고 액체 CO_2의 밀도가 고체 CO_2(드라이아이스)의 밀도보다 작음을 설명하시오.

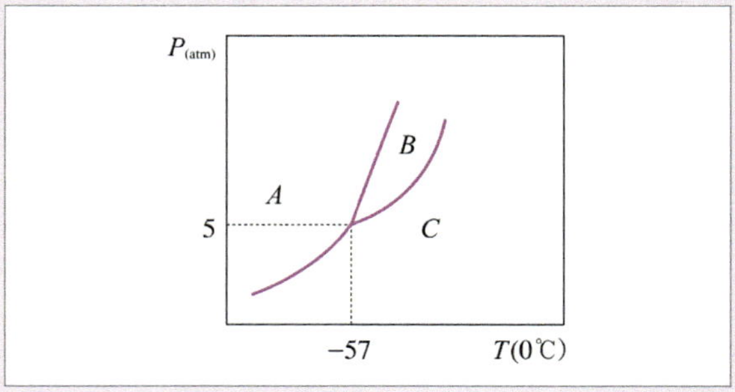

풀이

(a) A : 고체 B : 액체 C : 기체

(b) 삼중점이 5기압이므로 1기압에서는 고체=기체의 반응이 일어난다.

(c) $CO_2(S) = CO_2(L)$의 반응을 보면 Clausius-Clapeyron 식으로부터 $\dfrac{dT}{dP} = \dfrac{\Delta V}{\Delta S}$이 되는데 용융 시에는 항상 $\Delta S_{melting} > 0$이므로 $dT/dP > 0$이기 위해서는 $\Delta V > 0$이어야 한다. 즉, 고체에서 액체로 갈 때 부피가 늘어남을 말해준다. 따라서 액체의 밀도가 고체의 밀도보다 작게 된다.

예제

요오드의 끓는 점은 183.0℃이고 116.5℃에서의 증기압은 100mmHg이다. 만약 용해열이 3.74kcal/mole이고 고체의 증기압력이 38.7℃에서 1mmHg이다. 이때 삼중점(triple point)에서의 온도와 요오드의 압력을 계산하시오.

풀이

Clausius-Clapeyron식으로부터 아래와 같이 쓸 수 있다.

$$\Delta \ln P = -\frac{\Delta H_{vap}}{R}\left(\frac{1}{389.5}-\frac{1}{456}\right) = -\frac{(\Delta H_{vap})}{1.987}(3.74\times 10^{-4}) = -2.03$$

$$\therefore \Delta H_{vap} = 10763 cal/mole$$

$$\Delta H_{sublimation} = \Delta H_{vap} + \Delta H_{fusion} = 3740 + 10763 = 14503 \text{cal/mole}$$

먼저 액체와 기체 상의 평형에서 $\ln P = -\frac{\Delta H_{vap}}{R}\frac{1}{T} + C$ 이 성립되므로 183℃ 에서 $P=760$ mmHg이므로 $C=18.51$이고 따라서 증기압은 아래와 같다.

$$\ln P = -\frac{\Delta H_{vap}}{R}\frac{1}{T} + 18.51 \text{ (액체와 기체의 평형)} \quad ①$$

다음 고체와 기체 상의 평형의 경우 $\ln P = -\frac{\Delta H_{sub}}{R}\frac{1}{T} + C$ 이므로 38.7℃ 에서 $P=1$mmHg 이므로 $C=23.42$가 되고 따라서 증기압은 아래와 같다.

$$\ln P = -\frac{\Delta H_{sub}}{R}\frac{1}{T} + 23.42 \text{ (고체와 기체의 평형)} \quad ②$$

따라서 삼중점에서는 ①과 ②의 증기압이 같아야 하므로

$$-\frac{\Delta H_{vap}}{R}\frac{1}{T} + 18.51 = -\frac{\Delta H_{sub}}{R}\frac{1}{T} + 23.42$$

$$\left(-\frac{5416.71}{T}+18.51=-\frac{7298.94}{T}+23.42\right)$$

따라서 T=383.7K 그리고 P=81.3 mmHg가 된다.

보충설명

■ 2차 변태(2nd order transition) : 압력에 따른 변태온도의 변화

만약 $A \rightarrow B$(예 α-quartz $\rightarrow \beta$-cristobalite)로 2차변태가 서서히 진행된다고 가정하면,

① 엔트로피(S)의 미분 값으로 보면,

에너지의 1차 미분 값, $\left(\frac{\partial G}{\partial T}\right)_p = -S$ 은 연속적이고 smooth한 모양을 가지므로 두 상사이에 $S_A = S_B$가 되고 또한

$$dS_A = dS_B \quad \text{(a)}$$

가 된다. 그런데 S를 T와 P의 함수로 생각하면

$$dS = \left(\frac{\partial S}{\partial T}\right)_P dT + \left(\frac{\partial S}{\partial P}\right)_T dP = \frac{c_p}{T}dT - \left(\frac{\partial V}{\partial T}\right)_P dP \quad \text{(b)}$$

가 된다. 여기서 $\left(\frac{\partial S}{\partial T}\right)_p = -\left(\frac{\partial^2 G}{\partial T^2}\right)_p = \frac{c_p}{T}$과 $dG = -SdT + VdP$에서 항간의 Maxwell 관계식으로부터 구한 $-\left(\frac{\partial S}{\partial P}\right)_T = \left(\frac{\partial V}{\partial T}\right)_P$를 이용하였다. 식 (b)는 간단히

$$dS = \frac{c_p}{T}dT - \overline{V}\alpha dP \quad \text{(c)}$$

이 된다. 여기서 α는 열팽창계수 $\left(\frac{1}{V}\left(\frac{\partial V}{\partial T}\right)_P\right)$이다. 그런데 식 (a)로부터

$$\frac{c_p^B - c_p^A}{T} dT = (\overline{V_B}\,\alpha_B - \overline{V_A}\,\alpha_A) dP \tag{d}$$

가 된다. 그런데 2차변태는 에너지의 1 차 미분 값, $\left(\frac{\partial G}{\partial P}\right)_T = V$ 는 연속적인 함수형태를 띄므로 상변태 온도에서 두 상의 부피는 같게 된다. 즉 $V_A = V_B$가 된다. 따라서 압력에 따른 변태점의 변화는 식 (d)에서

$$\frac{dP}{dT} = \frac{\Delta c_p}{\overline{V} T \Delta\alpha} \quad \text{[2nd order transition]} \tag{e}$$

가 된다.

② 부피(V)의 미분 값 측면에서 보면,
V를 T와 P의 함수로 생각하면

$$dV = \left(\frac{\partial V}{\partial T}\right)_P dT + \left(\frac{\partial V}{\partial P}\right)_T dP = \overline{V}\alpha dT + \overline{V}\beta dP \tag{f}$$

가 된다. 따라서

$$\frac{dP}{dT} = \frac{\Delta\alpha}{\Delta\beta} \quad \text{[2nd order transition]} \tag{g}$$

가 된다.

2.2 이원 계 재료의 열역학

Josiah Willard Gibbs (1839~1903, USA)

2.2.1 용액 열역학 함수

A와 B로 구성된 이원계 용액의 열역학 거동을 이해하는데 핵심이 되는 다음의 3가지 열역학 함수들을 우선 살펴보도록 하자.

(1) Partial Molar Quantity

Partial molar quantity, $\overline{Q_i}$는 온도와 압력(T 와 P)을 일정하게 유지한 채, 전체 계의 농도변화가 없을 만큼 극 미소량의 원소 i를 첨가할 때 변화되는 Q의 양을 1 몰의 i로 환산했을 때의 양으로 정의된다. 이를 다시 말하면 무한히 큰 계에 1몰의 원소 i를 첨가할 때 변화되는 Q의 양이 된다. 즉, 수식적으로 표현하면

$$\overline{Q_i} = (\partial Q/\partial n_i)_{T,P,\ldots,n_{j \neq i}} \quad (2\text{-}13)$$

가 된다. 여기서 제한조건은 P 와 T 뿐 아니라 모든 일들과 첨가하는 원소, i가 아닌 다른 모든 원소, j의 양, n_j도 일정하게 유지함을 의미한다. 예를 들면

① Partial Molar Volume

$$\overline{V_i} = \left(\frac{\partial V}{\partial n_i}\right)_{T, P, \cdots, n_{j \neq i}} \quad (2\text{-}14)$$

② Partial molar Gibbs energy ≡ 화학 포텐샬

$$\overline{G}_A = \left(\frac{\partial G}{\partial n_A}\right)_{T, P, \cdots n_{j \neq A}} = \mu_A \quad (2\text{-}15)$$

③ Partial Molar Enthalpy

$$\overline{H_i} = (\partial H / \partial n_i)_{T, P, \ldots, n_{j \neq i}} \quad (2\text{-}16)$$

등이 있다. 여기서 A의 partial molar Gibbs energy, $\overline{G}_A$는 1장의 식 (1-78)으로부터 A의 화학포텐샬, μ_A 와 동일한 개념이 됨을 알 수 있다.

여기서 우리는 A와 B로 구성된 이원계의 총 Gibbs 자유에너지 값, G'은 T와 P가 일정한 경우, 아래 식 (2-17)과 같이 $\overline{G}_A$, $\overline{G}_B$에 각각의 해당 몰수를 곱한 값으로 됨을 쉽게 알 수 있다.

$$G' = \mu_A n_A + \mu_B n_B \text{ (계의 총 Gibbs 자유에너지)} \quad (2\text{-}17)$$

보충설명

■ 식 (2-17)의 증명

T와 P가 일정한 경우(q, M, A 등도 일정), 식 (1-84)에 의해 $dG = \mu_A dn_A + \mu_B dn_B$로 표시되는데 이는 $G = f(n_A, n_B)$로 일차 동초함수(1st order homogeneous) 이므로 Euler theorem이 성립되어 $G' = \mu_A n_A + \mu_B n_B$이 된다.

따라서 어떤 원소의 화학 포텐샬이란 주어진 조성의 혼합물에서 그 원소의 평균 Gibbs 에너지와 같은 개념이라고 생각할 수 있다. 그래프적으로 보면 온도와 압력을 일정하게 유지시키면서 A와 B가 섞여있는 혼합계에 B 원소를 계속 첨가시키면서 전체 계의 총 자유에너지(G')를 재보면, 그 총 자유에너지 값의 변화는 [그림 2.5]와 같이 증가하게 될 것이다. 이 경우 계 내에 A의 몰수, n_A가 고정된 상태에서 B를 계속 첨가하여 n_B를 증가 시키면, 처음에는 어떤 혼합물의 형태를 가지다가 나중에는 B의 양이 A에 비해 너무 많아져서 B의 농도가 거의 100%에 가깝게 되는 순간에 도달하게 된다. 이때부터는 계의 성질이 순수한 B의 성질에 가깝게 되고 B 원소 첨가에 따른 계의 몰 당 Gibbs 에너지 증가양은 순수한 B의 1몰 당 Gibbs 자유에너지 값과 같게 될 것이다.

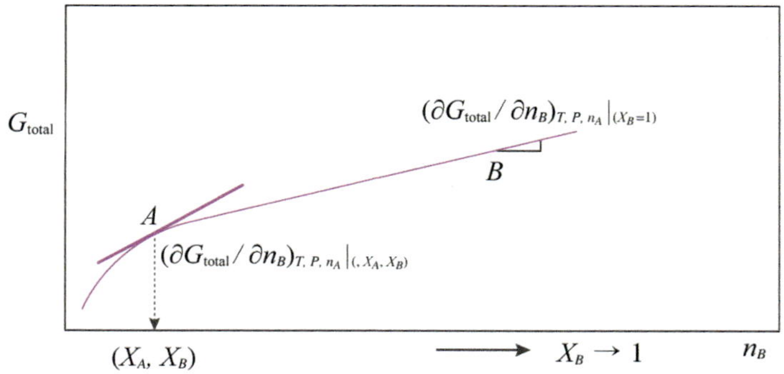

[그림 2.5] 온도와 압력을 일정하게 유지하면서 B 원소 첨가에 따른 총 Gibbs 에너지의 변화도

따라서 [그림 2.5]에서 점 A 에서의 접선의 기울기, $\mu_B = \left(\dfrac{\partial G}{\partial n_B}\right)_{T,P,n}$ 는 바로 농도(X_A, X_B)에서의 B의 화학 포텐샬, μ_B가 된다. 또한 점 B에서의 기울기는 원소 v가 거의 100%로 순수한 B 물질의 성질에 가까우므로 순수한 B 원소의 화학 포텐샬, μ_B^O가 된다.

예제

Partial molar Gibbs Energy와 화학 포텐샬은 같으나 partial molar 엔탈피는 화학 포텐샬이 될 수 없는 이유를 설명하시오.

풀이

화학 포텐샬 $\equiv (\partial G/\partial n_i)_{T,P,n_j \neq i}$ =partial molar Gibbs free energy 그러나 $\mu_i \equiv (\partial H/\partial n_i)_{P,S,n_{j\neq i}}$ 이고 $\overline{H_i} = (\partial H/\partial n_i)_{T,P,\ldots,n_{j\neq i}}$ 이므로 제약조건이 다르기 때문에 partial molar enthalpy $\neq \mu_i$ 이다.

보충설명

■ $\overline{H_i}$에 대하여…

실제로 $\overline{H_i} = \mu_i - T(\partial \mu_i/\partial T)_{P,n_j \neq i}$ 인 관계를 가진다.

$\overline{G_i} = \mu_i = \overline{H_i} - T\overline{S_i}$ 그런데 $\overline{S_i} = \left(\dfrac{\partial S}{\partial n_i}\right)_{p,\, n_j \neq n_i} = -\dfrac{\partial}{\partial n_i}\left(\dfrac{\partial G}{\partial T}\right)_{p,\, n_j \neq n_i}$ 이므로

$$\overline{S_i} = -\frac{\partial}{\partial T}\left(\frac{\partial G}{\partial n_i}\right)_{p,\, n_j \neq n_i} = -\left(\frac{\partial \mu_i}{\partial T}\right)_{p,\, n_j \neq n_i}$$

$$\therefore \mu_i = \overline{H_i} + T\left(\frac{\partial \mu_i}{\partial T}\right)_{p,\, n_j \neq n_i}$$

(2) Molal Quantity

식 (2-17)의 양변을 총 몰수, $n_A + n_B$로 나누면 식 (2-18)과 같이 혼합용액 1몰 당의 Gibbs 자유에너지 값(G^m)이 나온다.

$$\frac{G'}{n_A + n_B} = \frac{n_A}{n_A + n_B}\mu_A + \frac{n_B}{n_A + n_B}\mu_B \tag{2-18}$$

이와 같이 1몰 당의 (열역학 함수)값으로 환산된 것을 "molal quantity"(Q^m)라고 부르고 표기는 m 위첨자를 붙여 사용한다. 즉 $G'/(n_A + n_B)$를 molal Gibbs free energy (G^m)라고 부르고 이는

$$G^m = X_A\mu_A + X_B\mu_B \tag{2-19}$$

가 된다. 여기서 X_i는 i 원소의 몰 농도이다. 따라서 partial molar quantity, $\overline{Q_i} = (\partial Q/\partial n_i)_{T,P,\ldots,n_{j\neq i}}$는 1몰의 값에 해당되므로 partial molal quantity라고 사용하여도 무방하다.

예제

Gibbs-Duhem 식 $\sum X_i d\mu_i = V^m dP - S^m dT$ 임을 증명하시오.

풀이

$$dU = TdS - PdV + \varnothing dq + \sigma dA + HdM + \sum \mu_i dn_i \quad ①$$

$$U = TS - PV + \varnothing q + \sigma A + HM + \sum_i \mu_i n_i \quad ②$$

$$dU = TdS + SdT - PdV - VdP + \varnothing dq + qd\varnothing + \sigma dA + Ad\sigma + HdM + MdH + \sum_i \mu_i dn_i + \sum_i n_i d\mu_i \quad ③$$

③ ~ ① 그리고 $\varnothing, \sigma$, H=일정하다고 가정하면 $\sum n_i d\mu_i = VdP - SdT$이 되고 이를 총 몰수로 나누면 $\sum X_i d\mu_i = V^m dP - S^m dT$이 된다.

(3) 혼합(Mixing) 함수

n_A몰의 A와 n_B몰의 B 를 혼합하여 총 $n_A + n_B$몰의 혼합용액(화합물을 형성하지 않고 단순한 혼합만 되는 원소들로 구성)을 만들었다고 가정해 보자. 이 때, 혼합 전과 후의 Gibbs 자유에너지의 변화량은

$$\Delta G^{MIX} = G^{AFTER} - G^{BEFORE} = (n_A \mu_A + n_B \mu_B) - (n_A G_A^O + n_B G_B^O) \tag{2-20}$$

가 된다. 여기서 $n_A \mu_A + n_B \mu_B$는 혼합용액의 전체 Gibbs 자유에너지 값이고 $n_A G_A^O + n_B G_B^O$ 는 혼합 전에 순수한 상태로 있을 때의 A와 B의 에너지의 합(A 의 몰당 Gibbs 에너지, G_A^o 와 B의 몰당 Gibbs 에너지, G_B^o 에 몰수를 곱한 값)이다. 여기서 만약 단순히 원소(A나 B)의 측면에서 혼합용액 내에서 가지는 원소의 partial molar Gibbs 에너지 (μ_i)와 순수한 상태에서의 원소의 Gibbs 에너지의 차이를 그 원소의 "혼합 Gibbs 에너지*"

$$\Delta \overline{G_i}^{MIX} = \overline{G_i} - G_i^O (= \mu_i - \mu_i^O) \tag{2-21}$$

라고 정의하면 식 (2-20)은 간단히 각 성분의 혼합 Gibbs 에너지의 합으로

$$\Delta G'^{MIX} = n_A \overline{\Delta G_A}^{MIX} + n_B \overline{\Delta G_B}^{MIX} \tag{2-22a}$$

와 같이 표현될 수 있다. 이를 molal quantity로 나타내면

$$\Delta G^{m\,MIX} = X_A \overline{\Delta G_A}^{MIX} + X_B \overline{\Delta G_B}^{MIX*} \quad \text{(2-22b)*}$$

가 된다.

If you're not part of the solution, you're part of the precipitate!

보충설명

■ 식 (2-19)와 식 (2-22b)의 유사성

열역학의 모든 관계식은 이와 같이 양변에 같이 작용한다. 즉 식 (2-19)의 양변에 Δ와 MIX를 붙이면 식 (2-22(b))가 된다. 마찬가지로 어떤 함수, f에 operator, H를 작용해서 나오는 값이 g이면 이 operator를 Δf에 작용시키면 Δg가 나온다.

(예) $(\partial U/\partial V)_S = -P$ 이고 따라서 $(\partial \Delta U/\partial V)_S = -\Delta P$)

※ $\overline{\Delta G_A}^{MIX} = \mu_A - \mu_A^O = RT\ln a_A$ 그리고 $\Delta G^{m\ MIX} = RT(X_A \ln a_A + X_B \ln a_B)$로 표기된다.

2.2.2 Tangent Intercept Principle(TIP)

Tangent Intercept Principle(TIP)이란 "온도와 압력이 일정한 경우, 이원계(binary system)에서 농도에 따른 열역학 함수의 값, $Q(G, \Delta G^{mix} \cdots)$를 알 때, 원하는 농도 점에서 함수의 접선을 그어 그 절편 값으로부터 혼합물 내 원소의 partial molar quantity, $\overline{Q_i} = (\partial Q/\partial n_i)_{T,P,n_{j\neq i}}$를 구할 수 있다"는 방법이다. 그러나 이와 같은 TIP가 성립되기 위해서는 열역학 함수가 $Q = \sum_i \overline{Q_i} n_i$(Euler theorem)의 형태로 표시될 수 있어야한

다. Gibbs 자유에너지의 경우, 온도와 압력이 일정할 경우 Euler theorem이 적용되므로 TIP를 식 (2-15)에 적용하면 각 원소의 partial molar Gibbs 에너지, 즉 원소의 화학 포텐샬 값을 쉽게 기하학적으로 구할 수 있게 된다.

부연하여 설명하면 A와 B로 구성된 이원 혼합계에서 어느 농도에서 열역학 함수, $Q(X_A, X_B)$의 값의 접선을 그으면 이 접선이 $X_A = 1$ 축과 $X_B = 1$ 축과 만나는 절편의 값이 접점에 해당되는 혼합물의 농도에서의 각각의 $\overline{Q}_A$와 $\overline{Q}_B$ 값에 해당된다. 그러나 TIP가 적용되기 위해서는 Euler theorem이 적용되어

$$Q = \overline{Q}_A X_A + \overline{Q}_B X_B \tag{2-23}$$

인 관계가 만족되어야 한다. 예를 들면 P와 T의 함수인 Gibbs 자유에너지와 달리 Helmoltz 자유에너지, F는 $F(V, T, \cdots n_i)$이므로 V와 T가 일정할 경우에만 $F(n_i) = \sum_i \overline{F}_i n_i$로 Euler theorem 이 적용되므로 접선의 절편값은 온도와 압력이 일정할 경우에만 정의 되는 partial molar Helmoltz 에너지가 되지 않는다.

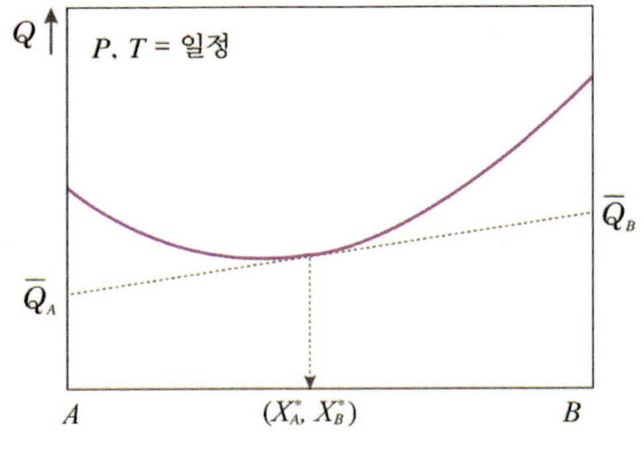

$\overline{Q}_A : \left(\dfrac{\partial Q}{\partial X_A}\right)_{T,P,\cdots}\Bigg|_{(X_A^*, X_B^*)}$ $\quad$ $\overline{Q}_B : \left(\dfrac{\partial Q}{\partial X_B}\right)_{T,P,\cdots}\Bigg|_{(X_A^*, X_B^*)}$

[그림 2.6] Tangent Intercept Principle

이를 그래프 상에서 도식적으로 살펴보면 [그림 2.6]과 같이 "Q를 농도의 함수로 그린 후, 원하는 농도 점에서 접선을 그어 접선이 $X_A = 1$과 $X_B = 1$ 축과 만나는 절편의 값이 각각 $\overline{Q}_A$와 $\overline{Q}_B$에 해당된다"는 말이 된다.

보충설명

■ TIP의 증명

$dG = \mu_A dX_A + \mu_B dX_B$ 이므로 양변에 X_A/dX_B를 곱하면

$$X_A \frac{dG}{dX_B} = -X_A\mu_A + X_A\mu_B$$

가 된다. 이 식과 $G = X_A\mu_A + X_B\mu_B$을 합하여 정리하면

$$\mu_B = G + X_A\frac{dG}{dX_B} = G + (1 - X_B)\frac{dG}{dX_B}$$

$$\mu_A = G + (1 - X_A)\frac{dG}{dX_A}$$

가 된다. 이는 각각 $X_B = 1$과 $X_A = 1$축과 만나는 절편 값에 해당된다.

예를 들어 Gibbs 에너지에 TIP를 적용해보자. 만약 원소 A와 B로 구성된 혼합용액 1몰에 해당되는 Gibbs 자유에너지 값, G^m (molal Gibbs free energy, $G/(n_A + n_B)$)을 B의 몰분율($X_B = n_B/(n_A + n_B)$)에 대해 그리면 [그림 2.7]과 같이 된다. 여기에 농도 점, (X_A, X_B)에서의 G_m 함수의 접선을 그으면 그 접선이 $X_A = 1$ 축과 만나는 점, a의 값이 바로 농도가 (X_A, X_B)인 혼합용액에서 A의 화학포텐샬, μ_A가 된다. 마찬가지로 점 b는 μ_B가 된다. 그리고 c와 d는 각각 순수한 A와 B 1몰에 해당되는 Gibbs 에너지 값이므로 각각 μ_A°, μ_B°가 된다.

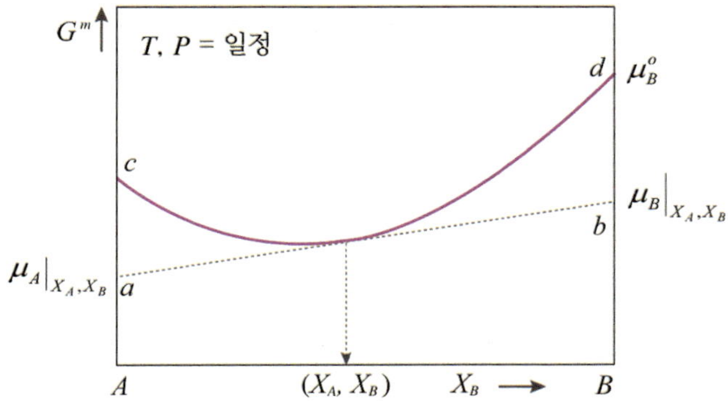

[그림 2.7] 혼합용액의 G^m 으로부터 TIP을 적용하여 화학 포텐샬을 구하는 방법

그러면 이제 ΔG^{MIX}에 대해서 TIP를 적용해 보자.

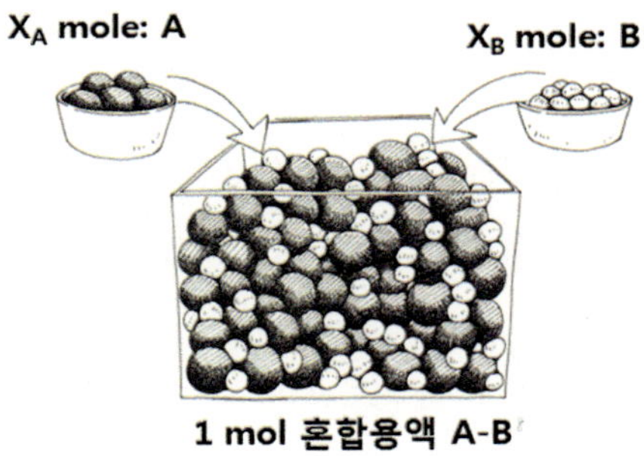

[그림 2.8] 순수한 A, B를 섞어서 혼합용액($A-B$) 1 몰을 만드는 과정

[그림 2.8]과 같이 X_A 몰의 순수한 A와 X_B 몰의 순수한 B를 혼합해서 1 몰의 혼합용액(화합물을 형성하지 않고 단순히 $A-B$의 혼합체로 구성된다고 가정)을 만드는 경우를 살펴보자. 혼합 전 후의 Gibbs 에너지의 변화량, ΔG^{MIX}은 혼합된 생성물의 Gibbs 에너지, G^m와 순수한 반응물의 Gibbs 에너지의 합, $X_A\mu_A^o + X_B\mu_B^o$의 차이이므로

$$\Delta G^{mix} = G^m - (X_A G_A{}^\circ + X_B G_B{}^\circ) \quad (2\text{-}24)$$

과 같이 표현된다. 그런데 식 (2-19)로부터 $G^m = X_A\mu_A + X_B\mu_B$ 이므로 이 식을 식 (2-24)에 대입하면 이는 식 (2-22b) $\left[\Delta G^{m\text{MIX}} = X_A\overline{\Delta G_A}^{MIX} + X_B\overline{\Delta G_B}^{MIX}\right]$의 형태가 된다. 여기서 $\Delta G_i^{mix} = \mu_i - \mu_i^o$이다.

혼합물 1 몰의 총 Gibbs 자유에너지 값, G^m을 농도의 함수로 나타내면 [그림 2.9(a)]와 같이 된다. 여기서 이 그래프의 양쪽 점은 순수한 A와 B의 에너지(순수한 A와 B의 화학포텐샬 값)에 해당되고 이를 이은 점선은 $X_A\mu_A^o + X_B\mu_B^o$로 순수한 A와 B의 Gibbs 자유에너지의 평균 합에 해당된다. 그런데 ΔG^{MIX}은 G^m에서 $X_A\mu_A^o + X_B\mu_B^o$을 뺀 차이 값에 해당되므로 ΔG^{MIX}은 [그림 2.9(b)]와 같이 양끝의 값이 $\mu_A°$, $\mu_B°$ 대신 "0"의 값을 가지는 모양이 된다.

보충설명

▪ 혼합물과 순수한 물질의 표준상태 차이

$\Delta G^{m\,MIX} = X_A\overline{\Delta G_A}^{MIX} + X_B\overline{\Delta G_B}^{MIX}$에서 혼합물($\mu_i$, G^m) 상과 순수한 원소(μ_A^o, μ_B^o) 상이 같으면 순수한 상태($X_A = 1$ 혹은 $X_B = 1$)에서 $\Delta G^{MIX} = 0$이 된다. 그런데 만약 원하는 온도에서 혼합물의 평형상과 순수한 원소의 평형상이 다르면 $X_A = 1$이나 $X_B = 1$에서 $\Delta G^{m\text{MIX}} \neq 0$이 된다. 예를 들면 우리가 원하는 온도에서 관심 있는 혼합물의 평형상이 액상인데 그 온도에서 순수한 B는 고체상으로 안정하면 $\Delta G^{m\text{MIX}}(X_B = 1) = \overline{\Delta G_B}^{o\ MIX}$에서 혼합물에 해당하는 B의 상은 액체가 되고 기준이 되는 B의 상태는 고체가 된다. 따라서 $\Delta \overline{G}^{MIX}_{(T) = G_B^o(liquid) - G_B^o(solid) B} = \Delta G_B^{o,\,melting}(T) > 0$이 된다.

그러면 $\triangle G^{mix} - X_B$([그림 2.9(b)]) 그래프에 TIP를 적용하여 보자. TIP에 의해 점 a에서의 값은 $\left(\dfrac{\partial \triangle G^{MIX}}{\partial X_A}\right)_{X_A^*} = \triangle \overline{G}_A^{MIX}$가 되고 이는 식 (2-21)에 의해 $\mu_A - \mu_A°$가 된다. 마찬가지로 점 b의 값은(X_A^*, X_B^*)에서의 $\mu_B - \mu_B°$가 된다.

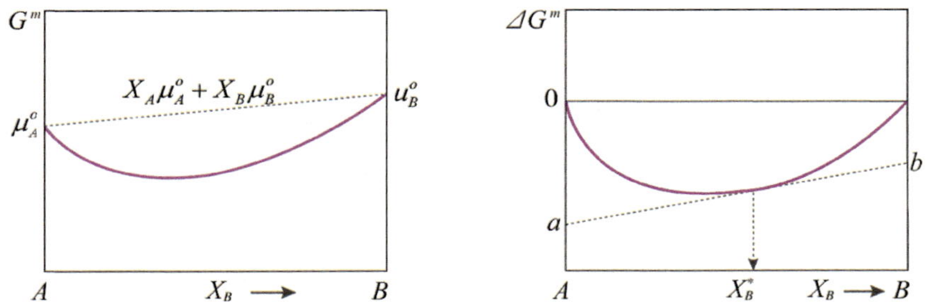

(a) $G^m - X_B$ 그래프 (b) $\Delta G^{mix} - X_B$ 그래프

[그림 2.9]

여기서 활동도(activity*)라는 새로운 개념을 소개하기로 하자. 뒤에서 더 자세히 설명하겠지만 일단 여기서는 활동도를 아래와 같이 정의하기로 하자.

$$a_i \equiv \exp\left(\frac{\mu_i - \mu_i^{\circ}}{RT}\right) \tag{2-25a}$$

$$\text{즉, } \mu_i - \mu_i^{\circ} = RT\ln a_i \tag{2-25b}$$

이다. 따라서 $\Delta G^{mix} - X$ 그래프로부터 농도 (X_A, X_B)인 혼합물에서의 접선이 $X_A = 1$ 축과 만나는 절편, 점 a는 농도 (X_A, X_B)인 용액의 A의 "$RT\ \ln a_A$"에 해당되며 $X_B = 1$ 축과 만나는 절편, 점 b는 "$RT\ln a_B$"에 해당됨을 알 수 있다. 다시 말하면 절편 값은 각 원소의 활동도 값에 해당된다.

보충설명

■ **$\mu_i - \mu_i^{\circ} = RT\ln a_i = RT\ln p_i/p_o$에 대하여…**

어느 고체(액체) 위에나 식 (2-11)에 따른 열역학적인 평형 기체 증기압이 존재한다. 여기서 평형이라는 표현은 고(액)체 속의 A의 화학 포텐샬과 기체 A의 화학 포텐샬이 같아지는 것을 말한다. 즉

$$\mu_A(solid) = \mu_A(gas) \tag{a}$$

이 된다. 그런데 온도가 일정할 경우 가스 상의 Gibbs 에너지 변화는 $dG_A = V_A dp_A$이고 만약 가스가 이상기체와 같이 행동한다면 $dG_A = [n_A RT/p_A]dp_A$가 된다. 만약 p^o 기압상태의 A 기체(즉, 표준상태) n몰을 p 기압으로 변화시키면 그때의 Gibbs 에너지는

$$G_A = G_A^o + \int_{p_o}^{p} n_A RT d\ln P_A \tag{b}$$

가 된다. 그런데 1몰 당 Gibbs 에너지(G/n)가 화학 포텐샬, μ이므로

$$\mu_A = \mu_A^o + RT\ln p_A/p_o \tag{c}$$

과 같이 쓸 수 있다. 여기서 μ_A^o는 p_o 기압을 갖는 화학 포텐샬 즉 표준 화학 포텐샬(standard chemical potential)이다. 따라서 식 (a)에 의해 고체의 화학포텐샬(Gibbs 에너지)도 식 (c)와 같이 된다. 식 (c)를 정리하면 $\mu_i - \mu_i{}^\circ = RT\ln p_i/p_o$가 된다.

▪ $a_A = p_A/p_A^o$의 증명

$\mu_i(gas) = \mu_i^o(gas) + RT\ln p_i$ 이므로 순수한 고체 A와 혼합 상에서의 A의 화학 포텐샬을 가스 상의 원소 A의 화학 포텐샬로 환산하면 각각

$$\mu_A^o(solid) = \mu_A^o(gas) + RT\ln P_A^o \quad \text{(표준상태)}$$

$$\mu_A(solid) = \mu_A^o(gas) + RT\ln P_A \quad \text{(혼합상태)}$$

이 된다. 여기서 P_A^o는 표준상태 재료 A의 A의 증기압이고 P_A는 혼합상태 재료의 A의 증기압이다. 그러므로

$$\mu_A(solid) - \mu_A^o(solid) = RT\ln\left(\frac{P_A}{P_A^o}\right) = RT\ln a_A$$

가 된다.

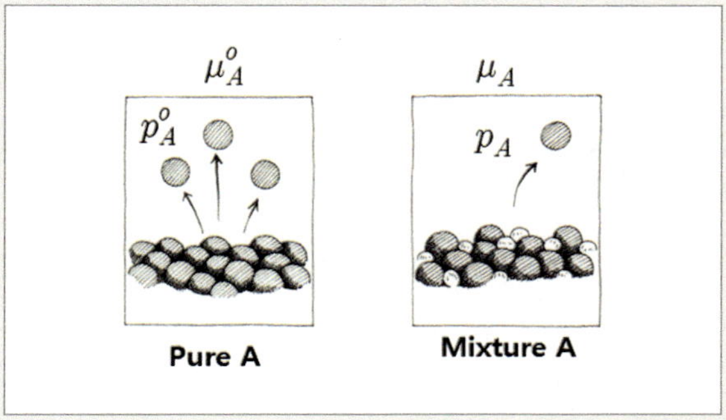

■ 활동도의 의미

식 (2-25b)는 $\mu_i - \mu_i^\circ = RT\ln a_i - RT\ln(1)$와 같이 쓸 수 있다. 따라서 활동도 a_i에 해당되는 원소의 혼합물 내에서의 화학 포텐샬, μ_i는 $RT\ln a_i$에 해당되며 순수한 물질의 화학포텐샬은 $RT\ln 1$이고 그 활동도는 1이 됨을 알 수 있다. 즉 혼합물의 활동도는 순수한 물질의 활동도를 1로 기준(표준상태)하였을 때의 활동도 값임을 알 수 있다.

■ 활동도와 표준상태

활동도는 원소 i가 현재 혼합물 내에 존재할 때의 i원소의 증기압(partial pressure), p_i (혹은 fugacity)와 그 원소가 순수한 상태(즉 표준상태, standard state)로 있을 때의 증기압, p_i°의 비이다. 즉 $a_i = p_i / p_i^\circ$로 정의된다. 이때 표준 상태란 활동도를 1로 정의하는 상태로서 액체나 고체의 경우는 순수한 물질상태를 말하며 온도는 원하는 측정온도에서 정의되고 보통 1기압을 기준으로 하는 것이 보통이다. 기체의 경우는 원하는 온도에서 1기압인 상태를 표준 상태, 즉 $a = 1$인 상태로 정한다.

■ 응축상에서 압력에 따른 화학 포텐샬의 변화

고체나 액체는 외부 압력이 변할 경우 Gibbs 자유에너지는

$$G_s(T,P) = G_s^o(T,1) + \int_1^p VdP = G_i^o(T,1) + V(P-1)$$

가 된다. 여기서 압력에 따른 고체나 액체의 부피변화는 거의 없으므로 상수로 가정하였다. 그런데 액체나 고체의 부피는 작으므로 두 번째 항은 첫째항보다 월등히 작아 압력에 관계없이

$$G_s(T,P) \simeq G_s^o(T,1)$$

과 같이 쓴다. 따라서 고체나 액체의 경우 표준상태를 정하는데 외부압력은 덜 민감하다.

(1) Enthalpy, H

엔탈피는 S와 P의 함수이므로 Euler theorem($dH = \sum_i \mu_i dn_i$)이 적용되지 않기 때문에 TIP를 통해 partial molar enthalpy, $\left(\frac{\partial H^m}{\partial X_A}\right)_{T,P}$ 를 구할 수 없다.

(2) 부피

부피는 압력과 온도와 농도의 함수이므로 압력과 온도가 일정할 경우 $dV = \sum_i \overline{V_i} dn_i$로 표시할 수 있고 partial molar volume, $\overline{V_i}$는 $\overline{V_i} \equiv (\partial V / \partial n_i)_{T,P,n_{j \neq i}}$로 정의 된다. 그리고 Euler theorem에 의해 $V^m = X_1 \overline{V_1} + X_2 \overline{V_2}$인 관계가 이루어지므로 TIP가 성립되어 우리가 위에서 서술한 모든 내용이 유효하게 된다. 즉 $X_a = 1$ 축과의 교점이 $\overline{V_A}$이 되고 $X_B = 1$과의 교점이 $\overline{V_B}$가 된다.

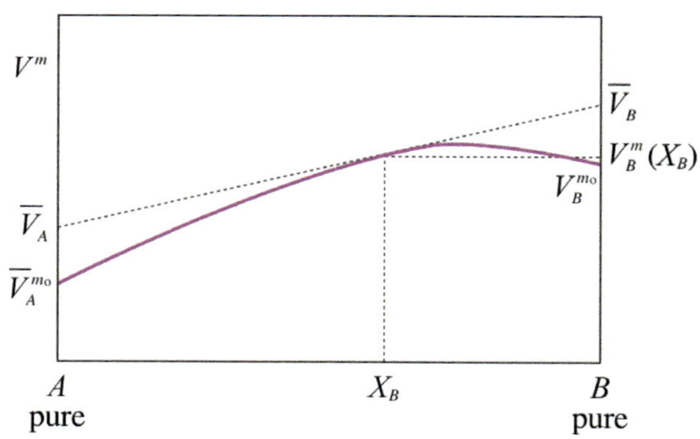

[그림 2.10] 부피함수에 TIP 적용 예

예제

$A-B$ 이원계에서 A와 B는 모두 1000℃에서 고체이고 고체형태로 안정한 2개의 화학양론적 화합물 A_2B와AB_2를 형성 한다. 그리고 다른 고용체는 형성되지 않는다고 가정하자. 또한 1000℃에서 A의 증기압은 측정 못 할 정도로 작고 B의 표준상태의 변화, $B_{(S)}=B_{(V)}$에 대한$\Delta G°$는$\Delta G°=187220-108.8T \quad Joules$이다. 서로 평형에 있는$AB_2-A_2B$ 혼합물이 나타내는 B의 증기압은

$$\log p_B(atm)=-\frac{11242}{T}+6.53$$

이며 서로 평형상태에 있는 $A-A_2B$ 혼합물이 나타내는 증기압은 아래와 같다.

$$\log p_B(atm)=-\frac{12603}{T}+6.9$$

위의 데이타를 이용하여 A_2B와 AB_2의 표준생성열을 계산하라. (단, 위의 두 화합물의 표준생성엔트로피는 모두 "0"이다.)

풀이

$B(s)=B(v)$ 반응의 표준상태에서 1000℃에서의 $\Delta G°=187220-108.8(1273)=48717.6$ $=-RT\ln P_B^{\circ}$ 이므로

$$p_B^{\circ}=1.01\times 10^{-2}atm$$

(1) AB_2-A_2B 평형에서, 1000℃에서의 B의 증기압은 $\log P_B=-\frac{11242}{1273}+6.53=-2.3$이므로

$$p_B=5.01\times 10^{-3}atm \ (AB_2/A_2B)$$

따라서 AB_2/A_2B 상태에서의 B의 활동도는 $a_B=\frac{P_B}{P_B^{\circ}}=\frac{5.01\times 10^{-3}}{1.01\times 10^{-2}}=0.496$이 되고

따라서 B의 부분혼합에너지차이는 $\Delta\overline{G}^{mix}_{=RT\ln a_B=-7421\ \ joules B}$이 된다.

(2) 마찬가지로 $A-A_2B$ 평형에서, 1000℃에서의 B의 증기압은

$\log P_B = -\dfrac{12603}{1273} + 6.9 = -3.0$ 이므로

$$p_B = 1\times 10^{-3} atm \ (A/A_2B)$$

따라서 A/A_2B 평형상태에서의 B의 활동도는 $a_B = \dfrac{P_B}{P_B^\circ} = 0.099$가 되고 따라서 B의 부분혼합에너지차이는 $\Delta \overline{G}_B^{mix} = -24476.3$ joules이 된다.

이를 그래프로 그리면 아래 그림과 같고 그래프로부터 다음과 같은 정보를 알 수 있다.

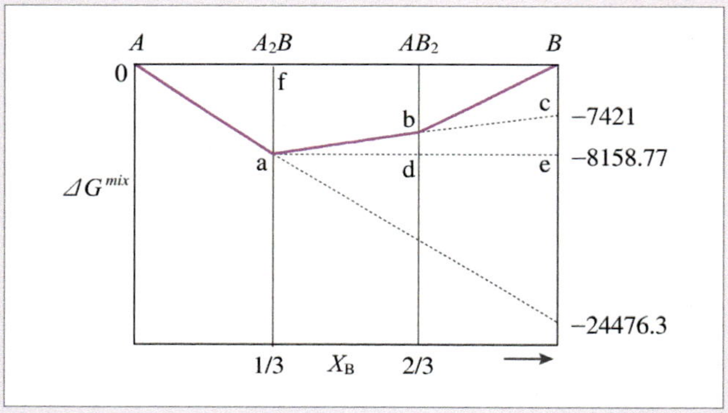

$\overline{fa} = \dfrac{1}{3}(24476.3) = 8158.77$, $\overline{gb} = \overline{fa} - \overline{bd} = \overline{fa} - \dfrac{\overline{ec}\times\overline{ad}}{\overline{ae}}$가 되는데 여기서 $\overline{ae} = \dfrac{2}{3}$, $\overline{ec} = 8158.77 - 7421 = 737.77$, $\overline{ad} = \dfrac{1}{3}$ 이므로 $\overline{gb} = 8158.77 - 737.77/2 = 7789.89$

따라서 $2A + B = A_2B$ 반응의 Gibbs 에너지 변화는 $\Delta G^\circ = 3\times(-\overline{fa}) = -24476.31$ joules/mole이고, $A + 2B = AB_2$ 반응의 Gibbs 에너지 변화는 $\Delta G^\circ = 3\times(-\overline{gb}) = -23369.67$ joules/mole이다.

여기서 3을 곱한 이유는 ΔG^{mix}의 정의가 A_2B의 경우 1/3몰의 B와 2/3몰의 A로 A_2B를 만들기 때문에 화합물이 1/3몰이 생성된다.

표준생성 엔트로피(ΔS^o)가 "0"이므로 $\Delta H^o = \Delta G^o + T\Delta S^o = \Delta G^o$관계로부터 ΔH^o를 얻을 수 있다.

$$\Delta H^\circ = -24476.31 \text{ joules/mole } (2A + B = A_2B)$$

$$\Delta H^\circ = \Delta G^\circ = -23369.67 \text{ joules/mole } (A + 2B = AB_2)$$

2.2.3 활동도 측정방법

(1) 증기압 직접 측정방법

활동도는 0과 1사이의 값을 가지며 어떤 온도에서 원소가 혼합용액 내에 포함되어있을 때 발휘되는 원소의 증기압, p_i와 원소가 순수한 상태로 존재할 때 발휘되는 증기압, p_i^o의 비, p_i/p_i^o로 정의된다. 따라서 원소의 증기압을 측정함으로서 원소의 활동도를 측정할 수 있다. 예를 들면 $Hg-Cu$ 合金의 Hg의 활동도를 구하기 위해서는 그 온도에서 순수한 Hg의 증기압, P_{Hg}° 구하고 이것과 $Hg-Cu$ 合金에서의 Hg의 증기압, P_{Hg}의 비의 값, $a_{Hg} = \dfrac{f_{Hg}}{f_{Hg}^\circ} \cong \dfrac{P_{Hg}}{P_{Hg}^\circ}$로서 Hg의 활동도를 구할 수 있다.

(2) 증기압 간접측정방법

"molecular effusion"을 이용하여 작은 구멍을 가진 Knudsen cell 내에 재료(材料)를 위치하고 원하는 온도로 가열하여 원소가 작은 구멍을 통하여 단위시간 당 밖으로 나오는 흘러나오는 양(flux)을 밖에 위치한 센서(예 Atomic Absorption, Mass Spectrometer, condenser plate 등)로 측정하면 아래의 식 (2-26)으로부터 원소의 평형 분압을 계산할 수 있다.

$$J_i = \frac{p_i}{\sqrt{2\pi m_i kT}} \tag{2-26*}$$

여기서 J_i는 원소, i의 흐름양(flux)이고 p_i는 원소의 평형 증기압 그리고 m_i는 분자량이다.(식 (6-8) 참조) 따라서 J_i를 측정하면 p_i를 계산할 수 있다.

(3) 전기화학적인 방법

고체 전해질(solid electrolytes)은 이온에 의해서 전기를 통과시키는 물질이다. 이와 같은 고체 전해질 막의 양단의 전압은 고체 전해질과 접촉하고 있는 양쪽 면에서의 이온 중성원소의 화학 포텐샬 차이와 $\Delta\mu = -zF\Delta E$인 관계가 있다. 여기서 F는 faraday상수이고 E는 전압, z는 이온의 가전자수에 해당된다. 더 자세한 내용은 4장의 전기화학 열역학을 참조 바랍니다. 예를 들면 Y^{+3}, Ca^{+2}, Mg^{+2} 등을 첨가한 ZrO_2는 700℃ 이상에서 산소이온에 의해 전기를 통과 시킨다. 따라서 $Cu-Al$ 합금의 Cu의 활동도를 측정하고져 할 때 [그림 2.11]과 같이 YSZ(yttria stabilized zirconia) 막의 한쪽(기준전극)은 Cu와 Cu_2O 분말의 혼합물을 두고 다른 한쪽(측정전극)은 $Cu-Al$ 합금의 분말과 Cu_2O가 섞여 있는 혼합분말을 둔 상태에서 양단의 전압을 측정하면 그 전압은 $\Delta\mu_{O_2} = -4F\Delta E$가 된다. 그런데 기준전극($Cu/Cu_2O$)의 산소분압, p''_{O_2}은 Cu와 Cu_2O가 순수한 상태로 공존하기 때문에 각각의 활동도가 1이 되어서 아래 반응에 의해 온도에만 의존하는 일정한 값으로 고정 된다.

$$Cu_2O = 2Cu + \frac{1}{2}O_2 \qquad p''_{O_2} = \exp\left(-\frac{2\Delta G^o}{RT}\right) \tag{2-27}$$

그리고 측정전극에서는 반응 (2-28)에서와 같이 $Cu-Al$ 합금 내의 $\underline{Cu}$와 Cu_2O가 반응하여 이루어지는 평형 산소분압을 가지게 된다. 이때 Cu_2O는 순수한 상태이기 때문에 위와 마찬가지로 활동도는 1이 된다.

$$Cu_2O = 2\underline{Cu} + \frac{1}{2}O_2 \qquad po_2' = a_{Cu}^{-4}\exp\left(-\frac{2\Delta G^o}{RT}\right) \tag{2-28}$$

따라서 측정되는 전압은 식 (2-27)과 식 (2-28)로부터 $E = \frac{RT}{4F}ln\frac{Po_2''}{Po_2'} = \frac{RT}{4F}lna_{\underline{cu}}^4$ 관계가 성립되므로 전압 값, E를 알면 $Cu-Al$ 합금에서의 Cu의 활동도는

$$a_{\underline{cu}} = \exp\left(\frac{FE}{RT}\right) \tag{2-29}$$

가 된다.

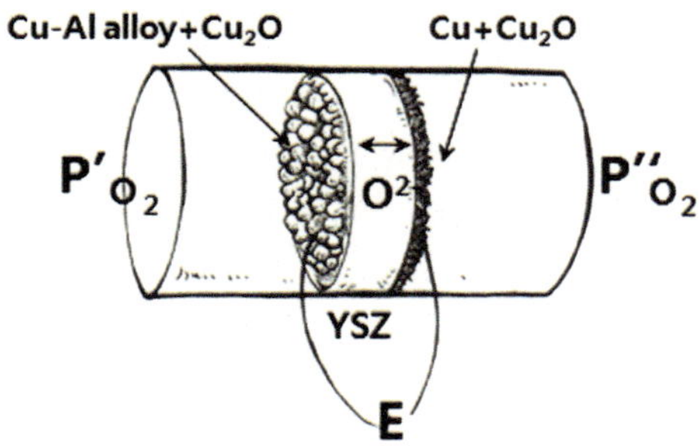

[그림 2.11] YSZ를 이용하여 $Cu-Al$ 합금에서 Cu의 활동도를 구하는 방법

(4) 가스 평형 方法

재료를 장시간 기체와 접촉시키게 되면 재료 내의 원소는 기체 내의 원소와 결국 평형을 이루게 된다. 예를 들면 철 내에 존재하는 탄소의 활동도를 측정하고 져하는 경우, 원하는 온도에서 CH_4와 H_2의 혼합가스 중에 철을 놓고 장시간 방치하게 되면 아래 반응 (2-30)에 의해

$$CH_4(g) = \underline{C} + 2H_2(g) \tag{2-30}$$

기체 상의 탄소와 철 내의 탄소($\underline{C}$)가 서로 평형을 이루게 되고 그 활동도는

$$a_C = [p_{CH_4}/p_{H_2}^2]\exp(-\Delta G^o/RT) \tag{2-31}$$

와 같이 표현할 수 있게 된다. 여기서 ΔG^o는 반응 (2-30)의 표준 Gibbs 에너지 차이 값이다. 이때 탄소의 표준상태는 순수한 고체상의 탄소이다. 따라서 만약 기체상태에 있는 $p_{CH_4}/p_{H_2}^2$ 값을 측정하면 ΔG^o 자료를 식 (2-31)에 대입하여 탄소의 활동도를 계산할 수 있다. 혹은 반대로 주어진 혼합비의 CH_4와 H_2 혼합가스(즉, $p_{CH_4}/p_{H_2}^2$=일정 값)중에 순수한 철을 장시간 두어 평형을 이루도록 한 후 성분분석기를 이용하여 철 내의 탄소의 농도를 측정하면 그 농도에서의 탄소의 활동도를 식 (2-31)로부터 계산할 수 있다. 마찬가지로 H_2S/H_2 혼합가스는 유황의 활동도를, CO_2/CO 혹은 H_2O/H_2 혼합가스는 산소의 활동도를 각각 일정하게 조절해 줄 수 있기 때문에 유황이나 산소의 활동도를 측정하고 져 하는 경우에 사용이 가능하다. 예를 들면 [그림 2.12]와 같이 $Fe-Al$ 합금을 H_2O/H_2 혼합가스에 노출 시켰을 때 반응 (2-32)에 의해

$$2\underline{Al} + \frac{3}{2}O_2 = Al_2O_3 \tag{2-32}$$

철 합금위에 알루미나(Al_2O_3)가 형성되는 산소분압(H_2O/H_2 혼합비)을 측정하면 그 산소분압 값으로부터 Fe 내에 포함되어진 Al의 활동도를 아래식과 같이 구할 수 있다.

$$a_{Al} = p^{-1/3}_{\exp(\Delta G^o/2RT)o_2} \tag{2-33}$$

여기서 p_{O_2}는 H_2O/H_2의 혼합비로부터 계산할 수 있다.

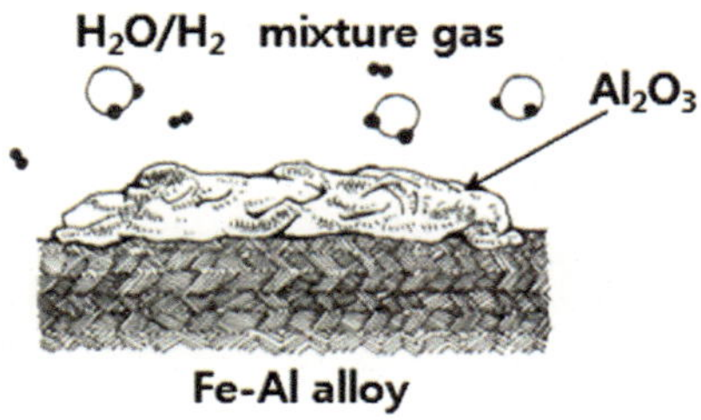

[그림 2.12] $Fe-Al$ 합금의 Al 활동도 측정 방법

2.2.4 희박농도 원소의 활동도 체계

원소의 농도가 아주 작을 경우($X_i \approx 0$), 숫자가 너무 작아 절대 활동도를 표기하는 것이 불편할 때가 있다. 우리는 이 경우 활동도가 1로 정의되는 표준상태를 순수한 물질이 아닌 다른 상태로 변환함으로서 활동도의 구간체계를 확대하여 의미있는 숫자 값을 갖게 만들어 취급하는 것이 편리하다. 아래에 여러 가지 종류의 희박농도에서 사용되는 활동도 체계에 대해 설명하도록 해보자.

(1) 활동도의 축 변환

이미 언급한 바와 같이 활동도는 어떤 표준상태(standand state)에 대한 비교 값으로 아래와 같이 정의된다.

$$a_i \equiv \exp\left(\frac{\mu_i - \mu_i^{\circ}}{RT}\right) \tag{2-25}$$

여기서 μ_i° 는 i 원소의 표준 화학 포텐샬 이다. 응축상의 경우는 순수한 상태를, 기체의 경우는 1기압 상태를 표준상태로 잡는 것이 보통이다. 그러나 희박농도 영역에서 원소의 활동도를 다룰 때는 아래와 같이 순수한 표준상태보다는 어떤 다른 기준상태

(reference state)를 표준상태(즉 활동도가 1인 상태)로 잡는 것이 편리한 경우가 있다.

■ 무한 희박용액 활동도 좌표(Infinitely Dilute Solution Activity Scale)

이원계에서 아주 희박농도 영역(Henry 법칙이 만족되는 영역)에 있는 원소 i의 활동도를 표시하고 져 할 때, 기준 상태(활동도, a_2가 1인 점)를 [그림 2.13]과 같이 활동도(a_2)가 γ_2°인 점으로 잡으면, 새로운 활동도 체계(a_2')에서는 아래 식 (2-26)과 같이 바로 농도가 활동도가 되어 편리하게 된다. 이 경우 a_2' 체계에서의 표준화학 포텐샬, μ_i°는 $a_2 = \gamma_2^\circ$인 용액의 화학포텐샬 인 셈이다. 따라서 이 체계는 Henry 영역에 있는 용액을 다룰 때 많이 사용 된다.

$$a_2' = X_2 (X_2 \rightarrow 0) \tag{2-26a}$$

$$a_2' = 1/\gamma_2^\circ \ (X_2 = 1) \tag{2-26b}$$

[그림 2.13]과 같이 음의 변위(negative deviation)를 갖는 용액의 경우는 순수한 용액 2 ($X_2 = 1$)의 활동도, a_2'는 1보다 큰 값을 가지게 되고 만약 용액의 활동도가 양의 변위(positive deviation)를 가지면 $X_2 = 1$인 용액의 활동도는 $a_2' < 1$가 된다.

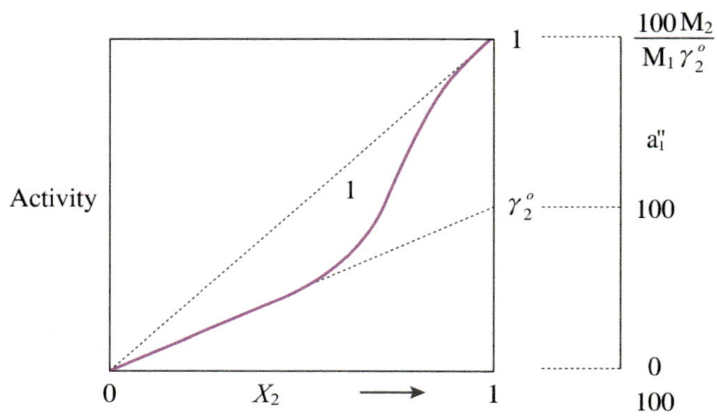

[그림 2.13] 희박 농도 영역에서의 무한 희박 활동도 체계

만약 정상적인 활동도 체계에서의 활동도, a_i로부터 무한 희박 활동도 체계의 활동도, a_i'를 구하고 져 할 때는 아래 식 (2-27)을 이용하여 변환한다.

$$a_i' = \frac{1}{\gamma_i^{\circ}} \cdot a_i \tag{2-27}$$

보충설명

■ **무한 희박 활동도 체계에서의 표준상태**

가끔, 무한 희박 활동도 체계에서 표준상태를 무한 희박용액으로 오해하곤 한다. 그러나 무한 희박용액은 표준 상태가 될 수 없다. 왜냐하면, 어떤 원소, i의 화학 포텐샬은 다음과 같이 정의 된다.

$$\mu_i = \overline{G_i} = \overline{H_i} + T\overline{S_i} \tag{a}$$

여기서 $\overline{H_i}$와 $\overline{S_i}$는 각각 몰 엔탈피, 몰 엔트로피이다. 그런데 $\overline{H_i}$는 $X_i \to 0$에 접근하더라도 어떤 일정한 값을 가지나 $\overline{S_i}$는 $X_i \to 0$에서 무한대 값으로 발산하는 성질을 가지고 있기 때문에 식 (a)의 화학 포텐샬 값이 정의 되지 않는다. 즉, 위치 엔트로피에 의한 기여분, $\overline{S_i} = -R\ln X_i$가 $X_i \to 0$에서 ∞가 되는 것으로도 확인 할 수 있다. 결론적으로 무한 희박용액은 μ_i의 값이 정의되지 않기 때문에 표준상태(standard state)가 될 수가 없다.

그러면 과연 무한 희박 활동도 체계에서의 표준상태는 무엇인가?

먼저 식 (2-25), $a_i = \exp\left(\frac{\mu_i}{RT}\right) \cdot \exp\left(-\frac{\mu_i^{\circ}}{RT}\right)$과 식 (2-27), $a_i' = \frac{1}{\gamma_i^{\circ}} a_i$로부터

$$a_i' = \frac{1}{\gamma^{\circ}} \cdot \exp\left(\frac{\mu_i}{RT}\right) \cdot \left(-\frac{\mu_i^{\circ}}{RT}\right) \tag{b}$$

$$= \exp(-\ln\gamma_i^{\circ}) \cdot \exp\left(\frac{\mu_i}{RT}\right) \cdot \exp\left(-\frac{\mu_i^{\circ}}{RT}\right) \tag{c}$$

$$= \exp\left(\frac{\mu_i}{RT}\right) \cdot \exp\left\{\frac{-\mu_i^{\circ} + RT\ln\gamma_i^{\circ}}{RT}\right\} \tag{d}$$

가 된다. 그런데 활동도의 정의를 $a_i' = \exp\left(\frac{\mu_i}{RT}\right) \cdot \exp\left(-\frac{\mu_i^{\circ\prime}}{RT}\right)$로 생각하면 $\mu_i^{\circ\prime}$는 새로운 a_i' 체계에서의 표준상태로서

$$\mu_i^{\circ\prime} = \mu_i^{\circ} + RT\ln\gamma_i^{\circ} \qquad \text{(e)}$$

와 같이 표현된다. 즉 a_i' 체계에서의 표준상태는 $X_i \to 0$에서 Henry의 접선을 연장시켜 $X_i = 1$과 만나는 점에서의 활동도, a_i에 해당하는 용액이라고 생각 할 수 있다. 다시 말하면 기존 a_i체계에서 활동도가 γ_i°인 용액이 바로 a_i' 체계의 표준상태이다.

■ 무게비율 활동도 좌표(weight percent concentration activity scale)

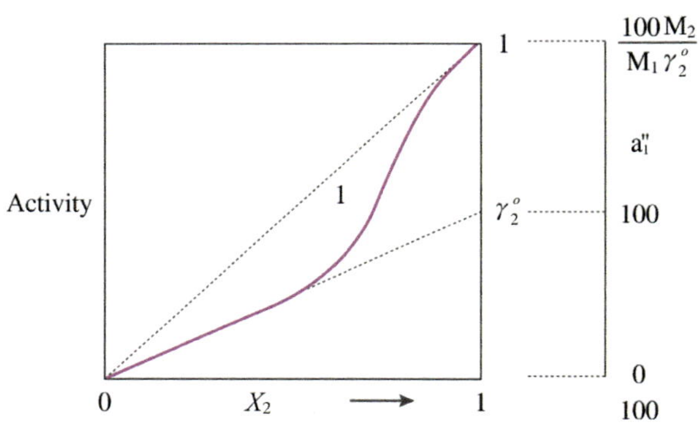

[그림 2.14] 희박 농도 영역에서의 무게비율 활동도 체계

[그림 2.14]는 기존의 활동도, a_2 좌표와 무게비율(w/o) 활동도, a_2'' 좌표의 관계를 보여준다. 무게비율 활동도 좌표 체계에서는 Henry 영역의 접선이 $X_2 = 1$과 만나는 점의 활동도, a_i''가 100이 된다. 따라서 원소가 $w/o_i \to 0$근처(Henry 영역)에 있을 경우 새로운 활동도 체계에서의 활동도, a_i'' 값은

$$a_i'' = w/o_i \qquad \text{(2-28)}$$

가 된다. 그런데 어떤 원소 i 의 무게 비율, w/o_i는 일반적으로 $w/o_i = \frac{X_iM_i}{X_iM_i + \sum_j X_jm_j}$ $\times 100$과 같이 표현된다. 여기서 M_i와 m_j는 각각 i와 j 원소의 몰 원자량이다.

만약 이원계를 예로 들어보면 원소 2의 무게비율은 $w/o_2 = \frac{X_2M_2}{X_2M_2 + (1 - X_2)M_1} \times 100$ 과 같이 된다. 따라서 희박영역($X_2 \rightarrow 0$)에서 원소 2의 무게비율은 $w/o_2 \cong \frac{100M_2}{M_1} \cdot X_2$ 가 되고 $\frac{da_2}{dw/o_2}$은

$$\frac{da_2}{dw/o_2} = \frac{da_2}{dX_2} \cdot \frac{dX_2}{dw/o_2} \tag{2-29a}$$

$$= \gamma_2^{\circ} \cdot \frac{M_1}{100M_2} \quad (w/o_2 \rightarrow 0) \tag{2-29b}$$

$$\text{혹은 } a_2 = \gamma_2 \cdot \frac{M_1}{100M_2} \cdot [w/o_2] \tag{2-29c}$$

가 된다. 따라서 기존의 활동도 값, a_i로부터 무게비율 활동도 값, a_i''는 a_i'' 정의에 의해 $[da_2'']/[dw/o_i] = 1$이 성립되므로

$$a_2'' = \frac{100M_2}{M_1} \cdot \frac{1}{\gamma_2^{\circ}} \cdot a_2 \tag{2-30}$$

과 같이 된다.

또한 a_i'' 체계에서의 표준상태는 식 (2-30)으로부터

$$\mu_i^{\circ\,''} = \mu_i^{\circ} + RT\ln\frac{M_2\gamma_1^{\circ}}{100M_1} \tag{2-31}$$

인 관계가 성립되므로 표준상태 용액은 활동도가 $(M_2\gamma_1^\circ)/(100M_1)$인 용액이 된다. 가끔 이 좌표는 $1w/o$에서 $a_i^{''}=1$이 되기 때문에 이 $a_i^{''}$체계를 " 1 퍼센트 좌표(one weight percent scale)"라고도 부른다.

위에서 설명한 활동도의 변환인자를 요약하면 〈표 2.1〉과 같다.

〈표 2.1〉 여러 활동도 좌표의 변환인자

	a_i	$a_i^{'}$	$a_i^{''}$
a_i	1	$1/\gamma_i^\circ$	$\frac{100M_i}{M_2\gamma_i^\circ}$
$a_i^{'}$	γ_i°	1	$\frac{100M_i}{M_2}$
$a_i^{''}$	$\frac{H_2\gamma_i^\circ}{100M_i}$	$\frac{M_2}{100M_i}$	1

보충설명

■ **다성분계에서의 무게비율 좌표**

식 (2-30)에서 "1"은 용매를 표시하는데 만약 이원계가 아니고 다성분계 일 때는 M_1 대신에 M_S로서 용매 성분의 평균 분자량을 사용해도 무방하다. 즉 $a_i^{''}=\frac{100M_i}{M_S}\cdot\frac{1}{\gamma_i^\circ}a_i$와 같이 표현할 수 있다. 이 경우 변환표에서 M_2를 M_S로 바꾸어서 사용 하면 된다.

■ 용융 금속의 가스 용해

산소나 수소같은 가스 분자들은 용융금속에 분자형태로 녹기 보다는 원자형태로 녹기 쉽다. 에를 들면 수소의 경우 Al이나 구리 용탕에

$$H_2(g) = 2\underline{H} \quad \text{(in melt)} \tag{2-32}$$

반응으로 용해된다. 따라서 이 반응의 반응상수는

$$K_{H_2} = a_H^2 / p_{H_2} \tag{2-33}$$

가 된다. 여기서 무게비율 활동도 체계를 사용하면 $a_H = [H]$가 된다. 따라서 식 (2-33)으로부터 용해도는

$$[H] = K^{1/2} \cdot p_{H_2}^{1/2} \tag{2-34}$$

가 된다. 즉 가스의 용해도는 가스 압력의 분자의 원자수의 역수 지수에 비례함을 알 수 있다. 이를 Sievert의 법칙이라고 부른다.

예제

Sievert's Law 700℃에서 수소 가스에 노출된 알루미늄의 용존 수소의 양을 무게 퍼센트로 측정해보니 압력에 따른 용존 수소의 양은 아래 그림과 같았다. 이 결과로부터 700℃에서 수소의 Henry 활동도계수($f_H = a_H^h / \% H$)와 반응, $\frac{1}{2} H_2(g) = \underline{H}$ 의 ΔG^o를 구하시오.

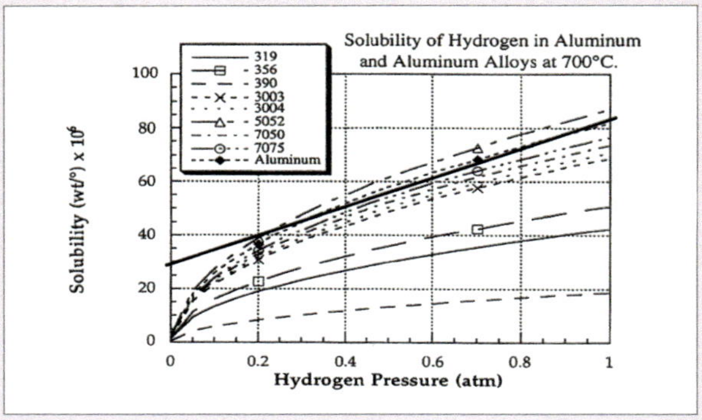

풀이

$H_2(g)$가 $Al(l)$에 아래와 같은 반응으로 녹아 들어가고 그 녹은 수소의 양이 엄청나게 적어서 Henry 영역에서 벗어나지 않는다.

$$\frac{1}{2}H_2(g) = \underline{H} \tag{a}$$

반응 (a)의 평형상수 K_{eq}는

$$K_{eq} = \frac{a_{\underline{H}}}{a_{H_2}^{1/2}} = \frac{a_{\underline{H}}}{P_{H_2}^{1/2}} \tag{b}$$

가 된다. 여기서 가스의 경우는 1기압상태를 표준상태로 두기 때문에 $a_{H_2} = P_{H_2}$가 된다. 따라서 위 그림으로부터 P_{H_2}에 따른 $w/o\,\underline{H}$를 구할 수 있으므로 만약 무게비율 좌표를 이용하면 그 기울기가 아래 식과 같이 a''_H 체계의 반응상수 $K_{\%}$가 된다.

$$K_{\%} = \lim_{w/o\underline{H}\to 0}\left\{\frac{w/o\,\underline{H}}{P_{H_2}^{1/2}}\right\} \tag{c}$$

이 $K_{\%} \equiv \exp\left(-\frac{\Delta G^{\circ''}}{RT}\right)$로 정의되는데 이 $\Delta G^{\circ''}$는 K_{eq}의 ΔG°와 다르다. 이 $\Delta G^{\circ''}$는 아래 식과 같다.

$$\Delta G^{\circ''} = \mu_{\underline{H}}'' - \mu_{\underline{H}} = RT\ln\frac{\gamma_{\underline{H}}^{\circ} M_{F_2}}{100 M_{\underline{H}}} \quad \text{(d)}$$

식(d)을 이용하면 $K_{\%}$로부터 $\Delta G_{\circ}''$을 알 수 있고 이로부터 $\gamma_{\underline{H}}^{\circ}$를 계산 할 수 있다.

(2) 상호작용 인자(Interaction Parameters) : 다성분계의 희박용액

대부분의 용액, 예를 들면 합金, 슬래그(slag), 용융염(molten salt),수용액 등은 여러 미량원소들을 함유하고 있다. 스텐레스 강의 경우는 대략 74% Fe, 18% Cr, 8% Ni을 주성분으로 하고 미량의 C, O, N, B, P, S, H, Al, Si 등을 함유하고 있으며 슬래그에는 CaO와 SiO_2를 주성분으로 하고 미량의 MnO, TiO_2, CaF_2, FeO 등을 포함하고 있다. 만약, 어떤 용액이 주성분으로 용매원소 "1"과 여러 종류의 미량원소로 "2","3","4", … "n"을 포함하고 있다고 가정하자. 여기서 어떤 미량원소 용질, i 의 활동도 계수, γ_i°는 다른 미량원소의 영향을 받아 아래 식 (2-35)와 같이 다른 미량원소 농도의 함수로 표현될 수 있기 때문에

$$\gamma_i = f(X_2, X_3, \cdots, X_n) \quad \text{(2-35)}$$

Carl wagner*는 식 (2-33)과같이 어떤 미량원소, 예를 들면 성분 "2" 에 대해 용매의 농도가 1(즉 $X_1 \to 1$)인 영역(즉 2, … , n이 미량 포함된 영역)에서 Taylor's series로 전개하여 $\ln\gamma_2$를 구할 수 있다고 생각했다.

$$\ln\gamma_2 = \ln\gamma_2^{\circ} + \sum_{i=2}^{i=n} X_i \frac{\partial \ln\gamma_2}{\partial X_i} + \cdots \quad \text{(2-36)}$$

여기서 $ln\gamma_2^{o}$는 원소 1과 2로 만 구성된 이원계에서의 원소 2의 Henry-활동도계수이고

2차 미분 이상의 항은 너무 작아서 무시할 수 있다. 따라서 $\ln\gamma_2$를 계산하기 위해서는 편미분 값인 $\partial\ln\gamma_2/\partial X_i(X_1\to 1)$을 알아야 한다. 이 편미분 값을 활동도 계수의 상호작용 인자(interaction parameter)라고 부르고 아래와 같이 표시한다.

$$\epsilon_i^{(j)} = \left[\frac{\partial\ \ln\gamma_i}{\partial\ X_j}\right]_{X_1\to 1} \tag{2-37}$$

따라서 식 (2-37)을 식 (2-36)에 대입하여 다시 쓰면 활동도 계수는 식 (2-35)와 같이 표현된다.

$$\ln\gamma_2 \cong \ln\gamma_2^\circ + \epsilon_2^{(2)}X_2 + \epsilon_2^{(3)}X_3 + \cdots + \epsilon_2^{(n)}X_n \tag{2-38}$$

여기서 상호작용인자가 $X_1 = 1$인 영역에서 정의되는 값들이기 때문에 아래와 같이 역관계(reciprocal relationship)가 성립된다.

$$\epsilon_i^{(j)} = \epsilon_j^{(j)} \qquad \text{(2-39)*}$$

C. Wagner : "Thermodynamics of Alloys", Addison-Wesley Pub. 1952. p. 51~53.

■ $a_i^{''}$ 체계에서의 상호작용 인자

$a_i^{''}$ 에서는 Henry 영역에서 $a_i^{''} - w/o\ \ i$ 곡선의 기울기는 "1"이 되고 활동도 계수, f_i는 다음과 같이 정의된다.

$$f_i = \frac{a_i^{''}}{w/o\ \ i} \tag{2-40}$$

여기서 $a_i^{''}$ 체계의 정의에 의해 $X_1 \rightarrow 1$ 에서는$f_i^{\circ} = 1$이 된다. 따라서 식 (2-33)과 마찬가지로 $\log_{10} f_i$를 $X_1 \rightarrow 1$ 에서 Taylor expansion시켜보면

$$\log_{10} f_2 = e_2^{(2)}(w/o\ \ 2) + e_2^{(3)}(w/o\ \ 3) + \cdots + e_2^{(n)}(w/o\ \ n) \tag{2-41}$$

과 같이 된다. 여기서 $\log_{10} f_2^{\circ} = 0$이 되어 없어졌다. 그리고

$$e_2^{(j)} = \frac{\partial \log_{10} f_2}{\partial (w/oj)} \tag{2-42}$$

으로 정의 된다.

■ e_i^j와 ϵ_i^j의 관계

정의식 (2-40)에 의해

$$f_i = \frac{a_i^{''}}{w/o\ \ i} = \frac{a_i^{''}}{a_i} \cdot \frac{a_i}{X_i} \cdot \frac{X_i}{w/o\ \ i} = \frac{a_i^{''}}{a_i} \cdot \frac{X_i}{w/o\ \ i} \cdot \gamma_i \tag{2-43}$$

이 되고 여기에 식 (2-30)을 대입하면 아래와 같이 된다.

$$f_i = \frac{100 M_i}{M_S \cdot \gamma_i^{\circ}} \cdot \frac{X_i}{w/o\ i} \cdot \gamma_i \tag{2-44}$$

따라서 e_i^j와 ϵ_i^j의 관계식을 유도하기 위해서 $\log_{10} f_i$를 w/oj로 미분하면

$$e_i^j = \frac{\partial \log_{10} f_i}{\partial w/o\ j} = \frac{\partial}{\partial w/o\ j}\left[\log_{10}\frac{X_i}{w/o\ i}\right] + \frac{\partial}{\partial w/o\ j}[\log_{10}\gamma_i] \tag{2-45}$$

가 된다. 그런데 식 (2-45)의 첫째항은

$$\frac{\partial}{\partial w/oj} log_{10}\left(\frac{X_i}{w/o\ i}\right) = \frac{\partial}{\partial w/oj}[\log_{10} X_i] \tag{2-46a}$$

$$= -\frac{\partial}{\partial w/oj} log_{10} \sum_{k=1}^{n}\left(\frac{w/o\ k}{M_k}\right)$$

$$= -\frac{1}{2.3} \cdot \frac{1/M_j - 1/M_1}{\sum_{k=1}^{n}\left(\frac{w/o\ k)}{M_k}\right)} \tag{2-46b}$$

가 되고 $w/o1 \rightarrow 100$일때 $(M_j - M_i)/230 M_1$가 된다. 또한 둘째항은

$$\frac{\partial}{\partial w/oj} log_{10}\gamma_i = \frac{1}{2.3}\frac{\partial \ln\gamma_i}{\partial X_j} \cdot \frac{\partial X_j}{\partial w/oj} \cong \frac{M_1}{230 M_j} \cdot \epsilon_i^{(j)} \tag{2-46c}$$

가 된다. 따라서 식 (2-46b)와 식 (2-46c)을 식 (2-45)에 대입하면 e_i^j와 ϵ_i^j의 관계가 아래와 같이 유도된다.

$$e_i^j = \frac{M_j - M_1}{230 M_j} + \frac{M_1}{230 M_j}\epsilon_i^j \tag{2-47}$$

만약 $M_j \simeq M_1$ 이라면 식 (2-47)은 더욱 간단히 표시된다.

$$e_i^j \simeq \frac{M_1}{230 M_j} \epsilon_i^j \tag{2-48}$$

보충설명

- $\dfrac{\partial X_j}{\partial w/oj} = \dfrac{\partial}{\partial w/oj}\left[(w/o\ j/M_j)/\sum_{k=1}^{n}\left(\dfrac{w/o\ k}{M_k}\right)\right]$에서 $w/o1 \rightarrow 100$이면 이는 $M_1/100M_j$ 가 된다.

- **e_i^j와 e_j^i의 역관계**

식 (2-47)로부터

$$\epsilon_i^j = \frac{230 M_j e_i^j - (M_j - M_1)}{M_1} \tag{a}$$

$$\epsilon_j^i = \frac{230 M_i e_j^i - (M_i - M_1)}{M_1} \tag{b}$$

가 된다. 그런데 식 (2-39)로부터 $\epsilon_i^j = \epsilon_j^i$이므로 두식을 대입하면

$$e_i^j = \frac{M_i}{M_j} e_j^i + \frac{M_j - M_i}{230 M_j} \quad \text{(역관계)}$$

식 (2-46)에서 $X_i = \left(\dfrac{w/o\ i}{M_i}\right) \Big/ \sum_{k=1}^{n}\left(\dfrac{w/o\ k}{M_k}\right)$이므로 $\left(\dfrac{X_i}{w/oi}\right) = \left[\dfrac{1}{M_i}\right] \Big/ \sum_{k=1}^{n}\left(\dfrac{w/ok}{M_k}\right)$가 된다.

그런데 M_i 는 w/oj 의 함수가 아니므로 w/oj에 대해 미분하면 식 (2-46b)를 얻는다.

$$\frac{\partial X_j}{\partial w/oj} = \frac{\partial}{\partial w/oj}\left[\frac{w/oj}{M_j} / \sum_{K=1}^{n}\left(\frac{w/o\ K}{M_K}\right)\right] = \left[\frac{1}{M_j}\left(\sum_{K=1}^{n}\frac{w/o\ K}{M_K}\right)\right.$$

$$-\left(\frac{1}{M_j}-\frac{1}{M_1}\right)\frac{w/o\ j}{M_j}\bigg]\bigg/\left(\sum_{K=1}^{n}\left(\frac{w/o\ K}{M_K}\right)\right)^2$$

따라서 $\lim_{w/o1\to 100}\frac{\partial X_j}{\partial w/o\ j}\cong\frac{M_1}{100M_j}$ 이 된다.

예제

Killed Steel 철강제련에서 용융된 철이 응고할 때, 용존산소가 높으면 [그림 (a)] 같이 응고의 마지막단계에서 축적되어 산화철로 변하거나 기공으로 남아서 철강의 결함불량을 초래하기 쉽다. 따라서 용존산소를 최대한 줄여주기 위해 Al과 같은 산화성이 높은 물질을 투입하여 용존산소와 반응시켜 Al_2O_3로 제거한다. 이와같이 산소를 죽인 철을 killed steel 이라고 한다. 여기서 Al을 용융철에 투입할 때 용존 산소농도와 용존 Al의 관계는 아래 [그림 (b)]와 같다. 이때 최소한의 산소농도를 가지는 용존 Al의 양을 계산하시오. [Met. Trans. B, 8B, 1977 p.215]

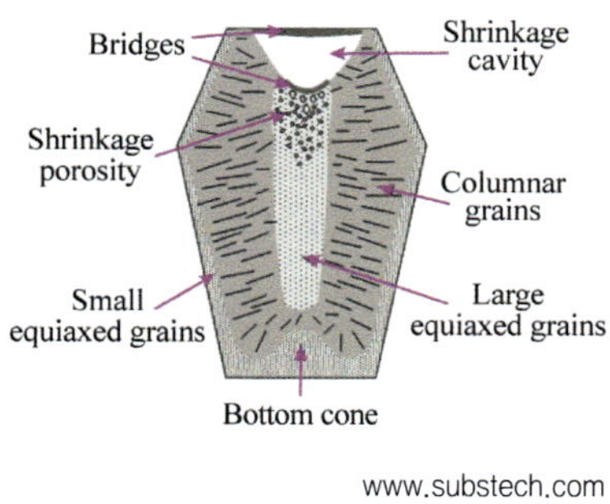

(a)

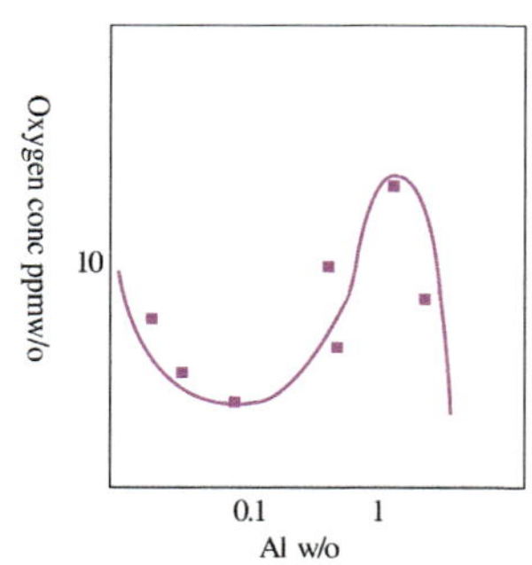

(b)

풀이

$2Al+3/2O_2=Al_2O_3$ 반응에서 solubility product $a_{Al}^2a_O^3$는 일정하다. 따라서 $X_{Al}^2X_O^3=K a_{Al_2O_3}\gamma_{Al}^2\gamma_O^3$가 된다. 이를 양변에 ln를 취해 다시 쓰면

$$\ln X_O=1/3\ln K-2/3\ln X_{Al}-2/3\ln\gamma_{Al}-\ln\gamma_O \quad \text{(a)}$$

가 된다. 여기서 알루미나가 형성되기 때문에 $a_{Al_2O_3}=1$이 된다.

그런데 최소점은 $dlnX_O/dX_{Al}=0$이 되는 지점이 된다. 식 (a)를 X_{Al}에 대해 미분하면

$$\frac{dlnX_O}{dX_{Al}}=-\frac{2}{3}\frac{1}{X_{Al}}-\frac{2}{3}\frac{dln\gamma_{Al}}{dX_{Al}}-\frac{dln\gamma_O}{dX_{Al}}=0 \quad \text{(b)}$$

따라서 최소점에 해당되는 Al의 농도는

$$X_{Al}=-\frac{2}{3}\left(\frac{3}{2}\frac{dX_{Al}}{dln\gamma_{Al}}+\frac{dX_{Al}}{dln\gamma_O}\right) \quad \text{(c)}$$

가 된다. 그런데 식 (3-25)에 의해

$$\ln\gamma_{Al}=\ln\gamma_{Al}^{Henrian}+\varepsilon_{Al}^{Al}X_{Al}+\varepsilon_{Al}^{O}X_O+\rho_{Al}^{AlAl}X_{Al}^2+\ \cdots$$

가 된다. 따라서

$$\frac{dln\gamma_{Al}}{dX_{Al}}\simeq\varepsilon_{Al}^{Al}+\varepsilon_{Al}^{O}\left(\frac{dX_O}{dX_{Al}}\right)+2\rho_{Al}^{AlAl}X_{Al}=\varepsilon_{Al}^{Al}+2\rho_{Al}^{AlAl}X_{Al}\left(\because\ \frac{dX_O}{dX_{Al}}=0\right) \quad \text{(d)}$$

가 된다. 마찬가지로

$$\ln\gamma_O=\ln\gamma_O^{Henrian}+\varepsilon_O^{O}X_O+\varepsilon_O^{Al}X_{Al}+\rho_O^{AlAl}X_{Al}^2+\ \cdots \quad \text{(e)}$$

가 되어

$$\frac{dln\gamma_O}{dX_{Al}} \simeq \varepsilon_O^{Al} + 2\rho_O^{AlAl} X_{Al} \tag{f}$$

가 된다. 식 (d)와 식 (f)를 식 (c)에 넣어 정리하면

$$(2\rho_{Al}^{AlAl} + 3\rho_O^{AlAl}) X_{Al}^2 + (\varepsilon_{Al}^{Al} + \frac{3}{2}\varepsilon_O^{Al}) X_{Al} + 1 = 0 \tag{g}$$

와 같은 2차 방정식이 된다. 그런데 $e_O^{Al} = -3.9, e_{Al}^{Al} = +0.045$ 이고 $r_O^{Al} = 1.7, r_{Al}^{Al} = -0.001$ 이고 $\rho = 2.3r, \varepsilon = 2.3e$ 이므로 식 (g)의 해는 $[w/oAl] = 0.081, 1.06$ 이 나온다. 여기서 0.081w/o는 최소점에 해당하고 1.06w/o는 최대점에 해당된다. 즉 아래 그림과 같이 Al 의 양이 과다하면 용존산소의 양이 증가하는 형태를 가진다.

2.2.5 공통접선의 원리(Common Tangent Intercept Principle)

[그림 2.15(a)]의 상태도와 같은 공정점을 갖는 재료의 경우, T_A 온도에서 보면 α, L, β 상의 3종류가 안정한 상태로 나타남을 알 수 있다. 따라서 T_A 온도에서 ΔG^{MIX}을 계산할 경우 이 3가지 종류의 상에 대하여 생각해야 된다. 즉 A와 B를 섞어 α 상을 만드는데 변화하는 Gibbs 자유에너지의 양, ΔG_α^{MIX}는

$$\Delta G_\alpha^{MIX} = G^\alpha - (X_A G_A^{o,\alpha} + X_B G_B^{o,\beta}) \tag{2-49a}$$

이 된다. 여기서 G^α는 1몰의 α상 구조를 가진 혼합물의 Gibbs 에너지이고 $G_A^{o,\alpha}$와 $G_B^{o,\beta}$는 각각 T_A에서 α 상의 구조를 가진 A와 β 상의 구조를 가진 B가 순수한 상태로 있을 때의 1몰 당 자유에너지이다. 마찬가지로 액체상과 β 상을 만드는데 드는 혼합 Gibbs 에너지 변화량은 각각

$$\Delta G_L^{MIX} = G^L - (X_A G_A^{o,\alpha} + X_B G_B^{o,\beta}) \quad \text{(2-49b)}$$

$$\Delta G_\beta^{MIX} = G^\beta - (X_A G_A^{o,\alpha} + X_B G_B^{o,\beta}) \quad \text{(2-49c)}$$

이 된다. 여기서 혼합용액의 상의 종류에 주의하기 바란다.

따라서 $\Delta G^{mix} - X$를 α, β, L 相에 대해 각각 그리면 [그림 2.15(b)]와 같이 그릴 수 있다. 여기서 α相의 ΔG^{mix} 곡선이 $X_B = 1$에서는 "0"보다 큰 값을 가진다. 그 이유는 T_A 온도에서 순수한 B 원소의 경우, 식 (2-49a)에서 $(X_B = 1, X_A = 0)$을 대입하면 $\Delta G_\alpha^{MIX} = G_B^{o,\alpha} - G_B^{o,\beta} > 0$이 되기 때문이다. 즉, T_A온도에서 B는 α相이 안정하지 않고 β 상이 안정하기 때문에 $G_B^{o,\alpha} > G_B^{o,\beta}$이 성립된다. 결국 T_A에서 $B(\beta) \rightarrow B(\alpha)$로 변화시키는 만큼의 Gibbs 에너지 차이가 난다. 마찬가지로 액체 상(L)의 경우도 [그림 2.15(b)]와 같이 $X_A = 1$과 $X_B = 1$인 점에서 각각 순수한 원소, A와 B가 액체상으로 존재하지 않기 때문에 ΔG^{MIX}의 값이 양의 값을 가지게 된다.

그런데 공통접선의 원리(CTIP)란 "혼합용액에서 ΔG^{MIX} 대 농도의 곡선을 그렸을 때 용액은 혼합에너지(ΔG^{MIX})가 가장 낮은 값을 따라 움직인다" 는 것이다. 따라서 "에너지의 평균 값인 접선(Common Tangent Line)을 만들 수 있는 경우 용액의 상태는 이 접선을 따라 움직인다." 이는 계의 자연현상이 계의 총 에너지를 최소화하는 방향으로 일어난다는 것과 동일하다. 즉 A와 B 두 원소가 혼합될 때 ΔG^{MIX}가 최소가 되도록 두 원소는 섞인다는 것이다. 그러기 위해서는 여러 형태의 상에 대한 ΔG^{mix}를 동시에 그렸을 때, 만약 그 곡선들 사이에 접선이 존재하면, 한 개의 ΔG^{mix}선 (같은 구조를 가정했을 때의 혼합에너지 즉, ΔG_α^{MIX}나 ΔG_β^{MIX})을 따라가는 대신 접선을 만나면 그 접선을 따라감으로서 총 에너지를 최소화한다는 것을 의미한다.

그러므로 [그림 2.15(b)]에서보면 온도 T_A에서 나타날 수 있는 $A-B$ 혼합물의 상은 온도 T_A에서 그린 ΔG^{mix} 대 성분 그래프에서, CTIP에 의해, CT(common tangent)를 따라 움직이게 된다. 즉 성분 점 1과 2사이에서는 α상과 L相이 공존하게 되고 점 2와 점 3사이에서는 액체상이 나타나며 점 3과 점 4사이에서는 β 상과 L 상이 공존하여 안정하게 되어 결국 [그림 2.15(a)]와 같은 상태도를 가지게 된다. 또한 점 1과 점 2사이에서의 CT는 그 절편이 점 5로서 고정되어 있기 때문에 점 1과 점 2사이의 농도에서 원소 A와 B의 활동도는 변하지 않고 일정한 값을 갖는 [그림 2.15(c)]와 같은 모양이 된다. 결론적으로 CTIP에 의해 두상이 공존하는 영역에서는 각 원소의 활동도는 열역학적으로 항상 일정한 값을 가지게 된다.

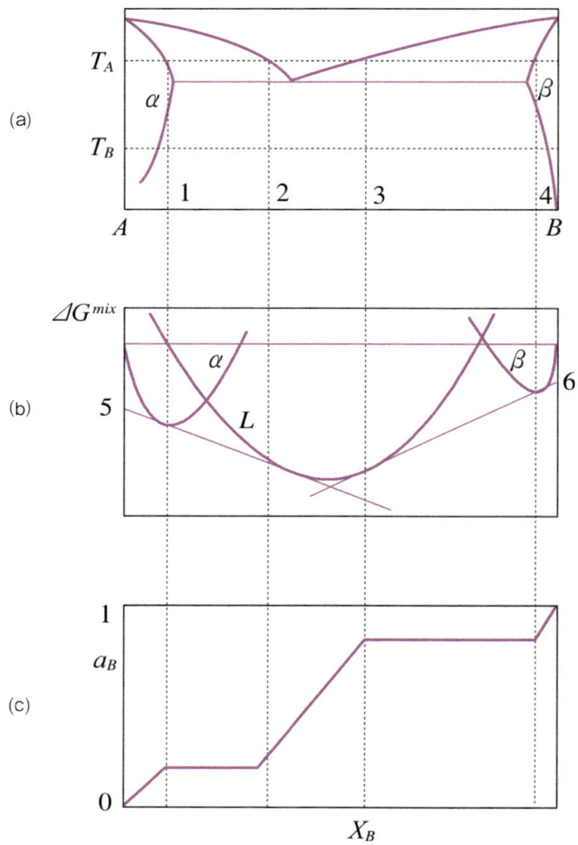

(a) 2원계 상태도 (b) T_A에서의 여러 상의 $\Delta G^{mix} - X$ 그래프 (c) 농도에 따른 B의 활동도

[그림 2.15]

예제

두 상이 공존하는 평형 상태에서 준안정상의 용해도가 안정상의 용해도보다 항상 크게 됨을 증명하시오. 즉 아래 그림 (a)와 (b)같이 상의 연결선이 단상영역으로 연장되는 것은 열역학적으로 불가능하며 따라서 [그림 (c)]와 같이 반드시 복상영역으로 연장선이 연결되어야 함을 증명하시오.

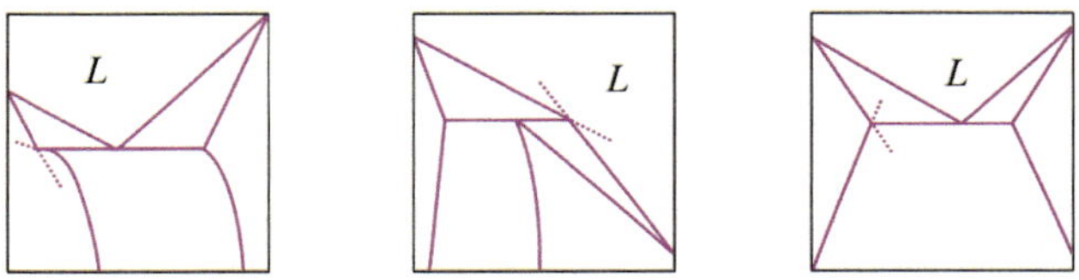

(a) (b) (c)

풀이

항상 준안정상이 더 높은 용해도를 가진다. 예를 들면 고체의 용융점 밑의 온도에서는 안정한 고체상보다는 준안정한 액체가 기체상에 용해도가 더 크다. 따라서 액체의 증기압이 고체의 증기압보다 더 크게 나타난다. 반대 현상은 용융점 위에서 고체의 증기압이 액체상의 증기압보다 큰 것이다. 이는 $\Delta G^{MIX} - X_B$ 그래프가 항상 밑으로 볼록하기 때문에 일어나는 현상이다.

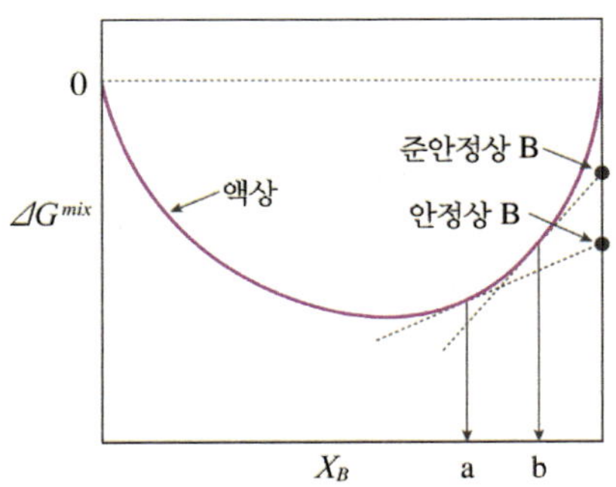

a : 액상 내 안정상의 용해도 b : 액상 내 준안정상의 용해도

예를 들면 아래 그림(a)과 같은 $\Delta G^{mix,L} - X_B$ 그래프에서 액체상과 B의 안정한 상(낮은 $\Delta G^{mix}_{stable} = G^o_{stable} - G^o_{standard}(liquid) < 0$)과 준안정한 B의 상($\Delta G^{mix}_{metastable} = G^o_{stable} - G^o_{standard}(liquid) > \Delta G^{mix}_{stable}$)과의 평형을 CTIP로 그려보면 액체 내의 B의 농도가 각각 점 a와 b가 된다. 따라서 준안정한 상의 농도(점 b)가 안정한 상의 농도(점 a)보다 높다.

2.2.6 라울과 헨리의 법칙(Raoult's and Henry's Law)

어떤 온도에서 혼합용액 내 존재하는 i 원소의 활동도, a_i는 식 (2-50)과 같이 혼합물 속에 존재할 때 생성되는 i 원소의 부분 증기압, p_i와 i 원소가 순수한 상태로 있을 때 나타내는 증기압, p_i^o의 비율로 표시된다.

$$a_i = \frac{p_i}{p_i^o} \tag{2-50}$$

원소의 증기압이란 혼합물 내의 원소가 열에너지($\sim kT$)를 받아 주변의 원소들과의 결합을 끊고 기체상으로 뛰쳐나가는 현상이기 때문에 원소가 밖으로 보이는 영향력 혹은 원소가 가진 에너지라고 말할 수 있겠다. 즉 원소가 주변에 전부 같은 원소로 연결되어 있을 때의 결합을 끊고 나가는 정도(p_i^o)와 혼합물 내에서 여러 원소들과 섞여있을 경우(즉 여러 종류의 결합을 하고 있는 경우) 결합을 끊고 나가는 정도(p_i)의 비가 바로 그 원소의 활동도가 된다. 따라서 활동도는 물리적인 농도(결합의 수)와 비례하는 아래와 같은 관계를 가지고 있다.

$$a_i = \gamma_i X_i \tag{2-51}$$

여기서 γ_i는 활동도 계수이고 X_i는 원소의 몰분율이다. 활동도 계수는 임의의 양의 값을 가지며 이는 용액의 화학적 성질(즉 결합 정도)을 대표하는 상수이다. 이상용액인 경우는 i 원소끼리의 결합에너지가 다른 원소와의 결합에너지와 동일하기 때문에 $\gamma_i = 1$ 로서 이상용액의 활동도는 물리적인 농도인 몰분율과 같은 값을 가진다.

$$a_i = X_i \quad (\text{이상용액}) \tag{2-52}$$

그런데 열역학 적으로 "모든 혼합용액 내 원소의 활동도는 희박영역(dilute region)에서는 Henry의 法則을 만족하고 조밀영역에서는 Raoult의 法則을 만족한다." 이를 수식적으로 표현하면 $a_B = \gamma_B \cdot X_B$의 관계에서 다음과 같이 쓸 수 있다.

$$\lim_{X_B \to 0} \gamma_B = \text{일정} \quad (\text{Henry의 법칙}) \tag{2-53}$$

$$\lim_{X_B \to 1} \gamma_B = 1 \quad (\text{Raoult의 법칙}) \tag{2-54}$$

이를 도식적으로 표현하면 [그림 2.16]과 같이 $X_B \to 0$과 $X_B \to 1$ 인 영역에서는 활동도가 농도에 직선적으로 비례하며 특히 $X_B \to 1$ 인 영역에서는 $\gamma_B = 1$로서 이상용액과 동일하게 행동함을 알 수 있다.

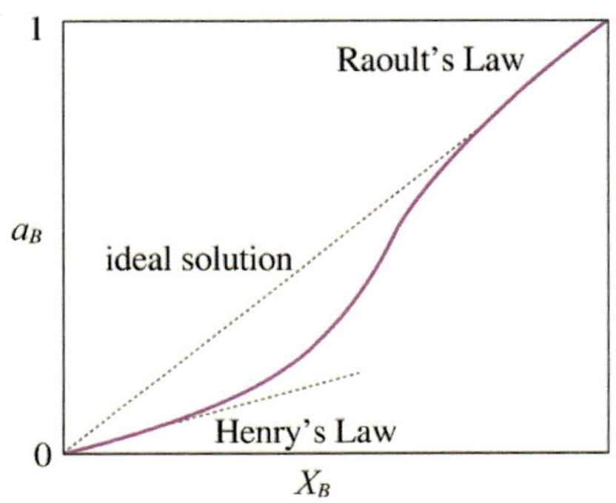

[그림 2.16] 혼합용액에서 원소 B의 농도에 따른 활동도

그러면 혼합물 내에서 i 원소와 j 원소의 결합에너지를 H_{ij}라고 할 때 원소간의 결합에너지 측면에서 다음 세 가지 성질의 혼합물에 대해 알아보도록 하자. 여기서 우리는 통상 원자단독으로 있을 경우를 $H=0$으로 정하기 때문에 결합에너지가 크다는 말은 음의 값으로 그 절대값이 커진다는 의미이다. 즉 H가 큰 값(0)에서 작은 값(음의 수)으로 되어가는 현상이 결합이다.

(1) $H_{AB}=H_{AA}=H_{BB}$: 이상용액

만약 혼합용액 내 원소들($A-A$와 $A-B$, $B-B$) 간의 결합에너지가 동일한 경우, 용액 내 A 원소가 열에너지를 받아 주변과의 결합을 끊고 대기 중으로 탈출하여 형성하는 증기압의 크기는 순수한 상태로 있을 때나 혼합물의 상태로 있을 때나 주변의 결합에너지가 동일하기 때문에 증기압은 농도(몰분율)와 동일한 값을 가지게 된다. 즉 $a_i=X_i$가 된다. 이를 우리는 이상용액이라고 부른다.

(2) $H_{AB}>H_{AA}$, H_{BB} : 상 분리(immiscibility)

만약 $A-A$나 $B-B$의 결합이 $A-B$의 결합보다 커서 A는 A끼리, B는 B 끼리 서로 모여 있으려는 경향(de-mixing 혹은 clustering)이 강한 혼합용액의 경우, A의 탈출 확률은 주변이 전부 A로 싸여있는 부분에서는 순수한 상태로 있을 때의 A와 동일한 확률을 보이고 B와 접한 부분에서는 B와의 결합력이 A보다 약하기 때문에 순수한 상태보다 오히려 탈출확률이 증가하게 되어 평균적으로는 증발이 잘 일어나게 된다. 따라서 순수한 A의 증기압과 혼합용액에서의 증기압의 비를 구해보면 증기압의 비가 A의 농도보다 큰 값을 가지게 된다. 즉 $a_A>X_A$ 혹은 γ_A가 된다. 또한 $H_{AA}, H_{BB}<H_{AB}$이므로 혼합반응의 엔탈피 변화는 $\Delta H^{mix^*}>0$로 주로 "흡열 반응"이 나타나게 된다. 이와 같은 성격의 혼합용액은 상태도에서 주로 상 분리*(miscibility gap)나 공정점을 갖게 되는 경우가 많다.

(3) $H_{AB} < H_{AA}$, H_{BB} : 화합물 형성(ordering)

반대로 이종원소($A-B$) 간의 결합이 동종원소 간의 결합($A-A$나 $B-B$)보다 커서 $A-B$ 상태가 더 안정한 경우는 혼합용액이 최대한 $A-B$ 결합수를 늘리려는 경향을 가지게 된다. 따라서 이와 같은 재료들은 상태도 상에서 화합물(ordering)의 형태를 만드는 경우가 많다. 이 경우 $A-A$의 결합만으로 이루어진 순수한 A에 비해 $A-B$의 강한 결합으로 A 원소의 탈출 확률이 낮아지게 된다. 따라서 X_A 만큼 A가 섞인 혼합 용액에 대해 A의 증기압을 측정할 경우, B와 강하게 결합하고 있는 상태를 깨고 A 입자가 대기 중으로 나올 확률이 A의 물리적 존재 확률(농도)인 X_A보다도 작아 $a_A < X_A$가 된다. 따라서 활동도계수(activity coefficient*)도 1보다 작게 된다(negative deviation). 이때 혼합반응의 엔탈피 차이, $\triangle H^{mix}$는 $H_{AB} < H_{AA}, H_{BB}$ 이므로 음의 값을 가지는 "발열반응"이 된다.($\triangle H^{mix} < 0$)

보충설명

■ **상 분리**

상분리란 A와 동일한 구조를 가진 상과 B와 동일한 구조를 가진 상이 서로 분리되어 존재하는 상태를 말한다. ΔG^{MIX} 대 농도의 그래프에서 보면 아래 [그림 A]와 같이 상분리는 양의 변위가 일어날 경우 나타나고 화합물은 음의 변위가 일어날 경우에 나타난다.

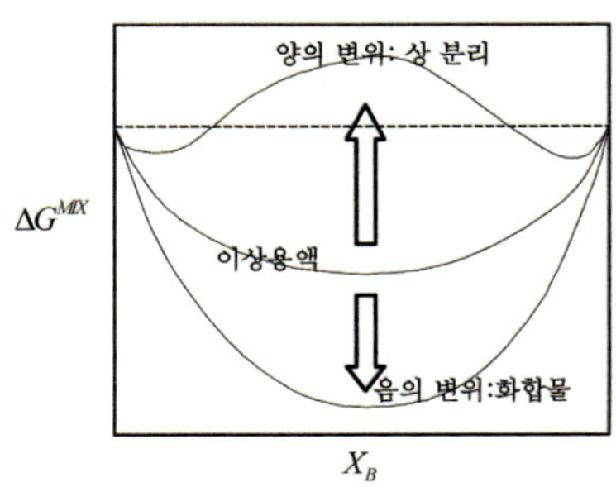

[그림 A] 변위에 따른 ΔG^{MIX}의 모양

〈표 2.1〉 혼합용액의 성질

활동도 계수	혼합형태	ΔH	상태도
$\gamma > 1$	clustering	$\Delta H^{mix} > 0$(흡열반응)	공정점
$\gamma < 1$	ordering	$\Delta H^{mix} < 0$(발열반응)	화합물

요약해 보면 〈표 2.1〉과 같고 일반적으로 혼합용액은 $\gamma_A > 1$면 $\gamma_B > 1$이고, $\gamma_A < 1$이면 $\gamma_B < 1$ 이다. 또한 이상용액 성질에서 벗어나는 혼합용액을 온도를 올리면 열에너지가 결합에너지를 능가하여 이상용액(ideal solution)이 되어 가는 경향이 있다. 즉 $\gamma > 1$(positive deviation)인 용액은 온도가 증가함에 따라 $\gamma \rightarrow 1$로 감소하고 $\gamma < 1$(negative deviation)인 용액은$\gamma \rightarrow 1$로 증가하게 된다. 따라서 저온에서 $\gamma > 1$인 성질을 갖는 재료의 경우, 낮은 온도에서는 상 분리(immiscibility gap)가 일어나고 고온으로 가면 [그림 2.18(b)]와 같이 이상용액을 하거나 [그림 2.18(a)]와 같이 이상용액 성질에서 벗어나는 상태도를 가지게 된다. 이와 같은 경향이 서로 겹쳐질 경우, [그림 2.18(a)]는 [그림 2.18(c)]와 같이 공정점(eutectic point)을 갖는 상태도를 만들게 되고 [그림 2.18(b)]는 [그림 2.18(d)]와 같이 포정점(peritectic point)을 갖는 상태도를 만들게 된다.

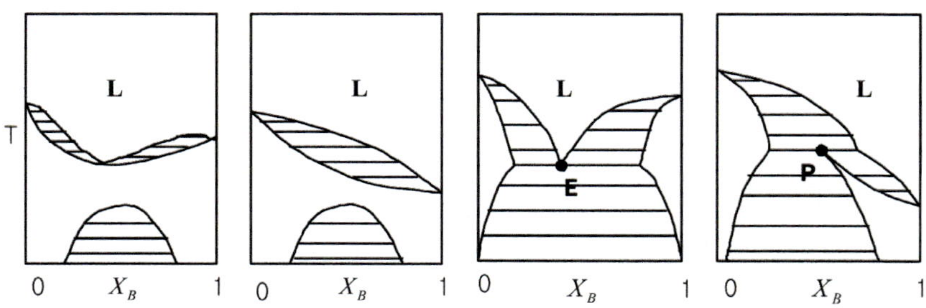

(a) (b) (c) (d)

(a) (b) $\gamma > 1$인 재료의 상태도 (c) 공정점을 갖는 상태도 (d) 포정점을 갖는 상태도

[그림 2.18]

반대로 저온에서 $\gamma < 1$인 성질을 갖는 재료의 경우는 [그림 2.19]와 같이 금속간 화합물(여기서는 AB)을 만드는 상태도를 만들게 된다. 여기서 보면 금속간 화합물, AB는 다시 A와 B와 공정점을 가지는 성질을 보여줌을 볼 수 있다.

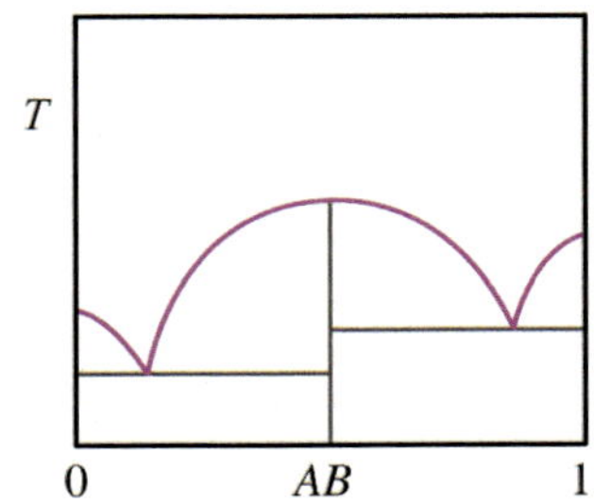

[그림 2.19] $\gamma < 1$로서 금속간 화합물을 보이는 상태도

보충설명

- 활동도는 더 엄밀하게는 $a_i = f_i / f_i^o$로 정의 된다. 여기서 f는 "fugacity"를 의미한다.
- 증기압은 $PV = nRT$에 의해 $p_i = (n_i / V)RT$로 대기 중의 원소의 수에 비례한다.
- 결합에너지 Q로 결합된 원자가 열에너지($\sim kT$)에 의해 이 결합을 깨고 밖으로 뛰쳐나올 확률은 Boltzmann 확률에 의해 $\exp(-Q/kT)$이다.

예제

아래 그림의 (a)의 상태도와 같이 최소 점에서 두 상(고체와 액체)의 농도가 동일하게 나타나야 함을 열역학적으로 증명하시오. 즉 그림 (b)와 같이 두상의 최소점이 다른 농도에서 나타나는 현상은 열역학에 위배됨을 증명하시오.

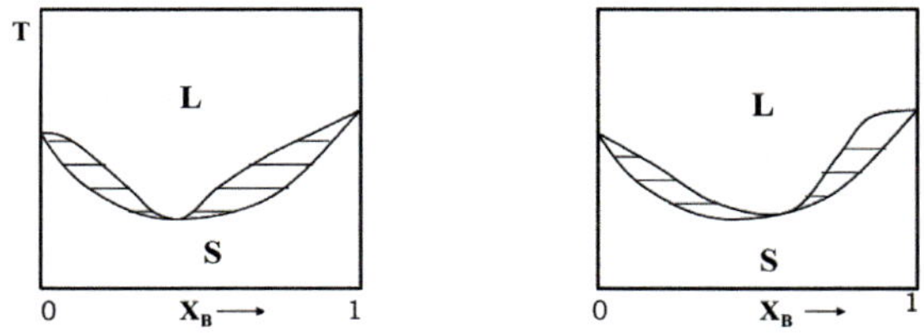

(a) (b)

풀이

압력이 일정하고 고체상과 액체상이 서로 평형 상태를 유지하므로 각 원소의 화학 포텐샬은 동일하다. 즉 $\mu_A^L = \mu_A^S$, $\mu_B^L = \mu_B^S$ 가 성립된다. 따라서 Gibbs-Duhem 식으로부터 고체와 액체 상에서 각각

$$S^L dT + X_A^L d\mu_A + X_B^L d\mu_B = 0 \quad \text{(a)}$$

$$S^S dT + X_A^S d\mu_A + X_B^S d\mu_B = 0 \quad \text{(b)}$$

가 성립한다. 두식의 차이는

$$-(S^L - S^S)\frac{dT}{dX_B} = (X_A^L - X_A^S)\frac{d\mu_A}{dX_B} + (X_B^L - X_B^S)\frac{d\mu_B}{dX_B} \quad \text{(c)}$$

가 된다. 여기서 X_B는 고체상이나 액체상의 B 농도 어느 것이나 무관하다. 그런데 $S^L - S^S$는 용융 엔트로피 변화량이므로 평형상태에서는 $\Delta H_m / T$와 같다. 따라서 식 (c)는

$$-\frac{\Delta H_m}{T}\frac{dT}{dX_B} = (X_A^L - X_A^S)\frac{d\mu_A}{dX_B} + (X_B^L - X_B^S)\frac{d\mu_B}{dX_B}\text{B} \quad \text{(d)}$$

가 되고 ΔH_m이 0이 아니고 최소 값에서는 $dT/dX_B = 0$이기 때문에 식 (d)의 좌변은 0이 되고 우변의 $d\mu_i/dX_B$가 0이 아닌 한 $X_A^L = X_A^S$, $X_B^L = X_B^S$ 이어야 한다. 즉 고체상과 액체상의 같은 농도에서 최소점이나 최대점이 나타난다.

2.2.7 Van't Hoff의 법칙

Jacobus Henricus Van't Hoff (Netherland, 1985~1911)

Vant Hoff 법칙은 아래와 같이 표현된다.

$$\left.\frac{\partial(\Delta G^o_{RXN}/T)}{\partial T}\right|_P = -\frac{\Delta H^o_{RXN}}{T^2} \tag{2-55}$$

이 법칙은 온도에 대한 "르샤틀리에"의 법칙으로 온도의 증감으로 예상되는 화학반응의 방향이나 정도를 엔탈피의 차이의 견지에서 정량적으로 나타내 준 식이다.

보충설명

- Vant Hoff 법칙의 증명

$$\left.\frac{\partial(G/T)}{\partial T}\right|_P = -\frac{H}{T^2} \ : \ \frac{\frac{1}{T}dG - \frac{G}{T^2}dT}{dT} = \frac{1}{T}\left(\frac{\partial G}{\partial T}\right)_P - \frac{G}{T^2} = \frac{1}{T}(-S) - \frac{G}{T^2} = -\frac{H}{T^2}$$

예를 들면 일정한 압력과 온도에서 순수한 원소 A와 B를 섞어 놓고 많은 시간이 흐른 후 살펴보았더니 아래 반응 (2-56)에 의해 반응 생성물, C와 D가 발생하여 최종적으로 계에는 [그림 2.20]과 같이 A, B, C, D가 평형상태를 유지하면서 공존하게 되어 있는 것을 발견하게 되었다고 하자. 이는 처음에 A와 B가 만나서 C와 D를 만들 경우, A, B가 없어져서 줄어드는 계의 에너지가 C, D가 생겨서 늘어나는 계의 에너지보다 커서 총에너지가 줄어들기 때문이다. 그러나 만약 C와 D가 많이 생겨서 나중에 C와 D의 농도가 늘어나게 되면, C와 D를 새로이 만들므로서 증가하는 계의 에너지가 A와 B를 소모시키면서 감소시키는 에너지와 같게 되는 점에 도달하게 된다. 이를 우리는 평형점에 도달하였다고 말한다.

$$A + B \rightarrow C + D \tag{2-56}$$

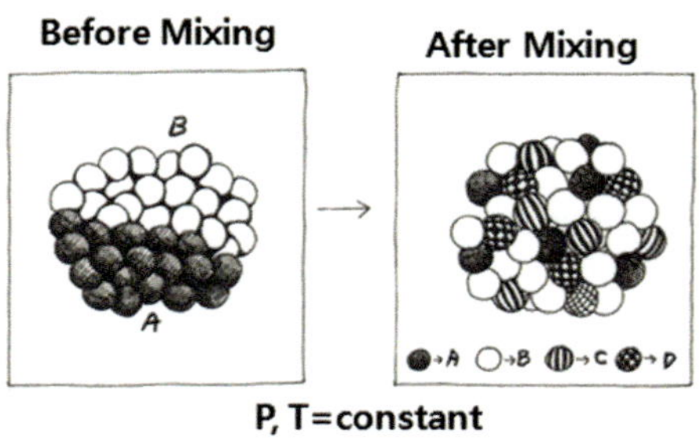

[그림 2.20] A와 B가 반응하여 C와 D를 만드는 경우의 과정

이와 같이 A, B, C, D가 평형 상태를 유지하고 있을 때에는 앞에서 설명한 바와 같이 반응 (2-56)의 Gibbs 에너지 변화(C와 D 생성에 의한 에너지 증가분과 A와 B가 없어짐 으로서 생기는 에너지 감소분의 차이)가 0이 되어야 된다. 즉 반응 (2-56)의 각 원소들의 화학 포텐샬 값의 차이가 “0”이 되어야 한다. 수식적으로는 반응 (2-56)의 Gibb 자유에너지 차이는

$$\Delta G_{RXN} = \sum_{products} \mu_i - \sum_{reactats} \mu_i = \mu_C + \mu_D - (\mu_A + \mu_B) = 0 \tag{2-57a}$$

혹은

$$\mu_C + \mu_D = \mu_A + \mu_B \tag{2-57b}$$

가 된다. 그런데 $\mu_i = \mu_i^o + RT\ \ln a_i$인 관계를 만족하므로 평형상태에서 식 (2-57b)는

$$\Delta\mu^o_{RXN} = -\ RT\ \ln\frac{a_C \cdot a_D}{a_A \cdot a_B} \tag{2-58a}$$

$$= -\ RTK_{eq} \tag{2-58b}$$

관계를 만족한다. 여기서 K_{eq}는 평형 반응상수(=$(a_C \cdot a_D)/(a_A \cdot a_B)$)이다. 따라서 Van't Hoff 법칙에 의하면

$$R[d\ \ln K_{eq}/d(1/T)] = -\ \Delta H^o_{RXN} \tag{2-59}$$

과 같이 쓸 수 있다. 식 (2-59)에서 흡열반응($\Delta H^o_{RXN} > 0$)의 경우, 온도가 증가하면 1/T가 감소하여 K_{eq}값이 증가하는 방향 즉 C와 D가 더 많이 발생되는 방향으로 반응이 진행된다. 이는 외부에서 주는 온도의 증가를 완화하는 방향 즉 열을 흡수하는 방향으로 반응이 진행된다는 말이다. 따라서 이는 열에 대한 르샤틀리에의 법칙에 일치한다. 반대로 발열반응의 경우는 반응이 진행될수록 열을 더 많이 내기 때문에 온도가 증가하면 오히려 반응이 감소하게 된다.

예제

(Van't Hoff 법칙으로부터 용해도 구하는 방법) 아래 그림과 같이 B는 A에 작은 용해도 (Henrian 영역)가 있고, A는 B에 용해도가 없는 경우를 가정해보고 온도 T_1에서 B의 용해도, X_B^α를 구해보자.

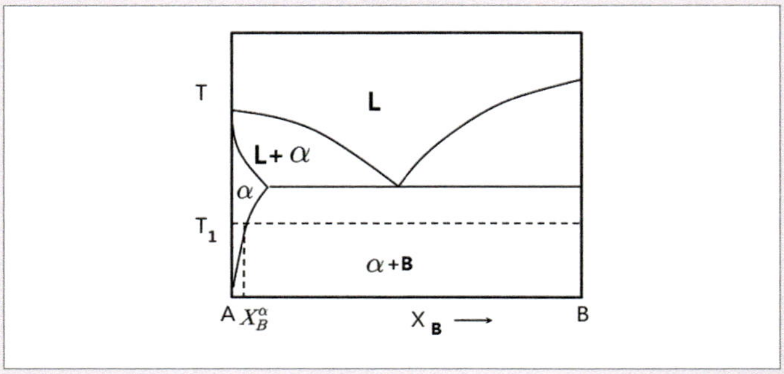

풀이

온도 T_1에서 α와 B가 서로 평형에 있으므로 B 원소의 측면에서 보면 서로 아래 반응(A)에 의해 화학포텐셜이 같아야 된다. 즉 순수한 B의 B 원소를 X_B^α의 α에 넣는 데 필요한 에너지는 0이다.

$$B(pure) = \underline{B}(in\ \ \alpha) \quad \Delta G = 0 \tag{a}$$

따라서 $\mu_B^o = \mu_B^\alpha$에서

$$a_B^\alpha = 1 \tag{b}$$

이 된다. 그런데 B는 A 용액의 Henrian 영역에 있으므로 활동도 계수가 일정한 값, γ_B^o를 가진다. 따라서 Henrian 활동도 계수 값은

$$\gamma_B^o = 1/X_B^\alpha \tag{c}$$

가 된다. 여기서 평형에 있지 않는 $0 < X_B = 0.0001 < X_B^\alpha$의 농도의 α를 생각해서 순수한 B 상의 B를 빼서 이 α에 넣을 때 에너지변화는 $B = \underline{B}(X_B = 0.0001\ in\ \alpha)$반응으로부터

$$\Delta\mu = \mu_B - \mu_B^o = RTlna_B(X_B = 0.0001) \tag{d}$$

가 된다. 여기서 식 (c)로부터

$$a_B = \gamma_B^o \cdot (0.0001) = 0.0001/X_B^\alpha \tag{e}$$

가 된다. 그런데 Van't Hoff 법칙으로부터 $\dfrac{\partial(\Delta\mu_B/T)}{\partial(1/T)} = \Delta\overline{H_B}$가 되므로 식 (d)와 식 (e)를 대입하면

$$-R\left(\frac{\partial lnX_B^\alpha}{\partial(1/T)}\right) = \Delta\overline{H_B} \tag{f}$$

가 된다. 여기서 $\Delta\overline{H_B}$는 $B = 0.0001$인 α의 B의 partial molar enthalpy와 순수한 B의 partial molar enthalpy의 차이이다. 그런데 이 값은 $\Delta c_p = 0$으로 Henrian 영역에서 농도에 무관하게 일정한 값을 가진다. 따라서 식 (f)는

$$X_B^\alpha = Aexp\left(-\frac{\Delta\overline{H_B}}{RT}\right) \tag{g}$$

의 형태를 가진다. 식 (g)로부터 우리는 상태도에서 solidus line의 값으로부터 $\Delta\overline{H_B}$ 값을 구할 수 있다. 즉 lnX_B^α와 1/T의 그래프에서 기울기가 $-\Delta\overline{H_B}$/R에 해당된다.

예제

(상태도를 이용하여 활동도를 구하는 방법) 아래 그림과 같은 상태도를 갖는 재료에서 온도, T_o에서의 A의 활동도를 구하시오.

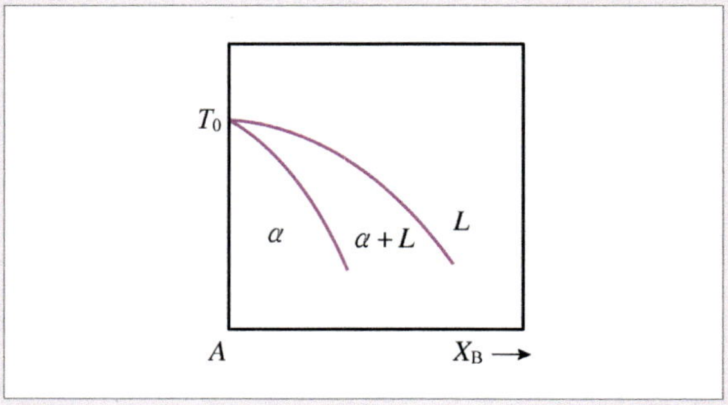

풀이

어떤 온도 $T < T_o$에서 용액의 조성에 따라 원소 "A"는 고체상, α와 액체상, L이 공존하는 상태로 아래 반응의 평형 상태를 유지한다.

$$\underline{A}^{\alpha} = \underline{A}^{L} \tag{a}$$

식(a)에 Gibbs-Helmholtz식을 적용하면

$$\frac{\partial \ln\left(a_{A^L}/a_{A^\alpha}\right)}{\partial(1/T)} = -\frac{\triangle H^{\circ}_{fusion}}{R} \tag{b}$$

이 된다. 이때 아래와 같이

① $a_{A^\alpha} \simeq X_{A^\alpha}$ (Raoult 영역이므로 실제로 $a_A \simeq X_A$)

② $\triangle H^{\circ}_{fusion}(T) \simeq \triangle H^{\circ}_{fusion}(T_o)$ 즉 $\triangle C_P \simeq 0$

라고 가정하면 식 (b)로부터

$$\ln a_{A^L}(T) = \ln a_{A^\alpha}(T) - \frac{1}{R}\int_{T_o}^{T} \triangle H^{o}_{f} \cdot d\left(\frac{1}{T}\right) \tag{c}$$

$$\cong \ln X_{A^{\alpha}}(T) - \frac{\Delta H_f^o}{R}\left(\frac{1}{T} - \frac{1}{T_o}\right) \qquad \text{(d)}$$

가 된다. 여기서 상태도로부터 $a_{A^L}(T_o) = a_{A^\alpha}(T_o) = 1$(즉, $\ln[a_{A^L}(T_o)/a_{A^\alpha}(T_o)]=0$)이고 α 상의 A의 농도는 X_{A^α}이므로 식 (d)를 이용하여 각 온도에서 a_{A^L}를 구할 수 있다.

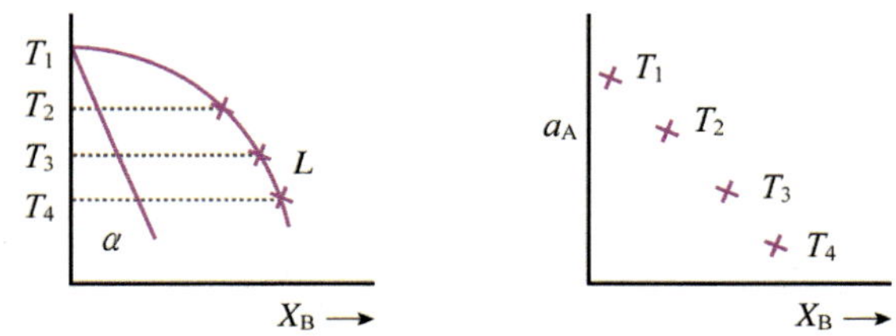

(a) (b)

즉 T_1에서 구한 X_{A^α}의 성분을 ΔH_f^o 값과 함께 식 (d)에 대입하면 그 값은 T_1에서의 a_{A^L}의 값이 된다. 마찬가지로 T_2, T_3 등에서 활동도를 구할 수 있다. 그러나 이와 같은 결과는 서로 다른 온도에서 여러 X_B에 대한 활동도 값이므로 이를 등온(isothermal)의 값으로 변환시켜야 한다. 이를 위하여 만약 용액이 RSM이라고 가정하면 $RT\ln\gamma_B = N^\circ Z\omega X_A^2 = \alpha X_A^2$ 이 되고 여기서 α 값이 온도에 따라 변하지 않는다고 가정하면(그러나 이와 같은 가정은 실제로 항상 맞는 것은 아니기 때문에 주의할 필요가 있다) 다음과 같이 쓸 수 있다.

$$\left.\frac{\partial(RT\ln\gamma_i)}{\partial T}\right|_{X_i} = 0 \qquad \text{(e)}$$

또는

$$T^\circ \ln\gamma_{A(L)}^{T^\circ} = T\ln\gamma_{A(L)}^{T} \qquad \text{(f)}$$

그러므로 식 (d)는

$$\ln\gamma_{A(L)}^{T} = -\ln X_{A(L)}^{T} + \ln X_{A(\alpha)} - \frac{\Delta H_f{}^\circ}{R}\left(\frac{1}{T} - \frac{1}{T_o}\right) \qquad \text{(g)}$$

과 같이 되며 여기에 식 (f)의 $\ln\gamma_{A^L}^{T^\circ} = (T/T^\circ)\ln\gamma_{A^L}^{T}$를 이용하여 보정해 주면

$$\ln\gamma_{A(L)}^{T_o} = -\frac{T}{T_o}lnX_{A(L)}^{T} + \frac{T}{T_o}lnX_{A(\alpha)} - \frac{\Delta H_f^\circ}{R}\cdot\frac{T}{T_o}\left(\frac{1}{T}-\frac{1}{T_o}\right) \tag{h}$$

혹은

$$\ln a_{A(L)}^{T_o} = \left(1-\frac{T}{T_o}\right)\ln X_{A(L)}^{T} + \frac{T}{T_o}lnX_{A(\alpha)} - \frac{\Delta H_f^\circ}{R}\frac{T}{T_o}\left(\frac{1}{T}-\frac{1}{T_o}\right) \tag{i}$$

이 된다. 결론적으로 전 그림(b)에서 구한 활동도 값을 식 (i)를 이용하여 보정해서 등온(여기서는 T_o)에서 활동도를 구하게 된다.

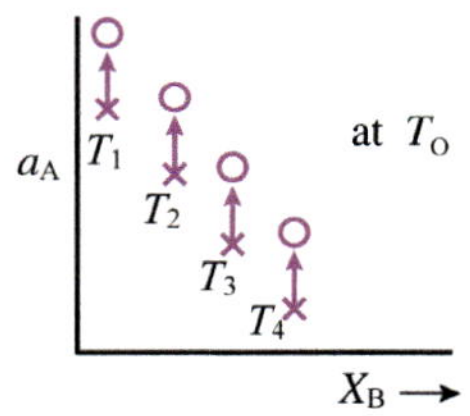

(c) 식(i)에 의한 활동도 결과(온도= T_o)

예제

Cu가 Ag에 녹는 반응, $Cu = Cu(\text{in } Ag)$가 발열반응인지 흡열반응인지를 아래의 상태도로부터 판단하시오.

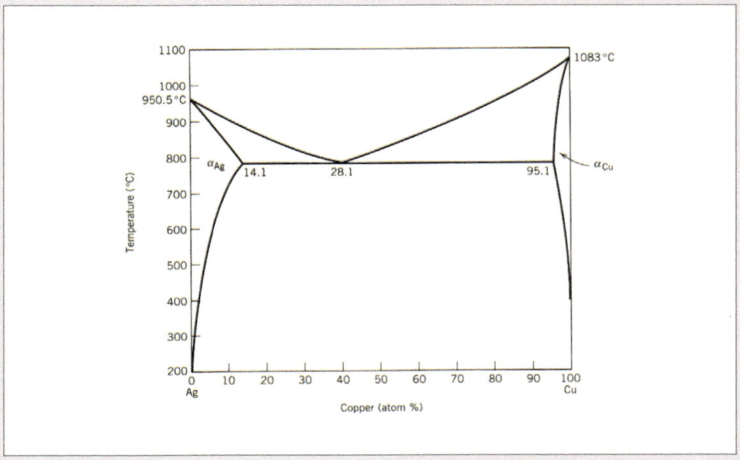

풀이

Ag의 Cu에 대한 용해도가 온도가 올라갈수록 증가하므로 흡열반응이어야 Van't Hoff 법칙에 맞는다.

예제

어떤 재료가 1100K에서 고온의 α 상에서 저온의 β 상으로 상변태가 가역적으로 일어나고 이때 $\Delta H = -300$cal/mole이다. 만약 이 재료의 α와 β의 $\Delta c_p \simeq 0$이라면 1000K에서 $\alpha \rightarrow \beta$로 상변태를 하는데 ΔH는 얼마인가? 또한 가역적인 상변태 온도를 1000K로 낮추기 위해서는 α에 얼마만큼의 첨가원소를 첨가하여야 하는지를 계산하시오.(단, 이때 첨가원소는 β에 용해도가 무시할 정도로 작고 α와 β와는 이상용액을 형성한다고 가정하자.)

풀이

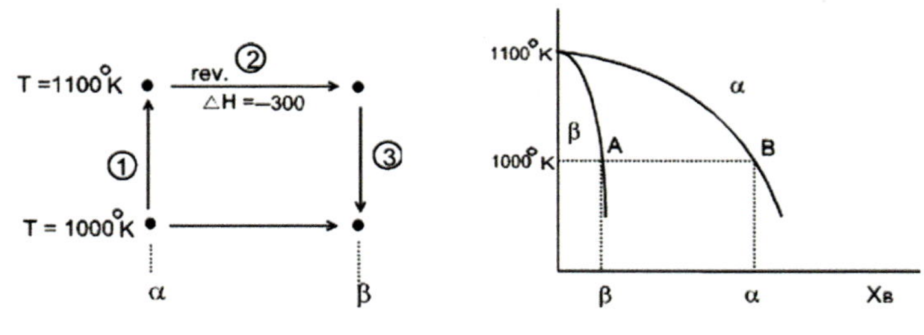

(a) (b)

$\Delta C_P \simeq 0$이므로 ΔH는 온도에 무관하다.

따라서 $\Delta H_{system} = \int_{1000}^{1100} \Delta C_P dT + \Delta H = -300\, cal/g \cdot atom$이다.

반응 $\underline{A}(\alpha) \Leftrightarrow \underline{A}(\beta)$에서 $\mu_{A(\alpha)} = \mu_{A(\beta)}$이므로

$$\mu^{\circ}_{A(\alpha)} + RT\ln a_{A(\alpha)} = \mu^{\circ}_{A(\beta)} + RT\ln a_{A(\beta)} \quad \text{(a)}$$

혹은

$$\mu^{\circ}_{A(\beta)} - \mu^{\circ}_{A(\alpha)} = \Delta G^{\circ} = -RT\ln a_{A(\beta)}/a_{A(\alpha)} \quad \text{(b)}$$

따라서 $\Delta G^{\circ} = -RT\ln \frac{a_{A(\beta)}}{a_{A(\alpha)}} = -RT\ln \frac{X_{A(\beta)}}{X_{A(\alpha)}}$

$$= -RT\ln \frac{1-X_{B(\beta)}}{1-X_{B(\alpha)}} = -RT\ln \frac{1}{1-X_{B(\alpha)}} \quad (\because \; X_{B(\beta)} \simeq 0)$$

이 된다. 이다. 여기서 이상용액을 형성하므로 $X_A = a_A$인 관계를 사용하였다.

그런데 Van't Hoff의 법칙, $\frac{\partial\,(\Delta G^{\circ}/T)}{\partial\,(1/T)} = \Delta H^{\circ}$ 으로부터

$$\frac{\partial\,[R\,\ln(1-X_{B(\alpha)})]}{\partial\,(1/T)} = \Delta H^{\circ} \text{ 혹은 } d\ln(1-X_{B(\alpha)}) = \frac{\Delta H^{\circ}}{R} d\left(\frac{1}{T}\right)$$

이 된다. 이를 적분하면

$$\int_{0}^{X_{B(\alpha)}} d\ln(1-X_{B(\alpha)}) = \int_{1100}^{1000} \frac{\Delta H^{\circ}}{R} d\left(\frac{1}{T}\right) = \frac{\Delta H^{\circ}}{R}\left(\frac{1}{1000} - \frac{1}{1100}\right)$$

이 되고 따라서 $\ln(1-\mathrm{X}_{\mathrm{B}(\alpha)}) = -0.0137$,

즉, $1-X_{B(\alpha)} = 0.986$이므로 $\therefore X_{B(\alpha)} = 0.014 \ atom\%$이 된다.

■ 다른 방법

[그림 (b)]에서 조성이 점 B에 도달할 때 $\mu_{\mathrm{A}(\alpha)} < \mu_{\mathrm{A}(\beta)}$가 된다. 따라서

$$\begin{aligned}\mu_{A(\beta)} - \mu_{A(\alpha)} &= \mu^{\circ}_{A(\beta)} + RT\ln a_{A(\beta)} - \mu^{\circ}_{A(\alpha)} - RT\ln a_{A(\alpha)} \\ &= \Delta G^{\circ}_{A} + RT\ln\frac{a_{A(\beta)}}{a_{A(\alpha)}} = \Delta G^{\circ}_{A} + RT\ln\frac{1}{1-X_A} > 0\end{aligned}$$

그런데

$$\Delta G_{system} = \Delta H_{syst} - T\Delta S_{syst} = -300 - 1000(-0.27) = -27.27\, cal/g \cdot atom$$

$$\left(\Delta S_{system} = \int_{1000}^{1100} \frac{\Delta C_P}{T} dT + \frac{\Delta H}{T} = -\frac{300}{1100} = -0.27\right)$$

이므로 위 식은 $-27.27 - 1.987 \times 1000 \times \ln(1-X_A) > 0$이 되고 $\ln(1-X_A) > -\frac{27.27}{1.987 \times 1000} = -0.0137$이므로 $X_A > 0.014$이다.

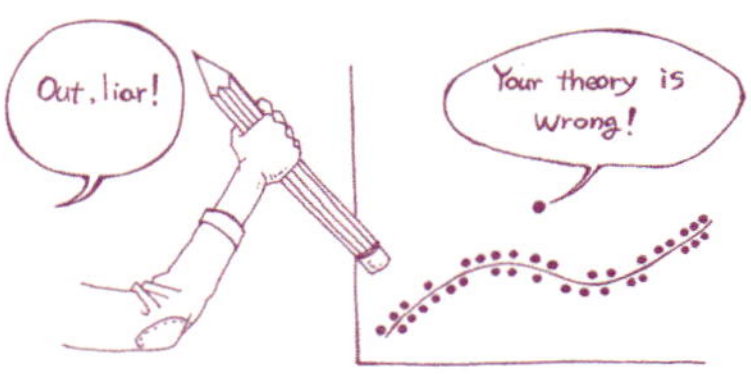

2.3 혼합용액의 열역학적 모델(MIXTURE FORMALISM)

2.3.1 이상용액(Ideal Solution)

이상용액은 혼합용액 내 원소들 간의 결합력의 크기가 같은 경우로서

$$a_i = X_i \tag{2-60}$$

인 관계를 만족하는 용액이다. 따라서 당연히 Henry의 법칙과 Raoult의 법칙이 만족됨을 알 수 있다. 또한 ΔG^{MIX}의 정의에 의해

$$\Delta G_{ideal}^{mix} = G^m - (X_A G_A{}^\circ + X_B G_B{}^\circ) \tag{2-61a}$$

$$= X_A \overline{\Delta G_A}^{MIX} + X_B \overline{\Delta G_B}^{MIX} \tag{2-61b}$$

로 표현되고 $\overline{\Delta G_i^{MIX}} = \mu_i - \mu_i^o = RTln a_i$ 이므로 식 (2-60)과 식 (2-61b)로부터

$$\Delta G_{ideal}^{mix} = X_A(\mu_A - \mu_A{}^\circ) + X_B(\mu_B - \mu_B{}^\circ) \tag{2-62a}$$

$$= RT(X_A \ln X_A + X_B \ln X_B) \tag{2-62b}$$

이 만족된다. 따라서 식 (2-62b)로부터 $\Delta G^{MIX} - X$의 그래프를 [그림 2.21]과 같이 그릴 수 있다. 이 그래프를 보면 순수한 상태보다 섞여있을 경우, 전 농도영역에 걸쳐 $\Delta G^{MIX} < 0$임을 알 수 있다. 따라서 이상용액은 혼합물의 상태가 순수한 상태보다 열역학적으로 안정함을 알 수 있다. 이때 100%로 순수한 상태에서 약간의 불순물이 첨가될 경우의 에너지 감소율을 계산해 보면

$$(\partial \Delta G^{MIX} / \partial X_B)_{X_A = 0} = - \infty \tag{2-63}$$

로 미량의 불순물 첨가에 의한 에너지 감소율은 거의 무한대에 가까워지기 때문에 이 세상에서 순수한 상태로 존재하기란 열역학적으로 거의 불가능함을 말해준다.

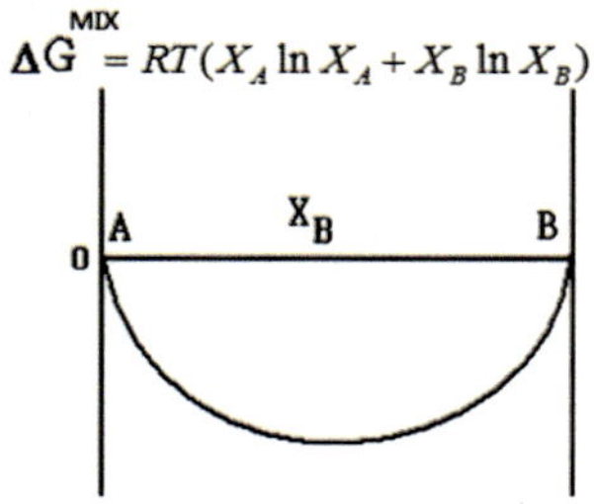

[그림 2.21] 이상용액의 $\Delta G^{MIX} - X$ 관계

또한 식 (2-62b)로부터 우리는 이상용액이 갖는 다음과 같은 성질들을 유도해 낼 수 있다.

① $\Delta V_{ideal}^{mix} = \left(\frac{\partial \Delta G_{ideal}^{mix}}{\partial P}\right)_T = 0$ (2-64)

② $\Delta H_{ideal}^{mix} = 0$ (2-65)

③ $\Delta S_{ideal}^{mix} = -\left(\frac{\partial \Delta G_{ideal}^{mix}}{\partial T}\right)_P = -R(X_A \ln X_A + X_B \ln X_B)$ (2-66)

조건 ②는 원소 간의 결합에너지의 차이가 없음을 말해준다.

보충설명

■ **$\Delta H_{ideal}^{mix} = 0$의 증명**

Gibbs – Helmoltz 식은 온도에 따라 반응이 어떤 방향으로 갈 것인가를 말해주는 "르샤틀리에 법칙"을 정량화 해준 형태이다.

$$\left(\frac{\partial(\Delta G^{mix}/T)}{\partial T}\right)_{P,ni} = -\frac{\Delta H^{mix}}{T^2}$$

이 식에 식 (2-62b)를 대입하면 $\triangle G^{mix}/T = R(X_A \ln X_A + X_B \ln X_B)$인 관계가 성립되므로

$$\triangle H^{mix} = 0$$

이 된다.

■ $\triangle S^{mix}_{ideal}$ **에 대하여…**

$\Delta G^{MIX} = \Delta H^{MIX} - T\Delta S^{MIX}$ 관계로부터 $\triangle H^{mix} = 0$이므로 $\Delta G^{MIX} = -T\Delta S^{MIX}$ 이므로 이 상용액의 경우 $\Delta S^{MIX} = -R(X_A \ln X_A + X_B \ln X_B)$인 관계가 성립된다.

예제

금속 A와 B는 Raoult형 용액을 형성하나 고체상태에서는 서로 섞이지 않는다. A의 융점은 1000℃, 몰 융해엔트로피는 2cal/deg이고, B의 융점은 800℃ 몰 융해엔트로피는 2cal/deg이다. 두 금속 모두 다 녹을 때의 $\triangle Cp \cong 0$라 가정할 때, $A-B$이원계의 공정점의 조성과 온도를 계산하라.

풀이

문제에서 말한 $A-B$ 혼합물의 상태도를 그려보면 다음그림과 같은 모양을 하고 있다.

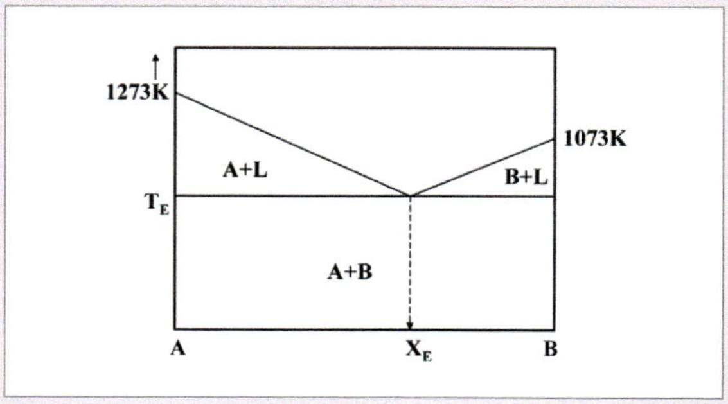

순수한 원소의 용융 시 $\Delta G^{o,m}=0$이므로 $\Delta H^{o,m} = T^m \Delta S^{o,m}$인 관계가 만족되므로

$$\triangle H_A^{0.m} = T_A^m \triangle S_A^{0.m} = (1273)(2cal/\mathrm{deg}.mole) = 2546\,cal/mole$$

$$\triangle H_B^{0.m} = T_B^m \triangle S_B^{0.m} = (1073)(2\,cal/\mathrm{deg}.mole) = 2.46\,cal/mole$$

이 된다.

① $T_A^m \geqq T \geqq T_E$ 온도 범위에서 순수고체상의 A와 혼합 액체상이 평형을 유지하므로 $\mu_A(S) = \mu_A^\circ(S) + RT\ln X_A^S = \mu_A^\circ(S)$과 $\mu_A(L) = \mu_A^\circ(L) + RT\ln X_A^L$에서

$$\mu_A(S) = \mu_A(L)$$

따라서 $\mu_A^\circ(S) = \mu_A^\circ(L) + RT\ln X_A^L$인 관계가 만족된다. 이를 다시 정리하면 고체상 A와 평형을 이루고 있는 액상의 온도에 따른 B의 농도를 알 수 있다.

$$-RT\ln(1-X_B^L) = \mu_A^\circ(L) - \mu_A^\circ(S) = \triangle G_A^\circ(S \to L) = \triangle H_A^{0.m} - T\triangle S_A^{0.m}$$
$$= 2546 - 2\mathrm{T} \qquad \text{(a)}$$

② $T_B^m \geqq T \geqq T_E$ 온도범위에서 순수한 고체상 B와 혼합액체상이 평형이므로 마찬가지로 $\mu_B(S) = \mu_B^\circ(S) + RT\ln X_B^S = \mu_B^\circ(S)$과 $\mu_B(L) = \mu_B^\circ(L) + RT\ln X_B^L$로 부터

$$\mu_B(S) = \mu_B(L)$$

따라서

$$-RT\ln X_B^L = \mu_B^\circ(L) - \mu_B^\circ(S) = \triangle G_B^\circ(S \to L) = \triangle H_B^{0.m} - T\triangle S_B^{0.m} = 2146 - 2T$$
$$-RT\ln X_B^L = 2146 - 2T \qquad \text{(b)}$$

그런데 T_E에서 식 (a)와 식 (b)의 B의 농도가 같으므로 $X_B^L = X_E$, $T = T_E$ 이다. 식 (a)와 식 (b)를 연립해서 풀면 공정점의 조성과 온도는 다음과 같이 된다.

$$X_E \cong 0.5721,\ \mathrm{T_E} \cong 688.5\mathrm{K}$$

2.3.2 정상용액(Regular Solution)

우리는 이미 농도에 따른 ΔG^{MIX} 함수의 값을 알면 TIP에 의해 용액의 활동도 등 모든 열역학적인 거동을 예측 할 수 있다는 것을 배웠다. 그런데 Gibbs 에너지의 정의에 의해 온도와 압력이 일정할 경우, $\Delta G^{MIX} = \Delta U^{MIX} + P\Delta V^{MIX} - T\Delta S^{MIX}$인 관계가 성립하므로 ΔV^{MIX}=0이라고 가정하면 농도에 따른 ΔU^{MIX}와 ΔS^{MIX}만 알면 이론적으로 $\Delta G^{MIX} - X_B$의 그래프를 그릴 수 있게 된다. 실제로 RSM(Regular Solution Model)은 ΔV^{MIX}=0을 가정하고 ΔU^{MIX}와 ΔS^{MIX}를 계산하므로 서 혼합용액의 ΔG^{MIX}을 계산하는 가장 간단한 열역학적인 모델 중 하나이다. 이와 같은 모델이 더욱 복잡하게 얽히면 컴퓨터로 상태도를 계산하는 CALPHAD 분야의 연구가 되는 것이다. 그러면 우선 ΔU^{MIX}와 ΔS^{MIX}를 RSM으로 구해보도록 하자.

(1) ΔU^{MIX}

우선 ΔU^{MIX}을 구하기 위해 N_A개와 N_B개의 원자로 구성된 A와 B의 혼합용액에서 A와 B의 최배위 원자 수(coordination number)가 z로 동일하게 "short range order "의 상태로 존재한다고 가정해 보자. 이때 총 $A-A$, $A-B$, $B-B$ 결합 쌍의 수는

$$n_{AA} + n_{AB} + n_{BB} = \frac{(N_A + N_B)Z}{2} \qquad (2\text{-}67)$$

가 된다. 만약 A, B 원자가 임의의 확률로 분포되어 어떤 자리에 위치하는 원자가 A원자일 확률이 A원자의 농도, X_A이고 B일 확률이 X_B라고 하면 $A-A$, $A-B$, $B-B$ 결합의 수는 각각

$$n_{AA} = \frac{(N_A + N_B)Z}{2} \cdot X_A^2 \qquad (2\text{-}68)$$

$$n_{AB} = \frac{(N_A + N_B)Z}{2}(2 \cdot X_A \cdot X_B) \qquad (2\text{-}69)$$

$$n_{BB} = \frac{(N_A + N_B)Z}{2} \cdot X_B^2 \tag{2-70}$$

와 같이 표현된다. 여기서 만약 각 결합의 결합에너지를 ϵ_{ij} (i, j는 A와 B)라고 하면 혼합용액 전체의 내부에너지, U는 결합에너지의 총합으로

$$U = \sum_{all\,pair} n_{ij}\epsilon_{ij} = n_{AA}\epsilon_{AA} + n_{AB}\epsilon_{AB} + n_{BB}\epsilon_{BB} \tag{2-71}$$

와 같이 표현된다. 여기에 식 (2-65) ~ 식 (2-67)를 대입하면 내부 에너지의 합은

$$U = \left\{(N_A + N_B) \cdot \frac{Z}{2}\right\} \cdot \left\{\epsilon_{AA}X_A^2 + \epsilon_{BB}X_B^2 + 2\epsilon_{AB}X_AX_B\right\} \tag{2-72}$$

이 된다. 따라서 혼합 시 내부에너지 변화량은 혼합 후와 혼합 전의 내부에너지의 차이로

$$\begin{aligned} \Delta U^{mix} &= U - (X_A U_A{}^\circ + X_B U_B{}^\circ) \\ &= U - \left(\frac{N_A \cdot Z}{2}\epsilon_{AA} + \frac{N_B \cdot Z}{2}\epsilon_{BB}\right) \end{aligned} \tag{2-73}$$

으로 쓸 수 있다. 그런데 식 (2-73)에 식 (2-72)를 대입하여 정리하면 다음과 같이 표현됨을 알 수 있다.

$$\Delta U^{mix} = (N_A + N_B) \cdot Z \cdot X_AX_B \cdot \left(\epsilon_{AB} - \frac{\epsilon_{AA} + \epsilon_{BB}}{2}\right) \tag{2-74a}$$

$$= (N_A + N_B) \cdot Z \cdot X_AX_B \cdot \omega \tag{2-74b}$$

식 (2-74)를 살펴보면 ΔU^{mix}는 $\omega\left(= \epsilon_{AB} - \frac{\epsilon_{AA} + \epsilon_{BB}}{2}\right)$라는 결합에너지 차이를 말해

주는 한 개의 변수에 의해 지배됨을 알 수 있다. 따라서 1 mole(N^O)의 혼합용액을 만들 때, 내부에너지의 차이는

$$\left(\frac{\Delta U^{mix}}{N_A + N_B}\right) \cdot N^\circ = Z \cdot \omega \cdot X_A X_B \cdot N^\circ \tag{2-75}$$

와 같이 표현된다. 여기서 N°는 Avogadro수이다. 식 (2-75)는 ω의 값에 따라 ΔU^{mix}가 [그림 2.22]와 같이 대칭적으로 변하는 모양을 가짐을 보여준다. 따라서 RSM에서는 1개의 독립변수(adjustable parameter), ω를 가지고 용액의 혼합 내부에너지, ΔU^{mix}의 거동을 설명하고 있다.

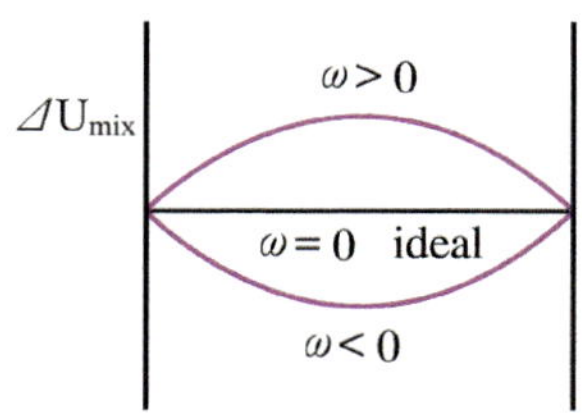

[그림 2.22] ω에 따른 ΔU^{mix}의 변화

예제

원자간의 상호작용에너지가 원자간 거리의 6승에 반비례하고 그리고 결정에서 원자의 전체에너지는 제 1 최인접 원자, 제 2 최인접 원자, 제 3 최인접 원자의 상호작용에너지의 합과 같다고 가정할 때 BCC결정에 대한 제 1 최인접 원자쌍, 제 2 최인접 원자쌍 그리고 제 3 최인접 원자쌍의 기여도는 전체에너지의 몇 %정도인지 추정 해 보라. 이 결과에서 준 화학모형의 타당성을 검토하시오.

풀이

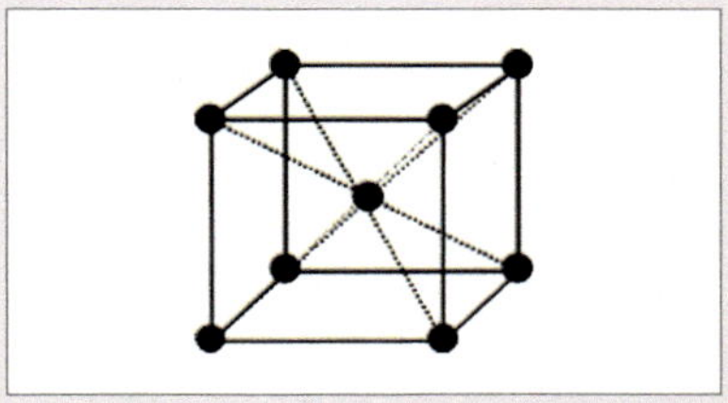

- 격자상수를 a로 하면 최인접 원자간 거리 : $d_1 = \frac{\sqrt{3}}{2}a$
- 제2인접원자간 거리 : $d_2 = a = \frac{2}{\sqrt{3}}d_1$
- 제3인접원자간 거리 : $d_3 = \sqrt{2}\,a = 2\sqrt{\frac{2}{3}}\,d_1$

가 된다. 만약 각 원자주위의 최인접, 제2인접, 제3인접원자간의 상호작용에너지를 고려한다면 total energy E는 아래와 같이 된다.

$$E = n_1\epsilon_1 + n_2\epsilon_2 + n_3\epsilon_3 \quad ①$$

여기서 ϵ_1은 최인접원자간의 상호작용에너지이고 ϵ_2는 제2인접원자간의 상호작용에너지이고 ϵ_3은 제3인접원자간의 상호작용에너지이다. 그런데 상호작용에너지가 원자간 거리의 6승에 반비례하므로

$$\epsilon_2 = \left(\frac{\sqrt{3}}{2}\right)^6 \epsilon_1 = 0.419\epsilon_1$$

$$\epsilon_3 = \left(\sqrt{\frac{3}{8}}\right)^6 \epsilon_1 = 0.0527\epsilon_1$$

인 관계가 성립된다. 따라서

$$\begin{aligned} E &= n_1\epsilon_1 + n_2\epsilon_2 + n_3\epsilon_3 \\ &= 8\epsilon_1 + 6(0.419\epsilon_1) + 12(0.0527\epsilon_1) = 11.15\epsilon_1 \end{aligned}$$

이므로

- 최인접원자의 에너지 비율$=\dfrac{8\epsilon_1}{11.15\epsilon_1}=0.711=71.1\%$
- 제2인접원자의 에너지비율$=\dfrac{6\times 0.419\epsilon_1}{11.15\epsilon_1}=0.225=22.5\%$
- 제3인접원자의 에너지비율$=\dfrac{12\times(0.0527)\epsilon_1}{11.15}\epsilon_1=0.064=6.4\%$

이 된다. 여기서 보면 준화학 모형은 계의 엔탈피를 계산할 때 최인접 원자간의 상호작용에너지만 고려했지만 실제 원자는 위와 같이 제2인접, 제3인접 ...의 원자와도 상호작용을 한다 그러나 그 전체기여에서 최인접 원자간의 상호작용에너지의 기여도가 워낙 크기 때문에 "macro"적으로 볼 땐 어느 정도 타당한 모형이라 할 수 있다.

(2) ΔS^{MIX}

혼합 전후의 엔트로피 변화는 미소적으로 보면 전자들의 산란에 의한 변화, 결합의 변화 등 여러 가지가 존재하지만 RSM에서는 간단히 원자의 위치 변화에 따른 엔트로피 변화량, 즉 위치 엔트로피(configurational entropy)만을 취급한다. 즉, RSM은 ① $\Delta V^{MIX}=0$과 ② 위치 엔트로피만을 가정하는 간단한 용액모델이다. 위치 엔트로피의 변화$\triangle S^{mix}_{conf.}$ 은

$$\triangle S^{mix}_{conf.}=k\ln\overline{\omega} \tag{2-76}$$

로 표현된다. 여기서 $\overline{\omega}$ 는 N_A와 N_B개로 구성된 A, B 원자들이 만들 수 있는 배치의 경우 수, $(N_A+N_B)!/N_A!N_B$이다. 따라서 식 (2-76)은

$$\triangle S^{mix}_{conf.}=k\ln\frac{(N_A+N_B)!}{N_A!N_B!} \tag{2-77}$$

이 되고 이를 Sterlings Approximation을 이용하여 정리하면

$$\Delta S^{mix}_{conf.} = -k(N_A + N_B)\{X_A \ln X_A + X_B \ln X_B\} \quad \text{(2-78a)}$$

$$\left(\frac{\Delta S^{mix}_{conf.}}{N_A + N_B}\right) \cdot N^o = -kN^o(X_A \ln X_A + X_B \ln X_B) \quad \text{(2-78b)*}$$

가 된다. 여기서 식 (2-78b)는 1몰 당의 위치엔트로피 변화량이다.

보충설명

- Sterling Approximation : $N \to \infty$ 일 때 $\ln N! \simeq N \ln N - N$로 쓸 수 있다.
- $kN^o = R$ (N° : Avogadro number)

(3) ΔG^{MIX}

온도와 압력이 일정할 때 ΔG^{mix}은 아래와 같이 정의 된다.

$$\Delta G^{mix} = \Delta U^{mix} + P\Delta V^{mix} - T\Delta S^{mix} \quad \text{(2-79)}$$

그런데 RSM에서는 ΔV^{mix}=0이라고 가정하므로 식 (2-75)와 식 (2-78)를 식 (2-79)에 대입하면 ΔG^{mix}는

$$\left(\frac{\Delta G^{mix}}{N_A + N_B}\right) \cdot N^o = Z\omega X_A X_B N^o + N^o kT(X_A \ln X_A + X_B \ln X_B) \quad \text{(2-80)}$$

가 된다. 따라서 RSM에서는 $\Delta V^{mix} = 0$이라는 가정 하에 ω라는 한 개의 조절변수(adjustable parameter)에 의해 혼합용액의 ΔG^{mix}를 표현할 수 있다. 그러나 이상용액이 아닌 실제 용액의 경우 ΔV^{mix} = 0은 성립되지 않는다. 또한 RSM에서는 이상용액과 같이 ΔV^{mix}=0을 가정하기 때문에 $\Delta G^{mix} = \Delta F^{mix} = \Delta U^{mix} - T\Delta S^{mix}$가 성립됨을 의미한다.

보충설명

■ 식(2-80)

$$\Delta H^{mix}_{molar} = N^o Zw X_A X_B, \ \Delta S^{mix}_{molar} = -N^o k(X_A \ln X_A + X_B \ln X_B)$$

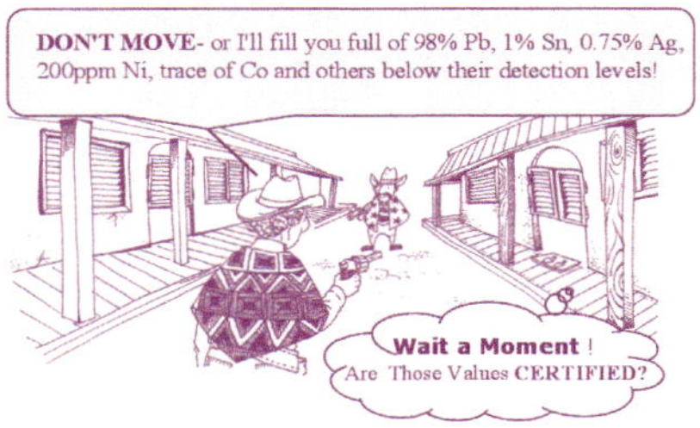

2.3.3 Regular Solution Model의 응용

(1) RSM에서의 활동도계수, γ_i

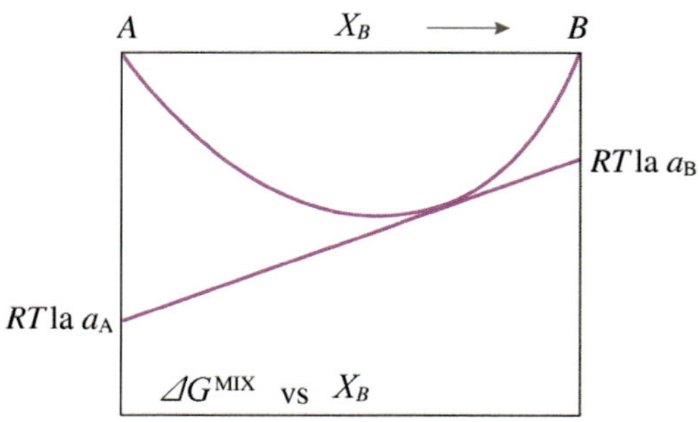

[그림 2.23] $\Delta G^{mix} - X_B$ 그래프의 TIP

[그림 2.23]에서 TIP로부터 $RT\ln a_B = \Delta G^{mix} + \dfrac{d\Delta G^{mix}}{dX_B}(1-X_B)$인 관계가 성립됨으로 여기에 RSM의 ΔG^{mix} (식 (2-80))을 대입하면

$$RT\ln a_B = RT\ln X_B + (N^\circ Z\omega)(1-X_B)^2 \tag{2-81}$$

가 된다. 그런데 $\ln a_B = \ln X_B + \ln\gamma_B$이 성립하므로 원소 B의 활동도 계수는

$$\ln\gamma_B = (N^\circ\ Z\omega/RT)(1-X_B)^2 = \alpha X_A^2 \tag{2-82}$$

로 표현된다. 여기서 $\alpha = N^o Zw/RT$이다. 따라서 RSM에서는 식 (2-82)와 같이 활동도 계수가 상대방 원소의 농도의 제곱에 비례하는 함수로 표시된다.

보충설명

- RSM의 활동도는 Henry의 법칙과 Raoult의 법칙을 만족한다.

① Henry의 법칙 : 식 (2-82)에서 $RT\ln\gamma_B = N^\circ\ Z\omega(1-X_B^2)^2$ 이므로

$$\lim_{X_B\to 0} ln\gamma_B^h = \frac{N^\circ\ Z\omega}{RT} \tag{a}$$

로 $X_B \to 0$일때 일정한 값을 가지므로 Henry의 법칙을 만족한다. 또한 식 (a)에서 $\omega < 0\left(\epsilon_{AB} < \frac{\epsilon_{AA}+\epsilon_{BB}}{2}\right)$일 경우는 $\gamma_B^h < 1$가 성립됨을 알 수 있고, 반대로 $\omega > 0\left(\epsilon_{AB} > \frac{\epsilon_{AA}+\epsilon_{BB}}{2}\right)$일 경우는 $\gamma_B^h > 1$임을 알 수 있다.

② Raoult의 법칙 : $RT\ln a_B = RT\ln X_B + \alpha(1-X_B)^2$에서 $RT\frac{da_B}{a_B} = RT\frac{dX_B}{X_B} - 2\alpha(1-X_B)$이 되고 이는 다시 $\frac{da_B}{dX_B} = \frac{a_B}{X_B} - \frac{2\alpha a_B}{RT}(1-X_B)$로 쓸 수 있다. 그런데 $\lim_{X_B\to 1}\frac{a_B}{X_B} \to 1$이 성립하므로 $\lim_{X_B\to 1}\frac{da_B}{dX_B} = 1+0 = 1$이 성립된다.

따라서 RSM에서 구한 활동도는 Raoult과 Henry의 法則을 만족시킴으로서 용액의 모델로 유효함을 알 수 있다.

예제

(용해도 구하는 방법) 아래 그림과 같이 B는 A에 작은 용해도(Henrian 영역)가 있고, A는 B에 용해도가 없는 경우를 가정해보고 온도 T_1에서 B의 용해도, X_B^α를 통계열역학 적을 구해보자.

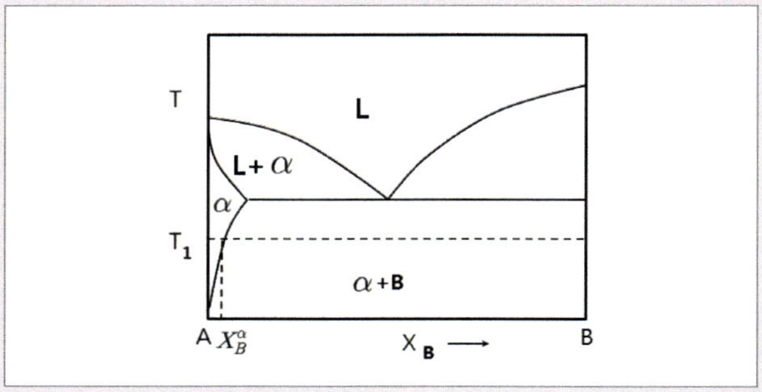

풀이

순수한 B에서 B원자를 평형의 α상으로 집어넣을 때 화학 포텐샬의 변화는

$$\mu_B - \mu_B^o = \Delta\overline{H_B} - T\Delta\overline{S_B} = 0 \qquad \text{(a)}$$

가 된다. 그런데 혼합 배열 엔트로피((configuration entropy of mixing)는 $\Delta S_m = -N_o k(X_A lnX_A + X_B lnX_B)$이 되고 partial molar entropy는 $\Delta\overline{S_B^{mix}} = -N_o klnX_B$이 되어 원자 당으로 하면 $\Delta\overline{S_B^{mix}} = -klnX_B$이 된다. 그런데 실제 엔트로피 변화는 이 배열 엔트로피 변화 외에 전자의 분포나 진동 및 자기장에 의한 여분의 엔트로피($\Delta\overline{S_B^{XS}}$)가 존재한다. 따라서 실제 원자 당 혼합 엔트로피는

$$\Delta\overline{S_B^{mix}}(real) = -klnX_B + \Delta\overline{S_B^{XS}} \qquad \text{(b)}$$

가 된다. 따라서 식 (b)를 식 (a)에 대입하면

$$\Delta\overline{H_B} + kTlnX_B - \Delta\overline{S_B^{XS}} = 0 \qquad \text{(c)}$$

가 되어 평형 용해도는 다음과 같이 된다.

$$X_B^{\alpha} = \exp\left(\frac{\Delta \overline{S_B^{XS}}}{k}\right) \exp\left(-\frac{\Delta \overline{H_B}}{kT}\right) \quad \text{(d)}$$

따라서 lnX_B^{α}와 1/T의 그래프에서 1/T=0이 되는 절편으로부터 $\Delta \overline{S_B^{XS}}/k$값을 구할 수 있다.

(2) 임계 분리농도(critical de-mixing)

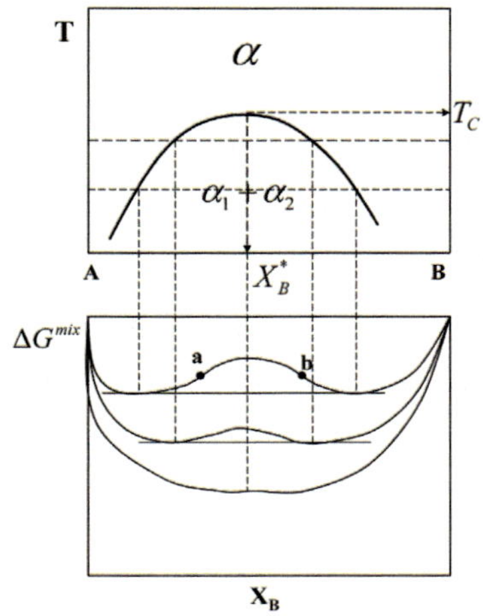

[그림 2.24] α 상에서 α_1과 α_2의 서로 다른 농도를 가진 상으로 분리되는 최대 온도

[그림 2.24]와 같이 $\alpha \rightarrow \alpha_1 + \alpha_2$ 형의 변태는 구조가 변하는 변태가 아니라 α와 같은 구조를 가지는 그러나 조성이 다른 두 상인 α_1과 α_2로 분리되는 일종의 성분변태(compositional transformation)이다. 이 때 한계분리조건(critical de-mixing)은 $\Delta G^{mix} - X$의 2차 미분의 변곡점, a와 b가 서로 가까워져서 서로 같게 되고 그 이차미분 값도 0이 되는 지점에 해당된다. 다시 말하면 식 (2-83)과 같이 한계 분리온도 T_C에서 ΔG^{mix}의 2차 및 3차 미분 값이 "0"인 지점이 된다.

$$\frac{\partial^2 \Delta G^{mix}}{\partial X_B^2} = \frac{\partial^3 \Delta G^{mix}}{\partial X_B^3} = 0 \quad (T = T_C) \tag{2-83}$$

다시 식 (2-80)을 식 (2-83)에 대입하여 정리하면 아래와 같은 조건을 얻게 된다.

$$T_c = \frac{N^\circ Z\omega}{2R} = \frac{\alpha}{2R}, \mathrm{X}_{\mathrm{B}}^* = 0.5 \tag{2-84}$$

그런데 식 (2-84)로부터 조성 분리변태는 $\omega > 0$인 즉 $|\epsilon_{AB}| < \left|\frac{\epsilon_{AB} + \epsilon_{AB}}{2}\right|$인 활동도계수가 1보다 큰 용액(positive deviation)에 나타남을 알 수 있다. 이는 앞의 4절에서 $H_{AB} > H_{AA}, H_{BB}$인 서로 같은 원소끼리 모이려고 하는 경향이 있는 용액에서 나타나는 상 분리 현상과 동일하다.

(3) 온도에 따른 상 분리 간격(Miscibility Gap)

RSM의 상태도는 [그림 2.25]와 같이 대칭인 모양을 가지고 있기 때문에 서로 평형관계를 갖는 α_1상과 α_2상의 성분간에 식 (2-85)와 같은 관계가 성립된다. 여기서 $X_B(\alpha_1)$과 $X_B(\alpha_2)$는 α_1과 α_2상의 B의 농도이다.

$$X_B(\alpha_1) = 1 - X_B(\alpha_2) \tag{2-85}$$

그런데 그래프의 대칭적인 모양으로 α_1과 α_2 相의 공통접선(common tangent intercept)의 절편 값은 동일하기 때문에

$$RT\ln a_B^{\alpha_2} = RT\ln a_B^{\alpha_1} \tag{2-86}$$

이 됨을 알 수 있다. 또한 식 (2-86)은 식 (2-81)로부터

$$\ln X_B(\alpha_2) + \frac{\alpha}{RT} X_B(\alpha_1)^2 = \ln X_B(\alpha_1) + \frac{\alpha}{RT} X_B(\alpha_2)^2 \quad (2\text{-}87)$$

이 되고 이를 정리하면

$$\ln \frac{X_B(\alpha_2)}{X_B(\alpha_1)} = \frac{\alpha}{RT}(2X_B(\alpha_2) - 1) \quad (2\text{-}88)$$

와같이 된다. 그런데 앞에서 $T_c = \frac{\alpha}{2R}$ 인 관계를 가지고 있음을 얻었으므로 각 온도에서의 α_1과 α_2상의 B 농도는 아래 식

$$\ln \frac{X_B(\alpha_2)}{1 - X_B(\alpha_2)} = 2 \cdot \frac{T_C}{T}[2X_B(\alpha_2) - 1] \quad (2\text{-}89)$$

로부터 구할 수 있다.

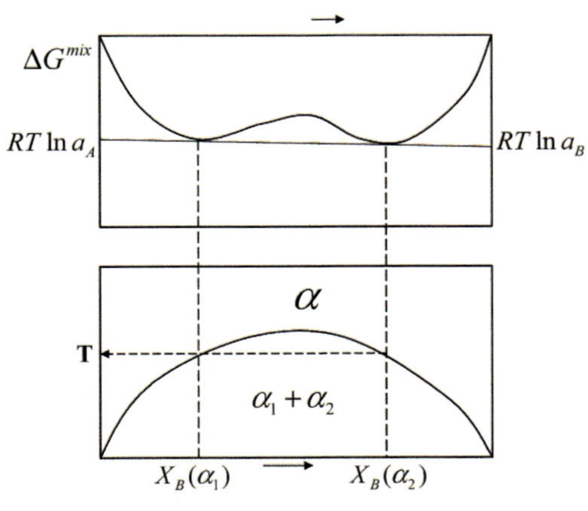

[그림 2.25] 상 분리 간격의 상태도와 $\Delta G^{mix} - X_B$ 그래프

(4) 스피노달 분해점(Spinodal Point)

[그림 2.26(b)]와 같이 스피노달 분해점(spinodal point) 에서는

$$\frac{d^2\Delta G_{mix}}{dX_B^2} = 0 \tag{2-90}$$

이므로 식 (2-80)으로부터

$$\frac{d^2\Delta G_{mix}}{dX_B^2} = -2\alpha + RT\left(\frac{1}{X_B} + \frac{1}{X_A}\right) = 0 \tag{2-91}$$

이 되고 따라서 $\frac{1}{X_B} + \frac{1}{X_A} = 4\frac{T_c}{T}$ 이 된다. 이를 식 (2-85)를 이용하여 정리하면

$$X_B(1 - X_B) = \frac{1}{4}(\frac{T}{T_C}) \tag{2-92}$$

이 된다. 따라서 식 (2-92)로부터 어떤 온도 T에서의 스피노달 분해 점, X_B를 구할 수 있다.

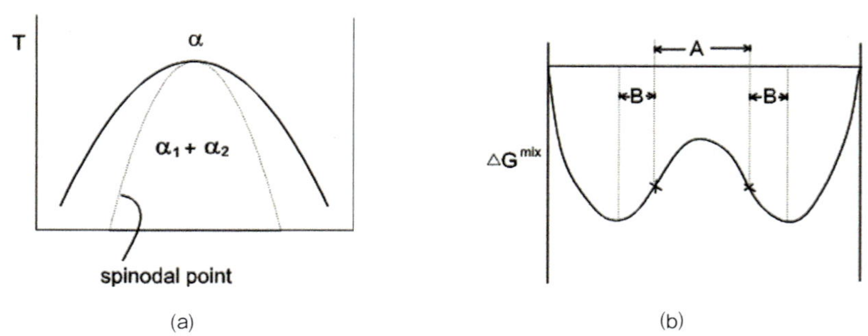

[그림 2.26] 스피노달 분해(spinodal decomposition) 상태도 및 $\Delta G^{mix} - X_B$ 그래프

이와 같은 스피노달 분해점의 의미는 스피노달 분해점의 안쪽인 A 영역에서는 $\alpha \rightarrow \alpha_1 + \alpha_2$의 변태가 활성장벽(activation barrier)없이 용이하게 일어나며 스피노달 분해점의 밖인 B 영역에서는 변태의 장벽이 존재하게 된다. 이는 스피노달 분해점 밖에 있는 조성에서는 어떤 성분의 상이 다른 두 성분의 상으로 분해 될 때, 두 상의 ΔG^{mix} 값을 직선적으로 연결한 선이 최초 상의 농도에서의 ΔG^{mix} 보다 위에 존재하기 때문에 상이 두 성분의 상으로 분해되기 위해서는 그 차이만큼의 활성화 에너지가 필요하게 된다. 반대로 내부에 존재하는 조성에서는 두 성분의 직선 연결선이 ΔG^{mix} 보다 밑에 있어서 활성화 에너지 없이 쉽게 상 분리가 발생할 수 있다. 실제로 활성화 에너지가 필요한 과정의 경우는 변태속도가 온도에 비례하여 증가하나 활성화 에너지가 없는 과정의 경우는 그 변태속도가 온도에 무관한 성질을 가지고 있어 구별이 가능하다.

예제

$Fe-Cr$ 합금의 경우 T_{Cr}^{m} (융점)=2123K T_{Fe}^{m} (융점)=1773K이다. 또한 Richards의 Rule에 의해 $\Delta H^{o,m} \simeq 2T^{m}$(melting point)cal/mole・deg라 가정할 때 정상용액 모델로부터 아래의 두 가지 실험 결과치의 경우에 대해 각각 상태도를 완성하시오. 즉 아래 상태도에서 1500K, 1900K, 2000K 그리고 2200K의 4가지 온도에서 $\Delta G^{mix}-X$을 구해서 추정할 것.

실험 결과치 : 경우 ① $\omega_L = 0$(ideal mixing) $\omega_S = -1000$cal/mole

경우 ② $\omega_L = 0$(ideal mixing) $\omega_S = 1000$ cal / mole

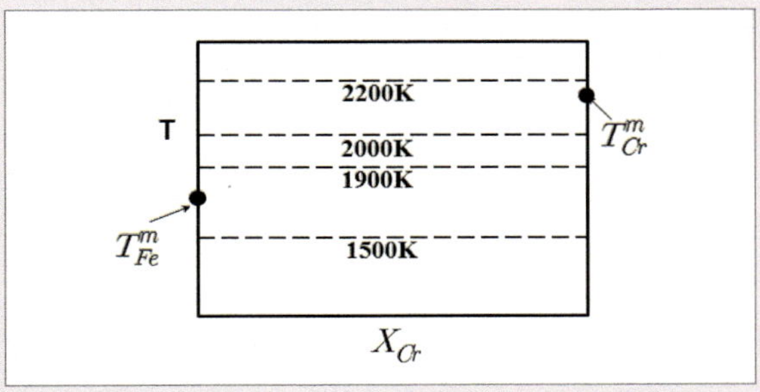

풀이

$\Delta G^{mix} = G^{soln} - X_1 G_1^{\bigcirc} - X_2 G_2^{\bigcirc}$ 이라 정의된다. 여기서 G_1^o나 G_2^o는 구하는 온도에서 안정한 상의 몰 당Gibbs 에너지이다. 만약 $T_{Cr}^m > T > T_{Fe}^m$ 이라면 액상의 혼합 Gibbs 에너지는 정의에 의해

$$\Delta G_L^{mix} = G_L^{soln} - X_{Fe} G_{Fe}^{\bigcirc,L} - X_{Cr} G_{Cr}^{\bigcirc,S}$$

가 된다. 여기서 이 온도에서는 Cr이 고체상으로 안정하기 때문에 $G_{Cr}^{o,S}$가 되었음을 주의하기 바란다. 그러나 우리가 w_L은 "액체"혼합물과 순수한 "액체"원소와의 결합 에너지차이라고 정의하기 때문에

$$G_L^{soln} - X_{Fe}\overline{G}^{oFe}_{-X_{Cr}\overline{G}_L^{oCr}\,L} = N^{\bigcirc} Z\omega_L X_{Fe} X_{Cr} + RT(X_{Fe}\ln X_{Fe} + X_{Cr}\ln X_{Cr})$$

이 된다. 따라서

$$\begin{aligned}\Delta G_L^{mix} &= G_L^{soln} - X_{Fe} G_{Fe}^{\bigcirc,L} - X_{Cr} G_{Cr}^{\bigcirc,L} + X_{Cr}(G_{Cr}^{\bigcirc,L} - G_{Cr}^{\bigcirc,S}) \\ &= G_L^{soln} - X_{Fe} G_{Fe}^{\bigcirc,L} - X_{Cr} G_{Cr}^{\bigcirc,L} + X_{Cr}\Delta G_{Cr}^{o,melting}\end{aligned}$$

이 된다. 여기서 만약 $c_P(l) \simeq C_P(s)$ 이면 즉 $\Delta C_P = 0$이면

$$\Delta G_{Fe}^{\circ}(melting) = \Delta H^{\circ}_{Fe.m} - T\Delta S^{\circ}_{Fe.m} = \Delta H^{\circ}_{Fe.m} - T \cdot \frac{\Delta H^{\circ}_{Fe.m}}{T^{\circ}_{m}}$$

$$= \Delta H^{\circ}_{Fe.n} \cdot \frac{T^{\circ}_{m.Fe} - T}{T^{\circ}_{m.Fe}}$$

2.3.4 α-함수

이원계 재료에서 Gibbs-Duhem식, $X_1 d\ln a_1 + X_2 d\ln a_2 = 0$에 의하면 농도에 따른 한 원소의 활동도를 [그림 2.27(a)]와 같이 구할 수 있으면 다른 원소의 활동도를 식 (2-93)에 의해 계산할 수 있다.

$$\ln a_2 = -\int_{X_1=0}^{X_1} \frac{X_1}{X_2} d\ln a_1 \tag{2-93}$$

그러나 실제로는 [그림 2.27(b)]에서 보는 바와 같이 $X_2 \to 1\,(X_1 \to 0)$일 때 $-\ln a_1$이 ∞로 발산하기 때문에 정확한 면적을 구하기가 어렵다. 마찬가지로 활동도계수의 경우도 $X_1 d\ln\gamma_1 + X_2 d\ln\gamma_2 = 0$*에 의해 원소의 활동도 계수를 상대편 원소의 활동도 계수 값으로부터 아래 식 (2-94)

$$\ln\gamma_2 = \int_{X_2=1}^{X_2} d\ln\gamma_2 = -\int_{X_1=0}^{X_1} \frac{X_1}{X_2} d\ln\gamma_1 \tag{2-94}$$

로부터 구할 수 있다. 그러나 이 또한 [그림 2.27(c)]에서 보는바와 같이 $X_1 \to 1$에서 $-\ln\gamma_1 \to \infty$이 되어 역시 면적을 구하기가 어렵다.

보충설명

■ **$X_1 d\ln\gamma_1 + X_2 d\ln\gamma_2 = 0$의 증명**

$X_A + X_B = 1$이므로 $dX_A + dX_B = 0$이 되고 $X_A\frac{dX_A}{X_A} + X_B\frac{dX_B}{X_B} = 0$($X_A d\ln X_A + X_B d\ln X_B = 0$)이 된다. 이 식을 Gibbs-Duhem 식으로부터 빼면 $X_1 d\ln\gamma_1 + X_2 d\ln\gamma_2 = 0$이 얻어진다.

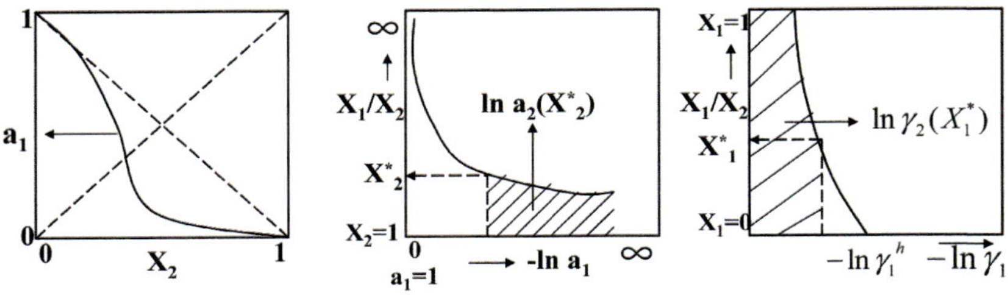

(a) 원소 1의 활동도 (b) X_1/X_2 대 $-\ln a_1$ (c) X_1/X_2 대 $-\ln\gamma_1$

[그림 2.27]

이와 같이 함수 값이 ∞로 가서 발생되는 면적계산의 불확실성을 없애기 위해 식 (2-95)의 $\alpha-$함수를 정의하여 활동도를 구하는 방법이 고안되었다.

$$\alpha_1 \equiv \frac{\ln\gamma_1}{X_2^2} \tag{2-95}$$

이는 뒤에서 설명하는 혼합용액이 정상용액 모델에 따를 때 해당되는 초과 값(excess value)과 같다. 식 (2-95)를 미분하면 $d\ln\gamma_1 = X_2^2 d\alpha_1 + 2\alpha_1 X_2 dX_2$이 되고 이를 식 (2-94)에 대입하면

$$\ln\gamma_2 = -\int_{X_1=0}^{X_1}\left(\frac{X_1}{X_2}X_2^2 d\alpha_1 + \frac{X_1}{X_2}2\alpha_1 X_2 dX_2\right) \tag{2-96}$$

이 된다. 이를 부분적분하면

$$\ln\gamma_2 = -\alpha_1 X_1 X_2 - \int_{X_2=1}^{X_2}\alpha_1 dX_2 \tag{2-97}$$

이 된다. 식 (2-97)을 보면 α_1 값(정상용액 모델의 ω와 관계가 있음)이나 $-\alpha_1 X_1 X_2$은

∞로 갈 수가 없는 어떤 일정한 값을 가지게 되어 활동도 계수의 계산이 용이하게 됨을 알 수 있다. 나아가서 식 (2-97)의 $\int_{X_2=1}^{X_2} \alpha_1 dX_2$을 좀더 편리한 식으로 전환시키면

$$\int_{X_2=1}^{X_2} \alpha_1 dX_2 = \alpha_1 X_2 \Big|_{X_2=1}^{X_2} - \int_{X_2=1}^{X_2} X_2 d\alpha_1 \tag{2-98}$$

같이 된다. 따라서 식 (2-98)을 식 (2-97)에 대입하면

$$\begin{aligned} \ln\gamma_2 &= -\alpha_1 X_1 X_2 - (\alpha_1 X_2 - \alpha_1) + \int_{X_2=1}^{X_2} X_2 d\alpha_1 \\ &= \alpha_1(-X_1 X_2 - X_2 + 1) + \int_{X_2=1}^{X_2} X_2 d\alpha_1 \\ &= \alpha_1 X_1^2 + \int_{X_2=1}^{X_2} X_2 d\alpha_1 \end{aligned} \tag{2-99}$$

가 된다. 여기서 식 (2-99)의 의미는 정상용액 모델의 초과 값이 $\alpha_1 X_1^2$인데 실제용액은 이 정상용액에서 $\int_{X_2=1}^{X_2} X_2 d\alpha_1$만큼 더 벗어나고 있다 것을 나타낸다. 정상용액에서는 α 값이 일정하기 때문에 $d\alpha = 0$이 되어 이 경우 실제용액은 정상용액으로 귀착된다. 따라서 식 (2-99)에서 $\alpha_1 X_1^2$은 용액이 정상용액으로 취급될 때의 활동도 계수 값이고 $\int_{X_2=1}^{X_2} X_2 d\alpha_1$은 실제용액이 이 정상용액에서 벗어나는 만큼의 보정상수(correction factor)가 된다.

예제

1550℃에서 $Cu-Fe$ 합금 내의 Cu의 증기압은 합금조성에 따라 아래 표와 같이 변한다. 1550℃, $\chi_{cu}=0.217$ 에서 Fe와 Cu의 α 함수의 값이 같다고 할 때 $\chi_{cu}=0.217$에서의 Fe 활동도를 계산하시오.

χ_{cu}	1.0	0.792	0.476	0.217	단위
p_{cu}	0.547	0.486	0.449	0.399	mmHg

풀이

1550℃ 에서 순수한 구리의 P_{cu}° 는 0.547mmHg이다. χ_{cu}=0.217에서의 a_{cu} 는

$$a_{cu}=\frac{P_{cu}}{p_{cu}^{\circ}}=\frac{0.399}{0.547}=0.7294\ (\gamma_{cu}=\frac{a_{cu}}{X_{cu}}=3.361)$$

그런데 $\chi_{cu}=0.217$에서 Fe 와 Cu의 α 함수 값이 같으므로

$$\alpha_{cu}=\frac{\ln\gamma_{cu}}{\chi_{Fe}^{2}}=\alpha_{Fe}=\frac{\ln\gamma_{Fe}}{\chi_{cu}^{2}}$$

즉, $\ln\gamma_{Fe}=\exp(9.31\times10^{-2})=1.0976$가 된다. 따라서

$$\therefore a_{Fe}=\gamma_{Fe}\chi_{Fe}=(1.0976)(0.783)$$
$$=0.8594$$

즉, 1550℃에서 χ_{cu} =0.217일 때 a_{Fe}는 0.8594 이다.

2.3.5 실제용액(Real Solution)

실제 혼합용액의 총 Gibbs 자유 에너지를 이상용액으로 생각했을 때의 값(G^{ideal})과 이상용액에서 벗어나는 값(G^{excess})으로 분리하여

$$G^{real} = G^{ideal} + G^{excess} \tag{2-100}$$

과 같이 표현 할 수 있다. 따라서 실제 혼합용액의 혼합 Gibbs 에너지 차이는 위 식 (2-100)에서 순수한 용액의 Gibbs 에너지 합($X_A G_A^o + X_B G_B^o$)를 빼면 다음과 같이 표현할 수 있다.

$$\Delta G^{mix} = \Delta G^{mix}_{ideal} + G^{excess} \tag{2-101}$$

여기서 $\Delta G^{mix}_{ideal} = G^{ideal} - (X_A G_A^o + X_B G_B^o)$이다. 그런데 $\Delta G^{mix}_{ideal} = RT(X_A \ln X_A + X_B \ln X_B)$이고 $\Delta G^{mix} = X_A(\mu_A - \mu_A^o) + X_B(\mu_B - \mu_B^o) = RT(X_A \ln a_A + X_B \ln a_B)$이므로

$$G^{excess} = RT(X_A \ln\gamma_A + X_B \ln\gamma_B) \tag{2-102}$$

이 된다. 만약 실제 용액이 정상용액이면

$$G^{excess} = \Delta G^{mix} - \Delta G^{mix}_{ideal} = \Delta H^{mix} - T(\Delta S^{mix}_{regular} - \Delta S^{mix}_{ideal}) \tag{2-103}$$

이 되고 $\Delta S^{mix}_{regular} = \Delta S^{mix}_{ideal}$ 이기 때문에 아래와 같이 된다.

$$G^{excess} = \Delta H^{mix} \tag{2-104}$$

또한 정상용액인 경우 $\ln\gamma_A = \alpha X_B^2$, $\ln\gamma_B = \alpha X_A^2$ 인 관계가 성립되므로

$$G^{excess} = RT\alpha X_A X_B \tag{2-105}$$

이 된다.

천당과 지옥의 온도

성경에 나오는 천국의 온도는 과학적으로 정확히 계산할 수 있다. 성경에 의하면 이사야 30 : 26에, 천국의 달의 밝기는 현재의 해의 밝기와 같고, 천국의 해의 밝기는 현재 지구에서 일주일 받는 해의 밝기의 7배에 해당한다고 쓰여 있다.[Moreover, the light of the moon shall be as the light of the sun and the light of the sun shall be sevenfold as the light of seven days.] 그래서 천국은 해로부터 7×7배, 달로부터 1배, 총 50배의 햇볕을 받게 된다. 현재 지구는 달로부터 해의 약 1/10,000정도의 빛을 받고 있다. 따라서 이를 무시하고 그냥 해로부터만 빛을 받는다고 가정하면, 이 결과로부터 우리는 천국의 온도를 계산할 수 있다. 즉, 천국의 온도는 햇볕으로부터 받는 햇볕 열과 천국의 온도때문에 밖으로 방열되어 잃어버리는 열이 평형을 이룰 때까지 덥혀질 것이다. 다시 말하면, 천국은 지구보다 약 50배 정도의 열을 더 방열하고 있다고 보면 된다. 그런데 Stefan-Boltzmann 법칙에 의하면, 물체의 온도에 따른 방열 에너지는 4승에 비례한다. 즉

$$(T_H / T_E)^4 = 50$$

이 성립한다. 여기서 T_E는 지구의 절대온도(약 300K)이고, TH는 천국의 절대온도이다. 따라서 이를 계산하면, 천국의 온도는 798K ! 즉, 525℃.

그런데 지옥의 절대온도는 계산할 수는 없지만, 성경의 요한 계시록 21 : 8에 보면 "유황 불 연못이라고 표현되어 있다.[But the fearful and unbelieving... shall have their part in the lake which burneth with fire and brimstone.] 여기서 brimstone은 유황이니까, 유황 호수가 타고 있다는 것이다. 따라서 유황이 액상과 기상으로 공존하고 있기 때문에 유황의 끓는 점 444.6℃ 보다는 낮다는 것을 알 수 있다.

결론적으로 천국은 525℃이고 지옥은 444.6℃ 미만이라는 것을 알 수 있다! 죽으면 더운 것이 더 쾌적하다! 는 말이 된다.

〈출처〉 Dr. Paul Foote "The Temperature of Heaven and Hell"

CHAPTER 3

기체 열역학

혼합가스 상에서 Gibbs 자유에너지의 차이 • 3.1

엘링검 그래프(Ellingham Diagram) • 3.2

상변화(相變化)가 있는 경우 온도에 따른 ΔG° • 3.3

Ellingham 그래프로 본 제련공학 • 3.4

기체 분위기에 따른 고체상의 상태도(Phase Stability Diagram) • 3.5

삼상 상태도 • 3.6

산소압력에 따른 휘발성 원소의 증기압-Kellog Diagram • 3.7

Count Amedeo Avogadro (Italian Physicist, 1776~1856)

우리는 지금까지 응축상(凝縮相)에 대한 열역학적 거동을 취급하였다. 그러나 실제로 이러한 응축상(solid matter)들은 그 표면이 여러 가지 종류의 가스분위기에 노출되어 존재하는 것이 보통이다. 또한 요즘 반도체 공정이나 표면처리 공정에서 가스반응으로부터 응축상을 만들거나 표면의 성질을 바꾸는 기술들이 많이 사용되어지고 있다. 따라서 가스와 응축상 간의 열역학적 원리를 이해하는 것이 고온에서 사용되어지는 재료를 선택하거나 설계하는데 매우 중요하게 되었을 뿐만 아니라 새로운 공정을 설계하는 데에도 필수적이 되었다.

3.1 혼합가스 상에서 Gibbs 자유에너지의 차이

어떤 일정한 온도, T 에서 밀폐된 용기 내에 존재하는 H_2O, CO, CO_2와 H_2 가스들로 구성된 [그림 3.1]과 같은 계를 가정해 보자. 실제로는 이 가스들이 서로 혼합되어 있을 경우 기체상태에서 서로 충돌하면서 여러 반응들이 일어나게 된다. 예를 들면 용기내의 분자간의 충돌에 의해 C 나 O와 같은 많은 단, 원자들도 만들어 지게 된다. 따라서 이 계(용기)안에는 H_2O, CO, CO_2, H_2, C, O, H 등 모든 형태의 원소들이 존재하게 된다. 이 경우 온도와 압력이 일정하다고 가정하고 이 계가 가지는 총 Gibbs 자유에너지의 양은 Euler theorem에 의해

$$G = \sum_i \mu_i n_i \tag{3-1}$$

가 된다. 여기서 i는 계를 구성하는 모든 구성원소이고 μ_i는 그 구성요소, i의 화학포텐샬에 해당된다.

만약 어느 순간에 이 계를 조사해 보니 많은 원소들 중, H_2O, CO, CO_2와 H_2 가스 원소들의 가스분압이 각각 p_{H_2O}, p_{CO}, p_{CO_2}, p_{H_2}이고 그 몰수가 각각 n_{H_2O}, n_{CO}, n_{CO_2}, n_{H_2}몰이라고 가정해 보자. 이때 이 계 내에서 일어나는 아래와 같은 반응(3-2)(이를 소위 "water shift"반응이라고 부름)의 Gibbs 자유에너지 변화량을 구해보도록 하자. 여기서 변화량이라고 하는 의미는 온도 T와 압력이 p_{H_2O}, p_{CO}, p_{CO_2}, p_{H_2}인 상태를 가지는 계에서 반응식 (3-2)에 의해 각각 1몰의 H_2O와 CO를 없애고, 대신 각각 1몰의 CO_2와 H_2를 만드는데 드는 에너지를 말한다. 즉 CO_2와 H_2의 에너지 합에서 H_2O와 CO의 에너지 합을 뺀 차이이다. 수식적으로는 식 (3-3)과같이 표현된다.

$$H_{2O} + CO = CO_2 + H_2 \tag{3-2}$$

$$\Delta G_{RXN} = \sum_{proucts} \mu_i - \sum_{reactants} \mu_i = \mu_{CO_2} + \mu_{H_2} - \mu_{H_2O} - \mu_{CO} \tag{3-3}$$

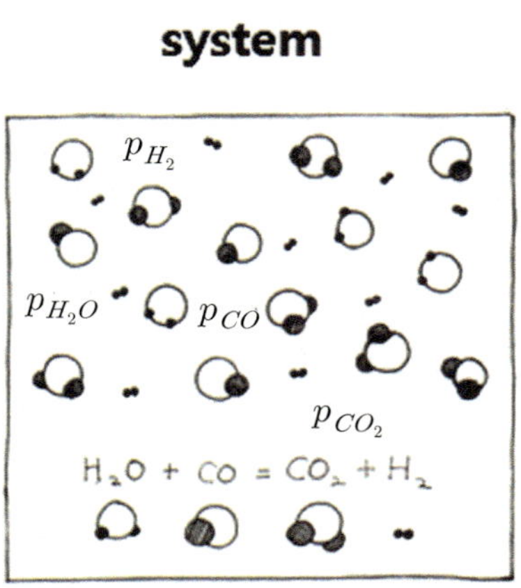

[그림 3.1] H_{2O}, CO, CO_2와 H_2 가스들로 구성된 계

그런데 자연현상은 식 (3-3)의 값이 "0"이 될 때까지 반응(3-2)가 진행되어 에너지 균형을 맞춘다. 이를 우리는 반응이 평형상태에 있다고 부르며, 계가 평형에 있다는 것은 생성물들의 화학 포텐샬의 합이 반응물의 화학 포텐샬의 합과 같아지는 것을 의미한다.

여기서 잠깐 기체의 Gibbs 자유에너지에 대해 알아보면, 일정한 온도에서 어떤 원소의 기체압력이 변하는 경우 그 원소의 Gibbs 자유에너지 변화량은 $dG = VdP$[이상기체의 경우 $dG = (nRT/P)dP$]로 표현된다. 따라서 기체 표준상태인 1기압의 A 원소기체 n몰을 p기압으로 변화시킬 경우, 변화 후의 A가스의 Gibbs 에너지 값은

$$G_A = G_A^o + \int_0^{\ln p} nRTd\ln P \tag{3-4}$$

가 된다. 여기서 G_A^o 는 기체의 표준상태인 1기압상태로 있는 가스 A의 Gibbs 자유에너지의 절대양 이다. 그런데 혼합가스 중에 A 원소 1몰 당 Gibbs 에너지(G/n)가 화학 포텐샬, μ_A 이므로 위 식 (3-4)는 다음과 같이 쓸 수 있다.

$$\mu_A = \mu_A^o + RT\ln p_A \tag{3-5}$$

여기서 μ_A^o는 1기압상태로 있는 1몰의 순수한 가스 A의 화학 포텐샬 즉 A의 표준 화학 포텐샬(standard chemical potential)이 된다. 따라서 p기압으로 있는 기체의 자유에너지는 1기압으로 있을 때에 비해 $RT\ln p$ 만큼 증가함을 알 수 있다($p > 1$인 경우는 증가하고 $p < 1$인 경우는 감소한다).

그러면 p_{H_2O}, p_{CO}, p_{CO_2}, p_{H_2}로 존재하는 현재의 계에서 반응(3-2)에 따른 Gibbs 자유에너지 변화량은 식 (3-5)를 식 (3-3)에 대입하면 다음과 같이 정리하여 쓸 수 있다.

$$\Delta G = \Delta\mu^o + RT\ln\frac{p_{CO_2}p_{H_2}}{p_{CO}p_{H_2O}} \tag{3-6}$$

여기서 $\Delta\mu^o$는 $\Delta\mu^o = \mu^o_{CO_2} + \mu^o_{H_2} - \mu^o_{H_2O} - \mu^o_{CO}$로서 표준 화학포텐샬의 차이라고 부르며 표준상태를 나타내기 위해 위 첨자로 "o"를 붙여 표기한다. 만약 H_2O, CO, CO_2와 H_2 가스 원소들이 평형상태로 존재한다면 ΔG=0이 되기 때문에 식 (3-6)으로부터 평형상태에서는

$$\Delta G^o = \Delta\mu^o = -RT\ln\frac{p_{CO_2}p_{H_2}}{p_{CO}p_{H_2O}} \quad \text{[평형상태]} \tag{3-7}$$

가 되고 $\frac{p_{CO_2}p_{H_2}}{p_{CO}p_{H_2O}}$를 반응(3-2)의 "평형상수*"라고 부른다.

보충설명

■ **평형상수**

평형상수의 의미를 반응속도론적인 측면에서 알아보자. 편의를 위해 순수한 A가 순수한 B가 되는 반응을 생각해서 반응이 일어나는 반응좌표에 따른 에너지준위를 표시하면 아래 그림과 같이 된다고 가정해보자. 여기서 순수한 상태이기 때문에 에너지 차이는 ΔG^o가 되고 A와 B가 넘어야 될 문턱 에너지는 각각 $\Delta\overrightarrow{G}^{o,\neq}$와 $\Delta\overleftarrow{G}^{o,\neq}$가 된다. $A\rightarrow B$ 반응과 $B\rightarrow A$ 반응의 반응속도는 각각

$$\overrightarrow{k} = k_1 C_A e^{-\Delta\overrightarrow{G}0,\neq/RT} \tag{a}$$

$$\overleftarrow{k} = k_2 C_B e^{-\Delta\overrightarrow{G}\neq/RT} \tag{b}$$

가 된다. 그런데 평형에서는 반응 (a)와 (b)의 속도가 같아야 하므로 두식을 같이 놓고 정리하면

$$\frac{k_1 C_A}{k_2 C_B} = e^{-\Delta G^o/RT} \tag{c}$$

가 되어 $\Delta G^o = -RT\ln(k_1 C_A / k_2 C_B)$ 된다. 즉 $k_1 C_A = a_A$가 되고 $k_2 C_B = a_B$가 되는 셈이다.

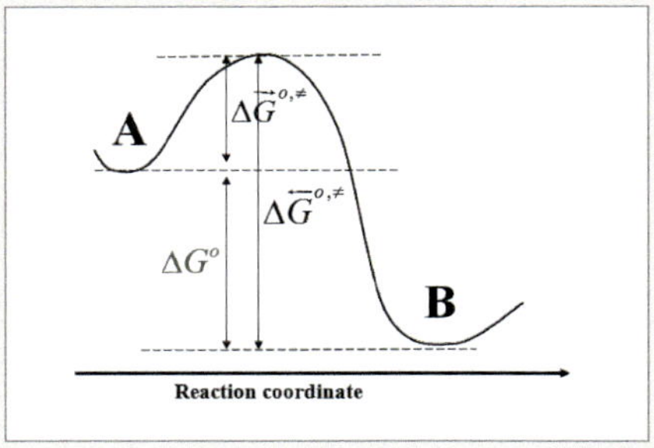

다른 방법으로 [그림 3.2]와 같이 반응식 (3-2)의 Gibbs 자유에너지 변화량을 도식적으로 구해보자[Loop analysis method]. 즉 우리가 구하고자 하는 ΔG_I은 각각 1몰의 p_{H_2O}, p_{CO}로부터 각각 1몰의 p_{CO_2}와 p_{H_2}를 만드는데 드는 Gibbs 에너지의 양이다. 이는 p_{H_2O}와 p_{CO}상태로 존재하는 반응물, H_2O와 CO 각각 1 mole씩을 1기압(표준상태)상태로 만들고($-\Delta G_{III}$), 이 표준상태에 있는 H_2O와 CO를 다시 표준상태의 CO_2와 H_2로 변환시킨 후(ΔG_{II}), 이 표준상태의 CO_2와 H_2를 최종적으로 각각 p_{CO_2}와 p_{H_2}로 만드는 데(ΔG_{IV}) 드는 Gibbs 에너지의 양과 같다. 수식적으로는

$$\Delta G = \Delta G_I = \Delta G_{\text{II}} - \Delta G_{\text{III}} + \Delta G_{\text{IV}} \tag{3-8}$$

과 같이 쓸 수 있다. 여기서 ΔG_{II}는 1mole, 1기압의 CO_2와 1mole, 1기압의 H_2의 Gibbs 에너지 값($G^o_{CO_2} + G^o_{H_2}$)에서 1 mole, 1기압의 H_2O와 1mole, 1기압의 CO의 Gibbs 에너지 값 ($G^o_{H_2O} + G^o_{CO}$)을 뺀 값으로 이를 반응(3-2)의 표준 Gibbs 자유에너지 차이(standard Gibbs free energy change)라고 부른다. 실제로 ΔG_{II}와 같은 표준상태 원소의 Gibbs 에너지 차이 값은 열역학 데이터 문헌*에서 쉽게 찾아 계산할 수 있다.

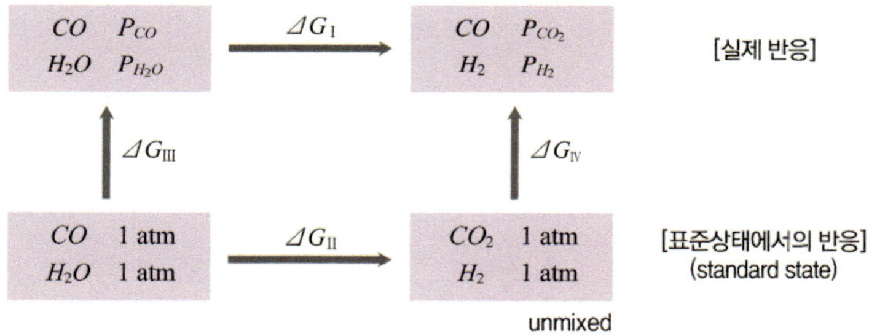

[그림 3.2] 물의 치환반응(water shift reaction) 의 순환도표

그런데 $\triangle G_{\mathrm{III}}$ 와 $\triangle G_{\mathrm{IV}}$ 는 위 식 (3-4)에 의해 다음과 같이 각각 표현됨을 이미 알 수 있다.

$$\triangle G_{\mathrm{III}} = \triangle G_{H_2O} + \triangle G_{\mathrm{CO}} = RT\ln P_{CO} + RT\ln P_{H_2O} \tag{3-9a}$$

$$\triangle G_{\mathrm{IV}} = \triangle G_{CO_2} + \triangle G_{H_2} = \int_1^{P_{CO_2}} VdP + \int_1^{P_{H_2}} VdP \tag{3-9b}$$

$$= RT\ln P_{CO_2} + RT\ln P_{H_2}$$

따라서 $\triangle G_{\mathrm{IV}} - \triangle G_{\mathrm{III}}$ 는

$$\triangle G_{\mathrm{IV}} - \triangle G_{\mathrm{III}} = RT\ln\frac{P_{CO_2}\cdot P_{H_2}}{P_{CO}\cdot P_{H_2O}} \tag{3-10}$$

로 표현 할 수 있고 결과적으로 식 (3-10)을 식 (3-8)에 대입하면

$$\triangle G_I = \triangle G_{\mathrm{II}}^o + RT\ln\frac{P_{CO_2}\cdot P_{H_2}}{P_{CO}\cdot P_{H_2O}} \tag{3-11a}$$

$$= \triangle G^\circ + RT\ln\frac{P_{CO_2}\cdot P_{H_2}}{P_{CO}\cdot P_{H_2O}} \tag{3-11b}$$

로 식 (3-6)과 같은 결과를 얻게 된다. 여기서 가스의 경우 표준상태가 1기압인 경우이

므로 ΔG_{II} 는 식 (3-11b)와 같이 반응의 표준 자유에너지 차이, $\Delta G°$가 되었다. 따라서 식 (3-11b)는 $p_{H_2O}, p_{CO}, p_{CO_2}$와 p_{H_2}인 상태로 존재하는 계에서 각각 1몰의 물과 일산화탄소로 된 반응물로부터 1몰의 수소와 이산화탄소의 생성물을 만드는데 필요한 Gibbs 자유에너지의 양이 된다. 만약 $p_{H_2O}, p_{CO}, p_{CO_2}$와 p_{H_2}가 평형분압*이면 ΔG_I은 "0"에 해당되므로 식 (3-11b)는

$$\Delta G^\circ = -RT\ln\left|\frac{P_{CO_2}\cdot P_{H_2}}{P_{CO}\cdot P_{H_2O}}\right|_{eqilm} \tag{3-12}$$

가 된다. 여기서 $\left|\frac{P_{CO_2}\cdot P_{H_2}}{P_{CO}\cdot P_{H_2O}}\right|_{equim}$ 를 반응식 (3-2)의 평형 반응상수, K_{eq}라고 하며 식 (3-12)는 간단히

$$\Delta G^\circ = -RT\ln K_{eq} \tag{3-13}$$

와 같이 쓸 수 있다. 따라서 표준상태의 반응물과 생성물의 Gibbs 자유에너지를 데이터 책에서 찾을 수 있다면 이론적으로 어느 반응이나 그 반응의 평형 상수를 계산할 수 있다.

보충설명

■ **고온에서의 화학법칙**

① 모든 물질은 모든 물질과 반응 할 수 있다.

② 반응 속도가 빨라 항상 평형상태를 유지한다.

■ **표준 Gibbs 에너지 차이, ΔG^o**

표준 상태의 반응물이 표준상태의 생성물로 변화하는데 드는 Gibbs 자유에너지의 값,

$$\Delta G^o = \sum_{products} G_i^o - \sum_{reactants} G_i^o$$

실제로 $P_{H_2O}, P_{CO}, P_{CO_2}, P_{H_2}$의 상태로 존재하는 계에서 물과 CO가 반응하여 수소와 CO_2를 만드는 반응의 경우 순방향의 반응과 역방향의 반응이 $\overline{G}_{H_2O}+\overline{G}_{CO}=\overline{G}_{H_2}+\overline{G}_{CO_2}$이면 같은 속도가 되어 겉보기에는 마치 정지해 있는 것과 같이 보인다. 이를 평형상태라고 부른다.

■ **Fermi statistics와 반응상수와의 유사점**

Fermi 함수는 평형상태에서 에너지 준위에 따른 전자들이 채워질 확률로 정의되며 $f=1/[1+\exp(E-E_F)/kT]$로 묘사된다. 이를 다시 정렬 해 보면 $E-E_F=-kT\ln[f/(1-f)]$로 표현된다. 예를 들어서 SnO_2와 같은 반도성 재료(주로 금속 산화물들)의 표면에 산소와 같은 가스들이 흡착되는 경우, 이 산소 전자의 흡착 에너지 준위($E=E_s$)와 산화물의 Fermi level과의 상대적 고하에 따라 전자를 교환하게 된다. SnO_2 경우는 SnO_2의 Fermi level이 E_s보다 높기 때문에 전자를 받아 주로 O^{2-}나 O^-의 형태로 흡착된다. 반응식으로 보면 다음과 같이 된다.

$$O+e=O^-$$

그런데 평형반응에서는 $\Delta G^o=-RT\ln[O^-]/[O]\cdot n$와 같이 쓸 수 있다. 이 식과 Fermi statistics를 비교하면 $O^-=f\cdot N^o$($N^o=$ 총 흡착 site의 수)이 되고 $O=(1-f)\cdot N^o$가 된다. 그리고 n은 재료, SnO_2 내 존재하는 전자의 수로 재료에 의해 결정되는 일정한 상수이다. 그런데 $E_s\equiv(\partial U/\partial n)_{V,T,i}$이고 $E_F\equiv(\partial G/\partial n)_{P,T,i}$이기 때문에 $\Delta G^o=E_s-E_F+RT\ln[n]$과 같이 된다.

그러면 어떻게 반응의 표준 Gibbs 자유에너지 차이 값, ΔG^o을 구하는 지를 알아보도록 하자. 실제적으로 우리가 ΔG^o를 구하는 방법은 다음의 두 가지 방법이 있다.

① $\Delta G^o=\sum_i \Delta G_i^{o,f}(\text{생성물})-\sum_i \Delta G_i^{o,f}(\text{반응물})$ (3-14)

② $\Delta G^O=\Delta H^o-T\Delta S^o$ (3-15)

여기서 $\Delta G^{o,f}$는 표준 Gibbs 형성 에너지이다.

(1) 표준 Gibbs 형성 에너지로부터 구하는 방법

표준 Gibbs 형성에너지*(standard Gibbs free energy of formation)는 "표준상태인 화합물 1몰을 표준상태인 원소(분자)들로부터 만드는데 드는 Gibbs 에너지의 양"으로 정의한다. 표준 상태란 활동도가 "1"인 상태로서 보통 주어진 온도에서 기체는 1기압, 고체나 액체는 안정하고 순수한 상태로 정의된다. 예를 들면 물, CO, CO_2, 수소와 같은 화합물의 표준 Gibbs 형성에너지는 다음 반응들의 표준 반응 Gibbs 자유에너지 차이 값과 동일하다. 이 값들은 열역학 자료집으로부터 쉽게 구할 수 있는데 300 K에서 값을 구해보면

$$H_2 + 1/2\,O_2 = H_2O(g) \qquad \Delta G^{o,f}_{H_2O} = -228.5\text{KJ/mole} \tag{3-16}$$

$$C + 1/2\,O_2 = CO(g) \qquad \Delta G^{o,f}_{CO} = -137.3\text{KJ/mole} \tag{3-17}$$

$$C + O_2 = CO_2(g) \qquad \Delta G^{o,f}_{CO_2} = -394.4\text{KJ/mole} \tag{3-18}$$

$$H_2 = H_2(g) \qquad \Delta G^{o,f}_{H_2} = 0 \tag{3-19}$$

와 같이 된다. 여기서 $\Delta G^{\circ,f}_{H_2O} = G^{\circ}_{H_2O} - G^{\circ}_{H_2} - \frac{1}{2}G^{\circ}_{O_2}$ 이고 수소나 산소의 경우는 수소나 산소 원소(분자)로부터 수소나 산소의 원소(분자)를 만들므로 $\Delta G^{o,f}_{H_2} = 0$, $\Delta G^{o,f}_{O_2} = 0$ 임을 쉽게 알 수 있다. 따라서 모든 원소들의 표준 형성에너지 값은 0이 된다. 식 (3-18)과 식 (3-19)를 더하고 식 (3-16)과 식 (3-17)을 빼면 ΔG^{o}_{II}는

$$\Delta G^{o}_{II} = \Delta G^{o,f}_{CO_2} + \Delta G^{o,f}_{H_2} - (\Delta G^{o,f}_{H_2O} + \Delta G^{o,f}_{CO}) \tag{3-20}$$

의 관계가 성립됨을 알 수 있다. 따라서 모든 반응의 표준 Gibbs 반응 에너지 차이 값은 각각의 해당 화합물들의 표준 Gibbs 형성에너지 값의 차이로부터 간단히 구할 수 있다. 이러한 편리성 때문에 표준 Gibbs 형성 에너지 값은 열역학 자료집에서 사용하는 대표적인 자료들 중 하나이다.

보충설명

- 표준 Gibbs 형성에너지= **원소**로부터 **1 몰의 화합물**을 만드는데 드는 표준 Gibbs 자유 에너지 차이 값

(2) C_p로부터 구하는 방법

어떤 일정한 온도 T에서 반응의 Gibbs 자유에너지 차이, ΔG는 $\Delta H - T\Delta S$로 쓸 수 있다. 따라서 ΔH와 ΔS를 알면 ΔG를 쉽게 구할 수 있게 된다. 그런데 ΔH와 ΔS는 물질의 C_p 값으로부터 아래와 같이 구할 수 있다.

- C_p로부터 $\triangle H$ 구하기(Loop Analysis)

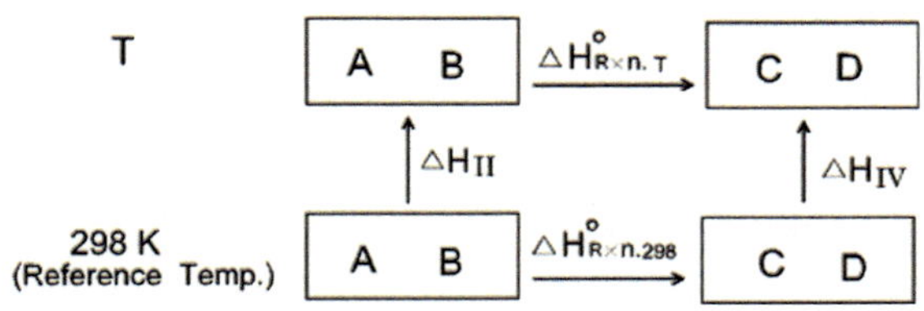

[그림 3.3] $A+B=C+D$ 반응의 순환도표

압력이 일정한 경우, 온도변화에 따른 재료의 엔탈피 변화량은 1장에서 설명한 바와 같이

$$dH = C_p dT \quad (3\text{-}21)$$

로 표현된다. 따라서 임의의 온도 T에서 표준상태에 있는 어떤 물질의 엔탈피 값은 298 K에서의 물질의 표준 엔탈피 값을 기준으로 할 때, 식 (3-21)을 적분하여 표현하면

$$H_T^o = H_{298}^o + \int_{298}^{T} C_p dT \quad (3\text{-}22)$$

와 같이 쓸 수 있다. 예를 들어, 만약 A와 B가 반응하여 C와 D가 생기는 반응(3-23)과 같은 경우, 임의의 온도 T에서의 표준 엔탈피의 변화량(즉 각각 1 몰의 순수한 C와 D의 엔탈피 값의 합에서 각각 1몰의 순수한 A와 B의 엔탈피의 합을 뺀 값)을 구하는 방법을 알아보자.

$$A+B=C+D \tag{3-23}$$

[그림 3.3]에서 보는 바와 같이 임의의 온도 T에서의 표준 반응 엔탈피의 차이는 생성물(C와 D)을 298K에서 T까지 변화 시켜 구한 엔탈피의 합에서 반응물(A와 B)을 298K에서 T까지 변화 시켜 구한 엔탈피의 값을 뺀 값으로

$$\Delta H^{\circ}_{반응}(T)=\Delta H^{\circ}_{반응}(298)+\Delta H_{\mathrm{IV}}-\Delta H_{\mathrm{II}} \tag{3-24}$$

와 같이 표현 할 수 있다. 그런데 여기서 ΔH_{II} 나 ΔH_{IV} 는 각각 반응물과 생성물의 온도 변화에 따른 엔탈피의 차이 값에 해당되고 ΔH°_{298} 는 298K에서의 화합물의 표준 형성 엔탈피(Enthalpy of formation) 값을 열역학 데이터 집에서 찾아서 아래 식을 이용하여

$$\Delta H^{\circ}_{반응}(298K)=\left(\sum_{C,D}\Delta H^{\circ,f}_{298}\right)_{생성물}-\left(\sum_{A,B}\Delta H^{\circ,f}_{298}\right)_{반응물} \tag{3-25}$$

쉽게 구할 수 있다. 혹은 화합물의 절대 엔탈피 값을 알면

$$\Delta H^{\circ}_{반응}(298K)=\left(\sum_{C,D}H^{\circ}_{298}\right)_{생성물}-\left(\sum_{A,B}H^{\circ}_{298}\right)_{반응물} \tag{3-26}$$

로부터 ΔH°_{298} 을 구할 수도 있다. 실제로 화합물들의 온도에 따른 $\Delta H^{o,f}$와 H^{o}같은 열역학 자료는 열역학 자료집으로부터 쉽게 구할 수 있다. 한편 $\Delta H_{\mathrm{IV}}-\Delta H_{\mathrm{II}}$ 는 식 (3-21)로부터

$$\Delta H_{\mathrm{IV}} - \Delta H_{\mathrm{II}} = \left(\sum_{C,D}\int_{298}^{T} C_P dT\right)_{\text{생성물}} - \left(\sum_{A,B}\int_{298}^{T} C_P dT\right)_{\text{반응물}} \tag{3-27}$$

로 쓸 수 있다. 그런데 일반적으로 물질의 비열은 $c_p = a + bT + c/T^2$의 형태로 표시된다. 따라서 만약

$$\Delta C_P = \sum_{C,D} C_P - \sum_{A,B} C_P \tag{3-28}$$

라고 정의하면 식 (3-24)의 $\Delta H_{\mathrm{IV}} - \Delta H_{\mathrm{II}}$는

$$\Delta H_{\mathrm{IV}} - \Delta H_{\mathrm{II}} = \int_{298}^{T} \Delta C_P dT \tag{3-29}$$

가 된다. 극단적인 경우, 만약, 생성물과 반응물의 비열이 같다면 즉 "$\Delta C_P = 0$" 이 성립하면 엔탈피 변화량은 온도에 무관하게 되고 $\Delta H^{\circ}_{\text{반응}}(T) = \Delta H^{\circ}_{\text{반응}}(298)$가 성립됨을 알 수 있다. 따라서 식 (3-25)나 식 (3-26)과 식 (3-29)를 식 (3-24)에 대입하면 $\Delta H^{\circ}_{\text{반응}}(T)^{*}$값을 구할 수 있게 된다.

보충설명

■ **열역학 자료**

열역학 자료는 대략 두 가지 종류로 표시된 것이 많이 사용되고 있다. 즉, NIST-JANAF Thermochemical Tables같은 책은 열역학 자료가 물질의 Gibbs 형성에너지 값을 중심으로 제시하고 있고 Thermochemical properties of inorganic substance(I. Barin & O. Knacke 저)같은 자료집에서는 물질의 절대 Gibbs 에너지 값으로 표기되고 있다. 따라서 후자의 경우는 물질의 Gibbs 형성에너지 값을 구하기 위하여 화합물 형성 반응의 각 원소들의 절대 Gibbs 에너지 값을 구해야 하는 불편이 있다.

① NIST-JANAF Thermochemical Tables

NaB3O5			SODIUM TRIBORATE								133.420
Phase	T [K]	C_p	S	-(G-H298)/T	H	H-H298	G	⊿H	⊿G		log K. [-]
		[J/(K mol)]			[kJ · mol]						
SQL	298.15	121.834	116.106	116.106	-2290.238	0.000	-2324.855	-2290.238	-2151.388		376.914
	300.00	122.166	116.861	116.108	-2290.012	0.226	-2325.070	-2290.263	-2150.526		374.440
	400.00	141.425	154.645	121.130	-2276.832	13.406	-2338.690	-2294.226	-2103.538		374.694
	500.00	159.973	199.218	131.246	-2261.752	28.486	-2355.861	-2295.087	-2055.749		214.763
	600.00	177.088	218.922	143.335	-2244.886	45.352	-2376.239	-2295.077	-2007.867		174.800
	700.00	192.513	247.401	156.191	-2226.391	63.847	-2399.572	-2294.136	-1960.060		146.261
	800.00	206.143	274.017	169.274	-2206.443	83.795	-2425.557	-2292.289	-1912.451		124.870
	900.00	217.927	298.996	182.314	-2185.224	105.014	-2454.321	-2289.517	-1865.124		108.249
	1000.00	227.839	322.487	195.169	-2162.920	127.318	-2485.407	-2286.243	-1818.133		94.970
	1039.00	231.193	331.268	200.113	-2153.968	136.270	-2498.156	-2284.767	-1799.904		90.488

위 표는 NIST-JANAF에 나오는 전형적인 예로서 여기서는 NaB_3O_5 화합물에 대한 온도별 각종 열역학 값들을 보여주고 있다. 이 중 특히 네모 안에 있는 Gibbs 자유에너지 절대 값과 Gibbs 형성에너지 값은 실제 계산에서 많이 사용하는 자료들이다. 여기서 S는 $S_o + \int_0^T (c_p/T)dT$(열역학 제 3법칙으로부터 $S_o = 0$)로부터 계산되었고 $G = H - TS$ 로부터 계산되었다.

② Thermochemical properties of inorganic substances(I. Barin & O. Knacke, Springer-Verlag, 1973)

CHROMIUM(3) OXIDE Cr_2O_3

		A	B	C	D	RANGE	REF.
SOL	CP	28.53	2.20	-3.74		298-1800	1
	** CRO(1.5-1.54) / TPT=305.8 / MPT=2673						1/2/1

PHASE	T	CP	H	S	G	BT	
SOL	298	24.979	-270.0	19.4	-275.784	202.182	1
	300	25.034	-269.954	19.555	-275.820	200.962	
	400	27.072	-267.335	27.073	-278.165	152.003	
	500	28.134	-264.570	33.239	-281.190	122.924	
	600	28.811	-261.721	38.432	-284.780	103.745	
	700	29.307	-258.814	42.912	-288.852	90.196	
	800	29.706	-255.863	46.852	-293.345	80.149	
	900	30.048	-252.875	50.371	-298.209	72.425	
	1000	30.356	-249.854	53.553	-303.408	66.319	
	1100	30.641	-246.804	56.460	-308.910	61.383	
	1200	30.910	-243.727	59.138	-314.692	57.321	
	1300	31.169	-240.623	61.622	-320.732	53.927	
	1400	31.419	-237.493	63.941	-327.011	51.056	
	1500	31.664	-234.339	66.117	-333.515	48.600	
	1600	31.904	-231.161	68.169	-340.230	46.480	
	1700	32.141	-227.958	70.110	-347.145	44.635	
	1800	32.375	-224.733	71.954	-354.249	43.017	

위 표는 물질의 Gibbs 자유에너지의 절대 값을 보여주는 대표적인 예이다.

■ **상변태가 있는 경우의 엔탈피 값**

만약 적분 온도구간 중간에 용융(melting)이나 증발(vaporization)등의 相변화가 있으면 상변화에 따른 엔탈피 변화량이 추가되어야 한다. 만약 298K와 온도 T 사이에 화합물의 녹는점이 존재하면 화합물이 녹을 때의 엔탈피 변화 값이 아래 식과 같이 포함되어져야 한다.

$$H(T) = \int_{298}^{Tm} C_P(\text{고체})dT + \Delta H^{\text{용융}} + \int_{Tm}^{T} C_P(\text{액체})dT$$

■ C_p로부터 $\Delta S(T)$구하기

[그림 3.4]로부터 온도 T 에서의 반응[$A+B=C+D$]의 엔트로피 변화는 아래와 같이 표현할 수 있다.

$$\Delta S^{\circ}_{\text{반응}}(T) = \Delta S^{\circ}_{\text{반응}}(0) + \Delta S_{\text{II}} + \Delta S_{\text{IV}} - \Delta S_{I} - \Delta S_{\text{III}} \quad (3\text{-}30)$$

여기서 0K에서는 모든 물질의 엔트로피가 열역학 제 3 법칙에 의해 "0"이 되므로 $\Delta S^{\circ}_{\text{반응}}(0) = 0$이 된다. 그리고 압력이 일정할 경우 온도변화에 따른 엔트로피 변화는 $\Delta S = \int \frac{C_P}{T} dT$로 표현되므로 298 K에서의 A, B, C, D 원소들의 절대 엔트로피 값은

$$S^{\circ}_{298} = \int_{0}^{298} \frac{C_P}{T} dT \quad (3\text{-}31)$$

가 된다. 따라서 $\Delta S_{\text{II}} - \Delta S_{I} = \Delta S^{o}_{298}$ 은

$$\Delta S_{\text{II}} - \Delta S_{I} = \left(\sum S^{\circ}_{298}\right)^{C,D}_{\text{생성물}} - \left(\sum S^{\circ}_{298}\right)^{A,B}_{\text{반응물}} \quad (3\text{-}32)$$

와 같이 표현되므로 결론적으로 식 (3-30)은

$$\Delta S^{\circ}_{반응}(T) = \Delta S^{\circ}_{298} + \Delta S_{\text{IV}} - \Delta S_{\text{III}} = \Delta S^{o}_{298} + \int_{298}^{T} (\Delta c_p / T) dT \tag{3-33}$$

이 되어 물질의 C_p 값을 알면 반응의 엔트로피 변화량을 계산할 수 있게 된다.

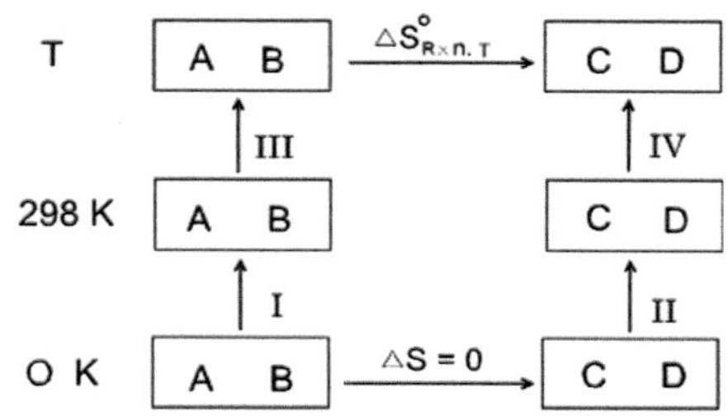

[그림 3.4] $A+B=C+D$ 반응의 순환도표

이상의 결과를 종합하면 반응의 Gibbs 에너지 변화량, $\Delta G^{\circ} = \Delta H^{\circ} - T\Delta S^{\circ}$에서 ΔH°와 ΔS°를 물질의 C_p로부터 구하여 대입하면 반응의 Gibbs 에너지 변화량은 온도에 따른 함수, $\Delta G^{\circ} = f(T)$이 된다. 위의 유도과정을 토대로 일반적인 물질의 비열값 $\Delta C_P = a + bT + c/T^2 (a, b, c=$상수$)$를 바탕으로 ΔG^{o}를 표시하면 일반적으로 아래와 같은 형태의 온도함수로 표시된다.

$$\Delta G^{\circ} = A + BT + CT\log T + DT^2 + \frac{E}{T} \tag{3-34}$$

여기서 A, B, C, D, E는 상수에 해당된다. 그런데 만약 비열의 온도함수에서 $b=c=0$이 되면 식 (3-34)는 $D=E=0$이 됨을 쉽게 유도해 볼 수 있다. 만약 우리가 더욱 더 가정을 하여 $\Delta C_P = 0$라 가정(실제로 거의 $\Delta C_P \simeq 0$에 가까움)하면 반응의 Gibbs 에너지 차이 값은

$$\Delta G^{\circ} = A + BT \qquad (3\text{-}35)$$

와 같은 간단한 형태로 표시될 수 있다. 여기서 Gibbs 에너지 차이 값의 정의에 의해 상수 A는 "ΔH°"에 해당되고 상수 B는 "$-\Delta S^{\circ}$"에 해당됨을 쉽게 알 수 있다. 참고로 〈표 3.1〉에 여러 가지 산화반응들의 온도에 따른 ΔG^{o} 함수를 열거 하였다. 많은 반응들이 식 (3-35)의 형태를 가지고 있음을 발견할 수 있다.

〈표 3.1〉 여러 산화 반응들의 표준 Gibbs 자유에너지 차이

반응식	ΔG^{o}(cal)	온도범위(K)
$2Al+3/2O_2=Al_2O_3$	−400700+76.6T	923−1800
$2Cr+3/2O_2=Cr_2O_3$	−267750+62.1T	298−2100
$C+O_2=CO_2$	−94200−0.2T	298−2000
$2Cu(S)+1/2O_2=Cu_2O$	−40500−3.92TlogT+29.5T	298−1356
$2Cu(L)+1/2O_2=Cu_2O$	−46700−3.92TlogT+34.1T	1356−1503
$Fe+1/2O_2=FeO$	−62050+14.95T	298−1642
$H_2+1/2O_2=H_2O$	−58900+13.1T	298−2500
$Mn+1/2O_2=MnO$	−91950+17.4T	298−1500
$2Ni(S)+O_2=2NiO$	−116900+47.1T	298−1725
$2Ni(L)+O_2=2NiO$	−125300+51.96T	1725−2200
$Si+O_2=SiO_2$	−215600+41.5T	700−1700
$Ti+O_2=TiO_2$	−217500+41.4T	298−1800

3.2 엘링검 그래프(Ellingham Diagram)

순수한 Ni 1몰이 1 몰의 순수한 산소(1기압)와 반응하여 순수한 NiO 1몰을 만드는 Ni 산화 반응 (3-36)의 표준 Gibbs 자유에너지 차이 값, ΔG° 가 식 (3-35)와 같은 형태를 가지면 (실제로 이 반응의 $\Delta G^o = -125300 + 51.96T$cal로 온도에 일차함수이다) ΔG°는 [그림 3.5]와 같이 온도에 따라 직선적으로 변하는 함수모양을 가지게 된다.

$$2Ni + O_2 = 2NiO \tag{3-36}$$

그런데 여기서 만약 식 (3-36)의 원소들이 표준상태들이 아니고 산소분압이 p_{O_2}이고 Ni과 NiO의 활동도가 각각 a_{N_iO}와 a_{Ni}인 경우는 식 (3-36)의 Gibbs 에너지 변화량은 임의의 온도 T 에서

$$\Delta G = \Delta G^\circ + RTln\frac{a_{\mathrm{NiO}}^2}{a_{\mathrm{Ni}}^2 \cdot p_{\mathrm{O}_2}} \tag{3-37}$$

와 같이 쓸 수 있다. 그러나 실제로 Ni과 NiO은 상태도에서 보면 서로 섞이지 않고 각 상이 순수한 상태(활동도가 1인 상태)로 서로 공존하고 있기 때문에 각각의 활동도는 1이 되어 식 (3-37)은 간단히 $\Delta G = \Delta G^\circ - RT\ln p_{\mathrm{O}_2}$이 된다. 그런데 만약 Ni과 NiO가 서로 "평형상태"를 유지하고 있다면 반응(3-36)에서 $\Delta G = 0$이어야 하므로 식 (3-37)은

$$\Delta G^\circ = RT\ln p_{\mathrm{O}_2}^* \left[p_{O_2}^* = \exp(\Delta G^\circ / RT)\right] \tag{3-38}$$

이 된다. 여기서 $p_{\mathrm{O}_2}^*$는 Ni과 NiO가 독립된 순수상으로 평형상태*를 유지하면서 공존할 수 있는 평형 산소분압값이 되므로 ΔG°가 온도의 함수이기 때문에 온도만 결정되

면 이 평형 산소 분압값은 유일한 값을 갖는 상수가 된다는 것을 알 수 있다. 이는 반대로 평형 산소분압을 측정할 수만 있다면 그로부터 그 온도에서의 ΔG°값을 역으로 구할 수 있게 된다는 말이 된다.

[그림 3.5]를 살펴보면 2411K에서 반응(3-36)의 표준 Gibbs 에너지 차이 값, ΔG°가 0이 됨을 알 수 있다. 이는 ΔG°의 정의에 의해 2411K에서는 Ni과 NiO가 $P_{O_2} = 1$기압인 상태에서 서로 공존(共存)하고 있음을 말해준다. 즉 2411K에서는 순수한 상태의 $Ni(a_{\mathrm{Ni}} = 1)$이 순수한 상태의 $NiO(a_{NiO} = 1)$를 만들려면 산소압력이 1기압이 필요함을 뜻한다. 여기서 만약 온도를 T_1으로 내리면 $\Delta G^{\circ} < 0$이 된다. 따라서 1기압의 산소 분위기 내에 Ni/NiO 혼합물을 섞어두면 반응(3-36)의 Gibbs 자유에너지 차이는 식(3-37)의 둘째항이 0이므로 $\Delta G = \Delta G^{o} < 0$이 되어 반응은 Ni이 O_2와 반응하여 산소를 잡아먹으면서 $\Delta G = 0$이 만족될 때까지 자발적으로 NiO 쪽으로 진행됨을 예측 할 수 있다. 다시 말하면 $\Delta G = 0z$을 만족하기 위해서 산소의 압력이 1기압이하로 떨어져서 식 (3-37)의 둘째항이 양의 값을 가지게 함으로서 첫째항과 상쇄되어야 함을 알 수 있다. 반대로 온도를 T_2로 올리면 산소압력이 1기압 이상이 되어야 비로소 NiO가 생김을 알 수 있다.

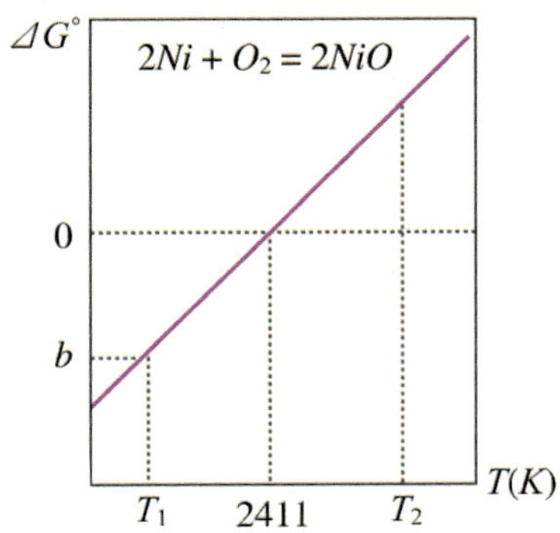

[그림 3.5] Ni 원소의 ΔG° 대 T 의 도표

보충설명

■ 표준상태의 차이

아래 그림에서 보면 1200℃에서 Fe와 FeO는 각각 조성이 a와 b인 상태로 공존하고 있고 FeO와 Fe_3O_4는 각각 c와 d인 상태로 공존 하고 있음을 알 수 있다. 따라서 Fe와 FeO가 공존하는 평형 산소분압은

$$Fe + 1/2O_2 = FeO$$

반응에서 표준 Gibbs 자유에너지 차이, $\Delta G^\circ = G^o_{FeO} - G^o_{Fe} - 1/2G^o_{O_2}$ 로부터 구한 값을 이용하여 $\Delta G^\circ = RTlnp^*_{O_2}$를 이용하여 구하게 된다. 이때 FeO의 표준상태는 Fe와 접촉하고 있는 상인 조성이 b인 경우이고 Fe의 표준상태는 FeO와 접촉하고 있는 조성이 a인 경우가 된다. 마찬가지로 FeO와 Fe_3O_4가 공존하는 평형 산소분압을 구하는 경우는 $\Delta G^\circ = G^o_{Fe_3O_4} - 3G^o_{FeO} - 1/2G^o_{O_2}$ 에서 FeO와 Fe_3O_4의 표준상태가 각각 c와 d인 상태가 된다. 따라서 같은 FeO 라도 접촉하고 있는 상에 따라 표준상태가 다르다는 것을 알 수 있다. 이는 FeO가 비화학양론적인 구조를 가지고 있어 넓은 범위의 산소에 대해 wustite라는 같은 구조의 상을 나타내기 때문이다.

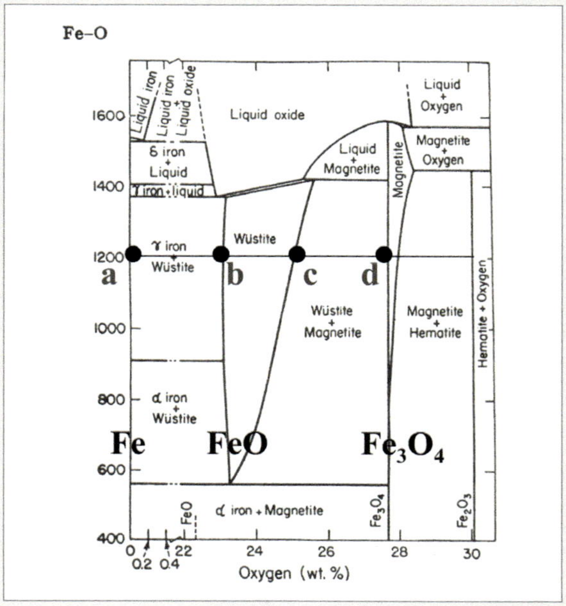

예제

Bi_2O_3는 산소이온 전도체이기 때문에 공업적으로 연료전지 등에 유망한 전해질물질로 생각되어지고 있다. 아래 상태도에서 보는 바와같이 Bi–Sn이 100°에서 97Bi–3 at.% Sn와 94Sn–6 at.%Bi가 평형을 이룬다고 가정하자. 이때 1%Bi을 포함하는 Sn에서 Bi_2O_3의 가 형성되는 평형 산소압력을 계산하시오. 여기서 Sn은 산화가 Bi보다 훨씬 높은 압력에서 산화된다고 가정하자.

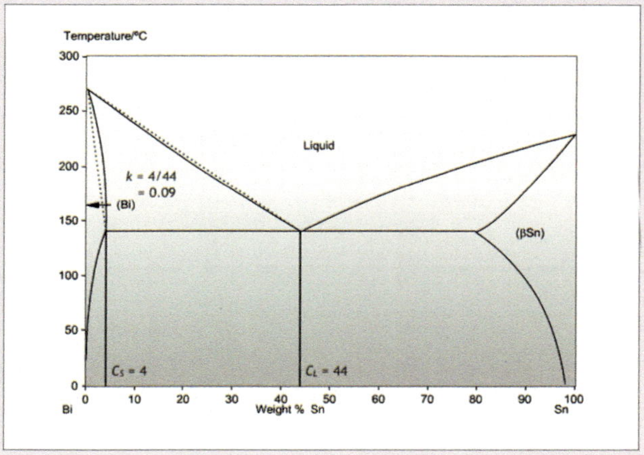

풀이

Bi의 산화반응 Bi_2O_3=2Bi+3/2O_2로부터

$$\Delta G^o = 415200\text{J} = -RTln\frac{p_{O_2}^{3/2}a_{Bi}^2}{a_{Bi_2O_3}} = -RTlnp_{O_2}^{3/2}a_{Bi}^2 \qquad \text{(a)}$$

가 성립된다. 그런데 $a_{Bi_2O_3}=1$이므로 Sn에서의 a_{Bi}만 알면 된다. 그런데 97Bi-3 at.% Sn와 94Sn-6 at.%Bi가 평형을 이루므로

$$\mu_{Bi}^{\alpha}(97\%Bi) = \mu_{Bi}^{\beta}(6\%Bi) \qquad \text{(b)}$$

가 되고 따라서 $RTln0.97 = RTln\gamma^o \times 0.06$관계가 만족되며 $\gamma^o = 0.97/0.06 = 16.2$가 된다. 여기서 97%Bi는 Raultian 용액을 형성하고 6%Bi는 Henrian 용액을 형성한다고 가정하였다. 따라서 1%Bi-Sn합금의 Bi의 활동도는

$$a_{Bi}(1\%Bi) = 16.2 \times 0.01 = 0.16 \quad \text{(c)}$$

이 되어 식 (c)를 식 (a)에 대입하면 $-499 = \ln 0.0256 \times p_{O_2}^{3/2}$가 되어

$$p_{O_2} = e^{-330}\text{기압}$$

이 된다.

그러면 온도 T_1 에서 반응(3-36)의 표준 Gibbs 에너지 변화값은 [그림 3.5]에서 보는 바와 같이 음의 값, b를 가지는데(즉 생성물의 표준 Gibbs 에너지가 반응물보다 작음) 만약 반응물(reactants) 중 산소의 압력을 감소시켜 반응물의 총 Gibbs 에너지양을 줄여 줌으로서 전체 반응의 Gibbs 에너지의 차이가 "0"이 되도록 하고 싶다면 얼마만큼의 O_2 가스의 분압을 줄여 주어야 되는지를 알아보자. 이를 위하여 산소가 1기압 표준상태에서 P_{O_2}로 감소하는 아래 반응

$$O_2(1\ \text{atm}) = O_2(P_{O_2}\text{atm}) \quad \text{(3-39)}$$

을 살펴보면 이 반응의 Gibbs 자유에너지 변화값은 역시 $\Delta G = \Delta G^\circ + RT\ln P_{O_2}$로 쓸 수 있다. 여기서 $\Delta G^o = 0$(ΔG^o은 표준상태의 산소가 표준상태의 산소로 변할 때 에너지 변화량이므로 "0"에 해당)이므로 이식은 간단히

$$\Delta G_{O_2} = RT\ln P_{O_2} \quad \text{(3-40)}$$

가 된다. 즉 식 (3-38)의 의미는 어떤 온도에서 Ni과 NiO가 평형을 유지하기 위해서는

$$\Delta G^{\circ} = \Delta G_{O_2} \tag{3-41}$$

인 관계가 만족되어야 함을 뜻한다. 식 (3-40)을 ΔG^{o} 대 T의 그래프([그림 3.6])에서 살펴보면 0K에서 0을 지나고 기울기가 $R\ln P_{O_2}$인 직선의 형태가 된다. 위 Ni/NiO의 경우에서는 온도 T_1에서 ΔG°값은 b이므로 0K, "0"점과 b점을 지나는 직선의 기울기는 b/T_1가 되고 이것이 $R\ln P_{O_2}$과 일치하게 된다. 따라서 기울기로부터 우리는 T_1에서 Ni과 NiO가 평형상태를 유지하면서 공존할 수 있는 산소분압을 계산 할 수 있게 된다.

다시 설명하면, 산소가 1기압 표준상태에서 $P_{O_2}(<1)$로 감소됨으로서 유발되는 자유에너지의 감소량은 $\Delta G_{O_2} = RT\ln P_{O_2}$로 표현된다. 따라서 여러 산소 분압에 대해 온도에 따른 ΔG_{O_2}는 [그림 3.6]과 같이 0을 지나고 산소분압에 비례하는 기울기를 가지는 여러 직선들로 나타낼 수 있다. 반대로 어느 온도에서 ΔG_{O_2}를 알면 그에 해당하는 P_{O_2}를 구할 수 있다.

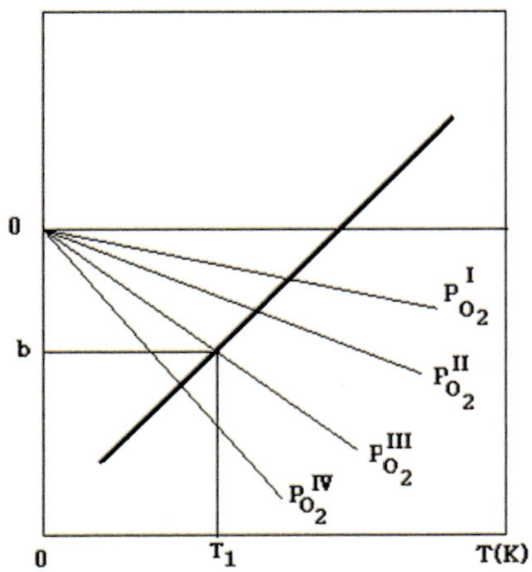

[그림 3.6] 온도에 따른 산소가 1기압 표준상태에서 P_{O_2}로 변화하는데 따른 자유에너지의 변화

다시 위의 예로 돌아가서 T_1 에서는 Ni 의 산화 반응식 (3-36)의 표준 Gibbs 자유에너지 차이, $2G^{\circ}_{NiO}-2G^{\circ}_{Ni}-G^{\circ}_{O_2}$ 이 음의 값, b가 되는데 만약 [그림 3.6]과 같이 산소압력을 1기압에서 $P^{III}_{O_2}$로 낮춰 주면 식 (3-36)의 Gibbs 자유에너지 차이는 $2G^{\circ}_{NiO}-2G^{\circ}_{Ni}-$ $-G_{O_2}=0$이 된다. 여기서 G_{O_2}는 산소가 $P^{III}_{O_2}$ 상태로 존재할 경우의 Gibbs 자유에너지 값이다. 그런데 G_{O_2}는 식 (3-40)으로부터 $G_{O_2}=G^{o}_{O_2}+RT\ln P_{O_2}$인 관계가 성립되므로 온도 T_1 에서 산소분압이 $P^{III}_{O_2}$인 경우, 반응(3-36)의 Gibbs 에너지 변화량은

$$2G^{\circ}_{NiO}-2G^{\circ}_{Ni}-RT\ln P^{III}_{O_2}=0 \tag{3-42}$$

이 된다. 즉 T_1 에서는 산소의 압력이 $P^{III}_{O_2}$인 상태에서 Ni과 NiO이 평형을 이루게 된다. 실제로 [그림 3.7]에서 보는 바와 같이 "Ellingham 그래프(Ellingham Diagram)"는 온도에 따른 각종 금속들의 산화반응의 표준 Gibbs 자유에너지 차이, ΔG° 값을 보여준다. 따라서 (0K, ΔG^{o}=0)인 점과 오른쪽 아래 좌표축의 산소 값을 나타내는 좌표 점과를 연결하면 산소가 1기압 표준상태에서 P_{O_2}로 변화하는데 따른 Gibbs 자유에너지 감소량(iso-oxygen potential line)을 알 수 있다. 실제에 있어서는 왼쪽의 점 "O"와 원하는 온도에서의 주어진 산화반응의 표준자유에너지 값을 연결하면 해당되는 평형 산소압력을 오른 쪽에 외부에 표시된 산소분압 좌표로부터 구할 수 있다.

CO_2/CO 혹은 $H2_O/H_2$ 가스의 혼합물도 산소의 분압을 발생시키므로 Ellingham 그래프에서는 해당 산소분압에 해당하는 P_{CO}/P_{CO_2}, P_{H_2}/P_{H_2O}의 값도 산소 분압 값의 좌표와 아울러 오른쪽의 다른 좌표축에 표시하고 있다. 예를 들면 CO와 CO_2가 혼합가스 형태로 존재하면 아래 반응식 (3-43)에 의해 CO/CO_2 혼합비에 해당하는 평형 산소 분압을 가지게 된다. 따라서 Ellingham 그래프의 y축에 해당되는 ΔG°, 혹은 $RT\ln P_{O_2}$(산소압력을 1 atm에서 P_{O_2}로 줄임으로서 ΔG°에 해당되는 값을 줄여주는 것)의 값을 해당 CO/CO_2 혼합가스비로 대신할 수가 있다. 그러나 이 경우는 반응식

$$2CO + O_2 = 2CO_2 \tag{3-43}$$

에서 산소의 분압이

$$\ln P_{O_2} = -\frac{135000}{RT} + \left[\frac{41.5}{R} - 2\ln\frac{P_{CO}}{P_{CO_2}}\right] \tag{3-44}$$

와 같이 표현되어 산소분압이 P_{CO}/P_{CO_2}의 함수로 나타내지게 되고 이 식은 Ellingham 그래프 상에서 (0K, $\Delta G^o = 0$)인 점을 지나는 선이 되지 않고 -135000에 해당되는 왼쪽 점 "C"이 된다. 따라서 점 C와 오른쪽 아래의 P_{CO}/P_{CO_2} 축과 연결되는 선이 CO/CO_2 혼합가스를 사용하였을 경우의 산소압력에 해당됨을 알 수 있다.

마찬가지 방법으로 H_2/H_2O 가스의 혼합비에 해당되는 평형 산소압력도 식 (3-45)로부터 식 (3-46)과 같이 쓸 수 있게 된다.

$$2H_2 + O_2 = 2H_2O \tag{3-45}$$

$$\ln P_{O_2} = 2\ln\left(\frac{P_{H_2}}{P_{H_2O}}\right) + 13.2 - \frac{59285}{T} \tag{3-46}$$

따라서 이 경우 왼쪽의 점 "H"와 해당되는 P_{H_2}/P_{H_2O} 혼합비 값을 연결한 선이 산소압력을 1기압에서 해당 산소분압으로 낮출 경우의 온도에 따른 Gibbs 자유에너지 값의 변화가 된다.

따라서 금속 제련과정은 산화반응의 역이기 때문에 우리가 P_{CO}/P_{CO_2}와 P_{H_2}/P_{H_2O}의 혼합비를 알면 해당 점(C나 H)으로부터 선을 그어 각 금속의 환원(제련)가능 온도를 예측 할 수 있게 된다. 반대로 제련하고자 하는 금속의 설계온도가 결정되면 불어넣어 줄 가스의 P_{CO}/P_{CO_2}와 P_{H_2}/P_{H_2O}가스의 혼합비를 구할 수 있다.

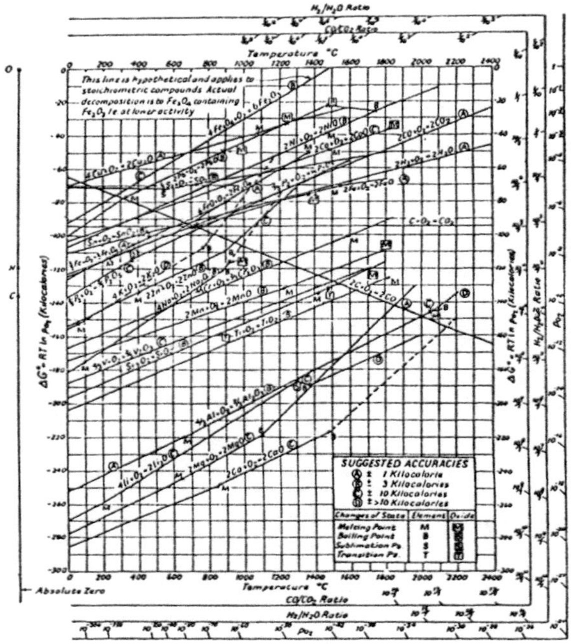

(a) Ellingham 그래프

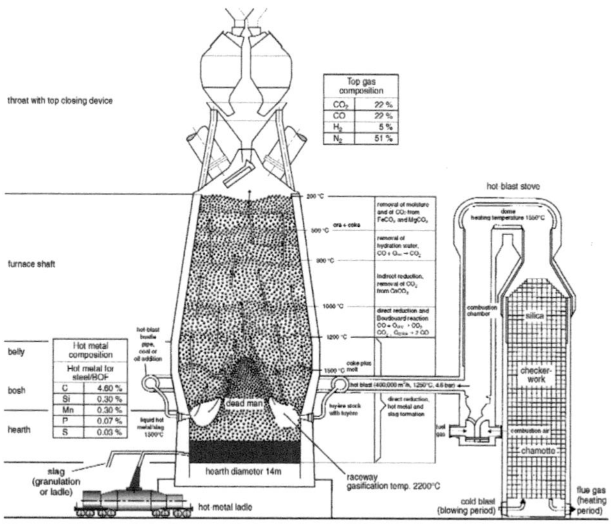

(b) 용광로(Blast Furnace)

[그림 3.7] Ellingham 그래프와 제련로

3.3 상변화(相變化)가 있는 경우 온도에 따른 ΔG^o

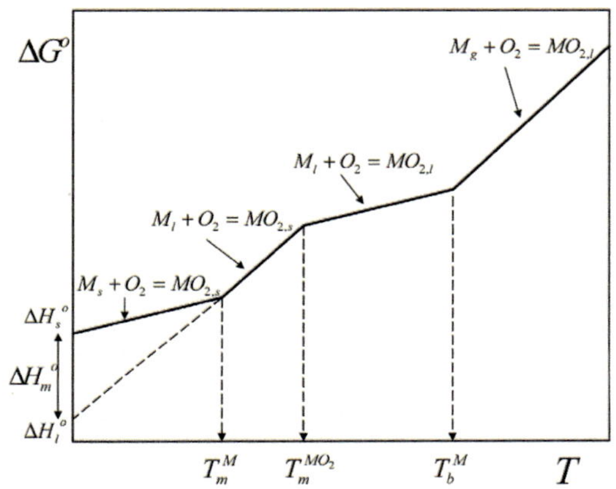

[그림 3.8] 상변화가 있는 경우의 ΔG^o 대 온도

만약 각 상의 융점, T_m과 비등점, T_b가 $T_m(M) < T_b(MO_2) < T_m(M)$인 관계를 만족한다고 가정하면 그 때의 ΔG^o 대 온도의 관계는 어떻게 되는지 알아보도록 하자. 즉, 온도가 $T_m(M)$보다 낮아서 M과 MO_2가 모두 고체 상태인 경우, 고체 M이 산화하여 고체상의 산화물 MO_2를 만드는 반응식 (3-47)와 온도가 $T_m(M)$보다 높아져서 액체상태의 M이 산소와 반응하여 고체상의 MO_2를 만드는 반응식 (3-48)에 대해 살펴보자. 여기서 대부분의 산화 반응은 발열반응이므로 $\Delta H^o < 0$이 되고 두 반응 모두 기체 1 몰과 해당상의 금속 1몰이 없어지고 고체상의 산화물 1몰이 생기므로 엔트로피는 감소하게 되어 $\Delta S^o < 0$임을 예상할 수 있다. 따라서 식 (3-47)과 식 (3-48)의 경우, 모두 [그림 3.8]과 같이 ΔG^o 대 온도의 그래프에서 기울기가 양($\because \Delta S^o < 0$)인 직선이 됨을 예상할 수 있다.

$$M_s + O_2 = MO_{2,s} \qquad \Delta G_s^o = \Delta H_s^o - T\Delta S_s^o \tag{3-47}$$

$$M_l + O_2 = MO_{2,s} \qquad \Delta G_l^o = \Delta H_l^o - T\Delta S_l^o \tag{3-48}$$

여기서 식 (3-47)에서 식 (3-48)을 빼면 반응식은 고체금속 M이 용융하여 액체 금속 M

이 되는 반응식 (3-49)와 같이 되고 그때의 Gibbs 에너지 변화는 식 (3-47)에서 식 (3-48)을 뺀 $\Delta G^o_m = \Delta G^o_s - \Delta G^o_l = \Delta H^o_m - T\Delta S^o_m$ 이 된다.

$$M_s = M_l \qquad \Delta G^o_m = \Delta H^o_m - T\Delta S^o_m \tag{3-49}$$

여기서 $\Delta H^o_m = \Delta H^o_s - \Delta H^o_l$ 이 되고 $\Delta S^o_m = \Delta S^o_s - \Delta S^o_l$ 이 된다. 그런데 식 (3-49)의 경우 평형 용융온도 T_m 에서는 $\Delta G^o_m = \Delta H^o_m - T\Delta S^o_m = 0$이 되므로 $\Delta S^o_m = \Delta H^o_m / T_m$ 인 관계가 만족됨을 알 수 있다. 만약 $\Delta C_p = 0$(즉, $C_p(M_s) = C_p(M_l)$)이면 모든 온도영역에서 $\Delta S^o_m = \Delta H^o_m / T$인 관계가 만족된다. 용융반응의 경우, 흡열반응이므로 $\Delta H^o_m > 0$이 되고 따라서 고체가 액체가 되는 용융은 우리의 예상과 같이 무질서도가 증가하여 $\Delta S^o_m = \Delta H^o_m / T > 0$이 된다. 따라서 우리는 $\Delta H^o_m > 0$와 $\Delta S^o_m > 0$로부터 $0 > \Delta H^o_s > \Delta H^o_l$와 $0 > \Delta S^o_s > \Delta S^o_l$인 관계를 유추해 낼 수 있다. 이로부터 다시 [그림 3.8]과 같이 기울기가 용융온도 T_m에서부터 완만하게 증가하는 직선이 됨을 알 수 있다. 또한 0 K에서의 ΔG^o_s와 ΔG^o_l의 값은 식 (3-47)과 식 (3-48)으로부터 각각 ΔH^o_s와 ΔH^o_l이 되고 그 차이 값은 $\Delta H^o_m = \Delta H^o_s - \Delta H^o_l$이 된다. 즉 0 K에서의 절편의 차이 값이 용융열과 같게 됨을 알 수 있다.

마찬가지로 온도가 $T_m(MO_2)$보다 높은 영역에서는 다음과 같은 반응이 일어나게 된다.

$$M_l + O_2 = MO_{2,l} \tag{3-50}$$

따라서 반응물이 $MO_{2,s}$가 되는 경우(식 3-48)보다 $MO_{2,l}$가 생성되는 반응식 (3-50)의 ΔS^o(기울기 : $-\Delta S^o$)가 덜 음의 값을 가지게 되어 ΔG^o 대 온도곡선의 기울기가 [그림 3.7]에서 보는바와 같이 줄어들게 된다. 이는 반응물 M이 $S \rightarrow L$로 변하면서 ΔS^o가 더 음의 값이 되어 기울기가 증가하는 경우와 반대가 된다. 또한 0 K에서의 식 (3-50)의 $\Delta G^o_{50} = \Delta H^o_l + \Delta H^o_{51}$ 가 된다. 여기서 ΔH^o_{51} 는 아래 반응의 엔탈피 변화량이다.

$$MO_{2,s} = MO_{2,l} \tag{3-51}$$

예제

Al의 산화반응은 다음과 같다.

$$2Al_s + \frac{3}{2}O_2 = Al_2O_3 \qquad \Delta G^o = -197810 + 60.1T \quad (400 < T < 923)$$

$$2Al_l + \frac{3}{2}O_2 = Al_2O_3 \qquad \Delta G^o = -400700 + 76.6T \quad (923 < T < 1800)$$

이때 $Al_s = Al_l$ 반응의 용융열을 구하시오.

풀이

두 식의 ΔG^o 차이를 구하면 $2Al_s = 2Al_l$이 된다. 따라서 $\Delta H_m^o = (-197810+400700)/2 = 24246 = 24246$cal가 된다.

보충설명

■ Ellingham 산화반응

Ellingham 그래프에서는 항상 산소 1 mole과 반응하는 데 필요한 Gibbs 에너지를 표시한다. 따라서 반응, $M+1/2O_2 = MO$의 경우 $2M+O_2 = 2MO$로 환산된 ΔG^o를 사용하여야 한다.

"I think you should be more explicit here in step two."

3.4 Ellingham 그래프로 본 제련공학

Ellingham 그래프([그림 3.7(a)])에서 보면, 아래 식의 Fe와 C의 산화반응식, (I)과 (II)가 [그림 3.9(a)]에서 보는바와 같이 993K에서 교차하는 것을 알 수 있고 Al의 산화반응식 (III)은 반응식 (II)와 [그림 3.9(b)]에서 보는 바와 같이 3377K에서 교차하는 것을 알 수 있다.

$$2Fe_s + O_2 = 2FeO \qquad \Delta G^o = -124100 + 29.9\,T(298K < T < 1642K) \qquad \text{(I)}$$

$$C + O_2 = CO_2 \qquad \Delta G^o = -94200 - 0.2\,T(298K < T < 2000K) \qquad \text{(II)}$$

$$\frac{4}{3}Al_l + O_2 = \frac{2}{3}Al_2O_3 \qquad \Delta G^o = -267133 + 51\,T(923K < T < 1800K) \qquad \text{(III)}$$

이 경우 탄소의 산화반응(식 II)의 표준 자유에너지 변화량에서 철의 산화반응(식 I)의 표준 자유에너지 변화량을 빼면 온도가 $T < 993$K인 범위에서는 $\Delta G^o = \Delta G^o_C - \Delta G^o_{Fe} > 0$이 되고 $T > 993$K인 경우는 $\Delta G^o = \Delta G^o_C - \Delta G^o_{Fe} < 0$가 된다. 즉, 반응식 (3-52)의 ΔG^o가 993K보다 낮으면 양의 값을 가지고 높으면 음의 값을 갖게 된다.

$$C + 2FeO = 2Fe + CO_2 \qquad (3\text{-}52)$$

이는 $T < 993$K에서는 반응(3-52)의 모든 물질(C, FeO, Fe, CO_2)이 표준상태로 共存하는 경우, 표준상태의 C와 표준상태의 FeO가 표준상태의 Fe나 CO_2에 비해 안정하고 $T > 993$K에서는 Fe와 CO_2가 더 안정함을 말해준다. 따라서 우리가 철을 만들기 위해 용광로에서 C와 FeO를 섞어서 FeO를 Fe로 환원*하고자 할 때는 그 온도가 993K 이상으로 가열하여야 한다는 것을 알 수 있다. 반대로 Fe와 CO_2를 섞어서 Fe를 FeO로 산화시키고자 할 때는 993K 이하로 만들어주어야 됨을 알 수 있다.

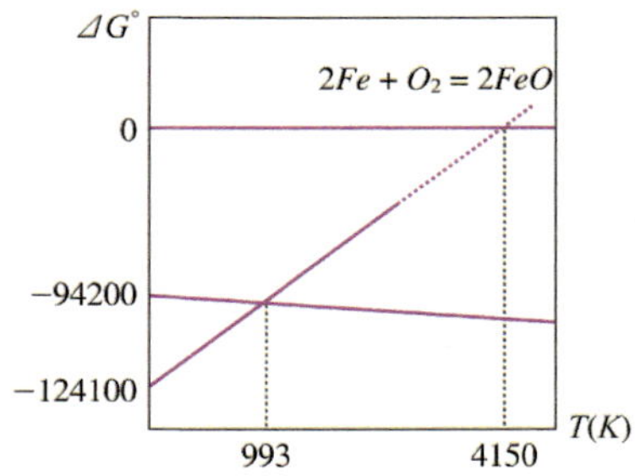

(a) Fe와 탄소의 산화반응

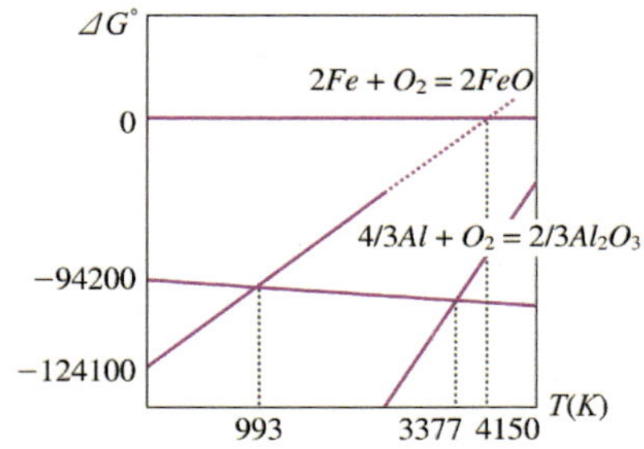

(b) Al과 Fe와 탄소의 산화반응의 ΔG° 대 T의 곡선

[그림 3.9]

반면에 [그림 3.9(b)]에서 보는 바와 같이 Al의 경우는 3377K이상으로 가열해 주어야 비로소 식 (3-53)과 같이 Al_2O_3가 Al으로 환원된다는 것을 알 수 있다.

$$C + 2/3Al_2O_3 = 4/3Al + CO_2 \tag{3-53}$$

그러나 Al의 증기압을 살펴보면 약 2793K에서 그 증기압이 1기압에 달해 기체화하므로 현실적으로 탄소로 Al_2O_3를 환원하여 Al을 만들기는 불가능하다는 것을 알 수 있다. 따라서 Al의 경우는 전기화학적인 방법*을 이용하여 Al_2O_3와 접촉된 전극의 산소분압을 낮춰 Al_2O_3를 Al으로 환원하게 된다.

보충설명

■ **철광석의 환원**

철을 만드는 공정은 용광로에 장입된 철광석에 일산화탄소와 이산화탄소의 혼합가스를 불어넣어, 산소의 분압을 철광석이 환원되는 평형 산소분압 이하로 낮춰줌으로서 철광석을 환원시키는 원리이다.

■ **Al_2O_3의 전기분해 환원**

$$2/3Al_2O_3 = 4/3Al + O_2 \qquad \Delta G^o = 267133 - 51T \tag{a}$$

$$O_2(1\,atm) = O_2(p_{O_2}) \qquad \Delta G = RT\ln p_{O_2} \tag{b}$$

$$2/3Al_2O_3 = 4/3Al + O_2(p_{O_2}) \quad \Delta G = 267133 - 51T + RT\ln p_{O_2}\,[=(a)+(b)] \tag{c}$$

식(a)는 표준상태의 Al_2O_3의 환원반응이고 식 (b)는 산소를 1기압에서 p_{O_2}로 낮추는 경우의 Gibbs 에너지 변화량이다. 만약 (a) + (b)인 (c)의 ΔG 값이 0이 되도록 p_{O_2}를 조절해 주면 반응 (c)가 평형을 유지하게 되고 더 산소분압을 낮춰주면 반응(c)가 오른쪽으로 진행되어 Al_2O_3가 Al으로 환원되기 시작한다. 이 평형 산소분압은 식 (c)로부터

$$p_{O_2} = \exp\left(-\frac{267133 - 51T}{RT}\right) \tag{d}$$

가 됨을 알 수 있다. 전기화학 편에서 배우겠지만 산소를 이동하는데 따른 전기에너지(zFE)와 화학에너지($\Delta G = RT\ln p_{O_2}$)의 관계는 $zFE = -\Delta G$로 표시된다. 따라서 산소분압을 낮추기 위해 가해주어야 하는 전압은 식 (d)를 식 (b)에 대입하여 구하면

$$E = \frac{-267133 + 51T}{4F}$$

가 된다. 여기서 산소분자의 경우 전자 4개를 수반 하므로 z =4가 되었다. 실제로 빙정석(cryolite, Na_3AlF_6)이 알루미나를 용해해서 용융염으로 만들어 염 화학에 의해 염 내의 산소분압을 낮춰 알루미늄을 회수 하고 있다. 세상에 유일하게 빙정석만이 알루미나를 용해한다. 이 세상에 만약 빙정석이 없었다면 알루미늄도 없었을 것이다.

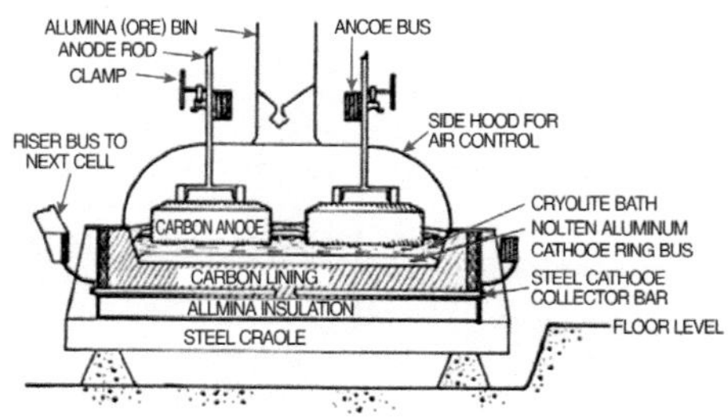

3.5 기체 분위기에 따른 고체상의 상태도(Phase Stability Diagram)

위 식 (3-44)와 식 (3-46)으로부터 우리는 CO_2와 CO 혹은 H_2O와 H_2의 혼합가스들은 각각에 해당되는 산소 분압을 발생시킨다는 것을 알 수 있었다. 실제로 반도체 공정에서 Si을 산화시켜 절연층을 만드는 방법으로 H_2O와 H_2의 혼합가스를 이용(wet oxidation)하는 방법이 사용되고 있다. 이와 같은 혼합가스를 이용하는 기술을 사용하면 순수한 산소만을 사용하는 것에 비해 용기내의 총 압력을 높일 수 있어 기계의 조절이 용이하고 적절한 혼합비의 변화로 산소만을 사용할 때는 얻을 수 없는 낮은 산소분압을 용이하게 만들어 낼 수 있기 때문이다. 마찬가지로 CO_2/CO나 CH_4/H_2 등은 그 혼합비에 따라 또한 해당되는 탄소의 활동도를 가지게 된다. 마찬가지로 유황의 활동도는 H_2S/H_2의 혼합비로 조절할 수 있다. 따라서 우리는 적정한 가스들의 혼합비를 이용하면 편리하게 가스 분위기 혹은 가스와 접촉하고 있는 재료의 산소, 탄소, 유황 등의 활동도를 쉽고 편리하게 조절할 수 있음을 알 수 있다. 예를 들면 coal gasification 공장(석탄을 산화시켜 휘발유를 만드는 공장)이나 보일러 등에서 사용하는 파이프라인의 강재(鋼材)가 파이프 속을 흐르는 가스의 혼합성분에 의해 탄화되거나 산화되어 녹스는 현상을 많이 목격하였을 것이다. 이는 혼합가스가 가지는 평형 탄소와 산소의 활동도에 의해 파이프 재료가 탄화되거나 산화되기 때문이다. 실제에 있어서 금속의 탄화층은 열 충격에 의해 쉽게 박리현상을 유발하므로 부식손실을 최소화하기 위해서는 노출되는 가스분위기에서 탄화 층보다는 산화보호피막(protective oxide)이 만들어지도록 파이프 재료를 설계할 필요가 있다. 이 때문에 고온에서 사용하는 금속재료에는 탄화층보다 보호 산화피막을 잘 형성하는 Cr, Ni, Y, Hf, Al 등의 합금원소를 포함하는 것이 보통이다.

만약 실제 현장에서 고온에서 사용되는 재료를 설계하거나 선택할 때, 사용되는 가스 분위기 내에서 사용재료(금속이나 세라믹)의 안정상을 예측할 수 있다면 많은 도움이 될 수 있을 것이다. 반대로 사용조건에서 부식이 않되는 안정한 재료를 설계할 수 있을 것이다. 이 절에서는 2개 원소의 활동도를 각각의 축으로 하는 2차원의 도표에 해당 금속원소의 여러 가지 안정상의 영역을 표시하는 지도를 그려보기로 하자. 이와 같은 도표는 재료 기술자에게 마치 모르는 지역을 여행하는 여행자에게 꼭 필요한 지도와 같은 역할을 하게 된다. 즉 여러 가지 가스 분위기 중에서 어떤 상이 생길 것인가를 예측하게 하고 원하는 상을 만들어주는 재료를 설계하는 재료지도와 같은 역할을 할 것으로 생각된다.

3.5.1 등 화학 포텐샬(활동도) 선(iso-chemical potential line) 그리는 방법

CO/CO_2 혼합가스 내에서 발생되는 산소의 평형분압은 반응식, $2CO+O_2=2CO_2$ 로부터 $\ln P_{O_2}=-\frac{135000}{RT}+\left[\frac{41.5}{R}-2\ln P_{CO}+2P_{CO_2}\right]$가 성립됨을 식 (3-44)로부터 알았다. 따라서 $\log P_{co_2}$와 $\log P_{co}$를 각각 Y축과 X축으로 잡으면 해당되는 산소압력이 일정하게 유지되는 선(iso-oxygen potential line)을 그릴 수 있음을 알 수 있다. 또한 반응식 (3-43)의 평형상수, K_{43}을 이용하여 표현하면 CO/CO_2 혼합가스 내에 잠재된 평형 산소분압은

$$P_{O_2}=\left(\frac{1}{K_{43}}\right)\left(\frac{P_{CO_2}}{P_{CO}}\right)^2 \tag{3-54}$$

과 같은 관계식을 이끌어 낼 수도 있다. 여기서 반응상수, K_{43}은 식 (3-55)와 같이 표준 Gibbs 자유에너지 차이값(ΔG_{43}°)의 함수로 나타내진다.

$$K_{43}=\exp\left(-\frac{\Delta G_{43}^{\circ}}{RT}\right) \tag{3-55}$$

식 (3-54)의 양변에 log를 취하여 다시 쓰면

$$\log P_{CO_2} = \log P_{CO} + \frac{1}{2} log P_{O_2} + \frac{1}{2} log K_{43} \tag{3-56}$$

로 표시되며 $\log P_{co_2}$(Y 축)$-\log P_{co}$(X 축)축 상에 주어진 산소압력을 대입하면 기울기가 $+1$인 직선으로 [그림 3-10(a)]와 같이 그려진다. 즉, 이 직선 위에 있는 어떠한 (P_{CO_2}, P_{CO})의 조합에서도 산소분압은 모두 동일한 값을 가지게 된다. 우리의 예측과 같이 산소분압은 당연히 P_{CO_2}가 증가하는 방향으로 증가하게 되고 P_{CO}의 값이 증가하면 감소하게 됨을 알 수 있다.

마찬가지로 CO/CO_2 혼합가스 내에서의 탄소를 포함하는 반응식

$$C + CO_2 = 2CO \quad \text{(Bouduard 반응)} \tag{3-57}$$

을 만들 수 있다. 위 식으로부터 탄소의 활동도는

$$a_C = \left(\frac{1}{K_{57}}\right)\left(\frac{P_{CO}^2}{P_{CO_2}}\right) \tag{3-58a}$$

혹은

$$\log P_{CO_2} = 2\log P_{CO} - \log a_c - \log K_{57} \tag{3-58b}$$

로 쓸 수 있다. 마찬가지로 여기서

$$K_{57} = \exp\left(-\frac{\Delta G_{57}^{\circ}}{RT}\right) \qquad \Delta G_{57}^{\circ} = 2\Delta G_{CO}^{\circ,f} - \Delta G_{CO_2}^{\circ,f} \tag{3-59}$$

의 관계가 만족된다. 이와같이 CO와 CO_2의 혼합가스를 조절하면 탄소의 활동도를 조

절해 줄 수 있다. 이와같은 기술은 고대로부터 공업적으로 철 내의 탄소양을 조절하는데 많이 사용되어왔다. 예를 들면 칼이나 연장 등을 강하게 하기위해 타는 숯불 속에 이들을 집어넣어 철안으로 탄소가 유입되도록 하는 기술을 살펴보면 숯으로 인해 만들어진 CO와 CO_2의 혼합가스가 숯의 존재로 인하여 숯의 탄소 활동도인 1이 되는 조성으로 유지되기 때문이다. 따라서 특별히 식 (3-57)을 공업적으로 철의 제련에 매우 중요하기 때문에"Bouduard 반응"이라고 부른다.

식 (3-58b)를 여러가지 탄소의 활동도에 대해 $\log P_{co_2}$-$\log P_{co}$축 상에 그리면 [그림 3.10 (b)]와 같이 기울기가 +2인 직선들로 표시된다. 여기서도 직선상에 존재하는 어느 혼합가스들의 조합에서도 탄소의 활동도는 모두 동일한 값을 가진다. 그러나 탄소가 가질 수 있는 활동도의 최대값은 "1"이므로 실제로 의미가 있는 영역은 $a_c < 1$인 영역이다. 만약 $a_c > 1$인 영역의 (P_{CO_2}, P_{CO})가스혼합이 존재하면 이 가스는 열역학적으로 불안정하여 반응식 (3-57)의 역방향 반응이 진행되면서 탄소(그을음)를 석출하고 $a_c = 1$선상의 혼합가스 조성으로 움직이게 된다.

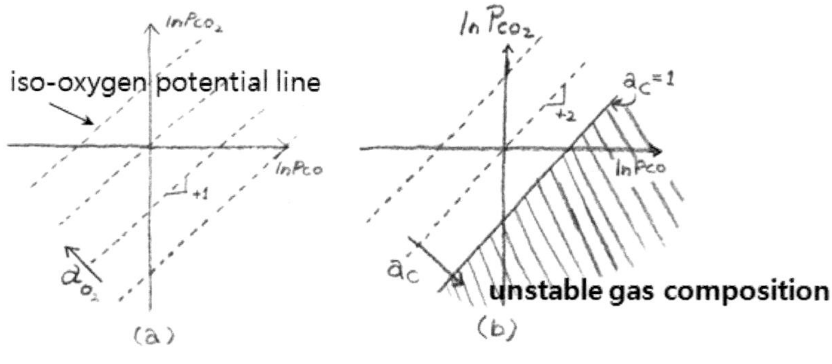

(a) 등 산소포텐샬 선 (b) 등 탄소활동도 선

[그림 3.10]

3.5.2 등 압력선(Constant Total Pressure-Isobars) 그리는 방법

보통 진공증착이나 화학증착(CVD)과 같은 실험에서는 계(system)의 총 기체압력을 일정하게 유지하면서 반응로 내에 위치한 시편재료에 새로운 박막 층을 입히거나 표면개질을 하는 실험을 진행하는 경우가 많다. 그러므로 총 압력이 일정한 상태에서 주입되는 기체의 조성에 따라 재료에 나타날 수 있는 안정상에 대한 정보를 아는 것이 공업적으로 매우 중요하다. 예를 들면 진공 증착과 같이 저압에서 실험을 하는 경우, 반응용기(chamber) 내 진공펌프를 이용하여 용기 내의 총 압력을 일정하게 만든다. 이 경우 용기 내로 주입되는 혼합기체의 조성과 증착되는 재료의 상과는 어떤 관계가 있는 것일까? 여기서는 이 상들을 열역학적으로 예측해 보도록 하자.

위의 예에서와 같이 밀폐된 용기로 구성된 계(반응로)에 외부에서 CO_2, CO, O_2 혼합가스만을 주입하는 경우를 살펴보자. 이때 용기 내에서 혼합가스의 반응 부산물로 산소단원자, "O"만 생성된다고 가정하면 계 내에 총 가스의 압력은 $P_T = P_{CO_2} + P_{CO} + P_{O_2} + P_O$가 된다고 볼 수 있다. 여기서 만약 $P_T = 1,\ 10^{-1}$ 기압에 해당되는 등압력선(等壓力線)을 $\log P_{co_2}$-$\log P_{co}$축 상에 그려보면 [그림 3.11]과 같이 된다.

산소가 많은 영역 즉, 산소압력이 총 압력과 같은 경우($P_T = P_{O_2}$)는 식 (3-56)에 총 압력에 해당하는 산소압력 값을 $P_{O_2} = 1, 10^{-1}$을 대입하면 된다. 즉, 이 경우 $\log P_{co_2}$와 $\log P_{co}$ 사이의 관계는 각각 식 (3-56)에 $P_{O_2} = 1, 10^{-1}$를 대입하여 구하면 $\log P_{CO_2} = \log P_{CO} + \frac{1}{2} log K_{43}$와 $\log P_{CO_2} = \log P_{CO} + \frac{1}{2} log K_{43} - 0.5$가 얻어진다. 즉, 총 압력이 대부분 산소로 구성된 가스조성 영역은 [그림 3.11]에서 영역 Ⓐ로 표시되는 선 상에 해당되게 된다. 이 영역에서는 대부분의 가스가 O_2로 구성되며 이것이 용기내의 총 압력에 해당된다. 또한 영역Ⓑ에서는 대부분의 가스가 CO_2로 구성되게 된다. 이 경우 y축에 수직인 선상에서 $P_T \simeq P_{CO_2} = 1, 10^{-1}$기압에 해당되는 선을 따라 움직인다. 마찬가지로 영역Ⓒ에서는 대부분의 가스가 CO로 구성($P_T \simeq P_{CO}$)되어 x-축에 수직인 선을 따라 총 압력의 조성이 움직이게 된다. 각 영역의 중간지점에서는 CO_2, CO, O_2와

O가 공존하면서 곡선적인 선을 따라 총압력을 일정하게 유지하는 혼합형태가 결정되게 된다.

결론적으로 총 압력을 $P_T = 1,\ 10^{-1}$ 기압으로 유지하는 경우, 그 구성가스들의 조성은 임의의 값을 가지지 못하고 [그림 3.11]의 선 위의 값에 국한됨을 의미한다.

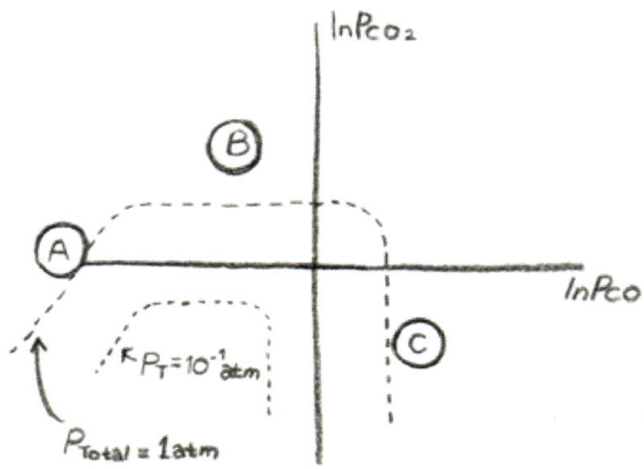

[그림 3.11] $\log P_{co_2} - \log P_{co}$에서 $P_T = 1, 10^{-1}$ 등압력선(等壓力線)

3.5.3 $M-C-O$ 상태도 그리기

금속은 산소와 이온결합을 하여 산화물(MO)을 만들고 탄소와는 공유결합을 하여 탄화물(MC)을 만든다. 또한 금속이 산소와 탄소와 동시에 반응하면 금속염(MCO, salt)이 생성된다. 이와 같이 형성되는 상의 모든 형태를 산소와 탄소의 활동도로 표시되는 $\log P_{O_2} - \log a_c$ 축 상에 열역학적인 계산을 통하여 표시할 수 있다면 사용되는 가스분위기의 산소와 탄소의 활동도만 알면 열역학적으로 어떠한 상이 안정한 상인지 쉽게 예측할 수 있다. 실제로 이와 같은 상태도는 분위기 가스에 노출되어 사용되는 재료를 취급하는 연구, 실험 또는 산업현장에서 아주 유용하게 사용된다.

먼저 상태도의 기본 축(basis)을 $\log P_{CO_2}$-$\log P_{CO}$(Ellingham basis)에서 $\log a_C$-$\log P_{CO}$로 바꾸어 보자. 이와 같이 일반적으로 n가지의 원소로 구성된 계에서는 서로 독립된 n

개의 분자로 구성된 축(basis 벡타)으로 나타낼 수 있다. 즉 이 경우, $C-O$로 구성된 이원소 계이므로 CO_2-CO 축이나 $C-O_2$ 축으로 모두 나타낼 수 있다.

(1) 축 변환

식 (3-54)를 이용하면 $\log P_{O_2}$는 다음과 같은 $\log P_{CO_2}$와 $\log P_{CO}$의 함수로 나타낼 수 있다.

$$\log P_{O_2} = 2\log P_{CO_2} - 2\log P_{CO} - \log K_{43} \tag{3-60}$$

마찬가지로 $\log a_C$는 식 (3-58a)로부터

$$\log a_C = 2\log P_{CO} - \log P_{CO_2} - \log K_{57} \tag{3-61}$$

로 나타낼 수 있다. 따라서 $\log P_{CO_2} - \log P_{CO}$ 그래프 상에 존재하는 어떠한 점도 $\log a_C - \log P_{CO}$ 그래프 상으로 일대일로 변환시킬 수 있다.

(2) MO 상과 M_2O_3 상의 상대적인 안정성

만약 열역학 자료집에서 조사해 보니 금속원소, M의 산화물들의 안정한 상의 형태가 M_2O, MO, M_3O_4, M_2O_3 ⋯ M_XO_y 라고 가정하자. 이때 금속 M이 산소와 반응하여 각각의 산화물을 형성하는 반응을 생각해 보면 아래와 같이 된다.

$$4M + O_2 = 2M_2O \tag{I}$$

$$2M + O_2 = 2MO \tag{II}$$

$$\frac{3}{2}M + O_2 = \frac{1}{2}M_3O_4 \tag{III}$$

$$\frac{4}{3}M + O_2 = \frac{2}{3}M_2O_3 \tag{IV}$$

$$\vdots \qquad \vdots$$

$$\frac{2x}{y}M + O_2 = \frac{2}{y}M_xO_y \tag{V}$$

여기서 위 반응들의 평형관계로부터 주어진 온도에서 금속과 각각의 산화물이 共存(즉, 금속과 산화물의 활동도가 1인 상태)하는데 필요한 $P^*_{O_2}$를 계산할 수 있다.

M/MO가 共存할 경우의 산소분압, $P^*_{O_2}$는 $P^{M/MO}_{O_2} = 1/K_{II}(K_{II} = \exp(\Delta G^\circ_{II}/RT))$이 된다. 따라서 이를 식 (3-60)에 대입하면 $\ln P_{CO_2} - \ln P_{CO}$ 그래프에 [그림 3.12]와 같이 직선으로 그려 질 수 있다. 이 선을 따라서는 M과 MO 상이 共存하고 가스의 조성이 선의 윗부분에 해당되는 영역에 도달되면 금속 M이 산화되어 MO 상으로 안정하게 존재하며 선의 아래 부분에 해당되는 조성에서는 금속 M의 형태로 안정하게 존재하게 된다.

보충설명

■ 열역학 데이터에서 반응의 Gibbs 에너지 차이를 읽는 방법

실제로는 열역학 데이터를 2가지 방법으로 정리하여 사용하고 있다. 하나는 ① 표준 Gibbs 형성에너지를 중심으로 정리하고 있고 다른 방법은 ② 성분의 절대 표준 Gibbs 에너지를 중심으로 정리하였다. 가령 예를 들면 가장 많이 사용하는 JANAF 표에서는 온도에 따른 표준 Gibbs 형성에너지 값(즉 ΔG^o_f)을 보여주고 있다. 따라서 어느 반응의 표준 Gibbs 에너지 차이는 생성물의 표준 Gibbs 형성에너지 값의 합에서 반응물의 표준 Gibbs 형성에너지 값의 합을 빼면 된다.

■ M과 MO의 공존 선의 작성

다른 방법으로는 간단히 M, MO, CO와 CO_2를 포함하는 반응

$$M + CO_2 = MO + CO$$

로부터 평형관계식, $\log K = \log P_{CO} - \log P_{CO_2}$를 얻어 그래프 상에 그릴 수 있다.

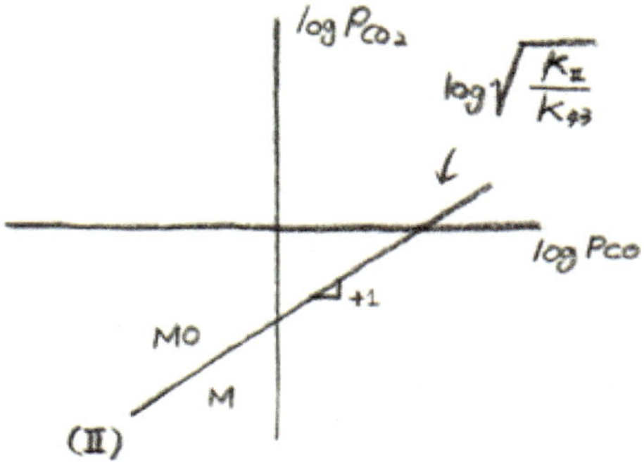

[그림 3.12] M/MO 안정상의 경계선

그러면 이번에는 MO 상과 M_2O_3 상의 상대적인 안정성에 대해 알아보자. 만약 M 과 M_2O_3 의 共存선을 식 (IV)를 이용하여 계산하면 [그림 3.13(a)]의 선(IV)로 표시 될 것이다. 그러나 이 선은 열역학적으로 평형상태를 나타낼 수 없다. 왜냐하면 (IV)선 위에서는 M 이 MO에 대해 안정한 相이 아니기 때문이다. 따라서 우리는 다른 경우를 생각해야 한다. 즉 MO/M_2O_3간의 치환반응

$$4MO + O_2 = 2M_2O_3 \qquad \text{(VI)}$$

로부터 MO 와 M_2O_3의 공존선을 그리면 [그림 3.13(b)]와 같이 된다. 여기서 선(IV)는 평형 상태를 나타내지 못하므로 없어지게 되고 대신 [그림 3.13(b)]의 선(VI)이 생성된다. 이와같이 자연현상은 산소의 분압이 높아질수록 즉 [그림 3.12]의 iso-산소선의 수직인 방향으로 갈수록 O/M의 비가 큰 화합물이 생성되게 된다. 만약 이 순서가 바뀌었다면 그것은 열역학적으로 맞지 않는 것이고 그런 일은 일어날 수 없다.

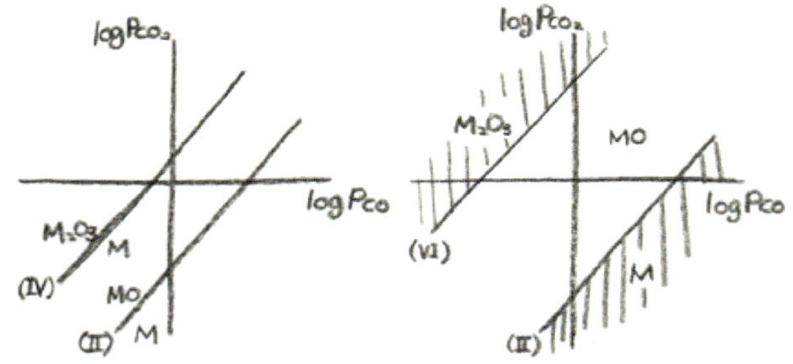

(a) M/MO와 M/M_2O_3 경계선 (b) $M/MO/M_2O_3$ 경계선

[그림 3.13]

(3) MO, M_3O_4, M_2O_3 상의 안정 상태도

만약 금속원소 M의 산화물의 형태가 MO, M_3O_4, M_2O_3의 세 종류 산화물이 존재할 수 있다고 가정하면 아래 네 가지 경우에 따라 [그림 3.14]와 같이 상의 안정상태가 결정된다.

① M/M_2O_3 상 만 존재하는 경우 : 만약 $M+M_2O_3=3MO$ 반응의 $\Delta G^o>0$(즉, $3\Delta G^{o,f}_{MO}-\Delta G^{o,f}_{M_2O_3}>0$)인 경우에는 MO가 M과 M_2O_3로 분해되는 역방향의 반응이 일어나서 M과 M_2O_3가 서로 공존하게 된다. 이 경우는 [그림 3.14(a)]와 같은 상태도를 갖게 된다.

② $M/M_3O_4/M_2O_3$ 상 만 존재하는 경우 : 마찬가지로 반응 $M+M_3O_4=4MO$의 $\Delta G^o>0$이면 역방향으로의 반응이 일어나서 M이 $O/M=1$인 MO와 공존하는 것보다 $O/M=1.3$인 M_3O_4와 공존하는 것이 더 안정하게 된다. 따라서 이 경우 MO가 M_3O_4 보다 산소당량이 적음에도 불구하고 M과 공존할 수 없는 불안정한 상이 되어 상태도 상에 나타나지 않게 된다. 이를 자유 형성에너지 측면에서 이야기하면 $4\Delta G^{o,f}_{MO}-\Delta G^{o,f}_{M_3O_4}>0$이 됨을 의미한다. 동시에 $3M_3O_4=4M_2O_3+M$ 반응의 $\Delta G^o>0$, 즉 $4\Delta G^{o,f}_{M_2O_3}-3\Delta G^{o,f}_{M_3O_4}>0$이 되어야 [그림 3.14(b)]와 같이 M과 M_3O_4의 공존이 불안정하게 된다. 여기서 M_2O_3/M_3O_4 공존 선은 아래 반응 (VII)에 의해 산소분압(즉, $\log P_{CO_2}$와 $\log P_{CO}$의 관계)이 결정된다.

$$4M_3O_4 + O_2 = 6M_2O_3 \tag{VII}$$

③ $M/MO/M_2O_3$ 상 만 존재하는 경우 : 마찬가지로 반응 $2MO = 2/3M + M_2O_3$의 $\Delta G^o > 0$이어야 M과 M_2O_3는 서로 공존하는 것이 불안정하고 M과 MO가 평형을 이루게 된다. 즉, $2/3\Delta G^{o,f}_{M_2O_3} - 2\Delta G^{o,f}_{MO} > 0$이 되어야 한다. 동시에 $2MO = 1/2M_3O_4 + 1/2M$의 $\Delta G^o > 0$이어야 한다. 또한 반응 $MO + M_2O_3 = M_3O_4$의 $\Delta G^o > 0$이어야 한다. 이 경우 [그림3.14(c)]와 같은 상태도를 가지게 된다. 여기서 M_2O_3/MO 공존 산소 분압선은 아래 반응 (VIII)에 의해 결정된다.

$$4MO + O_2 = 2M_2O_3 \tag{VIII}$$

④ $M/MO/M_3O_4/M_2O_3$ 상이 모두 존재하는 경우 : 반응 $1/2M + M_3O_4 = 2MO$의 $\Delta G^o < 0$이면 M과 M_3O_4의 공존은 불안정하고 반드시 MO가 생성되며 반응 $MO + M_2O_3 = M_3O_4$의 $\Delta G^o < 0$이어야 MO와 M_2O_3가 공존하지 않는 상태도를 만든다. 또한 $2MO + M_3O_4 = 2M_2O_3 + M$의 $\Delta G^o > 0$이어야 MO와 M_3O_4가 공존하게 된다. 여기서 MO와 M_3O_4가 공존 산소 분압선은 아래 식 (IX)에 의해 결정되고 [그림 3.14(d)]와 같은 상태도 형태를 가지게 된다.

$$6MO + O_2 = 2M_3O_4 \tag{IX}$$

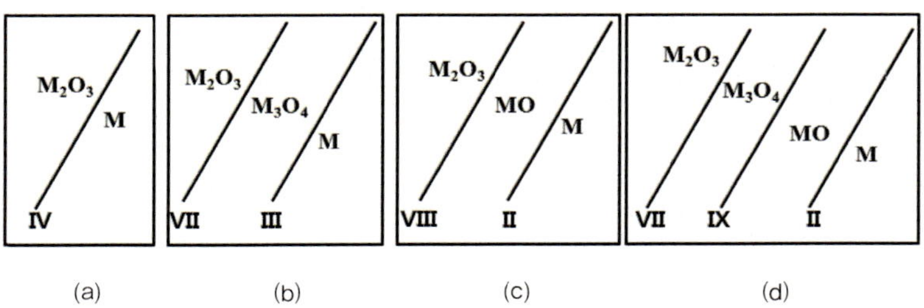

[그림 3.14] M-O 상태도의 여러 가지 형태

보충설명

■ 화학 포텐샬에 따른 상의 존재 Rule

상들이 아래 그림과 같은 모양을 갖는 경우, 반응 $A+C=B$에서 A와 C는 서로 공존이 불가능하므로 반응이 역방향(A와 C를 만드는 반응)으로는 자발적으로 진행되지 않고 순방향(B를 만드는 반응)으로 진행되어야 한다. 따라서 이 경우, $\Delta G^o < 0$이 된다.

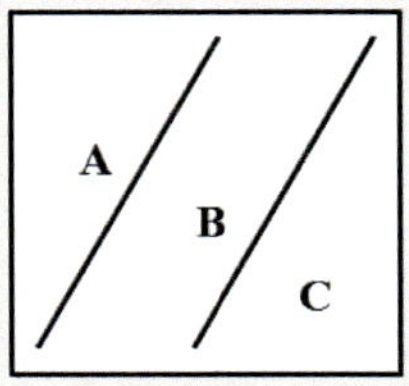

대개의 경우, 산화물의 예를 들면 산소분압이 증가하는 방향으로 O/M 의 값이 큰 산화물을 상태도 상에 정렬해 놓고 그 들 사이에 위의 규칙을 이용하여 상대적인 안정성을 찾아 상태도를 그리면 된다.

예제

아래의 상태도를 보고 300℃에서 Fe_2Ti 화합물의 $\Delta G^{o,f}$ 값을 추정하시오.

(단, $\Delta G^{o,f}_{FeTi}=$−9.7Kcal/mole이다.)

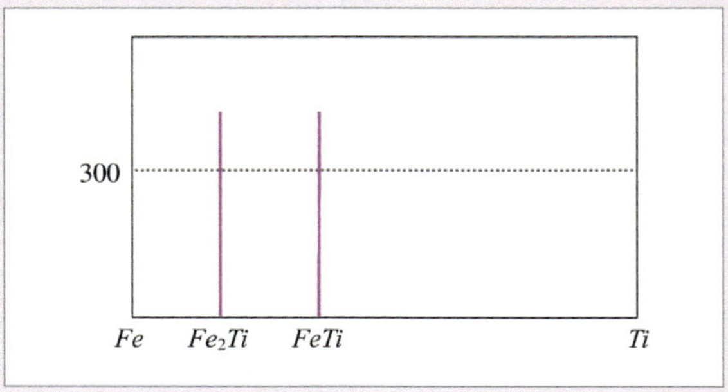

풀이

① $Fe_2Ti + Ti = 2FeTi$의 반응은 순방향으로 가야하므로 $\Delta G^o = 2\Delta G^{o.f}_{FeTi} - \Delta G^{o,f}_{Fe_2Ti} < 0$

따라서 $\Delta G^{o,f}_{Fe_2Ti} > -19.4$Kcal/mole

② $FeTi + Fe = Fe_2Ti$ 반응도 $\Delta G^o = \Delta G^{o,f}_{Fe_2Ti} - \Delta G^{o,f}_{FeTi} < 0$이어야 하므로 $\Delta G^{o,f}_{Fe_2Ti}$ < -9.7Kcal/mole

$\therefore < -19.4\,\Delta G^{o,f}_{Fe_2Ti} < -9.7$

예제

$AB + AC = BC + 2A$의 $\Delta G^o > 0$이고 $AB + BC = AC + 2B$의 $\Delta G^o > 0$일 경우, 아래의 삼상 상태도 중 옳은 것은?

①

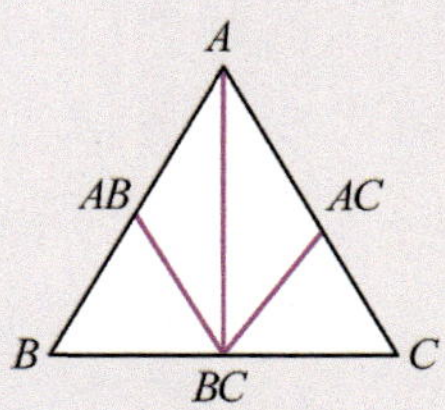

②

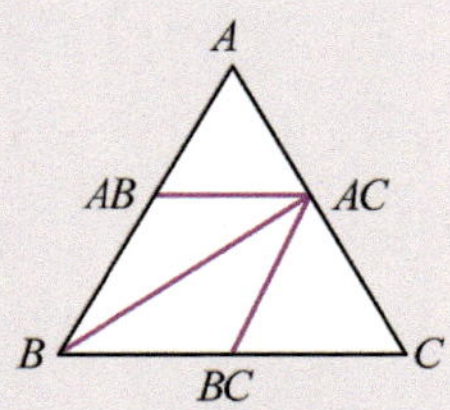

③

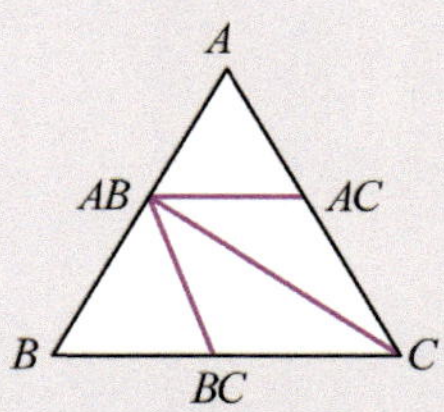

④

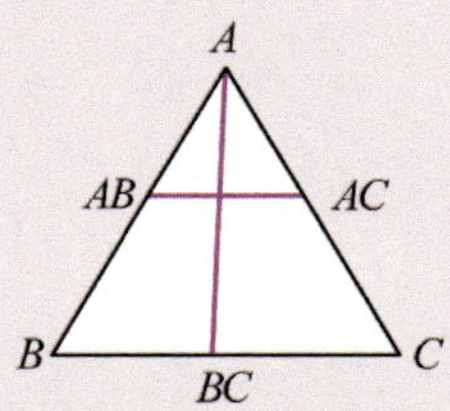

풀이

③

(4) $M-C-O$ 線의 作成

■ $M/MC/MO$ 상 만 나타나는 경우

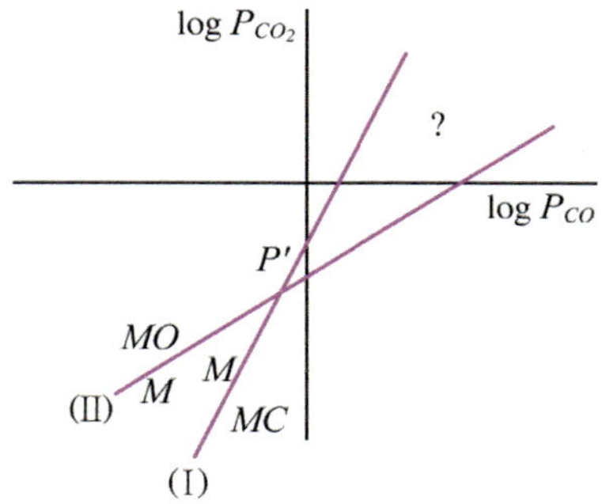

[그림 3.15] M/MO와 M/MC의 공존선

위의 방법과 마찬가지로 $\log P_{CO_2} - \log P_{CO}$축 상에 M과 $MO(M/MO)$ 그리고 M과 $MC(M/MC)$의 상대적 안정 영역을 표시하면 [그림 3.15]와 같이 된다. 여기서 P'점 밑에서는 M이 안정한 영역이 (II)선과 (X)선 사이에 나타나고 MC가 안정한 영역은 (X)선의 오른쪽에 나타나며 MO가 안정한 영역은 (II)선의 왼쪽에 각각 위치하게 된다. 그러나 P'점 위에서는 어떠한 영역에서도 M이 안정된 영역을 찾을 수가 없다. 따라서 이 영역에서는 MO와 MC가 서로 평형을 이루며 안정된 영역을 共有하여야 한다. 따라서 아래의 치환반응(XI)으로부터

$$M + C = MC \qquad K_X = \exp\left(-\Delta G_X^\circ / RT\right) \qquad \text{(X)}$$

$$MC + 2CO_2 = MO + 3CO \qquad K_{XI} = \exp\left(-\Delta G_{XI}^\circ / RT\right) \qquad \text{(XI)}$$

MO/MC의 共存선을 구하면 $\log P_{CO_2} = \frac{3}{2} log P_{CO} + \frac{\Delta G^{o}_{\Xi}}{2.303RT}$이 되고 이는 아래 [그림 3.16]과 같이 $M/MO/MC$, 세상이 평형을 이루는 점과 만나는 한 개의 직선으로 표시된다.

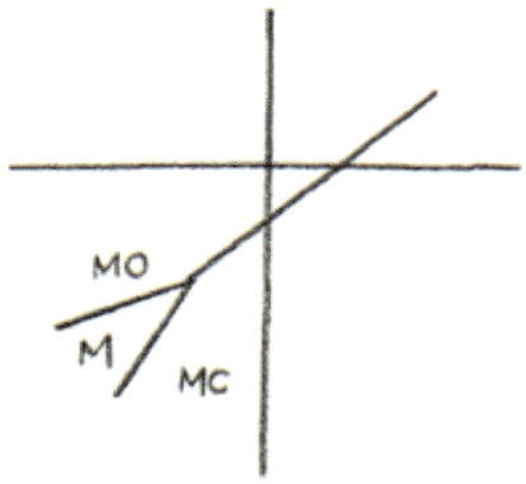

[그림 3.16] $M/MC/MO$ 안정영역

■ $M/MO/M_2O_3/M_2C/MC$로 구성된 시스템의 경우

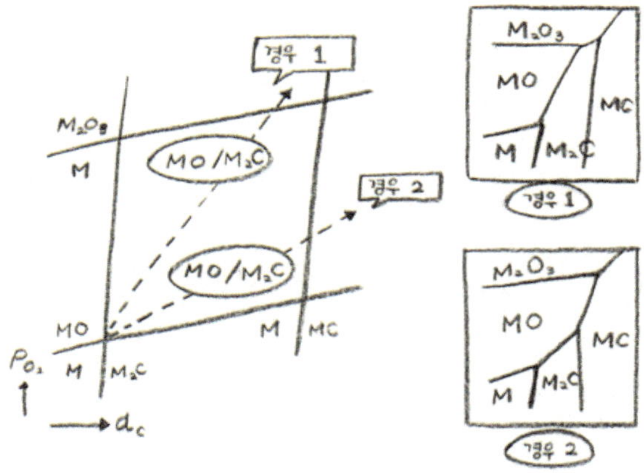

[그림 3.17] $M/MO/M_2O_3/M_2C/MC$ 시스템에서 경우에 따른 상태도 모양

(5) $Ca-C-O$ 상태도 작성 예

우리는 우선 직감적으로 금속 Ca은 산소나 탄소의 어떤 평형분압(혹은 활동도) 값 이하에서는 Ca원소 자체로 안정하고 그 이상에서는 Ca 산화물이나 Ca 탄화물을 형성할 것이라는 것을 예측할 수 있을 것이다. 그리고 산소의 분압이 증가할수록 O/Ca의 비율이 높은 화합물 상(CaO, CaO_2 순)이 발생하게 되고 탄소의 활동도가 증가할수록 C/Ca의 비율이 높은 화합물 상이 발생하게 될 것임을 짐작할 수 있다. 우리가 만약 열역학 자료집에서 찾아보니 Ca와 결합하여 발생 가능한 모든 화합물 상의 종류가 CaO, CaO_2, CaC_2 그리고 $CaCO_3$ 상이라고 가정하면 이와 같은 각 상들이 존재할 수 있는

영역들을 $\log P_{O_2} - \log a_c$축으로 표시된 상태도 상에 다음과 같은 열역학적인 계산을 통하여 나타낼 수 있다.

■ Ca/CaO, CaO/CaO_2 상의 공존(共存) 산소분압 구하기

Ca과 산소가 반응하여 CaO 를 만드는 산화반응

$$Ca + \frac{1}{2}O_2 = CaO \tag{3-60}$$

로부터 Ca와 CaO 상이 공존하는 경우의 평형 산소분압은

$$\log P^*_{O_2} = \frac{2\Delta G^\circ_{60}}{2.3RT} \tag{3-61}$$

가 됨을 이미 식 (3-38)에서 알았다. 여기서 ΔG^o_{60}은 식 (3-60)의 표준 Gibbs 에너지 차이로서 온도만의 함수이므로 순수한 금속, M이 산화되기 위해 필요한 최소한의 평형 압력은 온도에 의해 유일하게 결정됨을 알 수 있다. 따라서 [그림 3.18]의 선①은 식 (3-61)에 의해 y축($\log a_c$ 축)에 평행한 직선으로 표시된다. 마찬가지로 CaO와 CaO_2 상의 평형 산소분압은 반응식

$$CaO + \frac{1}{2}O_2 = CaO_2 \tag{3-62}$$

로부터 $\log P^*_{O_2} = \dfrac{2\Delta G^\circ_{62}}{2.3RT}$가 되고 [그림 3.18]의 선②로 표시된다.

■ Ca/CaC_2 상의 공존(共存) 탄소활동도 선 구하기

마찬가지로 Ca와 탄소와 반응하여 1차 탄화물 CaC_2를 만드는 반응

$$Ca + 2C = CaC_2 \tag{3-63}$$

로부터 Ca과 CaC_2가 공존하는 경우의 탄소의 활동도 값은

$$\log a_c = \frac{\Delta G^\circ_{63}}{2.3 \times 2RT} \tag{3-64}$$

로 표현되며 이는 [그림 3.18]에서 선③으로 그려진다.

■ $CaC_2/CaO/CaO_2$ 상의 공존 경계선 구하기

CaC_2와 CaO가 참여하는 아래의 치환반응으로부터 CaC_2와 CaO의 경계선을 구할 수 있다.

$$CaC_2 + \frac{1}{2}O_2 = CaO + 2C \tag{3-65}$$

즉 CaO와 CaC_2 상이 순수한 상태(즉, 활동도=1)로 공존할 경우 탄소와 산소의 활동도 관계는

$$\log a_c = \frac{1}{4}\log P_{O_2} - \frac{\Delta G^\circ_{65}}{2.3 \times 2RT} \tag{3-66}$$

가 되며 이는 [그림 3.18] 상에 선④로 표시된다. 탄소의 활동도와 산소의 분압이 높아지면 C와 O가 동시에 존재하는 $CaCO_3$ 상이 생기게 된다. 이 $CaCO_3$ 상과 CaC_2, CaO 그리고 CaO_2 상과의 경계는 각각

$$CaC_2 + 3/2O_2 = CaCO_3 + C \tag{3-67}$$

$$CaO + C + O_2 = CaCO_3 \tag{3-68}$$

$$CaO_2 + C + 1/2O_2 = CaCO_3 \tag{3-69}$$

반응들로부터 각각 선⑤, ⑥ 그리고 ⑦과 같이 그릴 수 있다.

이를 종합하여 그려보면 [그림 3.18]과 같이 된다. 이로부터 우리는 금속, Ca가 어떤 미지의 가스 분위기에 노출되었을 경우, 분위기 가스의 탄소 활동도와 산소분압을 알 수 있으면 아래 상태도로부터 어떤 상이 열역학 적으로 안정한 상인지를 구별해낼 수 있게 된다.

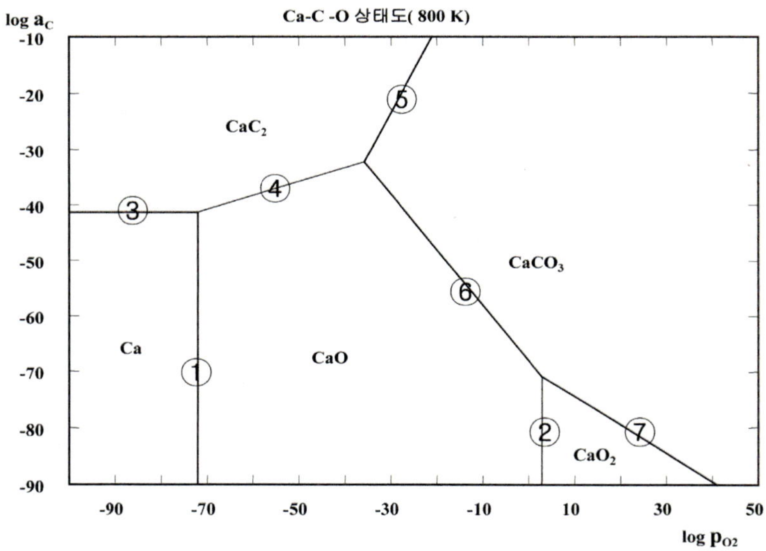

[그림 3.18] $Ca-C-O$ 상태도[Outokumpu HSC Chemistry® for Windows를 이용하여 출력한 그래프]

보충설명

■ **상태도 프로그램**

상태도를 자동으로 그리는 Windows용 프로그램으로 "Outokumpu HSC Chemistry® for Windows"가 있다. www.outokumpu.fi/hsc

예제

SiC는 고온강도가 높아 우주왕복선의 외벽에 사용되는 유망한 재료이다. 그런데 산화성 분위기에서는 표면에 산화규소(SiO_2)를 만들어 강도가 저하되기 쉽기 때문에 산화성 분위기의 경우 분위기 가스의 조성에 특별히 주의해야한다. 1000 K에서 $Si-C-O$ 상태도를 그리고 총 압력이 산소, CO, CO_2로 구성되어 있다고 가정하면 $P_T = 10^{-35}$기압이 되는 선을 그리시오.

풀이

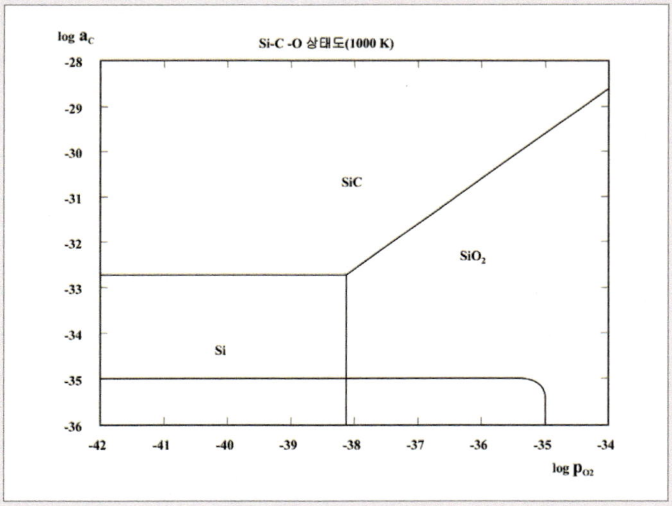

3.5.4 $M-O-S$ 상태도

(1) 경우 1 : M, MO, MS 만으로 이루어진 경우

$\ln P_{SO_2} - \ln P_{O_2}$ 그래프 상에 축에 해당되는 원소들인 SO_2와 O_2를 포함하는 아래의 반응들을 이용하여 상의 공존선을 그린다.

$$M + \frac{1}{2}O_2 = MO \quad \left(\ln P_{O_2} = \frac{2\Delta G_I^\circ}{RT}\right) \tag{I}$$

$$M + SO_2 = MS + O_2 \quad \left(\ln P_{SO_2} - \ln P_{O_2} = \frac{\Delta G_{II}^\circ}{RT}\right) \tag{II}$$

$$MO + SO_2 = MS + \frac{3}{2}O_2 \quad \left(\ln P_{SO_2} - \frac{3}{2}P_{O_2} = \frac{\Delta G_{III}^\circ}{RT}\right) \tag{III}$$

여기서 $\Delta G_{III} = \Delta G_{II}^\circ - \Delta G_I^\circ$ 인 관계가 성립되기 때문에 세 개의 선은 한점에서 만나고 세 개의 선 중 두 선 만이 독립적인 관계를 만족한다. [그림 3.19(a)]에서 보면 3개의 선으로 $\ln P_{SO_2} - \ln P_{O_2}$ 그래프가 A, B, C, D, E, F의 6개 영역으로 나뉘어 진다. 그 각각의 영역에서 어떠한 상이 안정하고 어떠한 것이 준안정상인지를 판단해서 표시한다. 즉 영역 A에서 보면 M이 MO보다 안정하지만 MS가 M보다 안정하여 MS 가 가장 안정하게 된다. 이에 따라 각 영역에 대해 안정한 선과 준안정한 선을 표시하면 [그림 3.19(b)]와 같이 상태도가 그려진다.

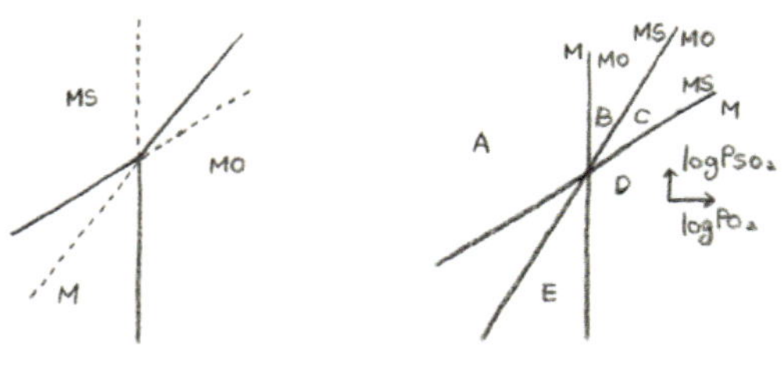

(a) (b)

[그림 3.19] M, MO, MS 상의 안정영역

(2) 경우 2 : MO, MS, MSO_4 상을 포함하는 경우

3 상들의 가능한 조합에 해당되는 반응을 좌표 축의 원소를 이용하여 만들어 보면 아래와 같이 쓸 수 있다.

$$MO + SO_2 = MS + 3/2O_2 \qquad \log P_{SO_2} = \frac{3}{2} log P_{O_2} + \frac{\Delta G^{\circ}_{III}}{2.3RT} \tag{III}$$

$$MS + 2O_2 = MSO_4 \qquad \log P_{O_2} = \frac{1}{2}\frac{\Delta G^{\circ}_{IV}}{2.3RT} \tag{IV}$$

$$MO + SO_2 + \frac{1}{2}O_2 = MSO_4 \qquad \log P_{SO_2} = -\frac{1}{2} log P_{O_2} + \frac{\Delta G^{\circ}_{V}}{2.3RT} \tag{V}$$

이로부터 $\log P_{SO_2} - \log P_{O_2}$ 그래프 상에 [그림 3.20]과 같이 공존선들을 그릴 수 있다. 이 경우도 $\Delta G^{\circ}_{V} = \Delta G^{\circ}_{III} + \Delta G^{\circ}_{IV} (= \Delta G^{\circ}_{II} + \Delta G^{\circ}_{IV} - \Delta G^{\circ}_{I})$인 관계가 만족되므로 세 선이 한점에서 만나고 그 중 2개의 선 만이 서로 독립적이 되어 위의 설명과 마찬가지 방법으로 [그림 3.20]의 굵은 선으로 표시된 상의 안정영역을 표시할 수 있다.

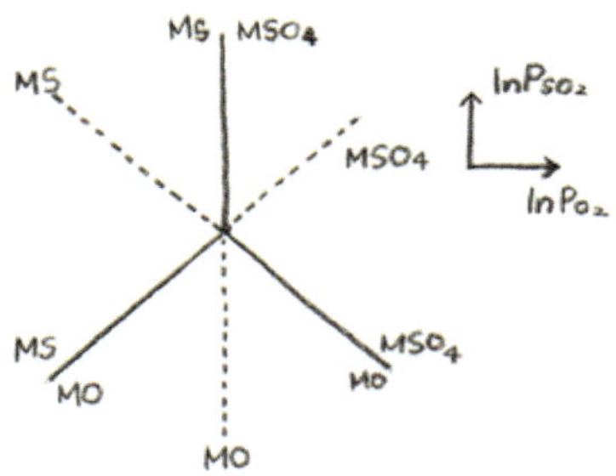

[그림 3.20] MO, MS, MSO_4 안정영역

(3) 경우 3 : M, MO, MS, MSO_4를 포함하는 1)과 2)가 혼합된 경우

이는 가장 일반적인 경우로 M/MO, M/MS 그리고 MS/MSO_4, 세 개의 독립된 선이 생기는데 이때 각각의 경우에 따른 상태도는 아래 경우와 같다.

① case A : M/MO가 MS/MSO_4 왼쪽에 위치하는 경우

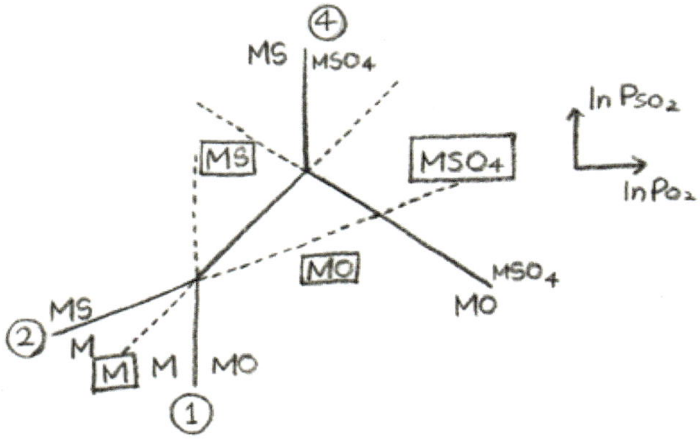

② case B : M/MO가 MS/MSO_4의 오른쪽에 있는 경우

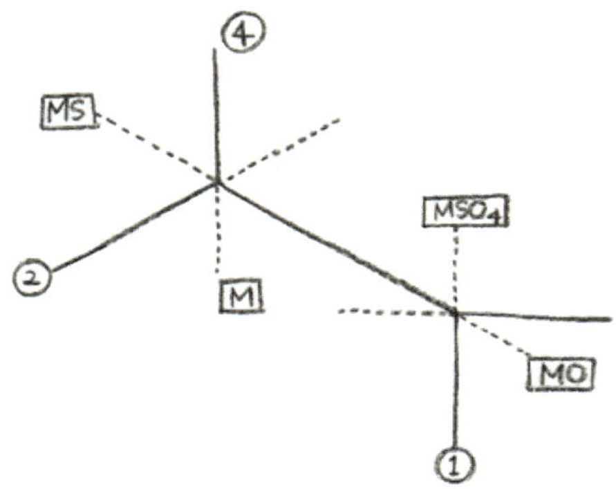

(4) 경우 4 : MO, MS, MSO_4, $MO \cdot MSO_4$로 구성된 경우

이 경우에는 다음과 같은 $MO \cdot MSO_4$을 포함하는 식으로부터 아래의 두가지 경우에 대해 상태도를 그릴 수 있다. 여기서 ΔG°_{VI}는 반응(VI)의 표준 Gibbs 에너지 차이이다.

$$2MO + SO_2 + \frac{1}{2}O_2 = MO \cdot MSO_4 \quad \ln P_{SO_2} = -\frac{1}{2}\ln P_{O_2} + (\Delta G^\circ_{VI}/RT) \qquad \text{(VI)}$$

① case A : MO/MSO_4가 MO/MSO_4의 왼쪽에 위치하는 경우

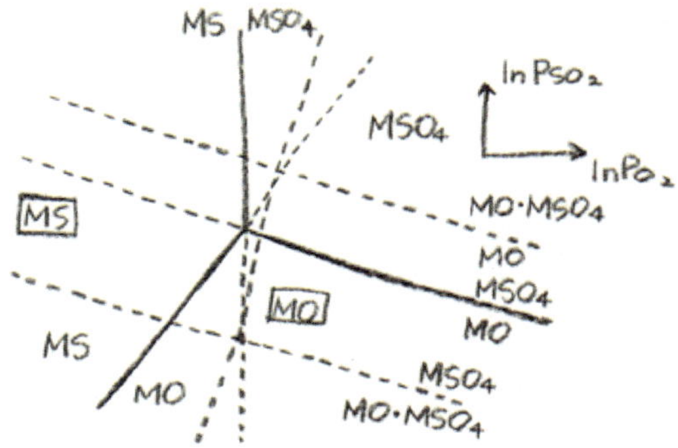

② case B : MO/MSO_4가 $MO/MO \cdot MSO_4$의 오른쪽에 위치한 경우

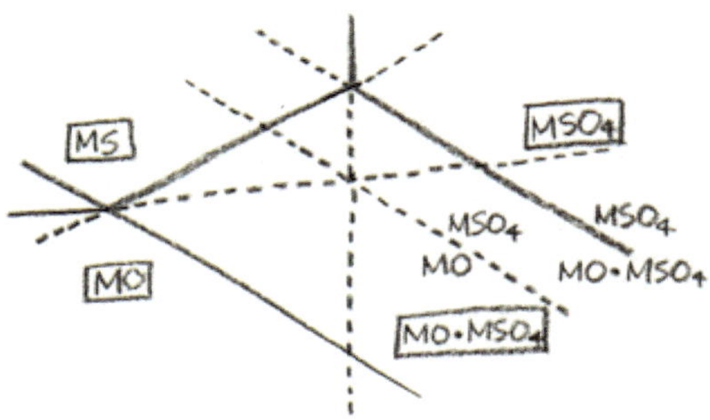

3.6 삼상 상태도

앞에서 설명한 바와 같이 [그림 3.21] Ⓐ와 같이 $CO_2 - CO$ 압력 축 위에 여러 가지의 총 압력 값에 대해 등압선을 그릴 수 있다. 만약 $\log P_{CO_2}$-$\log P_{CO}$ 그래프 위에 그린 $M-C-O$ 상태도 위에 총 압력선이 [그림 3.21] Ⓑ와 같이 전부 CO_2로 구성되어 있다면 압력이 P_T(I)에서 P_T(IV)까지 변할 때 각각의 삼상 상태도는 [그림 3.21] Ⓒ, Ⓓ, Ⓔ 그리고 Ⓕ와 같이 나타나게 된다.

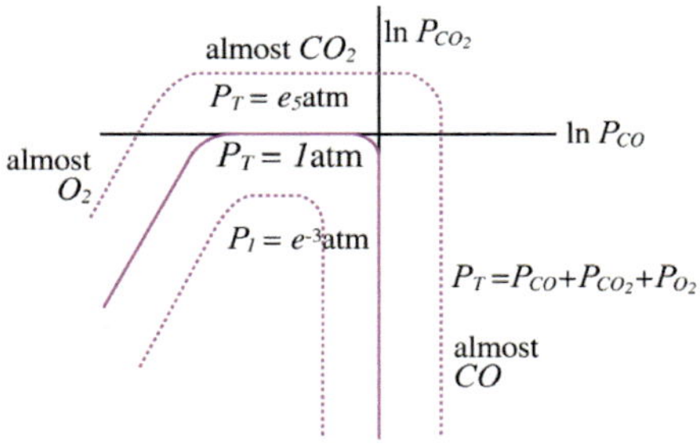

Ⓐ

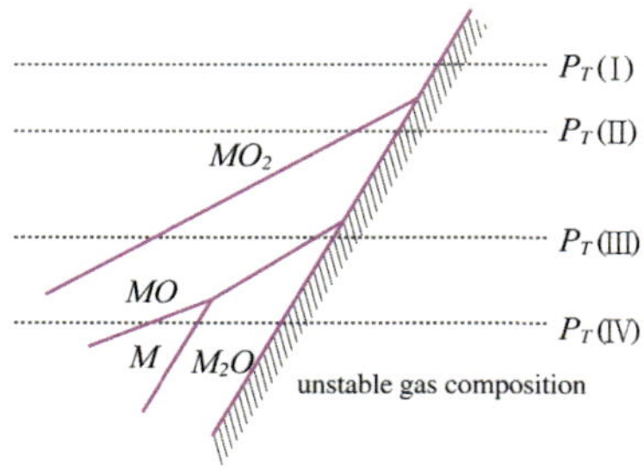

Ⓑ

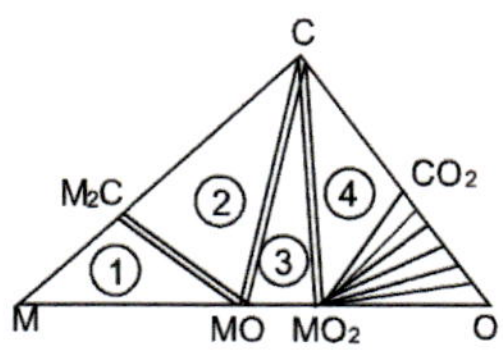

Ⓒ P_T(I)의 경우

① : $M/MO/M_2C$ 3phasez

② : $MO/M_2C/C$ 3 phase

③ : $C/MO/MO_2$ 3 phase

④ : C/MO_2/gas 3 phase

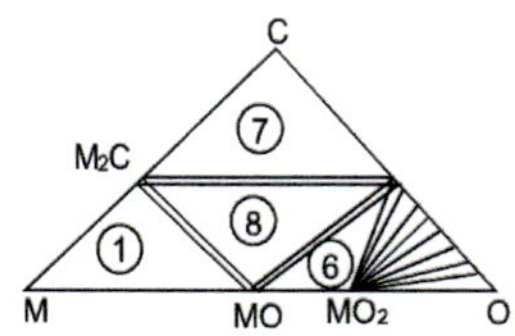

Ⓓ P_T(Ⅲ)의 경우

① : $M/MO/M_2C$

⑥ : MO/MO_2/gas

⑦ : C/M_2C/gas

⑧ : M_2C/MO/gas

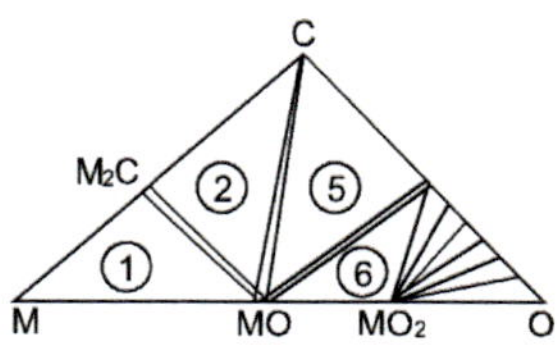

Ⓔ P_T(Ⅱ)의 경우

① : $M/M_2C/MO$

② : $M_2C/MO/C$

⑤ : gas/C/MO

⑥ : MO/MO_2/gas

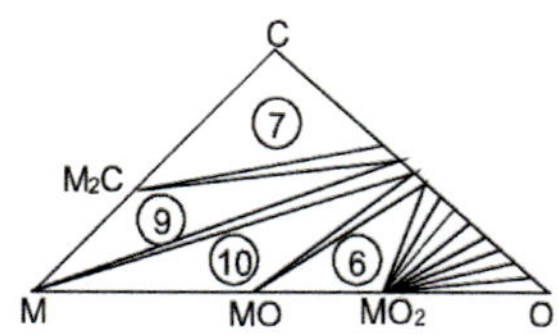

Ⓕ P_T(Ⅳ)의 경우

⑥ : MO/MO_2/gas

⑦ : C/M_2C/gas

⑨ : M/M_2C/gas

⑩ : M/MO/gas

[그림 3.21] Ⓐ 총 압력 곡선 Ⓑ M-C-O 상태도 위에 그린 총 압력선
ⒸⒹⒺⒻ : 총 압력에 따른 삼상 상태도

[그림 3.21]로부터 총압력이 P_T(I)에서 P_T(IV)까지 변화 할 때 발생되는 고체 상과 기체 상간의 평형관계를 알 수 있다. 예를 들면 P_T(I)에서 P_T(II)로 변화시킬 때 [그림 3.21] 같이 평형 연결선(tie line)이 $C-MO_2$에서 $MO-$기체가스로 바뀌게 된다. 그 중간에 분명히 MO, MO_2, v, 기체상의 4개의 相이 평형상태로 共存하는 점이 발생되게 된다. 이 점이 삼상 상태도에서는 $MO/MO_2/C$의 3相이 共存하는 점에서의 기체의 조성(압력)이 된다.

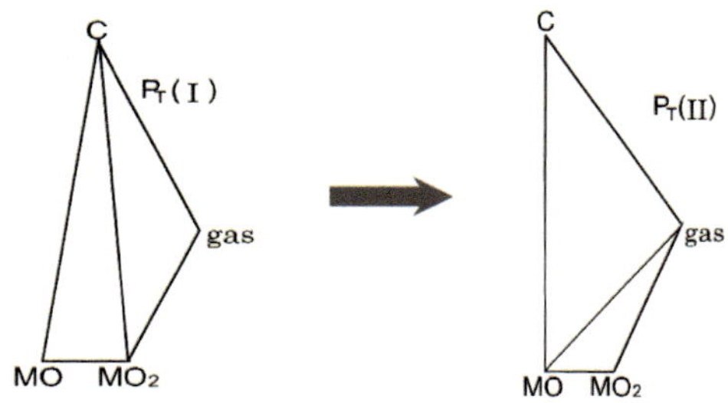

[그림 3.22] $P_T(I)$으로부터 P_T(IV)까지 변할 때 발생되는 고체상과 기체 상간의 평형관계

다른 예로서 $\log P_{SO_2} - \log P_{O_2}$ 그래프에 그린 M-S-O 상태도로부터 여러 가지 값의 총 압력에 대해 삼상도를 그려보자. [그림 3.23]의 경우 총 압력선의 영역 ①에서는 대부분의 가스 성분이 S_2로 구성되고, 영역 ②에서는 SO_2, 영역 ③에서는 O_2로 구성됨을 알 수 있다.

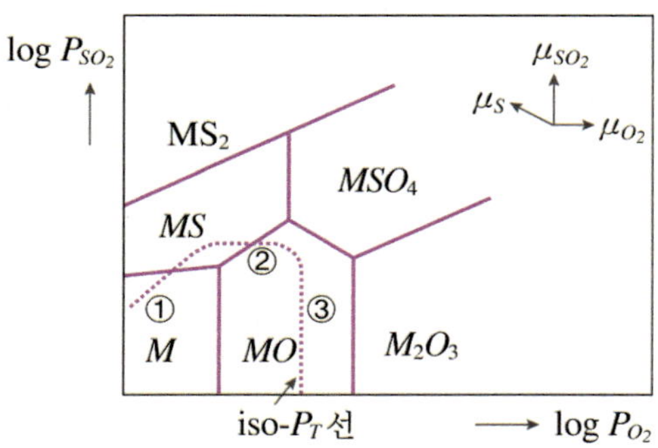

[그림 3.23] M-S-O 상태도 및 총 압력선

이 때 아래의 4 경우의 총 압력에 대해 해당되는 삼상 상태도를 그려 보면 다음과 같다.

①

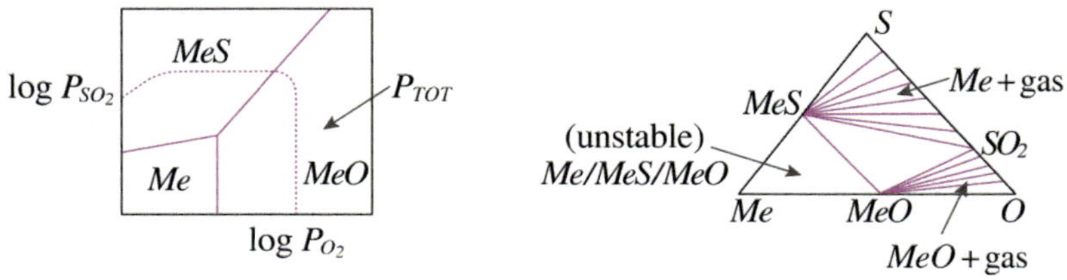

②

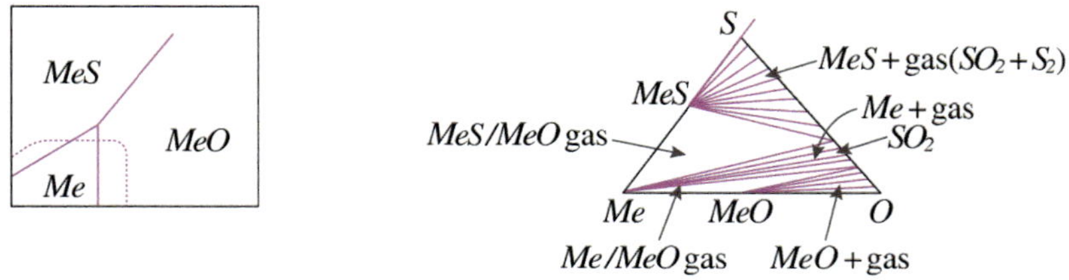

③

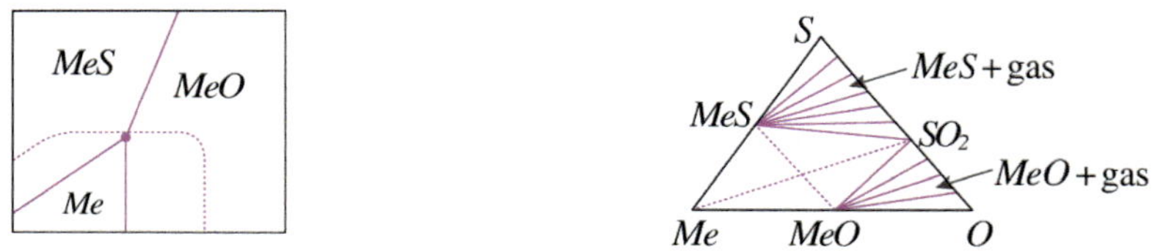

④

여기서 $Me-MeS-MeO-MeSO_4$의 4각형의 연결선(tie line)은 아래 반응의 ΔG^o 값의 음, 양에 의해 결정된다. 예를 들면

① $4MeO + MeS = 4Me + MeSO_4$ $\qquad \Delta G^\circ > 0$이면

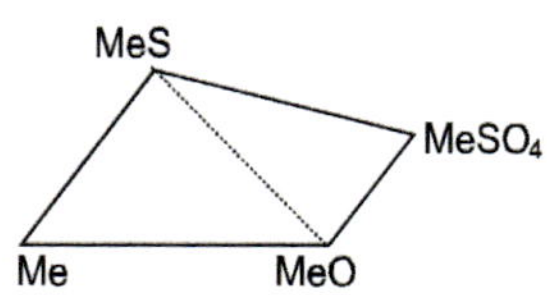

② $4MeO + MeS = 4Me + MeSO_4$ $\quad\quad \Delta G^{\circ} < 0$이면

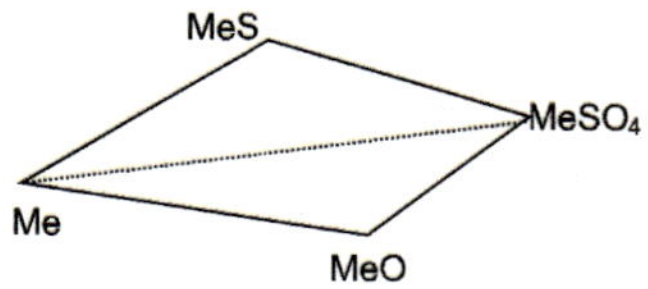

이 된다.

예제

금속 A와 B가 A_3B, AB, AB_3의 3개의 금속간 화합물을 형성한다. 이 때 아래의 표준 형성에너지를 바탕으로 300–2000K 사이에서 상태도를 그리시오.(단, 각 화합물이 2000K까지 용해되지 않고 서로의 용해도도 없다고 가정한다.)

$$A + B = AB \quad\quad \Delta G^{o} = -1120 \text{ joules}$$
$$3A + B = A_3B \quad\quad \Delta G^{o} = -2640 - 4T \text{ joules}$$
$$A + 3B = AB_3 \quad\quad \Delta G^{o} = -2400 + 2T \text{ joules}$$

또한 1000K에서 A의 활동도를 B의 농도에 따라 그리시오.

풀이

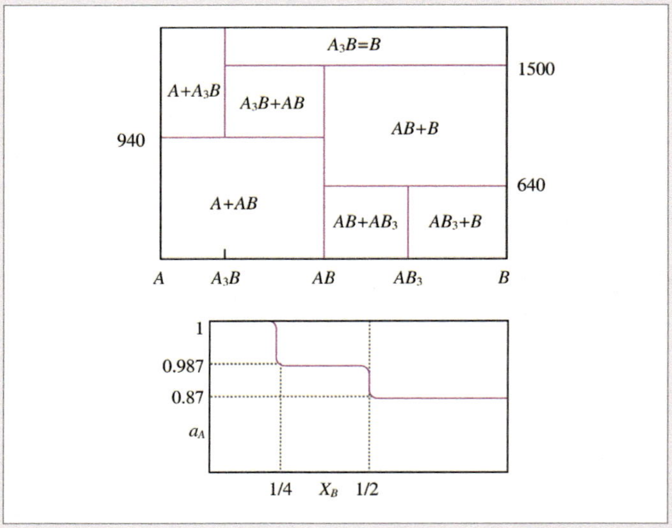

3.7 산소압력에 따른 휘발성 원소의 증기압 - Kellog Diagram

고체 상의 원소가 증발되어 발생하는 원소의 증기압이 대기 중에 존재하는 특정 원소의 분압에 따라 달라질 수 있다. 예를 들면 이와 같은 현상 때문에 고온 로에서 오래동안 유리관을 사용하는 경우, 유리관의 입구부근에서 가끔 하얀 색의 물질이 덮혀 져 있는 것을 발견할 때가 있다. 또한 백열등의 수명이 다할 때, 내부에 하연 먼지가 존재하는 것을 발견 할 것이다. 이와 같은 현상들은 진공으로 밀폐된 유리실 내부에 적당량의 산소가 주입되어 유리(SiO_2)와 반응하여 SiO 가스로 증발한 후 벽에 응결되기 때문인 경우가 많다.

이와 같이 재료는 주변의 산소분압에 비례하여 가스 상태로 증발하게 된다. 예를 들어 2000K에서 Si 이 가스상태로 증발 할 때 그 증발 가스의 분압을 계산 해 보자. 아주 낮은 산소압력, 즉 $P_{O_2} = 4 \times 10^{-15}$atm 미만에서는 산화되지 않은 순수한 실리콘으로 존재하며 주변 산소분압이 증가하여 $P_{O_2} = 4 \times 10^{-15}$ 이상이 되면 아래 반응

$$Si + O_2 = SiO_2 \qquad \Delta G^{o,f} = -131713 \text{ cal/mole} \tag{3-70}$$

에 의해 SiO_2가 형성된다. 이 Si 이 단독으로 혹은 주변산소와 반응하여 만들 수 있는 가스 상의 종류는 $Si(g)$, $SiO(g)$ 그리고 $SiO_2(g)$가 있다. 또 그들의 분압은 다음의 반응으로부터 구할 수 있다.

$$Si(s) = Si(g) \qquad \log P_{Si} = -\frac{\Delta G^o_{vaporization}}{2.3 \times 2000 \times 1.987} \tag{3-71}$$

$$Si(s) + \frac{1}{2}O_2 = SiO(g) \qquad \log P_{SiO} - \frac{1}{2}\log P_{O_2} = -\frac{\Delta G^o_{rxn}}{2.3 \times 2000 \times 1.987} \tag{3-72}$$

$$Si(s) + O_2 = SiO_2(g) \qquad \log P_{SiO_2} - \log P_{O_2} = -\frac{\Delta G^o_{rxn}}{2.3 \times 2000 \times 1.987} \tag{3-73}$$

식 (3-71) ~ 식 (3-73)으로부터 $\log P_{O_2}$에 따른 증기압의 변화를 살펴보면 $Si(g)$는 산소

분압에 무관한 증기압을 보여주며 $SiO(g)$는 기울기가 1/2이고 $SiO_2(g)$는 기울기가 1인 증기압 변화를 보여준다. 이를 증기압 대 $\log P_{O_2}$곡선 상에 그리면 [그림 3.24]와 같이 된다.

마찬가지로 산소분압이 $P_{O_2} = 4 \times 10^{-15}$atm 이상에서는 $Si(s)$이 $SiO_2(s)$상으로 존재하므로 산소와의 반응에 의한 휘발성분 발생 시 $Si(s)$ 대신 $SiO_2(s)$을 고려해야 된다. 따라서 반응

$$SiO_2(s) = SiO_2(g) \qquad \log P_{SiO_2} = -\frac{\Delta G^o_{vaporization}}{2.3 \times 2000 \times 1.987} \tag{6-74}$$

$$SiO_2(s) = SiO(g) + \frac{1}{2}O_2 \qquad \log P_{SiO} + \frac{1}{2}\log P_{O_2} = -\frac{\Delta G^o_{rxn}}{2.3 \times 2000 \times 1.987} \tag{6-75}$$

$$SiO_2(s) = Si(g) + O_2 \qquad \log P_{Si} + \log P_{O_2} = -\frac{\Delta G^o_{rxn}}{2.3 \times 2000 \times 1.987} \tag{6-76}$$

으로부터 산소분압에 무관한 $SiO_2(g)$의 분압과 -1/2의 기울기를 가지는 $SiO(g)$의 분압 및 $Si(g)$의 분압을 [그림 3.24]와 같이 그릴 수 있다.

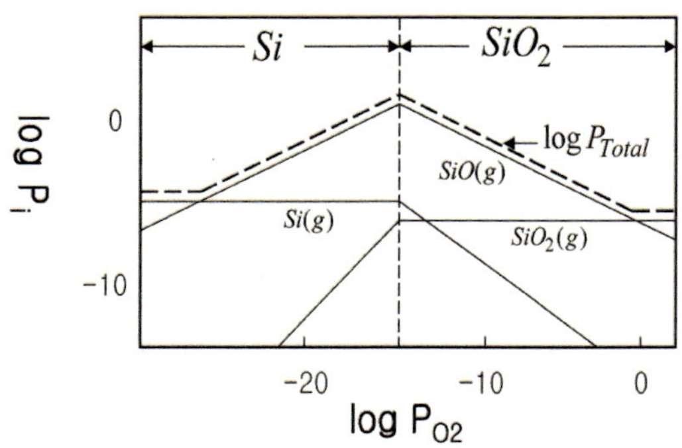

[그림 3.24] Si의 산소분압에 따른 증기압(Kellog 그래프)

[그림 3.24]로부터 우리는 Si과 SiO_2가 공존하는 평형 산소분압($P_{O_2}=4\times10^{-15}$atm)에서 증기압이 가장 높은 것을 알 수 있으며 또한 그 증기압의 대부분은 $SiO(g)$(0.32기압)가 차지함을 알 수 있다. 즉 산소분압이 높을 때보다 오히려 산소분압이 낮을 경우 증발이 더 잘 발생하며 주로 $SiO(g)$의 형태로 증발함을 알 수 있다.

또한 Hertz-Langmuir 식으로부터 단위시간 당, 단위 면적 당 증발되는 물질의 양(flux)는

$$J_i(molecules/cm^3\sec)=\frac{p_i}{\sqrt{2\pi M_i kT}} \tag{3-77}$$

으로 표현된다. 여기서 p_i는 i원소의 평형분압이고 M_i는 분자량, k는 planck 상수(R/6×10^{23})이다. 따라서 각 성분의 증기압을 알면 식 (3-77)을 이용하면 표면으로부터 증발되어 없어지는 재료의 속도를 예측할 수 있다. 그러나 식 (3-77)은 진공 중에서 부분 증기압, p_i를 갖는 원소의 이상적인 증발률이고, 실제로는 증발되는 성분이 기체상에서 다른 가스들과 충돌하여 다시 표면에 증착되기 때문에 여기세 계수 α를 곱해주어야 한다. 즉, p_i항은 $\alpha p_i(\alpha<1)$로 된다.

예제

C/C 복합재료는 고온에서 높은 강도를 유지하기 때문에 우주선의 외부타일이나 크루즈 미사일의 노즐 목 등에 많이 사용하는 중요한 재료이다. 그러나 외부의 산소와 반응하여 산화되기 때문에 이를 방지해 주기 위하여 SiC로 코팅을 해주어 사용한다. SiC는 공기에 노출된어 표면에 SiO_2를 형성함으로써 산소의 침입을 막아준다. 그러나 증착된 SiC에 Si 불순물이 끼어있을 경우 SiC가 증발하여 없어진다.(C.O.Park, J. Korean Ceramic Soc., 27(4), 1990 p543-547)

(1) 2000K에서 $Si-C-O$ 상태도를 그리고 그 위에 증발되는 성분의 평형 증기압을 3차원적으로 그리시오.

(2) Si 불순물이 존재하는 SiC 코팅층(Si/SiC공존위치)의 상태도 위치를 표시하고

(3) 증발되어 없어지는 두께 감소율을 구하시오.

풀이

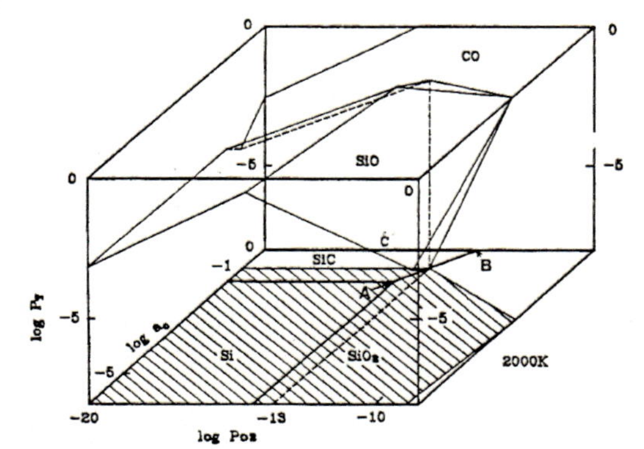

The disitribution of total volatile gas pressure

(3) 대부분 SiO 가스에 의해 증발된다고 가정하면

$$R_{SiO_2}(\text{cm/sec}) = \frac{44.3 \times P_{SiO} \times M_{SiO}}{M_{SiO}^{1/2} \times \rho_{SiO} \times T^{1/2}} 1.2\ \text{cm/sec}$$

CHAPTER 4

전기화학 열역학

전압의 종류 • 4.1

기전력의 발생 • 4.2

Galvanic Cell • 4.3

화학적인 일의 양 • 4.4

기준전극 • 4.5

전기화학반응 • 4.6

전압/PH(Poubaix) 그래프 • 4.7

이 장에서는 열역학 제 1 법칙, $dU = TdS - PdV + HdM + \Phi dq + \gamma dA + \sum_i \mu_i dn_i$에서 일반적인 일 중에 주로 전기적인 일에 해당하는 Φdq 항에 대해 다루게 된다. 이는 전하를 띤 원소를 계에 넣어주거나 빼줄 때, 필연적으로 수반되는 계 전체의 순전하량의 변화에 기인하는 것으로 계에 전하를 띈 이온들을 넣어줄 때 에너지가 계의 Galvani 전압(Φ)에 따라서도 Φdq만큼 변하게 됨을 의미한다. 특히 전하를 띤 원소간의 반응은 일반적인 화학반응이 아니라 전자를 수반하는 전기화학반응이 되기 때문에 이 장에서는 주로 전기화학반응의 열역학적인 관계를 취급하게 될 것이다.

전기화학반응과 일반 화학반응의 차이점은 반응이 일어나는 장소에 있다. 전기화학반응의 경우는 산화반응과 환원반응*이 서로 다른 장소에서 발생하지만 화학반응의 경우는 산화반응과 환원반응이 같은 장소에서 동시에 일어나게 된다. 따라서 전기화학반응이 일어나기 위해서는 항상 전자와 이온의 흐름을 수반하게 된다. 전자는 전류 형태의 전기에너지로 외부로 흘러가게 되고, 내부 전해질로는 이온흐름의 형태로 이동하게 된다. 그러나 엄밀히 이야기 하면 모든 화학반응은 전기화학 반응의 형태로 만들 수 있다.

전기화학반응에서 음극(cathode)에서는 전자를 받아들이는 반응이 일어나며 이를 환원반응(cathodic reaction)이라고 부른다. 그리고 반대로 양극(anode)에서는 전자를 내놓는 반응이 일어나며 이를 산화반응(anodic reaction)이라고 부른다. 관념상 우리는 전해질 내의 양이온(cation)이 향해가는 전극을 음극(cathode)이라고 부르고 반대로 음이온(anion)이 향해 가는 전극을 양극(anode)이라고 부른다. 따라서 재충전용 배터리(rechargeable battery)에서 방전시킬 때와 충전 시킬 때 극의 이름은 전해질 내에서의 이온들의 이동방향이 반대가 되기 때문에 이름도 반대가 된다. 즉 cathode와 anode는 충전과 방전 시 [그림 4.1]에서와 같이 서로 반대가 된다. 그러나 만약 +극과 −극으로 구별한다면 충전 시나 방전 시 같은 부호를 가지게 된다. 즉 방전 시 외부에 부하를 걸어주게 되면 배터리의 −극에서 전자가 나와 +극으로 흘러가게 되고, 충전 시에는 외부에서 −극에 −극을 연결하고 +극에 +극을 연결하여 외부에서 전자를 배터리 내로 주입해주게 된다.

보충설명

■ **산화반응과 환원반응**

- 산화반응(anodic reaction) : 양극(anode)에서 일어나는 반응으로 전자를 내주는 반응.

  $O^{2-} \rightarrow 1/2O_2 + 2e$

- 환원반응(cathodic reaction) : 음극(cathode)에서 일어나는 반응으로 전자를 받는 반응.

  $1/2O_2 + 2e \rightarrow O^{2-}$

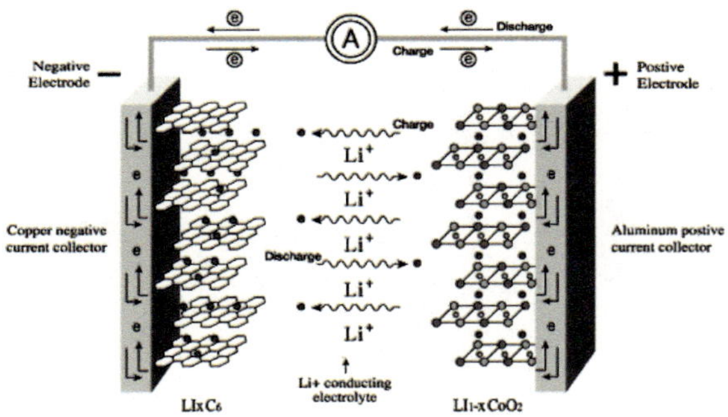

[그림 4.1] Li 배터리의 충전과 방전과정. 음극과 양극은 충전 시의 극성임

4.1 전압의 종류

어느 지점의 전압 값은 진공 중의 무한대의 위치에서 그 위치까지 단위 양전하(1C)를 옮길 때 드는 일의 양으로 정의된다. 만약 진공공간의 무한대 위치에서 단위 양전하를 재료(예 금속) 내부로 가지고 온다고 생각하면 이 때 전하가 받게 되는 힘은 두 가지로 나누어 볼 수 있다. 하나는 금속이 전하를 띄고 있는 경우(대전되어 있는 경우), 전하끼리의 Coulomb 힘에 의한 힘이고, 다른 하나는 금속 표면에 형성된 dipole 때문에 생긴

전압차이를 극복하는 데 필요한 힘으로 구별할 수 있다. 전자의 경우에 의해 생기는 포텐셜을 Volta potential(Outer potential)이라고 하고, 후자의 경우를 Surface potential이라고 한다. 따라서 전하를 금속 내부로 넣기 위해서는 Volta potential과 surface potential의 에너지를 합해준 에너지가 필요하다. 진공 중의 전압을 0이라 정의하면 금속 내부의 전압은 이 두 전압의 에너지를 합한 형태가 된다. 이 두 전압의 합을 Galvani potential이라고 부르고 이것이 우리가 전기화학에서 사용하는 재료의 전압이다.

(1) Volta potential(Outer potential)

재료의 표면 가까이 약 수 um근처의 전압을 말한다. 시험 전하(test charge)를 무한대의 위치에서 금속으로 접근시킬 때 전하가 느끼는 힘은 "image force"와 전하를 띤 금속과의 전기적힘인 "Coulomb force"가 동시에 중첩되어 작용한다. 먼저 image force란 전하를 갖지 않는 금속에 전하가 접근할 때 마치 대칭되는 거리에 반대전하를 갖은 전하가 있는 것같이 작용하는 힘이다. 이때 금속으로부터 d 만큼 떨어진 위치에 있는 q 전하가 받는 힘은 $F=-q^2/(2d)^2$가 되고, 무한대에서 x위치까지 옮기는데 드는 일은 $W_x=-\int_{\infty}^{d}F(x)dx$가 되어 image force에 의한 전압은

$$\Psi_{image}=-q^2/4d \tag{4-1}$$

가 된다. Coulomb 힘에 의한 전압은 위와 마찬가지로 만약 금속이 Q 만큼의 전하를 가지고 있다면

$$\Psi_{Coulomb}=Qq/(r_o+d) \tag{4-2}$$

가 된다. 여기서 금속이 $+Q$를 가지고 시험전하에 미치는 효과는 마치 금속표면의 굴곡에 해당되는 반경, r_o을 갖는 구의 중심에 전하 $+Q$가 있는 것과 같기 때문에 실제로 q가 r_o+d의 거리에 있는 것과 같다. 이 경우 아주 먼거리, 즉 $d \gg r_o$에서는

$\Psi_{Coulomb} = - Qq/d$가 되어 거리에 반비례해서 감소하고, 금속과 가까운 거리에서는 즉 $d \ll r_o$인 경우는 $\Psi_{Coulomb} = - Qq/r_o \simeq C_o$가 되어 일정한 값을 가지게 된다. 이 두 전압의 합이 시험전하가 금속 가까이 접근할 때 느끼는 전압 값으로 [그림 4.2]에서 나타낸 것과 같이 된다. 그림에서 보는 바와 같이 두 전압 값의 합은 표면의 수 um 영역에서는 일정한 값을 유지하게 되는데 이를 Volta potential 혹은 Outer potential 이라고 부르며 $\Psi_{Volta} \sim C_o$에 접근함을 알 수 있다. 따라서 전하를 띄지 않은 재료의 경우는 Volta potential 값은 0이 된다.

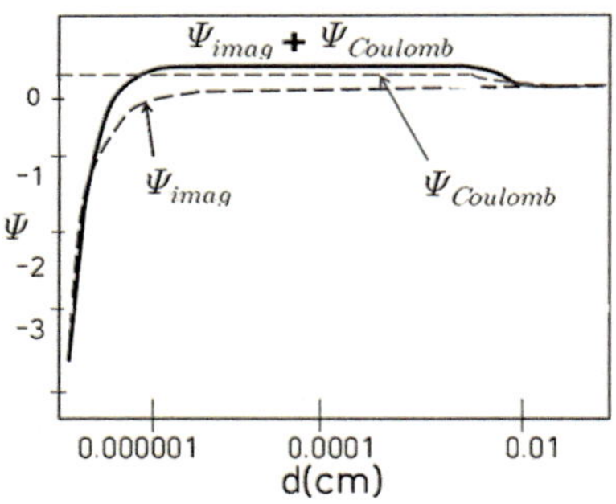

[그림 4.2] 금속표면의 거리에 따른 Ψ_{imag}와 $\Psi_{Coulomb}$ 및 두 전압의 합

(2) Surface potential

표면에서 재료 내부와 외부의 전하분포의 불균일로 인해 생긴 쌍극자(dipole)에 기인한다. 시험전하(+1C)를 금속 내부로 넣기 위해서는 이 Volta potential 뿐만 아니라 표면에 존재하는 dipole에 의한 전압 언덕을 넘어야 비로소 금속 내부로 들어갈 수 있다. 실제로 전하를 가지고 있지 않은 금속이더라도 금속내부의 전자들이 금속 밖으로 over-shooting되어 나옴으로써 금속은 양전하, 표면 밖에는 음전하를 띤 표면 dipole 층을 형성하고 있다. 세라믹의 경우는 표면 결함(surface defect level)이나 가스의 흡착(ionosorption)에 따른 표면의 전자 포획이나 제공에 의해 표면의 에너지 밴드가 휨으로 표면 dipole 층이 형성되어 있다. 이 dipole의 양쪽에서는 양전하와 음전하의 비대칭에 의해 전압 값이 다르기 때문에 이를 통과하기 위해서는 이 전압을 극복해야한다. 이

전압 턱을 표면 포텐샬, χ 라고 부른다.

(3) Galvani potential(Inner potential)

재료 표면을 통과한 바로 직후의 전압으로서 진공 중의 전압을 0이라고 기준하면 금속 내부의 전압(Inner potential 혹은 Galvani potential), Φ은 두 전압의 합

$$\Phi = \Psi + \chi \tag{4-3}$$

로 표시 된다.

(4) 전자의 전기화학 포텐셜(electrochemical potential)

무한대 위치의 진공에서 전자(e)를 재료 내부로 집어넣는데 필요한 에너지이다. 이미 1장 5절에서 설명했듯이 열역학적으로는 $\left(\frac{dG}{dn_i}\right)_{T,P,M,A,n_{j\neq i}}$ 로 정의되는데 전하를 띈 원소를 계에 집어넣으면 화학 포텐셜의 경우와는 달리 계 전체가 전하를 띄게 되서 전기적 일이 포함되어야 한다. 따라서 일반적으로 i 이온원소의 전기화학 포텐셜은 $\widetilde{\mu_i} = \mu_i + zF\Phi$로 정의한다고 했다. 여기서 다시 위의 이야기로 돌아가서, 표면을 바로 통과한 시험전하를 재료 내부로 넣기 위해서는 금속내의 전자나 원자들과의 상호작용에서 생기는 힘을 또한 극복해야 한다. 시험전하가 전자라면 이 에너지, 즉 표면 바로 밑에서 재료 내부로 옮기는데 드는 일을 우리는 전자의 화학포텐셜, μ_e라고 부른다. 따라서 전자(e)를 금속 안으로 넣는 데 드는 일, 즉 전자의 전기화학 포텐샬은 아래 식 (4-4)와 같이 전자의 화학포텐샬과 Volta potential(Ψ) 그리고 surface potential(χ)에 의한 일을 합한 것이 된다. 이 전자의 존기화학 포텐샬($\widetilde{\mu_e}$) 값은 전자의 Fermi level(E_F)과 같다. 마찬가지로 Work function은 전자의 전기화학 포텐샬의 개념과는 반대로 전자를 재료 내부에서(더 정확하게는 Fermi level에서) 진공 중으로 끄집어내는데 드는 일의 양이기 때문에 절대 값은 같고 부호만 반대인 관계를 갖는다. 정리하면 전자의 전기

화학 포텐셜은 Fermi level과 같고 이는 재료의 일함수(work function)과 부호만 다르고 절대 값은 같다.

$$\tilde{\mu}_e = \mu_e + (-e)(\Psi + \chi) = \mu_e - e\Phi = E_F = -\text{Work Function} \tag{4-4}$$

실제로 우리가 가진 전자계측기가 측정하는 전압은 이 전자의 전기화학 포텐셜 값 즉 Fermi level이다. 또한 1장 7절 2항에서 상평형조건으로 원소의 화학 포텐셜이 모든 상에 대해 같아야 한다고 했는데 전기화학에서는 전하를 띈 이온들을 다루기 때문에 화학 포텐셜의 균형은 의미가 없고 대신 모든 원소들의 전기화학 포텐셜이 같아야 평형을 이루게 된다. 즉, 이온 간의 평형은 전기화학 포텐셜로 판단한다는 것을 유념하기 바란다.

(5) Work Function

전자를 Fermi 준위(E_F)에서 무한대의 진공으로 옮기는데 필요한 에너지라고 앞에서 기술하였다. 이는 전자를 무한대의 진공에서 재료 내부로 집어넣는 데 필요한 에너지, 즉 전자의 전기화학 포텐셜, $\tilde{\mu}_e$와 정반대이므로 식 (4-4)와 같이 크기는 같고 부호는 반대인 관계를 가지고 있다. 그런데 앞에서 서술한 바와 같이 만약 반도체 재료가 전하를 띄고 있지 않으면 Ψ=0이 되어 전자의 전기화학 포텐셜은

$$\tilde{\mu}_e = \mu_e - e\chi = -W \tag{4-5}$$

가 된다. 따라서 식 (4-5), $W = -\mu_e + e\chi$를 [그림 4.3]으로부터 도식적으로 살펴보면 실제로 반도체재료의 경우 [그림 4.3(a)]에서 보는 바와 같이 전자의 화학 포텐셜, μ_e은 Fermi level과 전도 밴드(EC)의 차*가 됨을 알 수 있고, 금속의 경우는 [그림 4.3(b)]와 같이 금속의 표면 바로 안쪽의 전자의 에너지인 전자의 최상단 에너지 준위와 E_F의 차이가 된다. 여기서 고체 내 전자의 에너지 준위가 진공의 준위보다 낮은 것은 전자들이 고체 내에 묶여 있어 잘 나가지 못함을 의미한다.

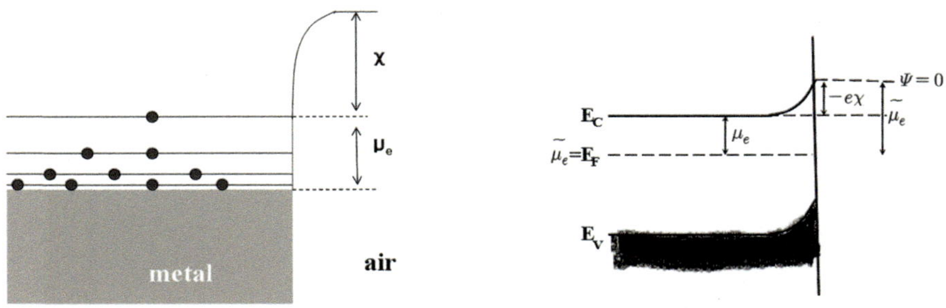

(a) 반도체 재료 (b) 금속재료

[그림 4.3] Work Function의 에너지 그래프

보충설명

■ **전자의 화학 포텐셜에 대하여…**

반도체의 경우 전자의 농도 $n = N_C \exp\left(-\dfrac{E_C - E_F}{kT}\right)$ 이므로 $E_F - E_C = kTln\dfrac{n}{N_C}$ 이 되고 n_o를 표준상태에서의 전자의 농도라고 하면

$$E_F - E_C = kTln\frac{n_o}{N_C} + kTln\frac{n}{n_o} \qquad \text{(a)}$$

와 같이 쓸 수 있다. 그런데 $\mu_e = \mu_e^o + kTln\dfrac{n}{n_o}$ 가 되므로 식 (a)에 대입하면

$$E_F - E_C = \mu_e - \mu_e^o + kTln\frac{n_o}{N_C} \qquad \text{(b)}$$

가 된다. n_o, μ_e^o, N_C가 모두 상수이므로 $E_F - E_C \propto \mu_e$ 하게 된다. 특히 식 (b)에서 만약 표준상태를 전자농도가 N_C가 되게 잡으면

$$E_F - E_C = \mu_e - \mu_e^o \qquad \text{(c)}$$

가 된다. [그림 4.3(a)]에서 도시한 바와 같이 $E_F - E_C \propto \mu_e$이 성립된다. 이 경우 $E_F = \tilde{\mu}_e = \mu_e - e\Phi$ 이므로 이를 식 (c)에 대입하면 전도대의 위치는

$$E_C = \mu^o(n_o = N_C) - e\Phi \tag{d}$$

가 된다. 따라서 전도대의 하단은 전자의 표준 화학 포텐셜보다 $e\Phi$ 만큼 아래에 위치한다. Galvani potential이 올라가면 즉 양의 전압을 가하면 전도대는 내려간다는 것을 알 수 있다.

금속의 경우도 마찬가지로 금속내 전자가 밖으로 나가기 위해서는 금속 표면 바로 밑인 Galvani potential 위치까지 가야 하기 때문에 이는 전자가 위치할 수 있는 가장 높은 에너지 준위부근이 된다. 따라서 일함수(Work function)는 [그림 4.3(b)]에 대략적으로 도시한 것같이 전자의 화학 포텐셜과 표면의 전자의 쌍극자에 의한 표면전압으로 구성된다.

4.2 기전력의 발생

Galvani potential은 단위 양전하(unit positive charge)를 무한대 지점에서 재료 내부(실제로는 재료의 표면 바로 아래)로 옮기는데 필요한 일의 양이라고 앞에서 서술했다. 마찬가지로 두 지점사이의 전압차라고 하는 것은 단위 양전하를 두 지점사이에서 이동시키는데 드는 일과 같다. 그러나 이 Galvani potential을 직접 측정할 수 있는 방법은 현재 기술로는 불가능하다. 왜냐하면 우리가 쓰는 전자기기는 전부 전자를 이용하고 있

기 때문에 전압을 측정한다고 하는 것은 실제로 전자의 전기화학 포텐셜(Fermi level)을 측정하는 것이다. 그래서 만약 [그림 4.4]와 같이 두 단자를 오렌지에 꽂고 전압을 측정한다면 그때 읽혀지는 전압, V는 두 단자의 전자의 전기화학 포텐셜 차이

$$V = -(\widetilde{\mu_e}^{\oplus} - \widetilde{\mu_e}^{\ominus})/F \tag{4-6}$$

와 같이 된다. 여기서 $\widetilde{\mu_e}^{\oplus}$는 (+)전극의 전자의 전기화학 포텐셜이고 $\widetilde{\mu_e}^{\ominus}$는 (-)전극의 전자의 전기화학 포텐셜이다. 그런데 식 (4-6)에서 보면 전자의 전기화학 포텐셜은 $\widetilde{\mu_e} = \mu_e - q\Phi$로 정의되기 때문에 전압 측정기기의 양쪽단자를 같은 재료(예 구리)로 사용하면, $\mu_e(\sim kT\ln C_e$로 전자의 농도의 함수)는 같아지기 때문에 서로 상쇄되고 따라서 전자의 전기화학 포텐셜, $\widetilde{\mu_e}$를 재면 그로부터 Galvani potential 차이, $\Delta\Phi$를 추론할 수 있다. 즉, 식 (4-6)에 $\widetilde{\mu_e} = \mu_e - q\Phi$을 대입하면 $V = \Phi^{\oplus} - \Phi^{\ominus}$가 된다.

그러면 우리가 재는 전체 전압은 어떤 전압으로 구성되어 있는가를 알아보자. 일반적으로 전하를 띈 입자농도의 공간적인 분포가 있으면 그에 상당하는 Galvani potential 분포가 반드시 생기게 되는 것이 필연적인 자연현상이다. 즉, 상과 상 사이의 계면이나 염다리같이 불균일한 전하입자의 공간적 분포가 있는 곳에는 Galvani potential 차이가 있다고 보면 된다. 그런데 우리가 취급하는 전기화학 시스템은 필연적으로 전자가 풍부한 금속전극과 전자보다는 이온이 많은 전해질로 구성되고 그 사이에 농도가 급변하는 계면이 존재한다. 따라서 필연적으로 전자농도의 분포와 이온입자들의 분포가 계면에서 급격하게 일어나게 마련이다. 그래서 전기화학 시스템에서는 이러한 전극과 전해질 사이의 계면에서 급격한 Galvani potential 차가 발생하게 된다(interfacial potential). 또한 만약 전해질 내에서 이온들의 농도가 일정하지 않고 공간적인 분포를 가지고 있다면 거기에도 Galvani potential분포가 발생되게 된다(junction potential).

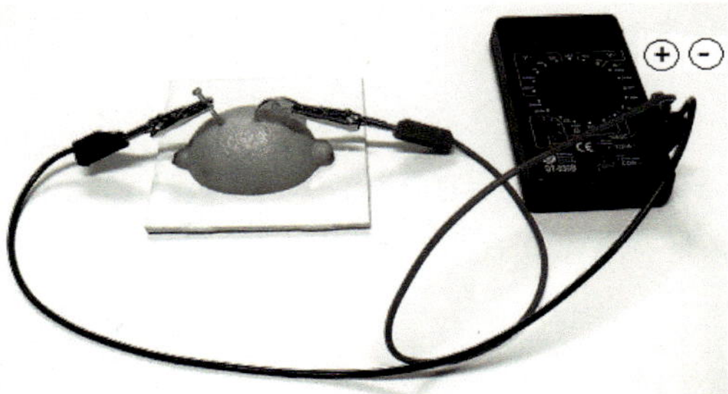

[그림 4.4] 오렌지의 전압 측정

결과적으로 우리가 재는 전압은 계면전압들의 합과 내부전압들의 합으로 구성 되어 있다고 생각할 수 있다. 즉

$$\text{전체 전압} = \sum_i E_{interface} + \sum_i E_{junction}$$

이 된다.

보충설명

■ electronics와 ionics

미래에 기술이 발전되어 오늘날의 전자회로를 이온을 이용한 이온회로로 만들 수 있다면 양이온의 전기화학포텐셜을 측정할 수 있어 Galvani poential의 변화를 쉽게 측정할 수 있을 것이다.

(1) 계면전압(Interfacial potential)

금속전극과 전해질과 같은 계면 사이에서 발생하는 급격한 전압차이이다. 이는 전극과 전해질의 어느 특정 원소/이온이 평형반응을 이루고 있다면 이를 통해 구할 수 있다. 만약 평형을 이루는 반응이 없다면 Galvani potential 차이가 존재하지만 우리가 알 수 있는 방법은 없다. 이와같은 계면 전압에는 2가지종류가 있다.

① 제 1종 전극의 전압
② 제 2종 전극의 전압

제 1종전극의 계면전압이란 전해질에 전극이나 전극과 접촉하는 가스와 동일한 원소의 이온을 포함하고 있고 이들이 평형을 이루는 경우에 해당된다. 즉

$$M(\text{전극}) = M^{+z}(\text{전해질}) + ze \qquad [\text{고체 전극}]$$

혹은

$$X_2(\text{가스}) + 2ze = 2X^{-z} \qquad [\text{기체 전극}]$$

반응이 전극에서 평형을 이루고 있는 경우이다. 이 경우 우리는 위 반응들이 전극에서 국부적인 평형을 이루고 있기 때문에 각 원소의 전기화학 포텐셜이 같다는 조건으로 Galvani potential차이를 알 수 있다. 즉, 고체 전극의 경우는 $\Phi_{electrode} - \Phi_{electrolyte} = (\mu_{M^{+z}} + z\mu_e - \mu_M)/zF$가 되고 기체 전극의 경우는 전압차이가 $\Phi_{electrode} - \Phi_{electrolyte} = (\mu_X + z\mu_e - \mu_{X^{-z}})/zF$가 됨을 쉽게 알 수 있다.

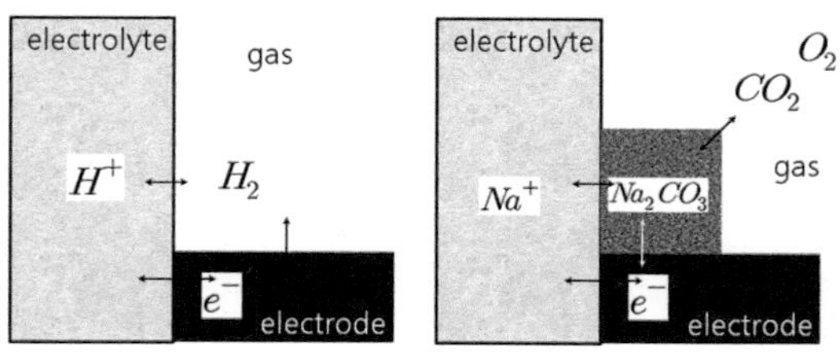

(a) 제 1종 전극 (b) 제 2종 전극

[그림 4.5]

예를 들면 $ZnSO_4$ 전해질 용액 내에 담가진 Zn 전극이 전해질용액과 평형을 유지하고 있는 고체전극의 예를 들면, 표면에서 Zn의 용해반응($Zn = Zn^{+2} + 2e$)과 증착반응

$(Zn^{+2}+2e=Zn)$이 서로 같은 속도로 일어나서 겉보기에는 용액의 농도나 전극에 아무런 변화가 없는 상태에 도달되게 된다. 이 상태를 우리는 Zn 전극이 $ZnSO_4$ 전해질 용액 내에서 전기화학 반응 (4-7)이 평형상태를 유지하고 있다고 말한다.

$$Zn = Zn^{+2} + 2e \tag{4-7}$$

이 경우 평형반응이므로 이 반응의 $\Delta G = 0$이다. 그런데 앞에서 서술한 바와 같이 전하를 띤 원소가 포함된 계에서는 화학 포텐샬이 아니라 전기화학 포텐샬 균형이 맞아야 하므로 식 (4-7)의 양변의 전기화학 포텐샬의 합은 같아야하므로

$$\mu^o_{Zn} = \tilde{\mu}_{Zn^{2+}} + 2\tilde{\mu}_e \tag{4-8}$$

와 같이 쓸 수 있다. 여기서 ,$\overline{\mu}^{+2}_{Zn}$, $\overline{\mu}_e$ 그리고 μ^o_{Zn}는 각각 Zn^{+2}이온과 전자의 전기화학 포텐샬이고 아연전극의 표준 화학 포텐샬 이다. 그런데 전기화학 포텐샬은 $\tilde{\mu}_i = \mu_i + z_i F\Phi$로 정의되므로 식 (4-8)에 대입하여 정리하면 Zn 전극과 전해질 용액사이의 Galvani potential 차이는

$$\Phi_{Zn} - \Phi_S = (\mu_{Zn^{+2}} + 2\mu_e - \mu^o_{Zn})/2F \tag{4-9}$$

이 된다. 여기서 Zn^{+2}이온은 용액 내에 존재하고, 전자는 Zn 전극 내에 존재하므로 각각의 Galvani 전압 값이 해당되는 상의 전압 값이 되었다. 따라서 Φ_{Zn}, Φ_S는 각각 전극과 전해질 용액의 Galvani potential 값이고 $\mu_{Zn^{+2}}$, μ_e는 용액 내 존재하는 Zn^{+2}이온과 전극 내 존재하는 전자의 화학 포텐샬에 해당된다. 그런데 $\mu_e (= \mu^o_e + RT\ln a_e)$는 Zn 전극 내에 존재하는 전자 농도의 함수이고 μ^o_{Zn}는 순수한 Zn의 화학 포텐샬이므로 상수와 같이 취급할 수 있다. 따라서 $\Phi_{Zn} - \Phi_S$는 $\mu_{Zn^{+2}}$, 즉, 전해질 내 존재하는 Zn^{+2} 이온의 농도($[Zn^{+2}]$)에 비례함을 알 수 있다. 이 전압차이가 수 Å의 전극계면사이에

존재하기 때문에 실제로는 엄청난 전장(electric field)이 표면에 존재하여 금속내 안정적으로 결합되어 있는 Zn 이온을 전해질로 끄집어 내는 것이다. 쉽게 이야기하면 [그림 4. 6(a)]와 같이 전극과 전해질사이에 Galvani 전압차이를 발생시켜줌으로서 Zn 전극과 전해질 사이에서 아연전극의 용해반응과 증착반응이 평형상태를 유지하도록 자연은 만들어 주고 있음을 말한다. 만약 이 평형전압 값에서 벗어나면 다시 평형을 만들어 주기 위해서 아연이 녹아 Zn^{+2}이온이 되거나(더 클 경우) Zn^{+2}이온이 증착되어 Zn이 될 것(더 작을 경우) 이다. 결론적으로 [그림 4.6(b)]에서 보는 바와 같이 전해질에 다른 전극(Cu)을 담가 전압을 측정한다면, 두 전극/전해질계면의 상대적인 Galvani potential차*에 의해 측정되는 전체 전압이 결정되게 됨을 알 수 있다.

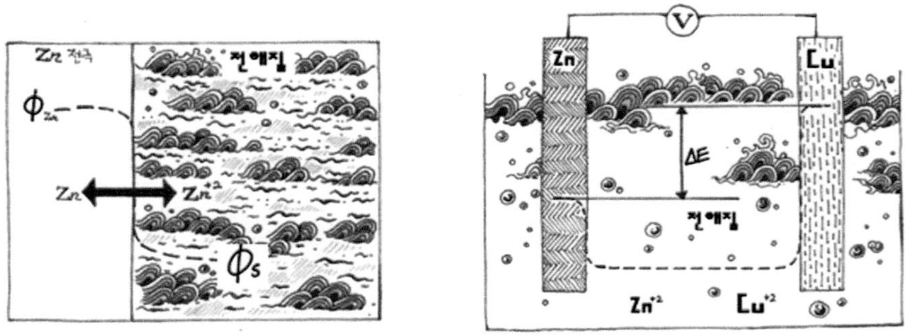

(a) Zn 전극과 전해질($ZnSO_4$) 계면에서의 전압차이 (b) 전압측정

[그림 4.6]

다른 예로는 PN 접합을 들 수 있다. P형 Si 반도체는 전공(hole)의 농도가 전자의 농도보다 많고, N형 Si 반도체는 그 반대이다. 이 P형 Si과 N형 Si을 붙여서 열적 평형을 유지시키면 그 계면에서 전자의 전기화학 포텐셜이 서로 같아져야 한다. 즉

$$\widetilde{\mu_e^N} = \widetilde{\mu_e^P} \tag{4-10}$$

이 된다. 여기서 $\widetilde{\mu_e^N}$, $\widetilde{\mu_e^P}$ 은 각각 N 형 Si과 P 형 Si의 전자의 전기화학 포텐셜이다.

그런데 전자의 전기화학 포텐셜은 $\widetilde{\mu_e} = \mu_e - F\Phi$로 정의되므로 이를 위식에 대입하여 정리하면

$$V = \Phi^P - \Phi^N = \frac{1}{F}(\mu_e^P - \mu_e^N) = \frac{RT}{F} ln \frac{C_e^P}{C_e^N} \tag{4-11}$$

이 된다. 여기서 C_e^P와 C_e^N은 각각 P 형과 N 형 Si의 전자의 농도이다. 따라서 양쪽 Si의 전자의 농도비에 비례하는 계면전압이 발생하게 됨을 알 수 있다. 그러나 우리는 이 전압을 측정할 수가 없다. 실제로 전압계로 PN 접합의 양단에 전극을 대고 전압을 측정하면 "0"V가 나온다. 그 이유는 전압계는 전자의 전기화학 포텐셜을 측정하는 기계이므로 $P-Si$ 과 $N-Si$의 전자의 전기화학 포텐셜이 같기 때문에 0V 값을 보이게 되는 것이다. 그러나 양전하가 느끼는 포텐셜은 P 형 Si과 N 형 Si에서 다르기 때문에 만약 양전하의 전기화학 포텐셜을 느끼는 기계가 있다면 아마 0.7V 근처 값을 보여줄 것이라고 예측된다.

제 2종 전극이란 전해질의 이온과 금속전극이나 기체와 새로운 독립상을 만들고 이 독립상과 평형을 이루는 경우에 해당된다. 예를 들면 $Ag/AgCl$ 기준전극이나 이산화탄소 농도를 측정하는데 사용하는 Na^+ 이온 전도 전해질$|Pt$, Na_2CO_3, CO_2 전극을 들 수 있다. 후자의 경우, Na^+ 이온 전도 전해질의 Na^+ 이온이 이산화탄소 가스와 반응하여 탄산나트륨의 독립상을 형성하고 이 반응이 아래와 같이 평형을 이룬다.

$$2Na^+ + CO_2 + 1/2\,O_2 + 2e = Na_2CO_3 \tag{4-12}$$

따라서 이 전극의 계면전압은

$$\Phi_{electrode} - \Phi_{electrolyte} = (2\mu_{Na^+} + 2\mu_e - \mu^o_{Na_2CO_3} + \mu_{CO_2} + 1/2\mu_{O_2})/2F \tag{4-13}$$

가 되어 기체상 중에 존재하는 이산화탄소와 산소의 농도에 의해 계면전압이 결정된다.

(2) Junction potential

전자나 이온들의 농도분포가 공간적으로 존재 할 때 그 농도분포를 따라 발생되는 것이 Galvani 전압분포이다. 이는 주로 재료 내부에 발생되는 경우가 많다. 예를 들면 염다리나 불균일한 고체 혼합이온 전도체(mixed solid state ionic conductor) 등에서 나타나기 쉽다. 만약 여러 종류의 이온들로 구성된 전해질을 포함하는 전기화학 시스템에서 실제로는 불가능하지만 상상으로 계면전압이 없는 두 전극을 꽂아 전류와 전압의 특성을 측정한다고 가정해 보자. 이때 전해질의 이온농도들이 전극사이에서 농도분포를 가지고 있다고 가정해보자. 현실적으로 두 단자 사이에 전기가 통하도록 연결(short circuit potential) 해버리면 전해질 내부에서 이온의 농도가 균일화 되려고 확산이 일어나면서 전해질에 전기를 흐르게 하고 전해질 내 이온들이 전극을 만나면 전기화학반응을 통해 전자를 전극에 주게 되면서 외부에 전류를 흐르게 한다. 그런데 우리가 가진 전압측정기는 전압을 측정할 때 전극 양단에 역전압을 가해줘서 이 전류가 흐르지 못하도록 막아주는 기계이다. 이 전압을 우리는 open circuit potential(opc)라고 한다.

이때 전해질 내부의 단위 면적당 i 원소이온의 흐름(flux)은 전기화학 포텐셜 구배에 비례하기 때문에 현상학적인 식으로 전류밀도는

$$j_i = -\frac{\sigma_i(x)}{z_i F}\frac{d\widetilde{\mu_i}}{dx} \tag{4-14*}$$

와 같이 쓸 수 있다. 여기서 $\sigma_i(x)$는 i 이온의 위치에 따른 전도도이고 z_i는 가전자수이다. 그런데 $\widetilde{\mu_i} = \mu_i + zF\Phi$ 이므로 식 (4-14)에 대입하여 정리하면 Galvani potential구배는

$$\frac{d\Phi}{dx} = -\frac{j_i(x)}{\sigma_i(x)} - \frac{1}{z_i F}\frac{d\mu_i(x)}{dx} \tag{4-15}$$

가 된다. 여기서 전류밀도 $j_i(x)$는 두 전극사이에서 직렬연결된 형태의 전해질을 따라 일정한 값을 갖기 때문에 상수(J)가 된다. 식 (4-15)의 양변에 $\sigma_i(x)$을 곱해주고 전해

질을 구성하는 모든 이온들에 대해 더해주면

$$\frac{d\Phi}{dx}\sum_i \sigma_i(x) = -J - \sum_i \frac{\sigma_i(x)}{z_i F}\frac{d\mu_i}{dx} \tag{4-16}$$

이 된다. 여기서 $\sum_i \sigma_i(x)$는 위치 x에서의 총 전도도, $\sigma_T(x)$에 해당된다. 위 식을 두 전극 $x=0$과 $x=L$사이에 대해 적분하면

$$E = \Phi(L) - \Phi(0) = -\int_0^L \left(\frac{J}{\sigma_T} + \sum_i \frac{t_i}{z_i F}\frac{d\mu_i}{dx}\right)dx \tag{4-17}$$

가 된다. 여기서 t_i는 전류전달계수로서 총 전류 중 i 이온이 담당한 전류분 즉, $t_i = \sigma_i/\sigma_T$로 정의된다. 그런데 전압측정은 단락전압(open-circuit potential)이므로 $J=0$이 되어 측정된 전압은

$$E = -\frac{1}{F}\sum_i \int_0^L \frac{t_i}{z_i} d\mu_i \tag{4-18}$$

가 된다. 여기서 만약 몰 전류전달 계수 $t_i^* = t_i/z_i$라고 정의하면 식 (4-18)은 간단히 $E = \Phi(L) - \Phi(0) = -\frac{1}{F}\sum_i \int_0^L t_i^* d\mu_i$이 된다. 그런데 만약 전류를 흘려주게 되면 $J/\sigma_i \neq 0$이 되어 식 (4-17)이 되고 J/σ_i를 IR drop이 라고 하고 이는 열역학적인 현상이 아니라 이온의 확산속도에 의해 결정되는 속도론적인 문제가 된다.

식 (4-18)은 여러 가지 이온들이 농도구배를 가지고 존재하는 전해질 내에서 단락전압을 측정할 때의 일반식이다. 이를 보면, 만약 t_i가 상수라면 두 전극사이의 전압은 두 전극의 이온의 농도차이에 의해 전류전달계수 만큼의 비율로 전압에 반영됨을 알 수 있다. 예를 들면 염다리의 경우, 이온의 농도구배가 존재하더라도 전도에 참여하는 양이

온과 음이온의 t_i가 같게 만들어 주어서 junction potential을 서로 상쇄시켜줘서 전압이 생기지 않도록 만들었다.

보충설명

▪ phenomenological equation (식(4-14)의 증명)

브라운 운동을 하는 입자의 이동 속도는 $v = BF$이다. 여기서 B는 mobility이고 F는 입자에 미치는 힘이다. 만약 전장의 크기가 E인 공간에서 q의 전하를 가지고 움직이는 이온의 경우 $v = Bq(-dE/dx)$가 된다. 여기서 힘은 전장에 입자의 전하량을 곱한 것이 된다. 이 전장에 의한 전류밀도는 $i = cv(q) = cBq^2(-dE/dx)$가 된다. 여기서 $cv = J$(particle flux)이고 전류는 가지고 흐르는 전하량을 곱해주었다. 만약 전하를 띈 입자의 mobility $\mu = Bq$로 정의 하면 전류밀도는 $i = c_i\mu_i q_i(-dE/dx)$가 된다. 그런데 전류밀도와 전장의 비례상수가 전도도이므로 전도도(conductivity), $\sigma_i = c_i\mu_i q_i$가 된다.

전하(1몰의 경우 : z_iF)를 띈 입자 1몰이 전기화학 포텐셜 구배에 의해 움직인다면 입자에 가해지는 힘은 $-d\widetilde{\mu_i}/dx$가 되고 입자의 흐름량(flux), $J = c_iB_i(-\widetilde{\mu_i}/dx) = \frac{c_i\mu_i}{z_iF}(-d\widetilde{\mu_i}/dx)$가 된다. 따라서 입자 1몰이 z_iF의 전하를 띄므로 전류밀도, $i = \frac{c_i\mu_i z_iF}{z_iF}(-d\widetilde{\mu_i}/dx)$가 된다. 그런데 위에서 $c_i\mu_i z_iF = \mu_i$로 정의 하기 때문에 전류밀도는 식 (4-14)가 된다.

▪ 염다리

과포화 KCl 용액과 과포화 NH_4NO_3가 CH_3COOLi과 섞여서 양이온의 전지전달 계수(t_i)와 음이온의 전기전달 계수가 같아 이온으로 전기는 통하지만 junction potential이 생기지 않도록 만든 통로이다.

전압을 이해하기 위한 예로서, M^{+z}와 전자에 의해 전기가 통하는 전해질(예를 들면, AgS 같은 고체전해질은 고온에서 Ag^+과 전자로 전기를 통한다)을 가진 [그림 4.7]과 같은 전지에서 금속, M의 농도가 다른 두 전극 A와 B사이에 측정되는 전압을 알아보

자. 이 경우 측정되는 총 전압은 식 (4-19a, b)와 같이 A와 B 두 계면에서의 전압과 식 (4-18)의 내부전압의 합이 된다. 즉

$$V = (\Phi_A - \Phi_{Cu^1}) + (\Phi(0) - \Phi_A) + (\Phi(L) - \Phi(0)) \tag{4-19a}$$

$$+ (\Phi_B - \Phi(L)) + (\Phi_{Cu^2} - \Phi_B)$$

$$= \frac{1}{zF}\left[(\mu^A_{M^{+z}} + z\mu^A_e) - (\mu^B_{M^{+z}} + z\mu^B_e) - \sum_i \int_0^L \frac{t_i}{z_i} d\mu_i \right. \tag{4-19b}$$

$$\left. + (\mu^{x=L}_{M^{+z}} - \mu^{x=0}_{M^{+z}})\right]$$

와 같이 표현될 수 있다. 여기서 전자의 농도가 같기 때문에 $\mu_e^{Cu2} = \mu_e^{Cu1}$을 사용하였다. 그런데 이온의 화학 포텐셜은 측정할 수 없기 때문에 원자의 전자 당량 화학포텐셜로 아래와 같이 정의하여

$$\bar{\mu}_M = \frac{1}{z_M}\mu_M = \frac{1}{z_M}\mu_{M^{+z}} + \mu_e \tag{4-20a}$$

$$\bar{\mu}_{M^{+z}} = \frac{1}{z_M}\mu_{M^{+z}} \tag{4-20b}$$

환산하면 간단히 $\bar{\mu}_M = \bar{\mu}_{M^{+z}} + \mu_e$가 된다. 따라서 식 (4-19b)는 간단히

$$V = \frac{1}{F}\left[(\bar{\mu}^B_M - \bar{\mu}^A_M) - (\bar{\mu}^{x=L}_{M^{+z}} - \bar{\mu}^{x=0}_{M^{+z}}) + \sum_i \int_0^L \frac{t_i}{z_i} d\mu_i\right] \tag{4-21}$$

가 된다. 그런데 이 경우 $\sum_i t_i = t_{M^{+z}} + t_e = 1$이므로 $\bar{\mu}^{x=L}_{M^{+z}} - \bar{\mu}^{x=0}_{M^{+z}} = \int_0^L (t_{M^{+z}} + t_e)$ $d\bar{\mu}_{M^{+z}}$가 되고 식 (4-21)은

$$V = -\frac{1}{F}\left[(\bar{\mu}^B_M - \bar{\mu}^A_M) - \int_0^L t_e d\bar{\mu}_M\right] \tag{4-22}$$

혹은 간단히

$$V = -\frac{1}{F}\int_0^L t_{M^{+z}} d\overline{\mu}_M \tag{4-23}$$

이 된다. 따라서 [그림 4.7]의 혼합이온전도체 양단의 단락전압(ocp)는 금속 이온의 전기전달계수에 의해 결정됨을 알 수 있다. 만약 고체전해질이 금속이온에 의해서만 전기를 통과하는 선택이온 전해질(예 $Ag+$ 이온에 의해 전기가 통하는 AgI)이라면 $t_{M^{+z}} = 1$ 이 되어 식 (4-23)은 간단히

$$V = -\frac{\overline{\mu}_M^B - \overline{\mu}_M^A}{F} = -\frac{RT}{zF} ln \frac{a_M^B}{a_M^A} \tag{4-24}$$

가 된다. 즉, 양단의 전압은 두 전극의 금속의 활동도의 비에 비례함을 알 수 있다. 따라서 만약 한 쪽 전극을 순수한 금속, M으로 사용하면 측정전압을 통해 다른 쪽 전극, M의 활동도를 알 수 있게 된다.

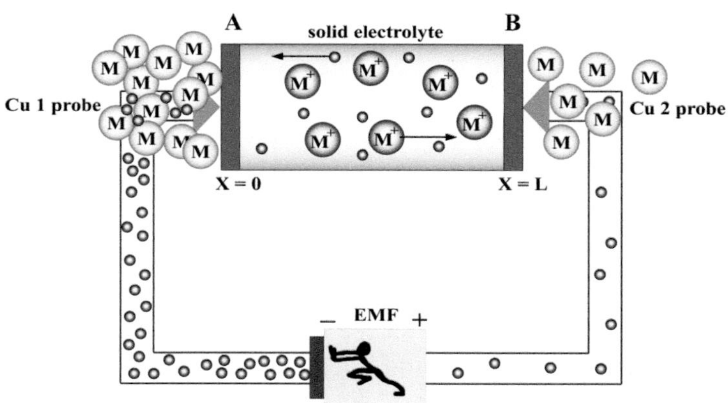

[그림 4.7] 혼합 전도성 전해질에서의 전압측정

4.3 Galvanic Cell

갈바닉 셀은 배터리와 같이 화학반응을 전기로 바꾸는 시스템을 통칭하여 말한다. 만약 갈바닉 셀 시스템을 닫힌계에 넣고 전선을 통하여 외부에 있는 선풍기에 연결하였다고 하자. 이때 배터리가 방전하여 외부의 선풍기를 돌렸다면 이 갈바닉 시스템(배터리)의 Gibbs 자유에너지의 변화는

$$dG = VdP - SdT + \delta w \tag{4-25}$$

가 된다. 만약 배터리의 온도와 압력이 일정하다면 위 식은 간단히

$$dG = \delta w \tag{4-26}$$

가 된다. 여기서 δw는 외부에서 계에 해준 일의 양(부피변화에 따른 기계적인 일은 제외)이된다. 그러나 이 경우는 배터리가 외부에 선풍기를 돌리면서 전기적인 일을 해 주었으므로 $\delta w < 0$이 된다. 배터리가 한 전기적인 일은 기초물리에서 배웠듯이 흐른 전하량과 전압차이의 곱으로 $W = I \cdot \Delta E$로 표현 된다. 만약 배터리를 통해 공급된 전하량이 nF라면 이때 외부에서 계에 한 전기적인 일의 양(electrical works done on the system)은 계가 방전되며 일을 했기 때문에 음의 값으로

$$\delta w = -nF\Delta E \tag{4-27}$$

이 된다. 여기서 n은 몰수이고 F는 Faraday 상수(=96,494 Coulombs) 그리고 ΔE는 배터리의 전극의 전압차이이다. 따라서 배터리의 Gibbs 자유에너지의 변화는

$$\Delta G(Cal) = -nF\Delta E = -23060n\Delta E \tag{4-28}$$

가 된다. 그런데 배터리에 있어서 전기에너지는 화학반응에 기인하므로 배터리의 ΔG

는 곧 배터리의 산화환원반응을 합친 화학반응의 ΔG 와 일치한다. 즉 화학반응에 의해 변화된 ΔG 값이 계가 내부에 한 전기적 일의 양과 같다. 이를 거꾸로 이야기하면 배터리 양단의 전압차이, ΔE는 식 (4-28)로부터

$$\Delta E = -\frac{\Delta G}{nF} \tag{4-29}$$

가 된다. 식 (4-29)를 Nernst 식이라고 부른다.

예를 들어 $ZnSO_4$ 용액 내에 Zn와 $Zn-Cu$ 합금을 담가 전기화학 셀(4-30)를 구성했다고 생각해 보자. 이를 수식적으로 표현하면

$$(-)\ Zn|ZnSO_4|Zn-Cu\,alloy\ \ (+) \tag{4-30}$$

로 된다. 여기서 | 은 서로 다른 상간의 경계를 표시한다. 관례 상 왼쪽이 (−)극이고 오른쪽이 (+)극이다. 즉, 우리가 전압계로 검은선(−)을 아연에 연결하고 빨간선(+)을 아연합금에 연결 했을 때 나오는 전압이 바로 ΔE가 된다. 만약 위 셀 (4-22)에서 양쪽 극에 전선을 서로 연결시켜 셀을 방전시키면 아연에서는 아연이 녹는 반응 ($Zn \rightarrow Zn^{++} + 2e$)이 일어나서 전자가 나오는 (−)극이 되고 $Zn-Cu$ 합금에서는 반대로 아연이 도금되는 반응($Zn^{++} + 2e \rightarrow Zn$)이 발생되면서 전자를 흡수하는 (+)극이 된다. 또한 셀 내의 전해질에서는 셀 (4-22)의 왼쪽 극에서 오른쪽 극으로 양이온(여기서는 Zn^{+2})이 이동하게 된다. 즉 $Zn-Cu$ 극이 cathode가 된다.

그러나 전압계는 내부의 저항이 무한히 커서 전압계를 통해 흐르는 전류는 거의 무시할 정도로 작다. 이와 같이 전류가 흐르지 않을 때의 전압 값을 "open-circuit potential*"이라고 부른다. 여기서는 아연에 (−)극을 대고 아연합금에 (+)극을 대서 전압을 측정하면 전압계에 표시되는 전압은 위 셀의 자발반응이 일어나지 못하도록 만들기 위해 외부 전압계가 셀(4-22)에 가해주는 힘의 양에 해당되게 된다. 즉, Zn이 Zn^{++}로 녹는 자발반응이 일어나지 못하도록 (−)전압을 걸어줘서 Zn^{++}을 coulomb힘으로 잡아준다.

그리고 셀(4-22)에서 anode(−극)에서 일어나는 산화반응(anodic reaction)과 cathode(+극)에서 일어나는 환원반응(cathodic reaction)을 합한 총 반응은 아래와 같은 화학 반응이 된다.

$$Zn = Zn_{Zn-Cu\,alloy} \tag{4-31}$$

즉, 순수한 의 Zn이 $Zn-Cu$ 합금에 녹아들어가는 반응이 된다. 여기서 $Zn_{Zn-Cu\,alloy}$은 아연합금 내에 존재하는 아연 용질(solute)을 말한다. 따라서 반응식 (4-31)의 Gibbs 자유에너지의 변화량은

$$\Delta G = RT \ln a_{Zn\ in\ Zn-Cu\ alloy} \tag{4-32}$$

이 된다. 여기서 아연의 표준상태는 합금이나 순수한 아연이나 같으므로 $\Delta G^{o}=0$이 되었고 $a_{Zn\ (in\ Zn-Cu\ alloy)}<1$이므로 이 전기화학 셀의 $\Delta G<0$이 된다. 즉, 양쪽 극에 도선을 연결하면 자발적으로 아연이 녹아 아연합금에 도금된다는 것을 의미한다. 따라서 식 (4-29)로부터 이 셀의 전압은 양의 값($\Delta E>0$)이 얻어짐을 알 수 있다.

그러나 우리가 식 (4-29), $\Delta G=-nF\Delta E$ 에 의해 셀의 기전력을 예측하기 위해서는 아연전극과 $ZnSO_4$ 용액이 평형상태에 있어야 하며 또한 동시에 아연합금의 아연용질이 같은 $ZnSO_4$ 용액과 평형상태를 유지하고 있어야 한다. 이 경우 측정 전압은

$$\Delta E=-\frac{RT}{2F} ln a_{Zn\ (in\ Zn-Cu)} \tag{4-33}$$

이 된다. 만약 아연과 용액 내의 아연이온과의 전기화학반응들이 가역적인 관계(reversible)가 만족되지 못하면 전압을 측정해서 ΔG 값을 예측하는 것, 즉 아연의 활동도를 구하는 것은 잘못된 결과를 초래하게 된다. 위 예의 경우 동일한 아연이온의 농도를 가진 $ZnSO_4$ 용액이 Zn과 $Zn-Cu$ 합금에 동시에 평형을 유지하고 있다고 보기

에는 어렵기 때문에 실제에 있어서는 각각의 전극과 서로 평형을 유지하는 서로 다른 두 농도의 $ZnSO_4$ 용액에 각각 Zn과 $Zn-Cu$ 합금을 담그고 그 두 전해질 용액을 전압 차이가 발생하지 않는 염다리(salt bridge)로 연결하여 측정하여야 한다.

보충설명

■ **open-circuit potential**

전류를 흐르지 못하게 하기위해 셀에 가해주는 전압으로 생각할 수 있다. 따라서 위 셀의 경우 양쪽 극을 단락(short-circuit)시키면 (−)극에서 Zn^{++} 양이온이 빠져나가서 (+)극으로 가기 때문에 (−)극에 일정한 값의 음극을 걸어주어야 Coulomb attraction에 의해 양이온이 움직이지 못하게 되서 전류 값이 0이 되게 된다.

■ **IUPAC(International Union of Pure and Applied Chemistry) 규약**

① 표준전압을 측정할 때의 전지배열은 아래 그림과 같이 표준수소 전극이 왼쪽에 가도록 한다.

② 전극의 부호 : 표준전압측정에서 나오는 오른쪽 전극(즉, M)의 전압기호가 바로 M 전극의 극성에 해당된다.

③ M 전극의 표준 전압 값에 해당되는 전기화학반응은 $M^{z+}+ze=M$ 이다.

④ 전지표기에서 표준전압은 항상 오른쪽 전극의 전압에서 왼쪽전극의 전압을 뺀 값이다. 즉 $Zn|Zn^{+2} \parallel Cu^{+2}|Cu$의 전압은 $VE_{Cu}-E_{Zn}=1.1+RT/2F\ln(a_{Cu^{2+}}/a_{Zn^{2+}})$이 된다.

예제 **농담전지(concentration cell)**

전기화학 셀, $Cu|1M\,CuSO_4 \parallel 5M\,CuSO_4|Cu$에서 전압계의 음극을 왼쪽 구리에 연결하고 양극을 오른쪽 구리에 연결하였을 때 이 전압 값은 양의 값이 되겠는가? 아니면 음의 값이 되겠는가? 이때 이 셀의 화학반응식을 쓰고 이 반응의 ΔG 값의 부호를 예측하시오.

풀이

전압값 $\Delta E>0$ 이 된다. $CuSO_4(5M)=CuSO_4(1M),\ \Delta G<0$

예제

아래 그림의 다니엘 전지(Daniell cell) 전기화학 셀, $Cu|CuSO_4 \parallel ZnSO_4|Zn$의 전체 화학 반응식을 적으시오.

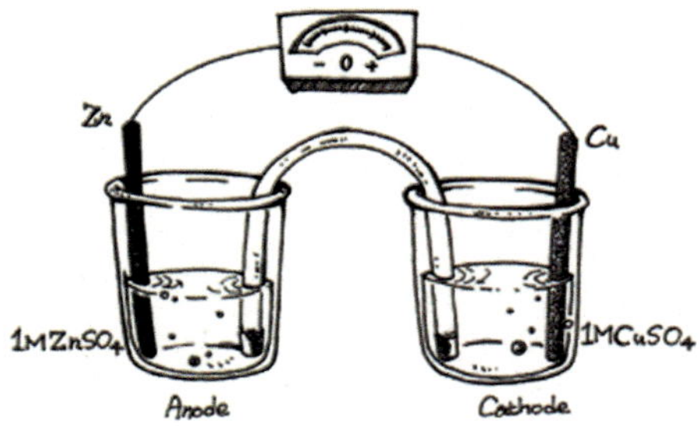

[다니엘 전지]

풀이

$Zn + CuSO_4 = Cu + ZnSO_4$

4.4 화학적인 일의 양

우리는 어떤 위치에 있는 점의 절대 전압 값을 보통 "*무한히 먼 우주공간에 있는 단위 양전하(+1 Coulomb)를 우리가 원하는 위치까지 옮기는데 드는 일의 양*"으로 정의한다. 예를 들면 [그림 4.8]에서와 같이 점 A의 절대 전압 값은 먼 우주공간에서 점 A까지 +1C의 전하를 옮기는데 드는 일의 양, W_A가 되고 점 B의 절대 전압값은 W_B가 된다. 따라서 A와 B의 전압차이는 그 일의 차이 값, 즉 $W_B - W_A$가 됨을 알 수 있다. 이는 다시 말하면 A와 B의 전압차이는 +1C의 전하를 A에서 B까지 옮기는데 드는 일의 양(= $W_B - W_A$)이라고도 말할 수 있다. 즉 직접 전하를 A에서 B로 옮길 때 드는 일의 양을 알 수 있으면 두 점의 전압차를 알 수 있다는 것과 동일하다.

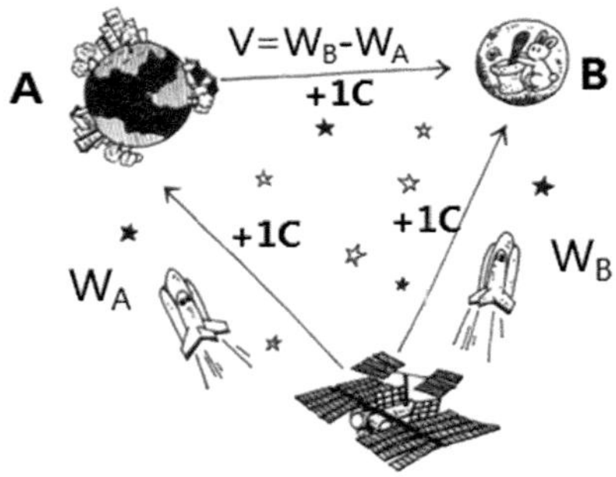

[그림 4.8] 전압의 개념

실제 예로서, 셀(4-22)의 경우를 들어보면 Zn 전극과 $Zn-Cu$ 합금전극의 전압차이는 Zn 전극에서 $Zn-Cu$ 합금전극까지 단위 양전하를 옮기는데 드는 일의 양에 해당된다. 이 양전하를 옮기기 위해 Zn 전극에서는 $Zn \rightarrow Zn^{++}+2e$ 이라는 전기화학적인 용해일(E_1)이 발생하게 되고, 이 발생된 Zn^{+2}이온이 전해질을 가로질러 cathode로 이동하게 되며(E_2), 이 이동된 이온이 $Zn-Cu$ 전극을 만나 전기화학적인 도금반응(E_3), $Zn^{++}+2e \rightarrow Zn(\text{in } Zn-Cu \text{ alloy})$을 일으키게 된다. 따라서 $2F$에 해당되는 Zn^{+2}이온을 옮기는데 든 총 일의 양은 아래 세 반응의 합, 식 (4-34d)가 된다. 이 전체반응은 순전히 화학적인 일로서 그 Gibbs 에너지 변화량은 식 (4-32)와 같이 되고 따라서 식 (4-29)로부터 측정전압은 식 (4-33)과 같이 된다.

$$Zn \rightarrow Zn^{++}+2e \qquad E_1 \qquad (4\text{-}34a)$$

$$Zn^{++}(\text{anode}) = Zn^{++}(\text{cathode}) \qquad E_2 \qquad (4\text{-}34b)$$

$$Zn^{++}+2e \rightarrow Zn(\text{in } Zn-Cu \text{ alloy}) \qquad E_3 \qquad (4\text{-}34c)$$

\+ --

$$Zn = Zn(\text{in } Zn-Cu \text{ alloy}) \qquad E_T = E_1+E_2+E_3 \qquad (4\text{-}34d)$$

보충설명

■ **전압의 정의 : 우주공간에서 +1C을 옮기는데 드는 일의 양**

절대전압 값은 +1C의 전하를 무한히 먼 공간에서 우리가 원하는 위치까지 옮기는데 드는 일이지만 엄밀히는 이 일 중 같은 종류의 화학원소가 존재하므로서 발생되는 일, 즉 화학포텐샬을 뺀 값이 된다. 만약 옮기려는 위치에 우리가 가져오는 전하를 띤 원소의 농도가 아주 작다면 이 화학적인 일은 무시할 정도로 작기 때문에 이동에 드는 일이 바로 절대전압 값이 되지만 그렇지 않은 경우는 화학포텐샬을 빼주어야 한다. 즉 어떤 이온, i를 첨가하는데 드는 Gibbs 에너지 증가는 $\widetilde{\mu_i}=\mu_i+z_iF\Phi$ 로 화학적인 에너지와 전기적인 에너지의 합으로 표시 되어 $\Phi=(\widetilde{\mu_i}-\mu_i)/z_iF$ 가 된다.

4.5 기준전극

우리가 사용하는 전압측정기는 두 단자사이의 전압을 측정할 수있기 때문에 우리가 궁금해하는 한 금속전극 계면의 전압차이만을 측정할 수는 없다. 이 계면의 전압차이를 측정하기 위해서는 다른 전극(전자전도체)을 전해질 용액 내에 삽입해야 하는데 그 순간 우리는 또 다른 전해질/금속 계면을 발생하게 되어 결국 측정된 전압은 두 계면의 전압 값의 합을 가져오게 된다. 그러나 우리가 만약 한쪽 전극/전해질 계면의 전압을 일정하게 고정해 줄 수만 있다면 외부에서 두 전극사이에서 전압의 변화가 읽혀졌다면 그 전압 변화 값은 전부 한쪽 전극/전해질 계면에서 발생된 것이 라고 생각할 수 있다. 따라서 금속과 전해질 계면의 전압차이에 따른 금속의 전기화학반응의 속도연구 등을 연구할 때 계면의 전압이 변하지 않는 전극, 즉 표준기준전극을 사용하여 원하는 시험전극의 전압을 변화시켜준다.

이와 같이 전극/전해질 계면의 전압이 고정되는 성질을 가진 전극을 우리는 기준전극이라고 부르고 다른 금속/전해질 계면들의 전압차이를 이 기준전극을 기준으로 표시하면 비록 절대 계면전압은 알지 못하지만 기준전극에 대한 상대적인 계면전압을 알 수 있기 때문에 편리하게 사용될 수 있다. 이와 같은 표준기준전극에는 전기화학반응의 성격에 따라 제 1종과 제 2종 표준기준전극으로 나눌 수 있다.

4.5.1 제 1종 표준기준전극(standard reference electrode of 1st kind)

제 1종 기준전극은 해당 원소(해당 전극의 금속원소나 해당 가스성분)와 해당 원소의 이온이 전극 위에서 전기화학적으로 평형상태를 이루고 있는 경우에 해당된다. 예를 들면 1M의 수소이온 농도를 갖는 산 용액 속에 담가진 백금과 같은 귀금속 촉매 전극위에 1기압의 수소가스를 토출해주면 그때 백금전극 위에서는 전기화학 반응

$$H_2 = 2H^+ + 2e \qquad (4\text{-}35)$$

이 빠르게 진행되어 외부에서 가해지는 교란(perturbation)에 비교적 안정하게 항상 평형상태(수소 1기압에 해당되는 수소이온의 농도)를 유지하여 변하지 않는 전압 값을 보여주게 된다. 즉, $1/2\mu^o_{H_2} = \widetilde{\mu^o_{H^+}} + 2\widetilde{\mu^{ref}_e} = \mu^o_{H^+} + F\Phi^S + \mu^{Pt}_e - F\Phi^{Pt}$인 관계가 성립되고 따라서 계면의 전압차이는

$${}^{Pt}\Delta^S\Phi - \mu^{Pt}_e / F = -(\mu^o_{H_2}/2 - \mu^o_{H^+})/F \qquad (4\text{-}36)$$

인 관계가 성립된다. 여기서 $\mu^o_{H_2}$와 $\mu^o_{H^+}$는 각각 1기압에 해당되는 수소가스와 1M 농도 산에서의 수소이온의 화학 포텐샬로 항상 일정한 값을 가짐을 알 수 있다. 이를 우리는 수소 기준전극(Standard Hydrogen Electrode)이라고 부르고 다른 전극들의 전압을 이 수소기준전극에 비교해서 측정하여 V_{SHE}로 표기한다.

보충설명

■ SHE(Standard Hydrogen Electrode) 기준전압

위 식 (4-36)에서 $E=\dfrac{2\mu^o_{H^+}-\mu^o_{H_2}}{2\times 23060}$ 이 되며 아래그림과 같이 수소 1기압에 해당되는 H^+이온의 화학포텐샬을 표준화학포텐샬로 $\mu^o_{H^+}$로 정의 하기 때문에 $2\mu^o_{H^+}=2\mu^o_{H_2}$가 되어 수소기준전극의 $E=0\,V$가 된다.

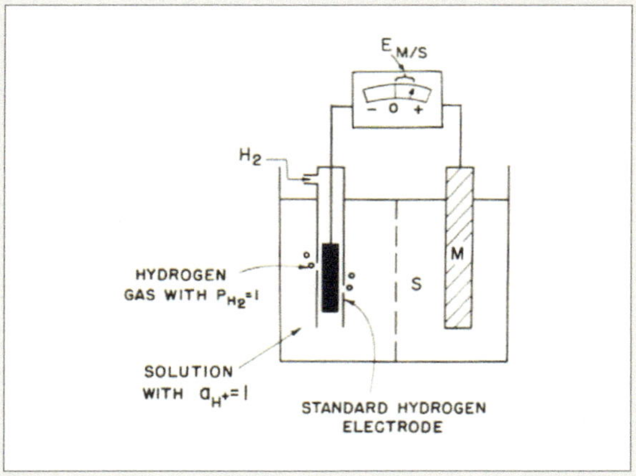

4.5.2 제 2종 표준 기준전극(standard reference electrode of 2nd kind)

제 2종 전극은 금속 전극과 전해질 외에 새로운 제 3의 "독립상"이 포함되어 전기화학 반응에 참여하는 경우를 말한다. 대표적인 제 2종 표준 기준전극으로 칼로멜 전극(calomel electrode, Hg/Hg_2Cl_2) 혹은 $Ag/AgCl$ 전극을 들 수 있다. 이 전극은 포화된 KCl(1M)용액 내에 독립상인 $AgCl$로 덮혀진 Ag 전극으로 구성되어 있다. 은전극 위에 조밀하게 덥혀진 $AgCl$ 층상(porous layer)은 KCl에 $AgCl$이 포화상태로 용해되도록 해서 식 (4-37a)와 같이 용액 중의 $AgCl$의 화학포텐샬을 일정하게 유지시켜준다.

즉, 식 (4-37b)와 같이 용액 내에서 Ag^+ 이온과 Cl^- 이온의 화학 포텐샬의 합이 일정하게 된다.

$$AgCl = Ag^+ + Cl^- \tag{4-37a}$$

$$\mu_{AgCl} = \mu_{Ag^+} + \mu_{Cl^-} = \mu^o_{Ag^+} + \mu^o_{Cl^-} + RT\ln\left[\frac{a_{Ag^+}a_{Cl^-}}{a^o_{Ag^+}a^o_{Cl^-}}\right] = \text{constant} \tag{4-37b}$$

그런데 Ag 전극의 계면전압은 전기화학반응*, $Ag = Ag^+ + e$에 의해 결정된다. 따라서 식 (4-9)와 같이 계면전압을 구하고 여기에 식 (4-37b)의 관계를 대입하여 정리하면

$$\Delta\Phi_{Ag/AgCl} = \Delta\Phi^o_{Ag/AgCl} - \frac{RT}{F}ln\frac{a_{Cl^-}}{a^o_{Cl^-}} \tag{4-38}$$

와 같이 쓸 수 있다. 여기서 $\Delta\Phi^o_{Ag/AgCl} = (\mu^o_e - \mu^o_{Ag^+} - \mu^o_{Cl^-} + \mu_{AgCl})/F$이다. 결론적으로 $Ag/AgCl$ 기준전극의 전압은 전해질 내 존재하는 Cl^- 이온의 농도에 비례하게 되고, 전해질의 KCl 농도를 일정하게 만들어주면 계면전압도 그에 따라 일정하게 유지됨을 알 수 있다.

보충설명

■ $Ag/AgCl$ **전극의 전기화학반응**

반응식 (4-36a)에서 전극의 전기화학반응, $Ag = Ag^+ + e$를 빼면

$$AgCl + e = Ag + Cl^-$$

이 된다. 따라서 평형에서는 ${}^{Ag}\Delta^S\Phi = (\mu_{AgCl} + \mu_e - \mu^o_{Ag} - \mu_{Cl^-})/F$ 이 되어 계면전압이 역시 전해질의 Cl^- 이온 농도에 비례하게 된다.

■ Absolute potential의 개념

아래 그림과 같이 전해질 용액 내에 금속 M과 기준전극 M_{ref} 를 담갔다고 생각해 보자. 이 경우, 만약 전압 측정기의 측정단자 재료(M')와 M이 같은 재료라고 가정하면 그림에서 동그라미로 나타내어 보는 바와 같이 3개의 이종간의 계면(M/전해질, M_{ref}/전해질, M/M_{ref})이 존재함을 알 수 있다. 우리가 실제로 전압계로 측정하는 전압 V는 금속 M과 M'의 전자의 전기화학 포텐샬 차이로서 식 (a)와 같이 표현된다.

$$-F\cdot V=\widetilde{\mu_e^M}-\widetilde{\mu_e^{M'}} \tag{a}$$

즉, 전자 1 몰에 해당되는 에너지 차이를 말해주는 것으로써 V는 측정전압이고 F는 Faraday 상수이다. 그리고 $\overline{\mu}_e^M$과 $\overline{\mu}_e^{M'}$는 각각 금속 M과 M'의 전자의 전기화학포텐샬 값이다. 그런데 M과 M'는 같은 금속이므로 $\tilde{\mu}_M=\tilde{\mu}_{M'}$인 관계를 적용하면 $V=\Phi_M-\Phi_{M'}={}^{M}\Delta^{M'}\Phi$ 혹은 세 개의 계면을 이용하여 풀어 표현하면

$$V=-{}^{S}\Delta^{M}\Phi-{}^{M_{ref}}\Delta^{S}\Phi-{}^{M'}\Delta^{M_{ref}}\Phi \tag{b}$$

이 된다. 그런데 금속 M'과 M_{ref}가 접촉하는 경우, $\overline{\mu}^{M'}_{=\overline{\mu}_e^{M_{ref}}e}$ 인 관계가 성립되므로 ${}^{M}\Delta^{M_{ref}}\Phi=\mu_e^M/F-\mu_e^{M_{ref}}/F$이 된다 따라서 이를 식 (b)에 대입하여 정리하면

$$V=\left({}^{M}\Delta^{S}\Phi-\mu_e^M/F\right)-\left({}^{M_{ref}}\Delta^{S}\Phi-\mu_e^{M_{ref}}/F\right) \tag{c}$$

이 된다. 여기서 $\tilde{\mu}_e^M=\tilde{\mu}_e^{M'}$을 사용하였다.

그런데 여기서 전해질 내에 있는 전극, M의 절대 전극전압(absolute electrode potential) 혹은 전극전압(electrode potential)을 다음과 같이 계면 전압차이에서 전극의 전자의 화학포텐샬을 뺀 값으로 정의 하면

$$V_{abs}^M\equiv{}^{M}\Delta^{S}\Phi-\mu_e^M/F \tag{d}$$

이 전기화학 셀의 전압, V_{cell}은 단순히 양쪽 전극의 절대전압의 차이*로서 표현할 수 있다.

$$V_{cell} = V_{abs}^{M} - V_{abs}^{M_{ref}} \tag{e}$$

따라서 식 (e)의 의미는 실제 전극사이의 Galvani 포텐샬 차이는 ${}^{M}\Delta^{S}\Phi$ 이지만 전압계의 단자금속 M' 와 전극, M^{ref}의 계면이 존재하기 때문에 두 금속사이의 포텐샬 차이(${}^{M}\Delta^{M_{ref}}\Phi = -\mu_e^M/F + \mu_e^{M_{ref}}/F$) 까지 포함하면 절대 전극전압(absolute potential)차이가 된다.

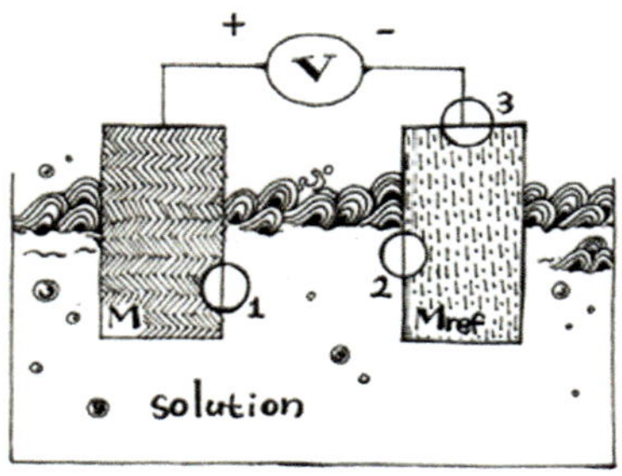

[Absolute potential의 개념]

4.6 전기화학반응

만약 [그림 4.9]와 같이 Zn를 Zn^{+2}이 있는 전해질 용액에 담그고 Zn과 표준 수소기준 전극 사이의 전압을 측정하면 Zn과 수소 전극에서 각각 전기화학반응

$$Zn = Zn^{+2} + 2e \tag{4-39a}$$

$$2H^{+} + 2e = H_2 \tag{4-39b}$$

이 일어나서 전체 화학반응은 $Zn+2H^{+}=Zn^{+2}+H_2$이 되고, 이 반응의 Gibbs 에너지 변화는 $\Delta G=\Delta G^{o}+2.303RT\log[Zn^{++}]$이 된다. 여기서 $p_{H_2}=1\,atm$, $a_{H+}=1$ 그리고 $a_{Zn}=1$인 관계를 사용하였다. 그런데 전압측정에 있어서 외부 측정기에서 전압을 인가하여 반응이 진행되지 않게 하기 위해서는 식 (4-29)에서와 같이 반대 에너지를 공급해 주어야한다 따라서 25℃의 경우 전자가 2몰 포함되므로 n=2로 부터

$$E=0.758-0.0295\log[Zn^{++}] \tag{4-40}$$

를 얻을 수 있다. 식 (4-40)로부터 전해질 내에 존재하는 $[Zn^{++}]$ 농도에 따른 평형전압을 구해보면 〈표 4.1〉과 같게 된다.

〈표 4.1〉 $[Zn^{++}]$ 농도에 따른 평형전압

$\log[Zn^{++}]$(g−ion/l)	E(V) : V_{SHE}
0	0.758
−2	0.817
−4	0.876
−6	0.935

여기서 $[Zn^{++}]=1$g−ion/l(즉, $\log[Zn^{++}]=0$)일때의 전압을 표준 평형전압(즉 0.758 V)이라고 한다. 만약 Zn 전극을 $[Zn^{++}]$ 농도 0.01g−ion/l의 용액에 담갔다고 생각해보자. 이때 외부 단자에 0.817V가 걸리면 Zn 전극 표면에서는 아무런 일도 발생되지 않는다. 그러나 만약 전압을 0.758V로 내리면 이에 맞는 전해질 내의 Zn 이온 평형농도 1g ion/l가 될 때까지 Zn 전극표면 에서는 $Zn=Zn^{+2}+2e$ 반응이 일어나 Zn을 전해질에 녹이게 만든다. 이를 우리는 Zn의 부식(corrosion)이라고 부른다. 반대로 외부전압을 0.876V로 올리면 Zn 표면에서는 $Zn^{+2}+2e=Zn$반응이 일어나 Zn 전극 표면에 Zn이 도금(electro-deposition)되게 된다.

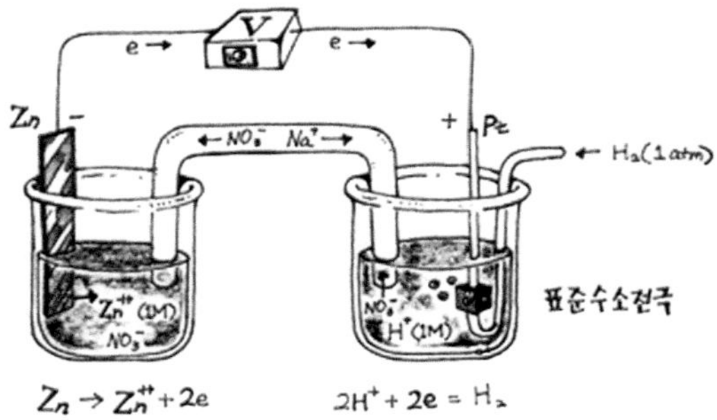

[그림 4.9] 수소 기준전극을 기준으로 *Zn* 전극의 전압을 측정하는 예

여러 가지 금속들의 표준 수소전극에 대한 표준 평형전압을 구해보면 〈표 4.2〉와 같이 된다.

〈표 4.2〉 Standard Oxidation Potential Series

전기화학반응	전압(V)[표준수소기준전극]
$Cs=Cs^{+}+e$	3.02
$Li=Li^{+}+e$	3.02
$K=K^{+}+e$	2.92
$Na=Na^{+}+e$	2.71
$1/2Mg=1/2Mg^{+2}+e$	2.34
$1/3Al=1/3Al^{+3}+e$	1.67
$1/2Zn=1/2Zn^{+2}+e$	0.76
$1/2Fe=1/2Fe^{+2}+e$	0.44
$1/2Sn=1/2Sn^{+2}+e$	0.14
$1/2Pb=1/2Pb^{+2}+e$	0.13
$1/2H_2=1H^{+2}+e$	0.00
$1/2Cu=1/2Cu^{+2}+e$	−0.34
$OH^{-}=1/4O_2+1/2H_2O+e$	−0.40

전기화학반응	전압(V)[표준수소기준전극]
$Fe^{+2}=Fe^{+3}+e$	−0.77
$Ag=Ag^{+}+e$	−0.80
$1/2H_2O=1/4O_2+H^{+}+e$	−1.23
$1/2Mn^{+2}+H_2O=1/2MnO_2+2H^{+}+e$	−1.28
$Cl^{-}=1/2Cl^{2}+e$	−1.36
$Co^{+2}=Co^{+3}+e$	−1.84

예제

Na_2CO_3는 대기중의 CO_2와 $Na_2CO_3 = Na_2O + CO_2$의 산-염기 반응을 일으킨다. 만약 아래와 같이 Na 이온으로 전기가 통하는 고체전해질 베타 알루미나의 양면에 백금전극을 덥고 그 위에 한면에는 Na_2CO_3, 다른 면에는 TiO_2와 $Na_2Ti_6O_{13}$의 혼합물을 덥어주고 두 백금전극사이의 전압을 측정하면 측정된 전압과 이산화탄소의 농도는 어떤 관계식을 갖는지 유도하시오.

$$Pt,\, O_2, Na_2Ti_6O_{13}, TiO_2 | \beta - Al_2O_3 | Na_2CO_3, CO_2, O_2, Pt$$

풀이

$Na_2O + 6TiO_2 = Na_2Ti_6O_{13}$ 의 반응으로 산소분압이 대기중 0.21기압으로 일정하면 Na의 활동도가 일정하게 유지된다. 따라서 양단의 전압은 $E = E^o + \frac{RT}{F} ln \frac{a_{Na}^{Na_2CO_3}}{a_{Na}^{TiO_2/Na_2Ti_6O_{13}}}$ 가 된다.

4.7 전압/PH(Poubaix) 그래프

금속전극의 전기화학반응은 금속/전해질 계면에서의 전압차이에 의해 조절된다는 것을 우리는 이미 알았다. 따라서 우리는 계면의 전압을 조절하므로 서 반응의 방향을 조절할 수 있고 이는 금속전극의 전압 값에 따라 전극의 안정한 상의 형태를 바꿀 수 있다는 말과 같다. 또한 아래 반응(4-33)와 같이 수용액 속에 담가진 $Fe(OH)_2$ 재료는 물속의 수소이온($[H^+]$)의 농도(pH$=-\log[H^+]$)에 따라 반응의 방향 즉 안정상의 형태가 바뀌는 것을 발견할 수 있다.

$$Fe(OH)_2 + 2H^+ = Fe^{++} + 2H_2O \quad (4\text{-}41)$$

예를 들면 위 반응에서 수소이온의 농도가 높아지면(pH 값이 낮아지면) Fe^{++} 상이 발생하게 되고 pH가 올라가면 Fe^{++} 상이 $Fe(OH)_2$ 상으로 변화하여 안정하게 된다. 따라서 우리는 수용액 내에 존재하는 금속의 안정상을 2개의 변수, 즉 전압 값과 pH를 이용하여 예견할 수 있음을 짐작 할 수 있다. 이와 같은 방법은 이미 3장에서 황산염이나 탄산염과 같은 염(salt)에 대한 안정상을 다룰 때 가스 중의 산소압력을 y축에 잡고 x축에 염의 산도(acidity)나 알칼리도(basicity)를 기준으로 안정상을 예견하는 것과 마찬가지로 실제로 전압축이 산소의 압력과 같은 역할을 한다. 이를 벨기에의 화학자 M. Pourbaix박사가 처음 제안하였고 그 이름을 따서 금속의 수용액 내에서의 상태도를 "Pourbaix diagram"이라고 부르며, 수용액 중에 있는 금속에서 열역학적으로 안정한 상을 예견하는데 많이 사용한다.

4.7.1 물의 안정영역

물은 일정범위의 pH와 전압의 영역에서 만 열역학적으로 안정하다. 이 영역 밖에서는 물이 안정하지 못하고 수소와 산소를 발생하며 전기분해가 일어나게 된다.

*Upper Limit*은 아래의 전기화학 반응으로부터 구할 수 있다.

$$O_2 + 4H^+ + 4e = 2H_2O \tag{4-42}$$

여기서 25℃에서는 $\Delta G^o = -113.38\,kcal$이고 따라서 $E^o = +113.38/(4 \times 23.06) =$ $1.229\,V$가 되어 위 반응의 Nernst 식은

$$E = 1.229 - \frac{0.0591}{4} log \frac{1}{[H^+]^4} - \frac{0.0591}{4} log \frac{1}{p_{O_2}} \tag{4-43}$$

$$= 1.229 - \frac{0.0591}{4} log \frac{1}{[H^+]^4}$$

$$= 1.229 - 0.0591pH$$

가 된다. 여기서 산소의 분압이 1기압이 되면 대기압력과 같아져서 산소기포를 발생하며 물이 분해하기 시작하기 때문에 $p_{O_2} = 1\,atm$을 적용하였다. 식 (4-43)에 의하면, 해당 pH의 수용액에서 전극에 가해지는 E값이 식 (4-43) 보다 높은 전압이 걸리면 물은 산소를 발생하면서 분해함을 말한다.

*Lower Limit*는 아래 전기화학 반응으로부터 구할 수 있다.

$$2H^+ + 2e = H_2 \tag{4-44}$$

이 경우 Nernst 식은 E^o가 0^*이 되어

$$E = 0 - \frac{0.0591}{2} log\, p_{H_2} - 0.0591pH \tag{4-45}$$

$$E = -0.0591pH$$

이 된다. 여기서도 위와 마찬가지로 수소의 압력이 대기압력과 같은 1기압이 되면 수소가 발생되기 때문에 $\log p_{H_2}=0$을 적용하였다.

식 (4-43)과 식 (4-45)를 여러 산소압력과 수소압력에 따라 E-pH 그래프 상에 그리면 [그림 4.10]과 같이 된다. 외부의 압력이 높으면 안정영역이 넓어지고 외부에 압력이 작으면 안정영역이 좁아짐을 알 수 있다.

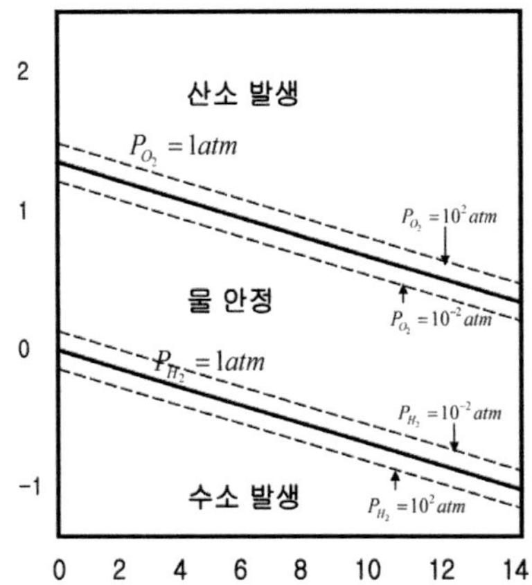

[그림 4.10] 압력에 따른 물의 평형 E-pH 그래프

[그림 4.10]에서 보면 두선의 가운데 영역에서는 물이 안정하지만 전압이 높아져서 산소의 압력이 1기압이상으로 되는 영역이 되면 외부압력과 같아져서 물을 분해하면서 산소를 발생시키게 되고, 만약 전압이 낮아져서 수소의 압력이 1기압이상이 되는 영역으로 가게 되면 물이 분해하면서 수소를 발생시키게 된다. 또한 식 (4-43)과 식 (4-45)를 보면 두 선의 기울기가 같기 때문에 어떤 pH값을 갖는 물이라도 Pt과 같은 활성귀금속 전극을 담근 후 양단에 1.229V 이상**의 전압을 가해주게 되면 한쪽(양극)에서는 산소가 발생하게 되고 다른 한쪽(음극)에서는 수소가 발생하는 전기분해가 상온에서 일어남을 [그림 4.10]으로부터 알 수 있다.

보충설명

수소전극의 경우 백금같은 평형전극이 1기압의 수소가스에 노출될 경우를 기준으로 잡기 때문에 $E^o_{H^+, H_2} = 0$로 정의한다.

- **polarization**

실제로는 전극의 polarization 현상 때문에 1.23V보다 높은 전압에서 전기분해가 발생하게 된다. polarization은 실제 전압 값과 평형전압 값의 차이로 정의된다.

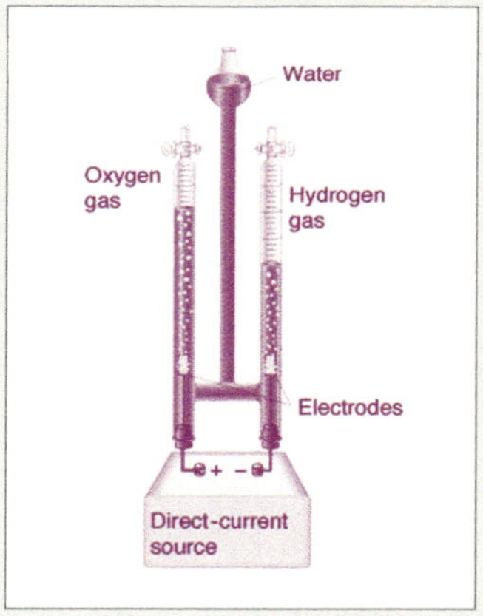

4.7.2 Fe Pourbaix 그래프

Pourbaix diagram의 이해를 돕기 위해서 수용액 내에서 철의 안정한 상으로써 Fe와 FeO(wustite), Fe_3O_4(magnetite) 그리고 Fe_2O_3(hematite)를 가정하고 철의 Pourbaix 그래프를 그려보자. 실제로는 Fe을 포함하는 모든 존재상에 대해 열역학적인 안정성을 계산하여 작성하여야한다.

$\boldsymbol{Fe/FeO}$ 산소 포텐샬이 낮은 분위기에서의 Fe의 산화반응은 아래와 같이 쓸 수 있다.

$$2FeO = 2Fe + O_2 \tag{4-46}$$

여기에 물에서의 평형반응

$$4H^+ + O_2 + 4e = 2H_2O \tag{4-47}$$

을 생각하여 식 (4-46)에 대입하면 pH에 따른 Fe와 Fe의 전기화학반응은

$$FeO + 2H^+ + 2e = Fe + H_2O \tag{4-48}$$

가 된다. 그런데 25℃에서 이 반응의 $\Delta G^o = 1.7kcal$이고 따라서 $E^o = -\Delta G^o / zF = -1.7/(2 \times 23.06) = -0.037\,V$이므로 식 (4-48)은

$$E = E^o - \frac{RT}{2F} ln \frac{[Fe][H_2O]}{[FeO][H^+]^2} = -0.037 - 0.0591pH \tag{4-49}$$

이 된다. 여기서 Fe와 FeO는 순수한 상으로 존재하므로 활동도는 1을 적용하였다.

$\boldsymbol{FeO/Fe_3O_4}$ 전기화학 반응은

$$Fe_3O_4 + 2H^+ + 2e = 3FeO + H_2O \tag{4-50}$$

로부터 $\Delta G^o = 10.5kcal$이고 $E^o = -10.5/(2 \times 23.06) = -0.228\,V$가 되어 FeO와 Fe_3O_4가 공존하는 경우

$$E = -0.228 - 0.0591pH \tag{4-51}$$

가 된다. 그런데 FeO/Fe_3O_4의 평형 산소분압이 Fe/FeO보다 높아야 됨에도 불구하

고 식 (4-51)의 절편, -0.228이 식 (4-49)의 절편, -0.037보다 산소포텐샬이 낮으므로 FeO 상은 불안정하다는 것을 알 수 있다. 따라서 Fe와 Fe_3O_4의 안정선을 고려해 보면 $\boldsymbol{Fe/Fe_3O_4}$ 전기화학반응은

$$Fe_3O_4 + 8H^+ + 8e = 3Fe + 4H_2O \tag{4-52}$$

$\Delta G^o = 15.6kcal$이고 $E^o = -15.6/(8\times 23.06) = -0.0846\,V$가 되어 Fe와 Fe_3O_4가 공존하는 경우

$$E = -0.0846 - 0.0591pH \tag{4-53}$$

가 되어 더 FeO 형성전압, -0.037V보다 낮은 산소분압인 -0.0846V에서 Fe_3O_4상이 형성되어 Fe가 FeO가 형성되기 전에 Fe_3O_4 상이 형성되어 FeO 상은 불안정하게 되고 대신 Fe/Fe_3O_4이 공존하게 된다.

$\boldsymbol{Fe_3O_4/Fe_2O_3}$ 전기화학반응

$$3Fe_2O_3 + 2H^+ + 2e = 2Fe_3O_4 + H_2O \tag{4-54}$$

로부터 $\Delta G^o = 10.2kcal$이고 $E^o = +10.2/(2\times 23.06) = 0.221\,V$가 되어 순수한 상의 Fe_3O_4와 Fe_2O_3이 공존하는 경우

$$E = 0.221 - 0.0591pH \tag{4-55}$$

가 된다.

또한 수용액 중에 산화철이 Fe^{+++} 형태로 용해된다면 산화철의 이온용해도를 예측할 수 있다.

$\boldsymbol{Fe}^{+++}/Fe_2O_3$ hematite의 용해반응

$$Fe_2O_3+3H_2O=2Fe^{+3}+6OH^- \tag{4-56}$$

로부터 $\Delta G^o=-RT\ln K$에서 $\Delta G^o=116.51kcal$이므로 $\log[Fe^{3+}][OH]^3=-42.7$이 된다. 따라서

$$\log[Fe^{3+}]=-42.7-3\log[OH^-]=-0.7-3pH \tag{4-57}$$

로 Fe_2O_3에 접하는 수용액 중의 Fe^{+++}의 농도는 전압 값에는 무관하고 pH에만 의존한다는 것을 알 수 있다.

$\boldsymbol{Fe}^{+++}/Fe_3O_4$의 전기화학반응

$$3Fe^{+3}+4H_2O+e=Fe_3O_4+8H^+ \tag{4-58}$$

로부터

$$E=0.337+0.177\log[Fe^{3+}]+0.472pH \tag{4-59}$$

가 되어 $[Fe^{+++}]$가 결정되면 같은 농도의 $[Fe^{+++}]$를 가지는 E-pH관계를 알 수 있다.

식 (4-43) ~ 식 (4-59)를 종합하여 $E-$pH의 그래프에 그리면 [그림 4.11]과 같이 수용액 중에서 철의 pH와 전압에 따른 안정상의 지도를 만들 수 있다. 여기서는 연습의 측면에서 $Fe/Fe_3O_4/Fe_2O_3$를 중심으로 만들었지만 실제로 여러 이온형태의 용해도가 높은 이온을 포함하여 그리면 [그림 4.11(b)]와 같은 약간 복잡한 Pourbaix diagram이 만들어진다.

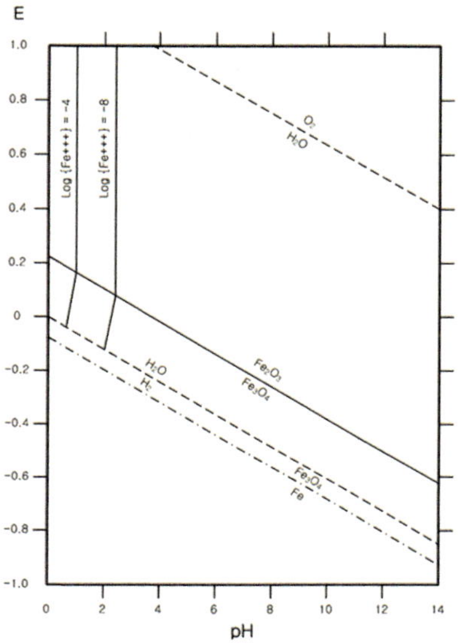

(a) 식 (4-42) ~ 식 (4-58)을 이용하여 만든 Fe의 Pourbaix diagram

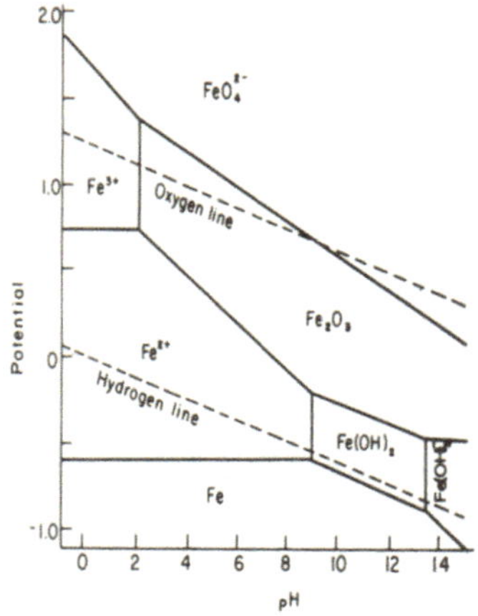

(b) 실제 Pourbaix diagram

[그림 4. 11]

Thermodynamic Diet

우리 모두가 알다시피 1g의 물을 1도 올리는데 1cal. 가 든다. 따라서 찬 음식을 먹으면, 음식은 대부분 물로 구성돼 있으니깐, 찬 음식을 몸의 온도로 올리기 위해 칼로기를 소모해야 되는데 마땅 히 공급될 열원이 없기 때문에 이 칼로리는 여러분의 지방에서 가져올 수밖에 없다. 예를 들면, 0°의 디저트를 먹었다면 단시간 내에 37°까지 올려야 하기 때문에 g당 약 37cal가 소모된다. 따라서 평균적으로 디저트가 약 168g정도 하니깐 참 디저트를 먹는 순간 6,216cal(37x168)가 여러분의 몸에서 없어지게 된다. 디저트의 열량이 1200cal라고 가정하면 적어도 5,000cal는 없어지는 셈이다. 더 많은 찬 디저트를 먹으면 더 많은 지방을 뺄 수 있고, 더 빨리 몸무게를 줄일 수 있다.
이 다이어트는 특히 맥주를 마실 때 더 유효하다. 맥주 1 병당 칼로리는 192cal.이고 소모되는 칼로리는 12,432cal가 되어 맥주 한병 당 약 12,240 cal가 소모된다. 아이스크림은 더욱 좋다. 아이스크림은 녹이는데 약 83cal/g이 들기 때문에 몸의 온도까지 올리는 에너지는 보너스다. 그러나 피자를 먹는 것은 다이어트에 도움이 되지 않는다. 왜냐하면 피자는 뜨겁기 때문이다. 따라서 피자를 먹을 때는 맥주를 많이 마시고 아이스크림을 듬뿍 먹어야 서로 열량이 상쇄된다.
이렇게 열역학적인 다이어트 방법을 사용하면 절대 살찔 일은 없다!

CHAPTER 5

계면 열역학

5.1 계면의 정의

5.2 계면 에너지

5.3 표면 흡착

5.4 전하를 띤 계면

5.5 굴곡 진 표면

5.6 Wetting

5.7 Adhesion

5.8 8산화물(Ceramic)의 표면

기체나 액체와 같은 이질적인 상에 노출되어 있는 고체표면은 표면원자의 일부 결합이 결여된 불안정한 생태로 있기 때문에 내부보다 높은 에너지상태를 가지고 있는 것이 보통이다. 이는 반드시 고체에만 적용되는 것이 아니라 서로 다른 상이 만나는 계면의 원자의 결합상태는 내부원자의 결합상태와 다르기 때문에 다른 에너지를 가진다는 것을 의미한다. 따라서 물질은 이 높은 에너지부분을 줄이기 위해 표면장력이라는 힘을 작용시켜 표면적을 최대한 줄이려 하게 마련이다. 열역학 제 1 법칙에 의하면 닫힌계의 경우

$$dU = q + \delta w$$

만큼의 일을 해주어야 된다. 만약 계의 표면적이 변하는 경우, 그 표면적을 늘리기 위해 표면장력에 대항하여 계에 해준 일의 양은

$$\delta w = \gamma dA$$

가 된다. 여기서 γ는 표면 에너지로서 물리적으로는 표면 장력과 같은 의미이며 단위길이 당의 힘이나 단위면적 당의 에너지(erg/cm^{2}이나 mJ/m^2)로 표시한다. 1장에서 배운 Gibbs 자유에너지를 사용하면 $\gamma = (\partial G/\partial A)_{T, P\ M, q, n_i}$로 정의되며 일정한 온도와 압력과 농도에서 단위 면적 만큼의 면적을 증가시킬 때 변화되는 Gibbs 자유에너지의 양으로 정의할 수 있다. 여기서 n_i를 고정한다는 의미는 계 전체에 물질의 이동이 없다는 의미이지 계 내부에서 계면으로 물질의 이동이 없다는 의미는 아님을 유념하기 바란다. 실제로 계면의 흡착현상에 의해 물질의 평형농도가 내부와 표면은 서로 다른 값을 가진다. 또한 내부에너지(U)나 엔탈피(H), Helmoltz에너지(F)를 사용하여서도 표면에너지를 아래와 같이 정의 할 수 있다.

$$\gamma = (\partial U/\partial A)_{S, V, n_i} = (\partial F/\partial A)_{T, V, n_i}$$

5.1 계면의 정의

어느 계면에서나 물리적 혹은 화학적 성질이 계단함수(step function)와 같이 갑자기 변하는 것이 아니라 모든 성질이 부드럽게 변하는 중간영역(transition region)이 존재한다. 예를 들면 고체(금속) 표면에서 내부로 수직방향으로 밀도를 측정 해 보면 [그림 5.1]의 실선과 같이 10 g/cm^{3}에서 10^{-8}g/cm^{3}으로 표면을 지나면서 점진적으로 감소하게 된다. 그러면 어디가 표면에 해당되는 것인가? 그 해답을 구하기 위해 만약 어느 임의의 가상적인 경계면을 그어서 그 가상적인 면까지 밀도는 10g/cm^{3}으로 동일한 값을 가지다가 그 면 이후에서는 갑자기 기상의 밀도인 10^{-8}g/cm^{3}로 떨어져서 균일한 값을 갖는 [그림 5.1]의 점선으로 표시된 계단함수의 가상적인 계를 상상해서 표면의 성질을 알아보자. 이 때 이 표면의 성질은 다음과 같이 정의 할 수 있다.

$$\text{표면의 성질} = \text{실제 계의 성질} - \text{가상적인 계의 성질} \tag{5-1}$$

혹은 실제 계의 성질은 우리가 임의로 설정한 가상계의 성질에 표면성질을 더한 값으로 표현해 줄 수 있다.

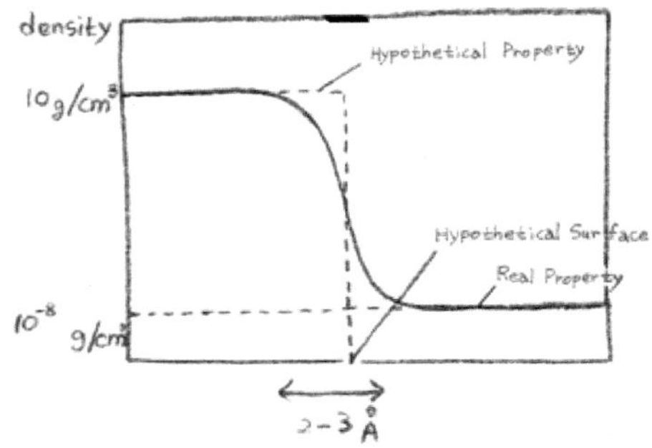

[그림 5.1] 표면의 개념

따라서 계의 총 내부 에너지는 가상 고체상과 가상 기체상 그리고 표면 내부에너지의 합이므로

$$U_T = E^I V^I + E^{II} V^{II} + E^s A \tag{5-2}$$

로 쓸 수 있다. 여기서 E^I은 가상적인 고체의 단위 부피 당 평균 내부에너지, E^{II}는 가상적인 기체의 단위 부피 당 평균 내부에너지이고 E^s는 가상 표면의 단위 면적 당 내부에너지 기여분이다. [그림 5.1]에서 보는 바와 같이 경계면은 면으로 존재하므로 부피는 없게 되고 따라서 전체 부피는

$$V_T = V^I + V^{II} (V^s = 0) \tag{5-3}$$

이 된다. 또한 i 원소의 총 몰수는

$$n_i^T = n_i^I + n_i^{II} + n_i^s \tag{5-4}$$

가 된다. 여기서 n_i^I, n_i^{II} 과 n_i^s는 각각 고체상과 기체상 그리고 표면에 속한 원자의 몰수 이다. 마찬가지로 Gibbs 와 Helmoltz 자유 에너지 및 엔트로피도

$$G_T = g^I V^I + g^{II} V^{II} + g^s A = G^I + G^{II} + G^s$$
$$F_T = f^I V^I + f^{II} V^{II} + f^s A = F^I + F^{II} + F^s$$
$$S_T = s^I V^I + s^{II} V^{II} + s^s A = S^I + S^{II} + S^s$$

의 형태로 쓸 수 있다. 여기서 소문자는 단위 부피당 혹은 단위 면적당 에너지 즉, 에너지 밀도를 말하고 위첨자는 상의 종류를 의미한다.

또한 내부 에너지의 조합 방정식은 각각의 상에 대해

$$dU^I = TdS^I - PdV^I + \sum_i \mu_i^I dn_i^I \tag{5-5}$$

$$dU^{II} = TdS^{II} - PdV^{II} + \sum_i \mu_i^{II} dn_i^{II} \tag{5-6}$$

$$dU^s = TdS^s + \gamma dA + \sum_i \mu_i^s dn_i^s \tag{5-7}$$

과 같이 쓸 수 있다. 여기서 식 (5-5)와 식 (5-6)은 표면이 없는 개체(bulk) 자체의 성질이므로 표면 에너지 항이 없고 식 (5-7)에서는 표면의 부피가 0이므로 PdV 항이 없어졌다. 그런데 $\mu_i^I = \mu_i^{II} = \mu_i^s$ 이므로 식 (5-5) ~ 식 (5-7)을 식 (5-2)에 대입하면

$$d_U T = T(dS^I + dS^{II} + dS^s) - P(dV^I + dV^{II}) + \gamma dA + \sum_i \mu_i (dn_i^I + dn_i^{II} + dn_i^s) \tag{5-8a}$$

$$= TdS_T - PdV_T + \gamma dA + \sum_i \mu_i dn_{i,T} \tag{5-8b}$$

로 원래의 열역학 제 1법칙이 된다. 마찬가지로 표면을 포함하는 계의 Gibbs와 Helmoltz 자유에너지의 변화량에 대해서도 각각

$$dG = VdP - SdT + \gamma dA + \sum_i \mu_i dn_i \tag{5-9}$$

$$dF = -PdV - SdT + \gamma dA + \sum_i \mu_i dn_i \tag{5-10}$$

와 같이 쓸 수 있다. 여기서 계면에 해당되는 Gibbs 및 Helmholtz 자유에너지는 식 (5-7)과 같이 각각

$$dG^s = d(g^s A) = -S^s dT + \gamma dA + \sum_i \mu_i dn_i^s \tag{5-11}$$

$$dF^s = d(f^s A) = -S^s dT + \gamma dA + \sum_i \mu_i dn_i^s \tag{5-12}$$

로 같은 값이 됨을 알 수 있다. 여기서 g^s, f^s는 계면의 Gibbs, Helmholtz 에너지 밀도이다.

보충설명

■ 가상적 계면의 위치

가상적인 계면의 위치는 임의로 정할 수 있다. 따라서 U^I과 U^{II} 그리고 U^s는 임의의 값을 가진다. 그러나 그 합, U_T는 일정하다.

■ $\mu^I = \mu^{II} = \mu^s$의 증명

평형의 경우 $dG = VdP - SdT + \gamma dA + \sum_i \mu_i dn_i = 0$이 된다. 그런데 온도, 압력, A가 일정 할 경우 $\sum_i \mu_i dn_i = 0$이다. 즉, $\mu_1^I dn_1^I + \mu_2^I dn_2^I + \cdots + \mu_1^{II} dn_1^{II} + \mu_2^{II} dn_2^{II} + \cdots \mu_1^s dn_1^s + \mu_2^s dn_2^s = 0$이다. 이 식이 만족되기 위해서는 $\sum_i dn_i^I + \sum_i dn_i^{II} + \sum_i dn_i^s = 0$ 이므로 $\mu^I = \mu^{II} = \mu^s$이어야 한다.

5.2 계면 에너지

물에 모세관을 꽂으면 모세관을 따라 물이 올라가고 모세관의 반경이 작으면 작을수록 더 높이 올라가는 것을 관찰할 수 있다. 이는 앞의 4장의 electrocapillary 실험에서 설명했듯이 끌어올린 물의 무게와 표면장력(capillary force)의 힘이 평형을 이룰 때까지 물이 올라가기 때문이다. 그러면 표면장력의 근원은 무엇일가?

[그림 5.2]에서 보는 바와 같이 재료 내부의 원자와 표면의 원자는 원자사이의 결합력의 분포에 차이가 있다. 내부의 원자는 모든 방면으로 같은 힘을 받아 안정되어 있지만 표면의 원자는 안으로 당기는 힘은 있고 밖으로는 당기는 힘이 없어 내부로 힘이 치우치게 된다. 따라서 표면의 원자들은 안으로 끌어당기는 힘을 받고 있다고 볼 수 있다. 즉 표면은 내부로 끌어당겨지고 있는데 이 힘이 곧 표면장력이다. 표면장력은 보통 단위길이당 힘(N/m 혹은 dyne/cm)이나 단위면적당 에너지(J/m^2 혹은 erg/cm^2)로 표시한다. 힘으로 표시할 때는 표면장력이라 하고, 에너지로 표시할 때는 계면에너지 혹은 표면에너지라고 부른다.

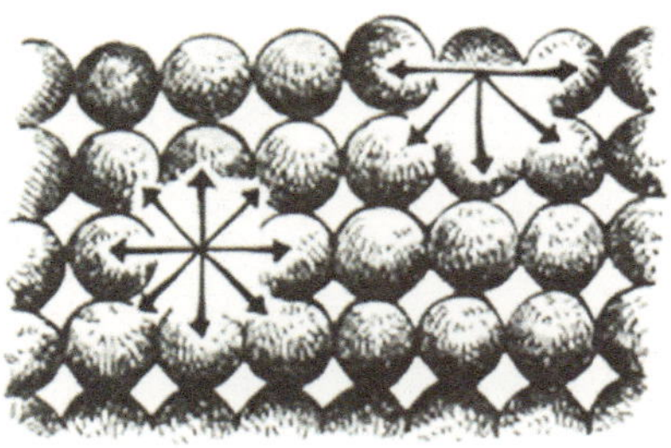

[그림 5.2] 표면과 내부의 원자 결합력의 분포

열역학적으로 계면 에너지, γ는 식 (5-8) ~ 식 (5-10)으로부터 다음과 같이 정의 할 수 있다.

$$\gamma = (\partial U/\partial A)_{S,V,n_i} = (\partial U^s/\partial A)_{S^s,n_i^s} \quad (5\text{-}13)$$

$$= (\partial G/\partial A)_{T,P,n_i} = (\partial G^s/\partial A)_{T,P,n_i^s} \quad (5\text{-}14)$$

$$= (\partial F/\partial A)_{T,V,n_i} = (\partial F^s/\partial A)_{T,n_i^s} \quad (5\text{-}15)$$

(1) 순수한 물질의 표면 에너지

$G^s = g^s A$ (g^s : 단위 면적 당 평균 표면 Gibbs 자유 에너지 혹은 Gibbs 자유 에너지 밀도)라고 표현 하면 식 (5-14)로부터

$$\gamma = (\partial G^s/\partial A)_{T,P,n_i^s} = (\partial(g^s A)/\partial A)_{T,P,n_i} = g^s + A\left(\frac{\partial g^s}{\partial A}\right)_{T,P,n_i} \quad (5\text{-}16)$$

로 쓸 수 있다. 이 식의 의미는 물질의 표면을 늘리는데 2가지 방법을 생각할 수 있다. 즉 물질을 잘라서 표면적을 늘리거나 고무와 같이 기존 표면을 잡아당겨서 원자에 변위(strain)를 유발시켜서 면적을 늘리는 경우이다. 첫째의 경우와 같이 재료를 잘라서 표면을 만드는 경우는 면적에 따른 표면에너지의 변화는 $\partial g^s/\partial A = 0$이 된다고 할 수 있다. 따라서 이 경우 표면 에너지는 간단히

$$\gamma = g^s = (\partial G/\partial A)_{T,P} \quad (5\text{-}17)$$

가 된다. 그러나 응력을 가해 변위가 발생되어 표면적이 변하는 경우는 $\partial g^s/\partial A \neq 0$이 되므로

$$\gamma = g^s + A\left(\frac{\partial g^s}{\partial A}\right)_{T,P,n_i} \quad (5\text{-}18)$$

로 초기의 평균 표면 에너지에 표면적이 변화하면서 발생한 표면에너지의 변화분을 합한 값이 된다.

대략적으로 표면에너지는 승화열과 비례한다고 볼 수 있다. 왜냐하면 고체 표면으로부터 기체로 승화하면서 고체의 표면적이 증가하기 때문이다. 보통, 금속의 경우 $\Delta H \sim 10^5$

cal/g-atom=6.94×10^{-12}erg/atom이다. 따라서 만약 표면의 원자 밀도가 10^{15}atoms/cm^{2}이라면 표면 에너지는 6.94×10^{-12}x$10^{15} \approx 7000$ergs/cm^{2}이 된다. 그러나 이는 실제 표면에서의 원자의 재배치(relaxation)를 고려하지 않은 값이기 때문에 측정된 표면 에너지 보다 다소 높은 값이다.

<표 5.1> 여러 물질의 표면 에너지

물질	γ(ergs/cm^2)	온도(℃)
W	2900	1727
Nb	2100	2250
Au	1410	1027
Ag(solid)	1140	907
Ag(liquid)	879	1100
Pt	2340	1311
Cu(solid)	1670	1047
Cu(liquid)	1300	1535
Hg(liquid)	487	16.5
LiF(solid)	340	−195
NaCl	227	25
MgO	1200	25
CaF2	450	−195
He(liquid)	0.308	−270.5
N2(liquid)	9.71	−195
water	72.75	20
benzene	28.88	20
Bromine	41.5	20
Acetic acid	27.8	20
Ethanol	22.75	20

- **온도의 영향** : 식 (5-11)과 (5-17)로부터 평균 표면에너지가 면적에 따라 변하지 않는 경우, 즉 $\gamma=g^s$인 경우,

$$\left(\frac{\partial G^s}{\partial T}\right)_{P,A,n_i} = A \cdot \left(\frac{\partial \gamma}{\partial T}\right)_P = -S^s \qquad (5\text{-}19)$$

가 만족됨을 알 수 있다. 엔트로피는 양의 값이므로 항상 온도가 증가함에 따라 평균 표면 에너지 밀도는 감소함을 알 수 있다. 즉 고온에서는 작은 에너지로 쉽게 새 표면을 만들 수 있음을 알 수 있다. 또한 표면 엔탈피는 $H^s = U^s + PV^s = U^s(V^s=0)$이므로, 표면 내부 에너지는 식 (5-19)를 $U^s = TS^s + \gamma A$에 대입하면 아래와 같은 온도의 함수가 된다.

$$U^s = \gamma A - AT\left(\frac{\partial \gamma}{\partial T}\right)_P \tag{5-20}$$

이는 g^s가 면적에 따라 일정한 값을 가지는 순수한 재료의 경우에 해당된다.

(2) 혼합물의 표면 에너지

혼합물의 경우 표면과 내부와의 원소농도의 편차가 있는 경우(대부분 표면 흡착 혹은 편석현상이 존재한다), 새로운 표면을 발생시킬 때 내부로부터 표면으로 혹은 표면으로부터 내부로의 원자의 이동을 수반한다. 따라서 이 경우 온도와 압력이 일정할 때 표면을 만들면서 발생되는 표면 Gibbs 자유 에너지의 변화는 식 (5-11)로 부터

$$dG^s_{T,P} = d(g^s A)_{T,P} = \gamma dA + \sum_i \Gamma_i \mu_i dA \tag{5-21}$$

가 된다. 여기서 Γ_i는 단위 면적 당 표면원소의 양(표면농도)이며 μ_i는 원소의 화학 포텐샬이다. 그런데 g^s가 면적에 무관하게 일정하다면(실제로 새로운 표면이 나타나면 내부의 용질이 계면으로 확산해서 동일한 계면을 만들어 준다) 혼합물의 표면에너지는

$$\gamma = g^s - \sum_i \mu_i \Gamma_i \tag{5-22}$$

가 된다. 여기서 혼합물의 경우는 순수한 물질의 $\gamma = g^s$와 달리 원소의 화학 포텐샬에

의한 기여분이 있음을 알 수 있다. 이는 g^s는 표면으로 용질이 이동해서 같은 표면농도를 유지할 때의 에너지 밀도이나, $\gamma = (\partial G^s / \partial A)_{T, n_i^s}$로서 표면으로 물질의 이동이 없을 경우의 에너지 밀도로서 표면으로 이동해서 생긴 화학에너지 양만큼을 빼주어야 한다는 말이다. 실제로 물질에 새로운 표면을 만들 때 물질의 확산속도가 느려 물질의 이동이 없는 조건에 부합한다고 말 할 수 있다.

5.3 표면 흡착

Euler theorem에 의해 식 (5-7)은

$$U^s = TS^s + \gamma A + \sum_i \mu_i n_i^s \tag{5-23}$$

이 되며 이 식을 완전 미분하여 식 (5-7)을 빼면

$$S^s dT + A d\gamma + \sum_i n_i^s d\mu_i = 0 \tag{5-24}$$

인 Gibbs-Duhem식과 유사한 식이 얻어진다. 이 식은 다시

$$d\gamma = - s^s dT - \sum_i \Gamma_i d\mu_i \quad \text{(Gibbs Adsorption Equation)} \tag{5-25}$$

로 쓸 수 있다. 여기서 $s^s = S^s / A$이고 $\Gamma_i = n_i^s / A$로 정의한다. 특히 온도가 일정하면

$$d\gamma = - \sum_i \Gamma_i d\mu_i \quad \text{(Gibbs Adsorption Isotherm)} \tag{5-26}$$

로 "Gibbs Adsorption Isotherm"이 된다. 또한 $PV^s = 0$이므로 $U^s = H^s$이 되어 $G^s = F^s = U^s - TS^s$인 관계가 성립되므로 단위 면적 당 Gibbs 및 Helmholtz 자유에너지는 각각

$$g^s = G^s/A = \gamma + \sum_i \mu_i \Gamma_i \tag{5-27}$$

$$f^s = F^s/A = \gamma + \sum_i \mu_i \Gamma_i \tag{5-28}$$

로 같은 값이 된다. 따라서 여러 원소로 구성된 계의 경우는 $\gamma \neq f^s, g^s$이 된다. 그러나 순수한 물질로 구성 된 계에서는 $\Gamma_i = 0$이 되도록 계면을 설정할 수 있기 때문에 식 (5-27)과 식 (5-28)에서 둘째항을 0으로 만들 수 있다. 따라서 이 경우는 $\gamma = f^s = g^s$이 성립된다.

2개의 원소, 1(용매)과 2(용질)를 가지는 I, II상 사이의 계면의 경우(편의상 I : 고체, II : 기체 상로 생각), 식 (5-26)으로 부터 두 상사이의 표면 에너지는

$$d\gamma = -\Gamma_1 d\mu_1 - \Gamma_2 d\mu_2 \tag{5-29}$$

가 된다. 여기서 원소 1을 용매라 하고 원소 2를 불순물(용질)이라 생각하자. 또한 평형상태이므로 $\mu^I = \mu^{II} = \mu^{s^*}$이 되고 상 I에 대한 Gibbs-Duhem 관계식[$n_1^I d\mu_1 + n_2^I d\mu_2 = 0$: T, P = 일정]으로 부터 I상 내의 불순물의 농도에 따른 표면에너지의 변화는

$$d\gamma = \Gamma_1 \frac{n_2^I}{n_1^I} d\mu_2 - \Gamma_2 d\mu_2 \tag{5-30a}$$

혹은

$$\left(\frac{d\gamma}{d\mu_2^I}\right)_{T,P} = \Gamma_1 \frac{n_2^I}{n_1^I} - \Gamma_2 \tag{5-30b}$$

가 된다. 만약 용매인 원소, 1에 대해 표면의 위치를 $\Gamma_1 = 0$이 되도록 잡으면 식 (5-30b)는

$$\left(\frac{d\gamma}{d\mu_2^I}\right)_{T,P} = -\Gamma_2 \tag{5-31}$$

가 된다. 이 경우 Γ_2의 계면의 위치는 $\Gamma_1 = 0$조건에 의해 고정된다. 식 (5-31)을 농도의 함수로 표현하면 $d\mu_2 = RTdlna_2$가 되고 용질이 미량인 경우, Henry의 법칙이 만족되기 때문에 몰분율, X_2의 함수, $d\mu_2 = RTdlnX_2$로 바꿔 쓸 수 있다. 따라서 식 (5-31)은

$$\frac{1}{RT}X_2\frac{d\gamma}{dX_2} = -\Gamma_2 \tag{5-32}$$

로 표현될 수 있다. 위 식 (5-32)로부터 만약 X_2가 증가할 때 Γ_2가 양의 값(surface excess)을 가지면 표면에너지는 감소하고, 반대로 X_2가 증가할 때 Γ_2가 음의 값(surface deficiency)을 가지면 표면에너지는 증가함을 알 수 있다.

보충설명

■ **$\Gamma_1 = 0$의 조건**

아래 그림과 같이 2개원소로 구성된 계에서 원소 1의 $\Gamma_1 = 0$이 되는 조건을 구해보자.

$$n_1 = n_1^I + n_1^{II} + n_1^s = \int_{x_1}^{x_2} cdx$$

$$n_1^I = \int_{x_1}^{x_o} cdx + A$$

$$n_1^{II} = \int_{x_o}^{x_2} cdx - B$$

그러므로 $n_1 = \int_{x_1}^{x_2} cdx = \int_{x_1}^{x_o} cdx + A + \int_{x_o}^{x_2} cdx - B + n_1^s$이 되고 $A - B + n_1^s = 0$이 되어

$A=B$인 경우에는 $n_1^s=0$ 즉 $\Gamma_1=0$이 된다. 그러나 여러 원소로 구성된 계의 경우 모든 $\Gamma_i=0$는 불가능하다.

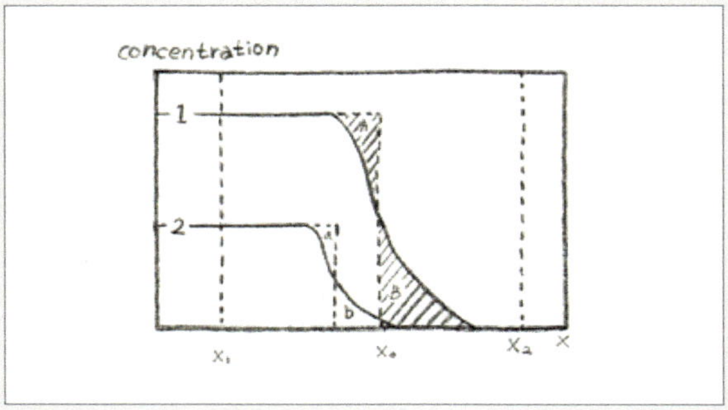

예를 들어서 산소 농도에 따른 은의 표면에너지 변화를 측정해 보니 아래 [그림 5.3]과 같다면 이 경우의 표면에 흡착되는 산소의 농도, Γ_{O_2}는 식 (5-31)로부터

$$\Gamma_{O_2}=-\frac{d\gamma}{kTdlnP_{O_2}}$$

$$=\frac{1}{1.38\times10^{-16}\times1203}\cdot\frac{540}{\ln10^{-2}/10^{-5}}\simeq5\times10^{14}\ \text{atoms/cm}^2$$

가 된다. 이 값은 표면의 약 절반 정도를 산소분자가 덮고 있는 것과 같다.

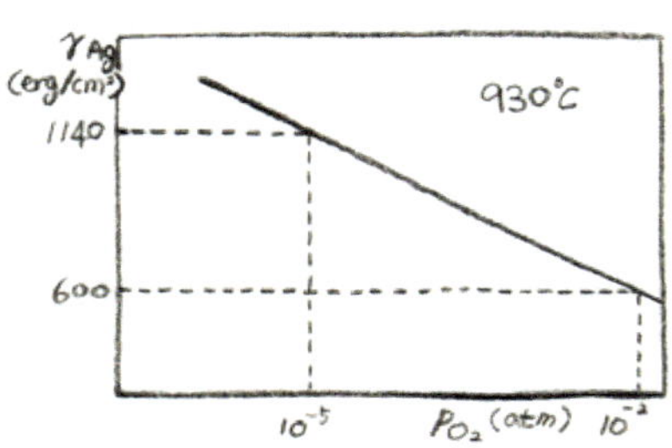

[그림 5.3] 산소 농도에 따른 은의 표면 에너지

내부 계면의 흡착의 경우는 결정입계나 stacking fault 등과 같이 열역학적으로 구분이 되지 않는, 상 내부에서 일어나는 현상들이다. 이 경우 $\Gamma_1 = 0$와 같은 조건을 이용하여 계면을 정의하기는 현실적으로 어렵다. 따라서 아래 [그림 5.4]와 같이 물리적으로 분리되어 있는 대칭면을 계면으로 정의한다. 이 경우도 기공을 포함한 모든 원소에 대해 Gibbs Adsorption Isotherm식 $\left(d\gamma = -\sum_i \Gamma_i d\mu_i\right)$이 만족된다. 여기에 Gibbs-Duhem식을 이용하여 변수를 줄이면

$$d\gamma = -[\Gamma_2 - \Gamma_1(X_2/X_1)]d\mu_2 - [\Gamma_v - \Gamma_1(X_v/X_1)]d\mu_v \tag{5-33}$$

로 일반식이 얻어진다.

보충설명

■ 식 (5-33) 계산

Gibbs isotherm에 의해 $d\gamma = -\Gamma_1 d\mu_1 - \Gamma_2 d\mu_2 - \Gamma_v d\mu_v$이고, 여기에 Gibbs-Duhem식, $X_1 d\mu_1 + X_2 d\mu_2 + X_v d\mu_v = 0$로부터 $d\mu_1 = -\frac{X_2}{X_1}d\mu_2 - \frac{X_v}{X_1}d\mu_v$이 되고 이를 대입하면 $d\gamma = \Gamma_1(X_2/X_1)]d\mu_2 + \Gamma_1(X_v/X_1)]d\mu_v - \Gamma_2 d\mu_2 - \Gamma_v d\mu_v$이 된다.

위 식을 각각의 경우에 따라 살펴보면

① 일원계 재료의 경우는 $\Gamma_2 = 0$, $X_2 = 0$ 이므로

$$d\gamma = -[\Gamma_v - \Gamma_1(X_v/X_1)]d\mu_v \quad \text{[일원계 내부 흡착]} \tag{5-34}$$

② 기공의 농도를 무시할 수 있을 정도로 고농도의 이원계인 경우는 $X_v = 0$이므로

$$d\gamma = -[\Gamma_2 - \Gamma_1(X_2/X_1)]d\mu_2 \text{ [고농도 이원계 흡착]} \tag{5-35}$$

③ X_v를 무시할 정도의 고농도이고 substitutional 용질을 가지는 경우는 결정격자의 수가 유지되므로 $\Gamma_1 = -\Gamma_2$가 되어

$$d\gamma = -[\Gamma_2 - \Gamma_1(X_2/X_1)]d\mu_2 = -(\Gamma_2/X_1)]d\mu_2 \tag{5-36}$$

[coherent boundary, stacking fault 흡착]

이 된다. 이 식은 일반적인 결정입계에도 사용할 수 있지만 이 경우 결정입계에서 결정격자의 수가 보존된다고 말하기 어렵기 때문에 위식을 사용할 경우 정확하지는 않다.

④ 침입형 용액(interstitial solid solution)의 경우는 용매의 결정격자가 보존되므로 $\Gamma_1 = 0$이 되어

$$d\gamma = -\Gamma_2 d\mu_2 \tag{5-37}$$

가 된다.

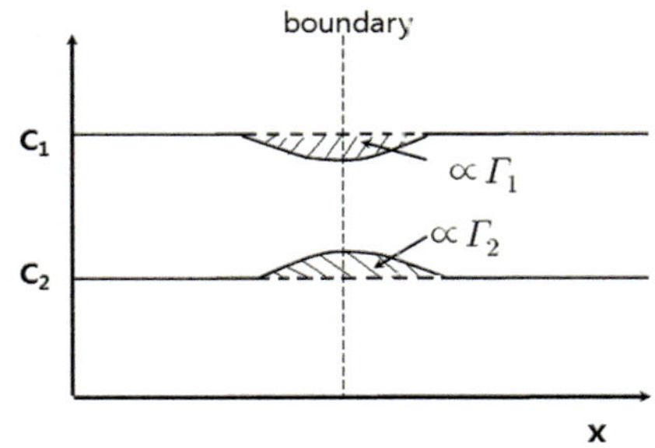

[그림 5.4] 재료 내부의 계면

5.4 전하를 띤 계면

전해질 내에 삽입된 금속전극(예 Hg)에 전압을 가하면 그에 따라 전극표면에 전하가 축적되고 동시에 전해질에 같은 양의 전하가 계면에 모이게 되어 계면 에너지가 변하게 된다. 실제로 [그림 5.5]와 같이 수소기준전극에 대해 수은전극에 전압을 가하면서 수은이 capillary 내에서 수은의 무게와 표면장력에의한 힘이 평형을 이루는 수은의 높이를 측정하면 전압에 따라 표면장력의 크기가 [그림 5.6]과 같이 된다(electrocapillary 실험*).

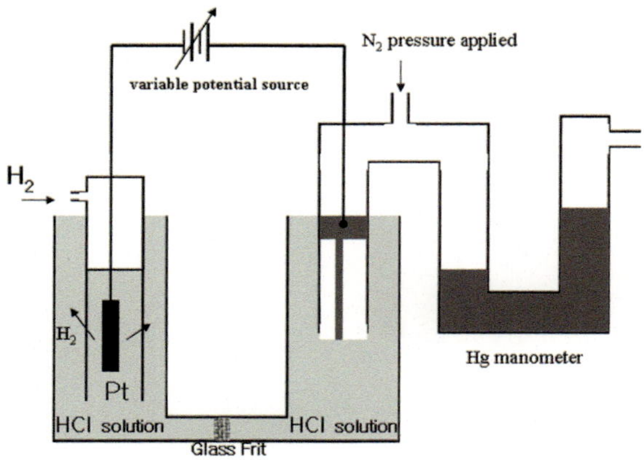

[그림 5.5] 전압에 따른 Hg의 표면장력 측정 장치

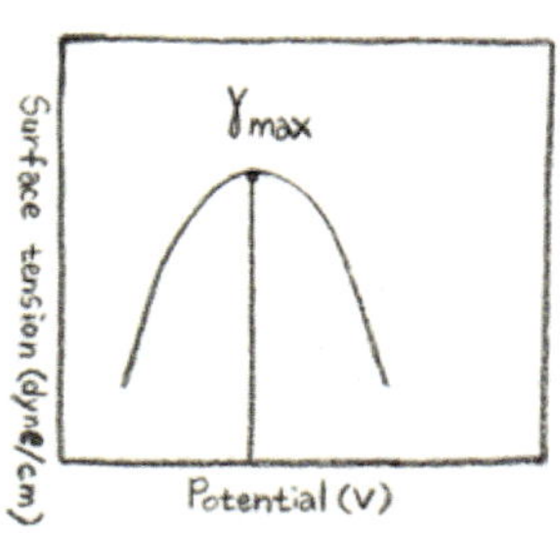

[그림 5.6] electrocapillary 곡선(전압에 따른 표면장력)

보충설명

■ electrocapillary 실험

기계적인 평형 상태에서 수은전극의 무게($\rho\pi r^2 hg$)와 표면장력의 힘($2\pi r\gamma\cos\theta$)이 평형을 이루게 된다. 즉 $\rho\pi r^2 hg = 2\pi r\gamma\cos\theta$가 성립되는데 수은의 경우 접촉각이 0에 가까워서 $\gamma = h\rho gr/2$가 되어 수은의 높이를 측정함으로써 수은/용액의 계면에너지를 구할 수 있다.

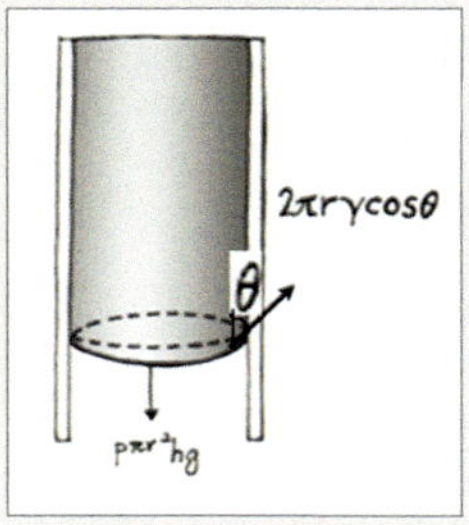

금속전극과 전해질 계면을 포함하는 계에서 이 계의 내부 에너지 변화량은 식 (5-8)에 전하에 의한 일 항을 포함시키면

$$dU = TdS - PdV + \gamma dA + {}^{M}\Delta^{S}\Phi dq_M + \sum_i \mu_i dn_i \tag{5-38}$$

가 된다. 여기서 ${}^{M}\Delta^{S}\Phi$는 전극과 전해질사이의 Galvani 전압 차이($\Phi_M - \Phi_S$)이다. 따라서 계의 내부 에너지는 Euler theorem에 의해 $dU = TS - PV + \gamma A + {}^{M}\Delta^{S}\Phi q_M + \sum_i \mu_i n_i$ 이 되고 Gibbs-Duhem 식에 의해

$$0 = SdT - VdP + Ad\gamma + q'_M d({}^{M}\Delta^{S}\Phi) + \sum_i n_i d\mu_i \tag{5-39}$$

이 된다. 그런데 압력과 온도가 일정할 경우

$$d\gamma = -\frac{q'_M}{A} d({}^{M}\Delta^{S}\Phi) - \sum_i \frac{n_i}{A} d\mu_i \tag{5-40}$$

로 쓸 수 있다. 여기서 surface excess의 개념을 도입하면 surface excess는

$$\Gamma_i = \frac{n_i}{A} - \frac{n^{o_i}}{A} \quad \text{혹은} \quad \frac{n_i}{A} = \Gamma_i + \frac{n^{o_i}}{A} \tag{5-41}$$

로 정의된다. 여기서 n_i^o는 전해질 용액의 평균농도에 해당된다. 이로부터 $\sum_i \frac{n_i}{A} d\mu_i = \sum_i \Gamma_i d\mu_i + \sum_i \frac{n^{o_i}}{A} d\mu_i$가 되는데 Gibbs-Duhem 관계에 의해 $\sum_i \frac{n^{o_i}}{A} d\mu_i = 0$이 되어

$$d\gamma = - q_M d({}^M\Delta^S\Phi) - \sum_i \Gamma_i d\mu_i \tag{5-42}$$

가 된다. 여기서 $q'/A = q$이다. 그런데 전기화학에서는 한 전극과 전해질 사이의 전압 차이를 변화시켜주기 위해서는 다른 상대전극을 삽입한 후, 외부 전기기기를 통해 두 단자사이의 전압을 인가시켜 주어야한다. 이 경우 두 계면의 전압이 동시에 예측 불가능하게 변화하게 된다. 그래서 한 전극과 전해질 계면의 전압만을 변화시켜주기 위해서는 한 전극은 극성전극*(polarizable electrode)으로 구성하고 다른 상대전극은 비극성전극(non-polarizable electrode)으로 기준전극을 구성하여 비극성전극(기준전극)의 전압차이를 고정시킨 후 인가전압의 변화가 극성전극의 전압변화와 일치하도록 시스템을 꾸미게 된다. [그림 5.5]에서 수소전극이 전극에 불어넣어주는 수소압력에만 비례하여 계면전압이 고정되는 비극성전극에 해당된다. 따라서 외부에서 인가하는 총 전압은

$$V = {}^{Hg}\Delta^S\Phi + {}^S\Delta^{Pt/H_2}\Phi \tag{5-43}$$

가 된다. 여기서 ${}^{Hg}\Delta^S\Phi$ 는 극성전극, Hg와 전해질과의 전압차이이고 ${}^S\Delta^{Pt/H_2}\Phi$는 전해질과 비극성전극인 수소전극과의 전압차이로서 이 경우 수소전극의 계면전압은 수소분압에 비례하기 때문에 외부에서 인가하는 전압의 변화는 모두 ${}^{Hg}\Delta^S\Phi$의 변화와 일치하게 된다. 즉 외부전압의 변화는 곧 극성전극의 계면전압의 변화와 같게 된다**. 따라서

$$dV = d({}^{Hg}\Delta^S\Phi) \tag{5-44}$$

이 되고 이를 식 (5-42)에 대입하면

$$d\gamma = -q_M dV - \sum_i \Gamma_i d\mu_i \tag{5-45}$$

이 된다. 이 식이 극성전극(polarizable electrode)의 인가전압과 전해질의 이온의 농도에 따른 전극/계면 에너지의 변화를 말해주는 식이다. 실제 [그림 5.5]와 같이 electro-capillary 실험을 할 때 전해질의 농도를 일정하게 유지하기 때문에 $d\mu_i = 0$이 되어 식 (5-45)로 부터 전극표면에 저장되는 전하의 양을 아래 식으로부터 구할 수 있다.

$$\left(\frac{\partial \gamma}{\partial V}\right)_{\mu_i} = -q_M \tag{5-46}$$

가 된다. 이를 Lippmann 식이라고 부른다.

보충설명

■ **극성전극과 비극성전극**

극성전극은 전극에 전류를 흘려줄 경우 전극과 전해질 사이의 전압이 변하는 전극이고 반대로 비극성전극은 전류를 흘려보내더라도 전극과 전해질사이의 전압이 변하지 않고 일정하게 유지되는 경우에 해당된다. 전기회로로 이야기 하면 전자는 전하가 계면을 통과하지 못하고 계면에 축적되는 축전지에 해당되고 후자는 전류가 전부 빠져나가는 저항이 0인 도선에 해당된다. 물리적으로 전자는 계면에서 비가역반응이 발생하여 전하가 축적되어 발생되며 후자는 가역적인 반응에 의해 전하들이 축적되지 않고 전부 누설되고 평형농도를 유지하게 된다.

■ **평형전극(비극성전극)**

평형전극과 전해질사이에는 평형이 유지되므로 전기화학포텐샬 차이가 없으므로 ${}^S\Delta^M \tilde{\mu}_i = {}^S\Delta^M(\mu_j + z_j F\Phi) = 0$이 되고, 따라서 ${}^S\Delta^M\Phi = -\frac{1}{z_j F}\,{}^S\Delta^M\mu_j$의 관계가 성립된다. 따라서 엄

밀히는 식 (5-39)는 $d\gamma=-q_M dV-\frac{q_M}{z_j F}d\mu_j-\sum_i \Gamma_i d\mu_i$가 되어 평형을 이루는 원소의 화학포텐셜의 함수로 쓸 수 있다. 예를 들면 산용액에 삽입된 Pt 전극에 수소가스를 불어넣어주는 수소전극의 경우를 보면, Pt 표면위에서 $H_2=2H^+ + 2e$ 반응이 평형을 유지하여 $d\mu_{H_2}=2d\eta_{H^+}+2d\eta_e=2d\mu_{H^+}+2d\mu_e+2Fd(\Phi_S-\Phi_{Pt})$인 관계가 만족된다. 즉 $d(\Phi_S-\Phi_{Pt})=d[\mu_{H_2}-2\mu_{H^+}-2\mu_e]/2F$가 된다.

Lippman 식에 의하면 [그림 5.6]과 같은 electrocapillary 곡선에서 특정전압에서의 접선이 전극에 축적된 전하량의 밀도가 됨을 알 수 있다. 또한 최대 표면장력을 보이는 점에서 미분 값이 0이 되므로 전극에 축적된 전하의 양이 "0"이 됨을 알 수 있다. 이 전압을 무전하 전압(potential of zero charge), pzc라고 부른다.

또한 전극에 전압을 인가하면 전하가 축적되는 것은 capacitor와 같은 원리이기 때문에 계면의 캐패시턴스(capacitance)를 구해보면

$$C=\left(\frac{\partial q_M}{\partial V}\right)_{\mu_i}=-\left(\frac{\partial^2\gamma}{\partial V^2}\right)_{\mu_i} \tag{5-47}$$

가 된다. 즉 [그림 5.6]의 곡선을 한번 미분하면 축적된 전하량이 되고 두 번 미분하면 캐패시턴스 값이 된다. 만약 capillary 곡선이 포물선*의 형태를 띤다고 가정하면 [그림 5.7]과 같이 일정한 캐패시턴스 값을 가지게 된다.

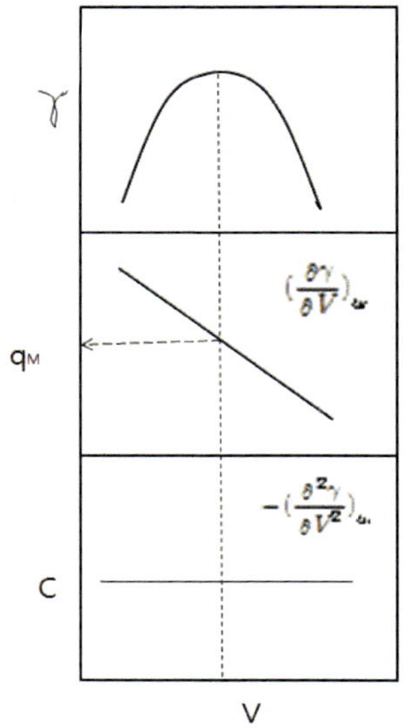

[그림 5.7] electrocapillary 곡선이 포물선으로 가정할 경우의 축전된 전하량과 캐패시턴스 값

보충설명

■ **Double layer**

금속전극에 전압을 인가하여 전하를 띄게 되면, 전해질에는 같은 양의 반대전하를 띤 층이 생기게 된다. 따라서 마치 캐패시터 같이 판상의 두 전극에 전하가 축적되기 때문에 이를 "double layer"라고 부른다. 이 경우 축적되는 전하와 전압과의 관계가 $V=\frac{4\pi d}{\epsilon}q_M$와 같이 간단한 플레이트 형 캐패시터를 가정하면 $dV=\frac{4\pi d}{\epsilon}dq_M$이 되고 이를 Lippman 식에 대입하면 $\int d\gamma=-\frac{4\pi d}{\epsilon}\int q_M dq_M$이 되어 $\gamma=\gamma_{\max}-\frac{\epsilon}{4\pi d}\frac{1}{2}V^2$로 포물선이 된다. 그러나 실제로는 전해질의 전하가 금속전극 표면에 전부 모여있지 않고, 금속전극의 제일 가까운 곳에 음이온들이 흡착되어있으며(inner Helmholtz plane), 그 다음으로 물분자로 둘러싸인 양이온들이 위치하고(outer Helmholtz plane), 그 다음으로 음이온과 양이온의 비대칭적인 분포에 의한 전하층(diffusion layer 혹은 Stern layer)가 위치한다.

식 (5-45)에서 보면 만약 dV=0으로 만들면 표면과잉농도를 측정할 수 있음을 알 수 있다. 즉 우리가 구한 capillary 곡선에서 여러 전해질 농도에 해당되는 전압 대 표면장력의 capillary 곡선을 구한다음, 일정한 전압 값에서 각 농도에 해당되는 표면장력을 구해 농도에 따른 표면장력 값을 구한다면 $\left(\frac{\partial \gamma}{\partial \mu_i}\right)_V$ 로부터 표면과잉농도 정보를 알 수 있을 것으로 생각된다. 그러나 식 (5-45)에서는 금속전극과 접촉한 전해질의 농도가 일정하였고, 기준전극과 금속전극을 연결해주는 전해질 사이의 액체접합(liquid junction)에 전압차가 없게해서 외부에서 전압을 인가해도 기준전극과 전해질 사이의 계면 전압은 변하지 않고, 금속전극과 전해질 사이의 계면에서만 전압이 변하게 만들었다. 이는 금속전극의 전해질과 같은 농도의 전해질 용액을 기준전극에 사용함으로써 액체접합 전압을 없앨 수 있다. 그런데 우리가 표면과잉농도를 구할 경우는 전해질의 농도를 변화시키기 때문에 기준전극 계면의 전압과 금속전극 계면의 전압이 동시에 변하게 된다. 따라서 기준전극 계면의 전압을 포함하여 생각해주어야 한다. 즉 외부에서 인가한 전압은 $d({}^{S}\Delta^{Ref.}\Phi) = -\frac{1}{z_k F}d\mu_k$이 되고 $dV = d({}^{M}\Delta^{S}\Phi) + d({}^{S}\Delta^{Ref.}\Phi)$가 되어 식 (5-45)는

$$d\gamma = -q_M dV - \frac{q_M}{z_k F}d\mu_k - \sum_i \Gamma_i d\mu_i \tag{5-48}$$

가 된다. 여기서 k는 기준전극의 평형을 이루고 있는 원소이다. 여기서도 마찬가지로 액체접합 전압을 없애주기 위해 상용화된 기준전극이 아니라, 금속전극이 접촉하는 전해질의 농도와 같은 농도의 전해질로 만들어진 기준전극을 만들어 사용하여야 한다. 그런데 기준전극은 전해질 내의 양이온이나 음이온 중 한 종류의 이온과 평형을 이루기 때문에 기준전극의 종류에 따라 인가하는 전압을 각각 V_+, V_-라고 명명하면 일정한 전압(V_+ 혹은 V_-), 즉 $dV = 0$의 조건에서는 식 (5-48)은

$$d\gamma = -\frac{q_M}{z_k F}d\mu_k - \sum_i \Gamma_i d\mu_i \tag{5-49}$$

가 된다. 만약 기준전극이 $Ag/AgCl$ 전극같이 Cl^- 이온과 평형을 이루는 전극을 사용하고 전해질이 HCl 같이 $+1$가와 -1가 로 이루어져 있다고 가정하면, 식 (5-49)는

$$d\gamma = +\frac{q_M}{F}d\mu_- - \Gamma_+ d\mu_+ - \Gamma_- d\mu_- \tag{5-50}$$

가 된다. 그런데 전해질의 화학포텐샬, μ는 이온들의 화학포텐샬의 합($\mu_+ + \mu_-$)이므로

$$d\mu = d\mu_+ + d\mu_- \tag{5-51}$$

가 되어 이를 식 (5-50)에 대입하여 μ_+를 없애주면

$$\begin{aligned} d\gamma &= +\frac{q_M}{F}d\mu_- - \Gamma_+ d\mu + \Gamma_+ d\mu_- - \Gamma_- d\mu_- \\ &= -\Gamma_+ d\mu + \left(\frac{q_M + F\Gamma_+ - F\Gamma_-}{F}\right)d\mu_- \end{aligned} \tag{5-52}$$

가 된다. 그런데 금속전극과 전해질을 포함하는 계면에서는 전하의 위치적인 분리는 있으나 전체적으로 양전하와 음전하의 양이 같아 전기중성도가 만족되어야 한다. 즉 금속계면의 단위 면적 당 $q_M + F\left(\frac{n_+ - n_+^o}{A}\right) - F\left(\frac{n_- - n_-^o}{A}\right) = 0$이 되어야 한다. 여기서 n_i^o는 전해질 이온의 평균농도(bulk concentration)에 해당된다. 따라서 위 식의 괄호안의 값은 0이되고

$$d\gamma = -\Gamma_+ d\mu \quad \text{혹은} \quad \left(\frac{\partial\gamma}{\partial\mu}\right)_{V_-} = -\Gamma_+ \tag{5-53*}$$

이 된다. 즉 금속표면의 양이온의 표면과잉 농도를 측정하기 위해서는 음이온과 평형을

이루는 기준전극을 사용하면 얻을 수 있다. 마찬가지로 금속표면의 음이온의 표면과잉 농도를 측정하고 싶으면 식 (5-54)에 의해 양이온과 평형을 이루는 기준전극을 사용하면 된다는 것을 알 수 있다.

$$\Gamma_{-} = -\left(\frac{\partial \gamma}{\partial \mu}\right)_{V_{+}} \tag{5-54}$$

보충설명

■ 식 (5-53)

정의에 의해 $\mu = \mu_{+} + \mu_{-} = \mu^{o_{+}} + \mu^{o}_{-} + RT\ln a_{+}a_{-}$이 되고 $a_{+}a_{-} = a^{2}_{\pm}$라고 가정하면 $du = 2RTdl n a_{\pm}$가 되어 $\left(\frac{\partial\gamma}{2RTPartial\ln a_{\pm}}\right)_{V_{-}} = -\Gamma_{+}$ 라고 표현할 수 있다.

5.5 굴곡 진 표면

(1) 굴곡면의 평형에 필요한 압력 차이 : Laplace 관계식

[그림 5.8(a)]와 같이 평평한 계면을 갖는 비누방울의 경우는 두 표면장력이 180° 상쇄되어 계면 양쪽의 압력이 같을 때 평형을 가지게 된다. 그러나 반경 r인 비누방울의 경우는 [그림 5.8(b)]에서 보는 바와 같이 비누방울의 표면 장력이 구의 접선에서 일직선상에 있지 않고 기울어져 있기 때문에 힘의 평형을 유지하기 위해 비누방울 내부의 공기압력과 외부의 공기압력의 차이만큼의 힘이 필요하게 된다. 이를 열역학적으로 살펴보면 방울의 반경을 dr 만큼 증가 시킬 때 비누방울이 표면 장력을 이기고 한 일의 양은

$$\gamma dA = \gamma d(4\pi r^2) = 8\pi r\gamma dr \tag{5-55}$$

이 된다. 또한 이 값은 압력차이를 이기고 비누방울이 한 일의 양

$$(P_{int} - P_{ext})dV = (P_{int} - P_{ext})d(4\pi r^3/3) = 4\pi r^2(P_{int} - P_{ext})dr \tag{5-56}$$

과 같은 값이 된다. 따라서 반경 r인 비누방울 구(sphere)의 압력차는

$$\Delta P = \frac{2\gamma}{r} \quad \text{(Laplace Equation)} \tag{5-57}$$

로 표시된다. 식 (5-57)은 구에 적용되는 식이다. 일반적으로 굴곡 진 표면을 가지는 경우는

$$\Delta P = \gamma\left(\frac{1}{r_1} + \frac{1}{r_2}\right) \tag{5-58}$$

로 표현된다. 여기서 $1/r_1$과 $1/r_2$는 지정된 점을 통과하는 두 수직인 방향의 주표면 굴

곡도* (curvature)이다[그림 5.8b]. 구의 경우는 모두 1/r이 되어 식 (5-57)의 2/r로 된다. 실린더 모양의 경우는 한쪽 표면의 굴곡도는 $r_1 = r_{cylinder}$ 이고 그 수직인 부분의 굴곡도는 $r_2 = \infty$ 이므로 내부와 외부의 압력차이는 $\Delta P = \gamma / r_{cylinder}$ 이 된다.

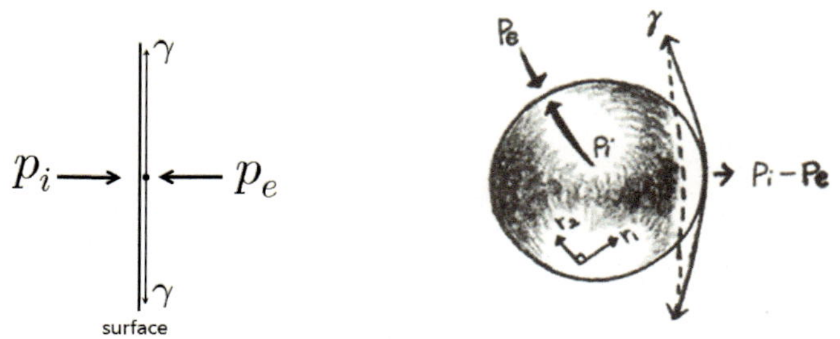

(a) 평평한 계면

(b) 구형계면

[그림 5.8] 표면장력에 의한 내부와 외부 압력의 차이

보충설명

■ 주굴곡도

굴곡된 표면 위에는 어느 점에서나 서로 수직하게 최대 굴곡도와 최소 굴곡도를 가지는 성분을 만들 수 있다. 이 두 굴곡도를 주 굴곡성분(principal curvature)이라고 한다.

(2) 굴곡 진 표면 위에서의 증기압(Kelvin Equation)

만약 온도가 T 로 일정할 때 물위에 수증기의 압력이 p로 평형 수증기압, p_o보다 높게 있다고 가정해보자. 그러면 이 경우는 평형보다 높은 에너지에 있어서 곧, 과포화 에너지를 낮추면서 과포화(supersaturation) 수증기가 물방울로 응결될 것이다. 이 때 응결되는 물방울의 직경은 얼마로 될까? 즉 이 직경의 응결된 물방울은 표면에너지를 만들므로 서 과포화 에너지와 균형을 맞춰 과포화 증기압과 평형을 이룬다고 이야기 할 수 있다.

과포화에 의한 1몰당 에너지 증가분을 Gibbs 에너지로 따져보면 온도가 일정할 경우

$dG = VdP$ 이므로

$$\Delta G_{sat.} = \int_{p_o}^{p} \frac{RT}{p} dp = RT ln \frac{p}{p_o} \tag{5-59}$$

이 된다. 그런데 만약 과포화 수증기가 반경 r인 물방울을 생성시켰다고 가정하면 수증기 nuclei가 만들어짐으로써 표면에너지, $4\pi r^2 \gamma$이 발생했고, $\frac{4}{3}\pi r^3$부피의 물방울이 생겨 $\frac{4}{3}\pi r^3 / \overline{V_{water}}$ 몰만큼의 수증기 과포화도가 줄었다 이때의 전체 에너지의 증감은

$$\Delta G_T = 4\pi r^2 \gamma - \frac{4}{3}\pi r^3 \cdot \frac{1}{\overline{V_{water}}} RT ln \frac{p}{p_o} \tag{5-60}$$

이 된다. 이를 반경에 따른 계의 에너지 변화량을 그려보면 [그림 5.9(b)]와 같이 된다. 임계반경까지는 반경이 커질수록 에너지가 증가하다가, 임계 반경보다 큰 물방울이 되면 에너지가 감소하며 물방울이 자라서 물이 되어 터린다. 즉 임계반경의 물방울만 존재하고 나머지는 소멸되어 없어진다는 의미이다. 임계반경은 ΔG_T가 최대값을 갖는 지점인 $d\Delta G_T / dr = 0$이 된다. 따라서

$$d\Delta G_T / dr = 8\pi r \gamma - 4\pi r^2 \frac{RT}{\overline{V_{wat.}}} ln \frac{p_o}{p} = 0 \tag{5-61}$$

이 되어

$$r^* = \frac{2\overline{V_{wat.}}\gamma}{RT} / ln \frac{p}{p_0} \quad \text{(Kelvin equation)} \tag{5-62}$$

이 된다. 식 (5-62)를 Kelvin 식이라고 부른다. 여기서 몰단위가 아니라 원자단위로 바꾸려면 R을 k로 변환하고 $\overline{V_{wat.}}$ 대신 원자의 부피, Ω_{H_2O}를 넣어주면 된다.

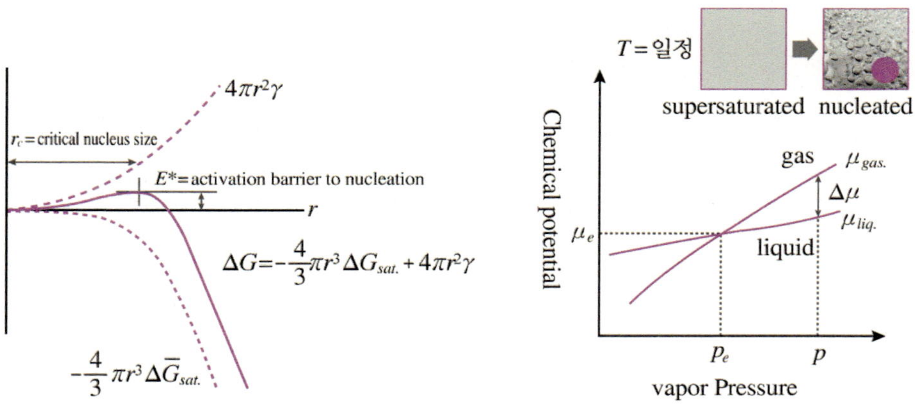

(a) 과포화 수증기압에 따른 화학포텐샬 변화 (b) 응결물의 반경에 따른 전체 에너지의 변화

[그림 5.9]

Kelvin 식 (5-62)는 일반적으로 반경 r인 구형 재료 위에서의 재료 원소의 평형압력 $(P > P_o)$을 나타내 준다. 식 (5-62)를 $\Delta\mu = kT\ln P/P_o$인 관계를 이용하여 다시 표현하면 평평한 면 위의 원소와 굴곡진 면 위의 원소의 화학 포텐샬 차이는

$$\Delta\mu = \mu - \mu_o = \frac{2\gamma\Omega}{r} \tag{5-63}$$

로 쓸 수 있다. 일반적으로 주 굴곡도(principal curvature)가 $1/r_1$과 $1/r_2$인 굴곡면의 화학 포텐샬은

$$\mu = \mu_o + \gamma\Omega\left(\frac{1}{r_1} + \frac{1}{r_2}\right) \tag{5-64}$$

로 표현된다. 여기서 $(1/r_1 + 1/r_2)$의 의미는 주어진면의 평균 굴곡도를 두 개의 주굴곡도로 표현한 것이라고 받아들이면 된다. 또한 희박원소의 경우, $\Delta\mu = kT\ln C/C_o$ (Henrian Solution)인 관계를 이용하면 식 (5-63)은

$$ln\frac{C}{C_o}=\frac{2\gamma\Omega}{kTr} \quad \text{(Henrian region)} \tag{5-65}$$

이 된다. 만약 반경이 10^{-6} cm보다 작은 경우에는 식 (5-65)는

$$\frac{P}{P_o}=\frac{C}{C_o}=1+\frac{2\gamma\Omega}{kTr} \tag{5-66}$$

로 쓸 수 있다.

보충설명

■ $\Delta\mu=\frac{2\gamma\Omega}{r}$의 다른 증명

구형을 가진 물질의 반경변화에 따라 발생되는 압력차이의 변화는

$$d(P_{int}-P_{ext})=d(2\gamma/r)=2\gamma d(1/r) \tag{a}$$

이 된다. 그런데 온도가 일정할 경우 압력 변화에 의한 구형 물질과 그 주변의 Gibbs 자유 에너지의 변화는 각각

$$dG_{int}=V_{int}dP_{int} \tag{b}$$

$$dG_{ext}=V_{ext}dP_{ext} \tag{c}$$

이 된다. 그런데 평형에서는 원자의 이동에 따른 자유 에너지 량이 같아야 하므로

$$dP_{int}=(V_{ext}/V_{int})dP_{ext} \tag{d}$$

이 되고 이를 식 (a)에 대입하면

$$[(V_{ext}-V_{int})/V_{int}]dP_{ext}=2\gamma d(1/r) \quad \text{(e)}$$

이 된다. 여기서 구형의 물질을 싸고 있는 기체의 부피가 구형 물질의 부피보다 상당히 크므로

$$(V_{ext}/V_{int})dP_{ext}\simeq 2\gamma d(1/r) \quad \text{(f)}$$

이 되고 주변 기체가 이상기체라고 가정하면 $V_{ext}=RT/P_{ext}$이 되므로

$$dlnP_{ext}=\frac{2\gamma V_{int}}{RT}d(1/r) \quad \text{(g)}$$

가 된다. 위 식 (g)를 평평한 표면$(1/r=0)$에서의 표준 압력, P_o 에서 굴곡도가 r인 표면에서의 증기압 P까지 적분하면

$$ln\ \frac{P}{P_o}=\frac{2\gamma V_{int}}{RTr}=\frac{2\gamma\Omega}{kTr} \quad \text{(h)}$$

가 되어 식 (5-62)와 같이 된다.

■ $\frac{2\gamma\Omega}{kTr}$ **값의 계산 값**

DATA : 금속의 γ=1000 ergs/cm^2, Ω=(3×10^{-8}cm)^3/4, k=1.38×10^{-16}erg/K, T=1000K,
$\frac{2\gamma\Omega}{kT}\simeq 1\times 10^{-7}$cm

$$r=10^{-7}\text{cm} : \frac{2\gamma\Omega}{kTr}=1$$

$$r=10^{-6}\text{cm} : \frac{2\gamma\Omega}{kTr}=0.1$$

$$r=10^{-4}\text{cm} : \frac{2\gamma\Omega}{kTr}=0.001$$

로 적어도 $r=10^{-7}$cm이하가 되어야 Kelvin 효과가 나타나기 시작한다.

정리하면 식 (5-66)의 의미는 작은 입자는 큰 입자에 비해 평형 증기압이 크고 또한 용해도(solubility)도 크다는 것을 알 수 있다. 예로 작은 입자와 큰 입자가 섞여있는 경우 큰 입자가 작은 입자를 잡아먹으면서 자라는 것은 식 (5-66)에 의해 작은 입자가 증기로 변하여 큰 입자에 응축되기 때문이다. 또한 Kelvin 식을 보면 만약 $p_o < p$(작은 입자)이면 기체확산이 $p \rightarrow po$로 일어나서 입자들이 증발해 없어지고, 반대로 $p_o > p$(음의 굴곡도를 갖는 입자)이면 $p_o \rightarrow p$로 기체확산이 일어나서 증착이 일어난다는 것을 알 수 있다. 이것이 바로 소결의 원리이다. 또한 만약 과포화되어있는 가스에 온도를 내려 과냉각(super cooling)을 시켜주면 p_o가 작아지게 되고 따라서 p/p_o가 커지게 되어 석출물의 입자반경이 작아지게 된다. 따라서 과포화 수증기에 과냉각을 시켜주면 작은 입자로의 균질상 석출현상(homogeneous nucleation)을 만들어 수 있다.

예제

물과 얼음사이의 표면장력은 약 22dyne/cm이다. 아주 깨끗한 물에서 얼음이 응고하는데 약 40℃의 과냉각(super cooling)이 관찰되었다면 이때 생성되는 얼음의 반지름을 구하시오. 얼음의 용융 엔탈피는 1436cal/mol이다.

풀이

$\Delta c_p = 0$이라고 가정하면 $\Delta G = -\Delta H_f \dfrac{T_f - T}{T_f} = -1436 \times (40/273) = -210 cal/mol$ $(=880 J/mol)$이 된다. 따라서 $r_c = -2\gamma V_m / \Delta G = 2 \times 0.022 \times 18 \times 10^{-6}/880 = 9 \times 10^{-10} m\,(9\dot{A})$

예제

25℃에 있는 방에서 수은을 엎질렀다. 이때 반지름 0.1mm의 수은 방울의 평형 증기압을 계산하시오. 이 온도에서 보통 수은의 평형 증기압은 0.002mmHg이고 밀도는 13.5 g/cm^{3}이다.

풀이

$p_{r=0.1mm}/p_{r=\infty} = 1.00006$ 즉 증기압의 증가는 무시할 만하다.

예제

백금은 연료전지, 자동차 등의 촉매로 유용한 재료이다. 이 Pt의 증기압이 2160°K에서는 10^{-6}기압, 3140°K에서는 10^{-2}기압이다. 백금의 승화열을 계산하고 백금이 반경, $r = 10$ Å인 구형으로 존재할 때 2160°K에서 백금의 증기압을 구하시오. 이와 같은 구형의 Pt을 촉매로 사용할 경우 수명을 예측하시오. (Hint $J_{Pt} = p_{Pt} / \sqrt{2\pi m_{Pt} k_{-}'}$)

(3) 작은 입자들의 용해도 변화(Thompson-Freundlich Equation)

α상 내에 B의 용해도는 모두 Henrian영역에 있다고 가정하고, 평평한 상태로 있는 순수한 B 원소물질과 반경이 r인 구형의 B 물질이 α상과 평형의 상태로 존재할 때, 각각의 용해도를 구해보자. Kelvin 식 (5-63)에 의하면 구에 있는 B의 화학포텐샬과 평평한 면에 있는 B의 화학포텐셜의 차이는 $\mu_r - \mu_\infty = 2\gamma\Omega/r$로 표현된다. 그런데 평평한 면에서나 구형의 면에서 α상과 B는 평형을 이루므로 각각

$$\mu_{B,\infty} = \mu_{B,\infty}^{\alpha} \tag{5-67}$$

$$\mu_{B,r} = \mu_{B,r}^{\alpha} \tag{5-68}$$

을 만족한다. 그런데 우리가 평평한 상태의 순수한 B를 표준상태 즉 활동도를 1이라고 가정했기 때문에

$$\mu_{B,\infty}^{\alpha} = \mu_B^o + RT\ln a_{B,\infty} = \mu_B^o \tag{5-69}$$

$$\mu_{B,r}^{\alpha} = \mu_B^o + RT\ln a_{B,r}^{\alpha} = \mu_{B,r} \tag{5-70}$$

가 된다. 즉, 평평한 B와 평형을 이루는 α 상에 녹아있는 B의 활동도가 "1"이다. 따라서 α 상에 녹아있는 B의 농도를 $[X_B^{\infty}]$라고 하면 Henrian 영역이기 때문에

$$1 = \gamma^o [X_B^{\infty}] \tag{5-71}$$

가 된다. 여기서 γ^o는 헨리상수이고 식 (5-71)로부터 $\gamma^o = 1/[X_B^{\infty}]$가 된다. 그런데 식 (5-71)에서 구형의 B와 평형을 이루는 α 상의 B의 농도, $[X_B^r]$와 활동도의 관계는 $a_B^r = \gamma^o [X_B^r]$이 되어

$$\mu_{B,r}^{\alpha} = \mu_B^o + RT\ln\gamma^o [X_B^r] = \mu_B^o + RT\ln [X_B^r]/[X_B^{\infty}] \tag{5-72}$$

가 된다. 그런데 Kelvin 식 (5-63)에 의해 $\mu_r - \mu_{\infty} = 2\gamma\Omega/r$이기 때문에 식 (5-72)는

$$\mu_B^r - \mu_B^{\infty} = \frac{2\Omega_B\gamma}{r} = RT\ln\frac{[X_B^r]}{[X_B^{\infty}]} \tag{5-73}$$

이 되어 작은 입자와 평평한 상태의 B 와 평형을 이루는 α 상 내의 B의 용해도의 차이는

$$ln \ \frac{[X_B^{\alpha,r}]}{[X_B^{\alpha,\infty}]} = \frac{2\Omega_B\gamma}{rRT} \quad \text{(Thompson-Freundlich Equation)} \tag{5-74}$$

가 된다. 이는 근본적으로 Kelvin식과 같음을 알 수 있다.

[그림 5.10] 반경 r인 구의 B 원소와 평평한 B원소가 α상과 평형을 이루고 있을 때의 B의 증기압력

(4) 온도 과포화 상태에서의 석출물의 크기변화(Gibbs-Thompson Effect)

앞의 Kelvin 식에서는 온도가 일정할 경우 증기압이나 용해농도의 차이로 과포화도 에너지를 구하였다. 즉 과포화 증기압을 가질 경우는 식 (5-59)와 같이 표현하였고 용매에 과포화로 녹아있는 용질의 경우는

$$\Delta\mu_{sat.} = RT\ln C/C_o \tag{5-75}$$

로 쓸 수 있다. 그런데 [그림 5.11]과 같이 용융재료가 온도로 과포화된 경우, 즉 용융재료을 융점 밑으로 내렸다고 가정하면, 용융상과 고체상의 재료의 화학 포텐샬은 각각

$$\mu_{melt} \simeq \mu_e - S_{melt}(T-T_e) \text{ (melt)} \tag{5-76}$$

$$\mu_{solid} \simeq \mu_e - S_{solid}(T-T_e) \text{ (solid)} \tag{5-77}$$

가 된다. 여기서 $\simeq$ 의 이유는 S_{melt} 와 S_{solid}가 평형온도 근처에서 온도의 함수가 아니고 일정하다고 가정하였기 때문이다. 따라서 온도 과포화 에너지는

$$\Delta\mu_{sat.} = \Delta S_e \Delta T \tag{5-78}$$

가 된다. 여기서 $\Delta S_e = S_{melt} - S_{solid}$이고 $\Delta T = T_e - T$이다. 따라서 균일상의 석출(homogeneous nucleation)의 경우 식 (5-60)의 $RT\ln(p/p_o)$대신 식 (5-78)을 대입하여 식 (5-60)과 같이 ΔG_T가 최대가 되는 지점을 $d(\Delta G_T)/dr = 0$로 구하면

$$r^* = \frac{2V_{solid}\bar{\gamma}}{\Delta S_e \Delta T} \quad \text{(Gibbs-Thompson equation)} \tag{5-79}$$

가 된다. 여기서 V_{solid}는 1몰의 석출물의 부피이다. 원자로 취급할 경우는 R이 k가되고 V_{solid}는 원자의 부피, Ω가 된다.

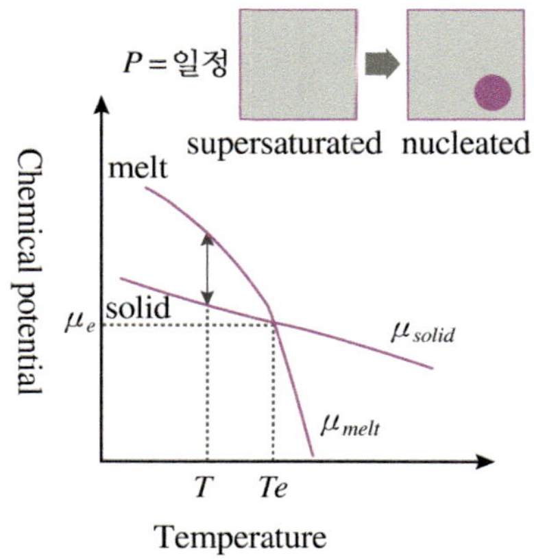

[그림 5.11] 용융상과 고체상의 온도에 따른 화학 포텐샬의 변화

위의 두 과포화 경우 모두 균질상의 석출에 대하여 유도하였으나, 비균질상의 석출(heterogeneous nucleation)이 일어날 경우는 접촉각을 계산에 넣어야 하기 때문에 모양상수(geometrical constant) 값이 달라진다.

결론적으로 입자가 작아지면 Kelvin효과에 의해 융점과 어는점은 내려가고, 끓는점은 올라가게 된다. 실제로 나노 입자나 나노튜브 등의 금속들의 경우, 크기에 따라서는 수십에서 수백도 까지 융점이 내려가기도 한다.

보충설명

▪ Gibbs-Thompson식의 Thompson에 대하여…

톰슨의 두형제, William Thompson과 James Thompson은 모두 훌륭한 물리학자로서 이 Gibbs-Thompson 식에 기여를 한 것으로 Gibbs와의 편지내용을 통해 밝혀졌다. 그런데 이 식 이름의 톰슨이 William Thompson인지? 아니면 James Thompson 인지는 아직도 논란의 대상으로 명확치 않다. William Thompson 은 Lord Kelvin이라는 이름으로 불렸는데 후에 그의 이름을 따서 Kelvin 식이 되었기 때문에 아마도 James 몫이 아닌가 생각되어 진다. 하여튼 머리 좋은 톰슨가 형제들임에는 틀림이 없는 것 같다.

5.6 Wetting

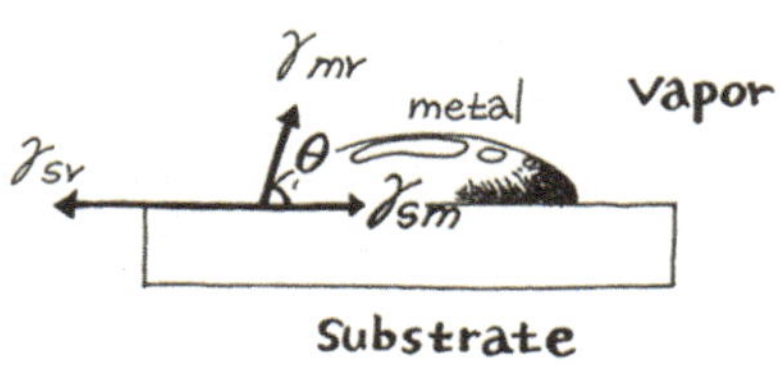

[그림 5.12] wetting의 평형 접촉각

[그림 5.12]과 같이 기판의 표면에 응결된 구형의 액체 혹은 고체상이 평형의 모양을 유지하기 위해서는

$$\gamma_{sv} = \gamma_{sm} + \gamma_{mv}\cos\theta \qquad (5\text{-}80)$$

인 관계를 만족해야한다. 기판에 수직인 방향의 힘의 균형은 중력에 의해 결정된다. 따라서 무중력상태에서는 구형으로 응결된다. θ는

$$\cos\theta = \frac{\gamma_{sv} - \gamma_{sm}}{\gamma_{mv}} \qquad (5\text{-}81)$$

인 관계가 만족되고 이를 접촉각이라고 한다. 따라서 만약 γ_{mv}를 알면 접촉각으로부터 $\gamma_{sv} - \gamma_{sm}$을 알 수 있다. 여기서 θ는 0° 부터 180° 까지 가능하나 [그림 5.13]과 같이 θ가 0° 나 180° 일 경우에는 평형상태가 아니라 단지 어떤 과정으로 가는 한계점을 말해준다. 즉

$$\theta = 0^\circ : \gamma_{sv} \geq \gamma_{sm} + \gamma_{mv} \qquad (5\text{-}82)$$

$$\theta = 180^\circ : \gamma_{sm} \geq \gamma_{sv} + \gamma_{mv} \qquad (5\text{-}83)$$

의 조건만이 만족된다는 의미이다. 따라서 접촉도, k_W

$$k_W \equiv \frac{\gamma_{sv} - \gamma_{sm}}{\gamma_{mv}} \qquad (5\text{-}84)$$

라 정의하면 표면 에너지의 값으로부터

$k_W \geq 1$: completely wetting

$1 > k_W > -1$: partially wetting

$k_W \leq -1$: no wetting

로 나타낼 수 있다.

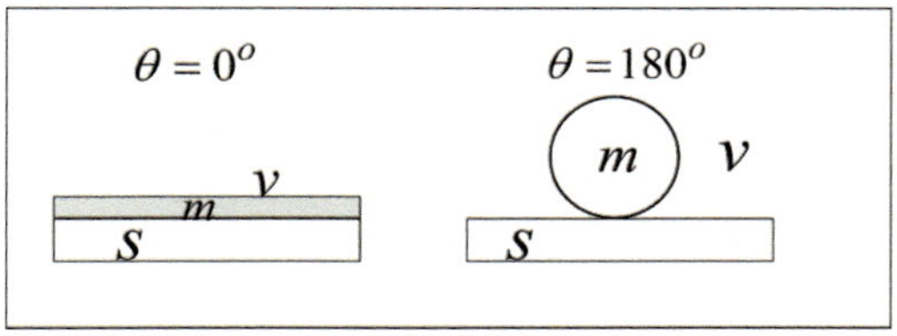

[그림 5.13] $\theta = 0°$와 180°의 wetting 현상

부분적으로 wetting 된 물질 내에 존재하는 원소들의 화학 포텐샬은 반경과 물질과 기체사이의 표면에너지에 의해 아래와 같이 결정된다.

$$\Delta\mu = \frac{2\gamma_{mv}\Omega}{r} \tag{5-85}$$

따라서 기체 상 내의 원소들의 화학포텐셜은 일정하므로 반경이 같은 [그림 5-14]의 모든 모양에 대해 화학포텐샬은 같다는 것을 알 수 있다.

[그림 5.14] 부분적으로 wetting 된 물질의 화학 포텐샬

예제

밀도가 2.350g/cm^{3}인 Al 합금을 700℃의 불활성 분위기 노에서 용융시켰다. 이때 capillary tube를 용융 Al에 삽입하여 튜브를 타고 올라오는 Al의 높이를 재었더니, 밖의 녹은 Al 표피에 비해 18.6cm 높았다. capillary tube의 내부 지름이 0.8mm라면 용융 알루미늄의 표면장력의 크기를 계산하시오.

풀이

$\Delta\rho gh = 2\gamma/r$ 여기서 $\Delta\rho$는 용융 알루미늄과 공기의 밀도차이이다. 따라서 $\Delta\rho \simeq \rho_{liqud}=$ 2350 kg/m^3이 된다. 표면장력은 $\gamma=2350\times9.807\times0.186\times0.4\times10^{-3}\times0.5=0.857$N/m 이다.

5.7 Adhesion

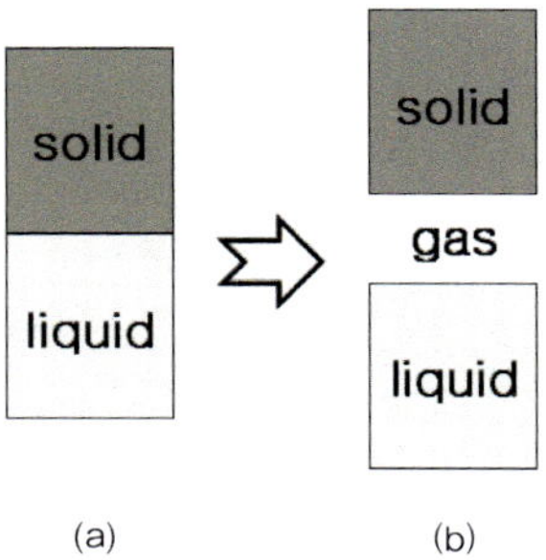

[그림 5.15] 접촉일(work of adhesion)

[그림 5.15]에서와 같이 고체와 액체가 붙어있는 (a)상태에서 고체와 액체가 분리되어 새로운 (b)상태로 가는데 필요한 일의 양은 고체/액체 계면을 없애고 새로운 고체/기체 계면과 액체/기체 계면을 만들어야하므로

$$W^s = \gamma_{lg} + \gamma_{sg} - \gamma_{sl} \quad \text{(Dupre's Eq.)} \tag{5-86}$$

이 된다. 혹은 식 (5-81)을 이용하면

$$W^s = \gamma_{lg}(1+\cos\theta) \quad \text{(Young's Eq.)} \tag{5-87}$$

이 된다. 표 2가 고체위에서의 대표적인 액체의 접착 일이다.

〈표 2〉 고체위에서 대표적 액체의 접착일

액체	접착일(ergs/cm^2)
물	60~140
Benzene	50~60
Glycerol	50~120

예제

깨끗한 금속들은 진공에서 서로 잘 붙는다. 그러나 더러운 금속들(예를 들면 산화물이 도포된 금속)은 잘 붙지 않는 것을 실험적으로 알고 있다. 그 이유를 설명하시오.

5.8 산화물(Ceramic)의 표면

세라믹은 금속과 산소가 큰 전기음성도(electronegativity)에 의해 금속이온과 산소이온이 이온결합을 하고 있는 구조이다. Mandelung potential model의 측면에서 보면 [그림 5.16]과 같이 세라믹에서 무한대의 거리에 있는 산소원자의 경우 최외곽 전자의 에너지는 금속원소 내의 전자의 에너지보다, 전자 음성도(electronegativity)가 크기 때문에, 크다. 그러나 이 산소원자를 점점 재료 내로 가지고 오게 되면 산소가 위치하는 장소의 분위기가 양전하를 가진 금속이온(M^+)으로 둘러싸여 있기 때문에 전자의 에너지가 [그림 5.16]에서 보는 바와 같이 점점 낮아지게 된다. 반대로 금속의 경우는 금속이 위치하는 곳의 분위기가 음전하를 띈 산소이온(O^{2-})으로 둘러싸여 있기 때문에 전자의 에너지가 점점 증가하게 된다. 따라서 세라믹 내부에서는 전자의 큰 에너지의 차이가 생겨 금속에 있는 전자가 산소로 이동하여 전자를 뺏기고 금속이온으로 존재하고 산소는 전자를 받아 산소이온으로 존재하게 된다. 이 금속이 가진 전자의 에너지가 세라믹의 전도대(conduction band)의 에너지, E_c에 해당되고, 산소 전자의 에너지가 비전도대(valence band)의 에너지 E_V가 된다. 그러나 이렇게 가져오는 중간에 만나는 표면에서는 전자의 에너지가 세라믹 내부와 다르게 밴드갭 사이에 위치하게 된다. 금속의 전자에너지의 경우는 전도대에 가까운 장소에 위치하고, 산소의 경우는 비전도대에 가까운 장소에 위치하여 표면준위(surface state)들을 형성하게 된다. 그래서 표면에 위치한 금속의 경우는 전도대의 전자를 받는 acceptor 준위를 형성하고, 산소이온의 경우는 전자를 비전도대에 주는 donor준위를 형성한다. Lewis의 기준에 의하면 전자를 받는 금속준위를 산성준위(acid site), 전자를 주는 산소준위를 알칼리 준위(base site)라고 부른다.

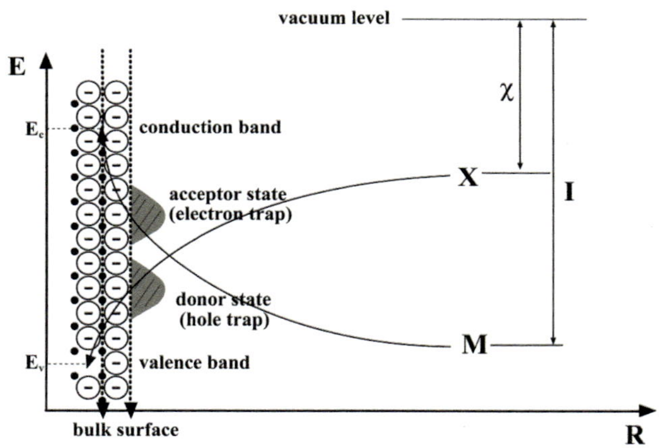

[그림 5.16] MX 세라믹재료의 Madelung model(χ : electron affinity, I : ionization potential)

또한 비슷한 생각으로, 표면에 산소나 수소 등의 가스원소들이 흡착되는 경우를 살펴보면 흡착되는 원소의 전자의 에너지에 따라 세라믹의 전자를 빼아와서 음전하를 띄고 있거나, 전자를 주고 양전하를 띄고 있게 된다. 세라믹의 밴드에너지 측면에서 살펴보면 이렇게 전자를 표면준위나 흡착된 원소들에게 주고 받는 성질에 따라 표면에서는 밴드모양이 위로 휘어지거나 아래로 휘어져서 표면에 space charge layer가 생기게 된다. 이는 전적으로 흡착원소의 전자의 에너지와 세라믹의 Fermi준위의 차이에 의해 결정된다. 만약 흡착원소의 에너지가 크면 전자가 세라믹으로 이동하여 양전하를 띄며 흡착되고, 반대로 Fermi준위가 더 높으면 전자를 받아 음전하를 띄게 된다. 예를 들면 n형 반도성 산화물에 흡착되는 산소는 O^-나 O^{2-}같이 음전하를 띄고 있다. [그림 5.17]에 흡착되는 원소의 전자의 에너지가 n형 반도성 세라믹의 Fermi 준위보다 낮은 경우([그림 5-17a])와 p형에서 반대인 경우([그림 5.17a])에 대해 도시 하였다. 두 경우 모두 표면에 밴드가 휘면서 space charge layer가 형성되었다 그러나 실제 일어날 확률은 작지만 흡착하는 원소의 전자 에너지가 n형 세라믹의 Fermi준위 보다 높거나, p형 세라믹의 Fermi준위보다 낮을 경우는 space charge layer 대신에 accumulation layer가 형성되게 된다.

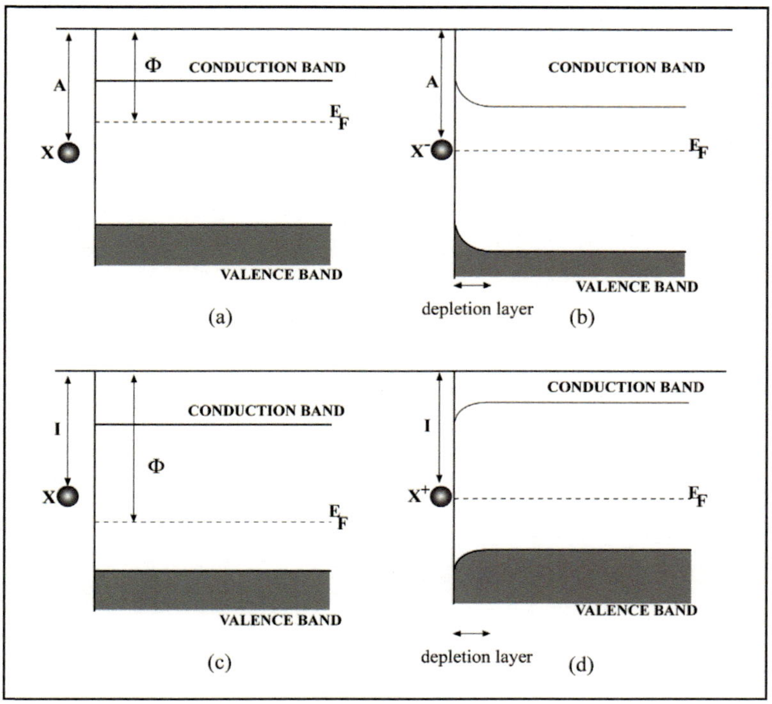

[그림 5.17] n형 세라믹에 X가 X^-로 흡착되어 space charge layer를 형성하는 경우

(a) 흡착 전 (b) 흡착 후 와 p형 세라믹에 X가 X^+로 흡착되어 space charge layer를 형성하는 경우

(c) 흡착 전 (d) 흡착 후

산화물의 표면을 Galvani potential 측면에서도 살펴볼 수 있다. 세라믹은 양전하를 띈 금속이온과 홀 그리고 음전하를 띈 산소이온과 전자가 같은 당량으로 존재하며 이온들 사이에 이온결합을 하고 있다. 따라서 안정하기 위해서는 재료 전체적으로 중성을 유지하고 있어야 한다. 즉, 모든 산화물은 $\sum_i z_i[X^{+z_i}]+h=\sum_i z_i[Y^{-z_i}]+n$이 성립되어야 한다. 여기서는 가전자의 수이고 X와 Y는 각각 양이온과 음이온의 농도이며 n과 h는 각각 전자와 전공의 농도이다. 따라서 세라믹의 점 결함은 전체재료의 전기적 중성 조건* (electrical neutrality condition)을 만족해야 하기 때문에 불순물이 없고 전자나 전공의 농도가 무시할 정도로 작은 세라믹 재료의 경우* (intrinsic oxide), 가질 수 있는 점결함의 종류에 제약이 따른다. 즉, 아래 식 (5-88)과 같이 양이온과 음이온의 점결함(vacancy)이 같은 수로 발생되어 전기 중성조건을 만족시키는 Schottky-Wagner 형의 결함

$$\times = V_M'' + V_O^{\bullet\bullet} \tag{5-88}$$

과 식 (5-89)와 같이 양이온의 점결함과 양이온의 침입형 원자(interstitial)가 같은 양으로 발생되는 Frenkel형의 결함

$$\times = V_M'' + M_i^{\bullet\bullet} \tag{5-89}$$

혹은 Frenkel 형의 결함이 음이온에게 일어나는 식 (5-90)과 같은 Anti-Frenkel형의 결함이 있다.

$$\times = V_X^{\bullet\bullet} + X_i'' \tag{5-90}$$

여기서 Kroger 명명법을 사용하였으며 V_M''과 $V_X^{\bullet\bullet}$는 각각 금속과 비금속의 기공 점결함(vacancy)이고 $M_i^{\bullet\bullet}$와 X_i''는 각각 금속이온과 비금속이온의 침입형 결함(interstitial)이며 '는 유효 음전하, •는 유효 양전하를 나타낸다.

이 중 Schottky-Wagner형 점결함의 경우는 [그림 5.18(a)]와 같이 재료 내부의 금속이온이나 비금속이온을 각각 표면이나 전위로 꺼내는 과정으로 점결함을 형성하게 되고, Frenkel형 점결함의 경우는 금속이온을 표면으로 꺼내서 금속이온의 점결함을 만들고 이 꺼낸 금속이온을 다시 침입형 격자에 넣어 침입형 금속이온을 형성하게 된다. 그런데 이 점결함 쌍을 만드는 에너지는 이온의 크기나 이온이 느끼는 화학적 상호작용이 다르기 때문에 양이온 기공 점결함과 음이온 기공 점결함에 대해 각각 다른 값을 가지게 마련이다. 이 중 Schottky-Wagner형 점결함의 예를 들어 살펴보면, 대부분의 경우, 양이온의 크기가 작기 때문에 양이온을 꺼내는 데 드는 에너지가 음이온을 꺼내는데 드는 에너지보다 작다. 따라서 자연에서 아무런 제약이 없으면 양이온이 없어지는 빈도(V_M''의 농도)가 음이온이 없어지는 빈도($V_X^{\bullet\bullet}$ 의 농도)보다 많아져서 V_M''농도가 $V_X^{\bullet\bullet}$ 의 농도보다 많아지게 된다. 즉, $[V_M'']$는 $\exp(-\Delta G_+^o/RT)$에 비례하게 되고 $[V_X^{\bullet\bullet}]$는 $\exp(-\Delta G_-^o/RT)$에 비례하게 되는데, $\Delta G_+^o < \Delta G_-^{o\,*}$이기 때문에 $[V_M''] > [V_X^{\bullet\bullet}]$이 된다. 따라서 가만히 있으면 재료는 자연적으로 음의 전하를 띄게 되고 이러한 일은 자연에서 일어날 수가 없다. 결국 자연은 이를 내부에 진공 중보다 낮은 Galvani potential을 형성하여 음이온의 기공 점결함 형성 에너지와 양이온의 기공 점결함 형성에너지를 같게 만들어 해결하였다. 즉, 식 (5-91)과 같이 전기적일을 더해줘서 양이온을 꺼내는데 드는 에너지(ΔG_+)는 올려주고 전기적으로 일을 해줘서 음이온을 꺼내는데 드는 에너지(ΔG_-)는 줄여주었다($\Phi_\infty < 0$).

$$\Delta G_+ - ze\Phi_\infty = \Delta G_- + ze\Phi_\infty \tag{5-91}$$

여기서 z는 이온의 가전자수의 절대값($=|z_i|$)이고, Φ_∞ 은 재료 내부의 Galvani potential로서 Schottky-Wagner형 점결함을 갖는 재료의 경우, 표면전압을 0V라고 기준했을 때 음의 값을 가진다. 식 (5-91)로부터 우리는

$$\Phi_\infty = \frac{\Delta G_+ - \Delta G_-}{2z} \tag{5-92}$$

가 됨을 쉽게 유도 할 수 있다. 예를 들면 NaCl의 경우 약 $\Phi_{\infty}=-260$ mV 정도의 값을 가진다. 여기서 ΔG_{+}는 $V_M^{''}$ 1몰을 재료 내부로 넣어주는데 필요한 Gibbs에너지이기 때문에 양이온 기공 점결함의 화학 포텐셜, $\mu_{V_M^{''}}$로 생각할 수 있다. 마찬가지로 ΔG_{-}는 $\mu_{V_X^{\bullet\bullet}}$라고 쓸 수 있다. 따라서 위식은 식 (5-93)과 같이 재료 내부에서는 양이온 기공 점결함(유효 전하=-2)의 전기 화학포텐셜($\tilde{\mu}_{V_M^{''}}$)과 음이온의 점결함(유효 전하=+2)의 전기 화학포텐셜($\tilde{\mu}_{V_X^{\bullet\bullet}}$)이 같다는 것을 의미한다.

$$\tilde{\mu}_{V_M^{''}}=\tilde{\mu}_{V_X^{\bullet\bullet}} \tag{5-93}$$

이와 같은 사실로부터 살펴보면 표면 밖에서는 0V, 재료 내부 에서는 Φ_{∞} V로 변하기 때문에 표면에서 고갈층이 존재하게 된다. 만약 재료의 단위 부피당 원자의 개수를 N^o라고 하면 양이온 점결함과 음이온 점결함의 농도는 각각

$$[V_M^{''}]=N^o\exp\left(-\frac{\Delta G_{+}-|z|e\Phi(x)}{kT}\right) \tag{5-94a}$$

$$[V_X^{\bullet\bullet}]=N^o\exp\left(-\frac{\Delta G_{-}+|z|e\Phi(x)}{kT}\right) \tag{5-94b}$$

가 됨을 이미 알고 있다. 또한 재료 내부에서의 농도는 $\Phi(x)$대신에 식 (5-92)의 Φ_{∞}를 대입하면

$$[V_M^{''}]=[V_X^{\bullet\bullet}]=N^o\exp\left(-\frac{\Delta G_{+}+\Delta G_{-}}{2kT}\right) \tag{5-95}$$

로 같게 되어 Schokky-Wagner형 결함의 전기적 중성조건을 만족하게 된다. 식 (5-94(a)와 식 (5-94b)를 살펴보면 [그림 5.18(b)]에서와 같이 표면에서 $[V_M^{''}]<[V_X^{\bullet\bullet}]$이 된다. 즉, 표면에 양전하 층을 만들어서, 재료 내부의 양이온의 기공결함은 잡아당겨 밖으로

제거하고, 음이온의 기공결함은 못나가도록 막아주는 역할을 하게 함을 말해준다. 다시 말하면 [그림 5.18(b)]의 농도분포는 음이온의 기공결함($V_X^{\bullet\bullet}$)은 외부에서 내부로 주입해주고, 양이온의 기공결함(V_M'')은 밖으로 빼주는 농도분포 형태를 띈다.

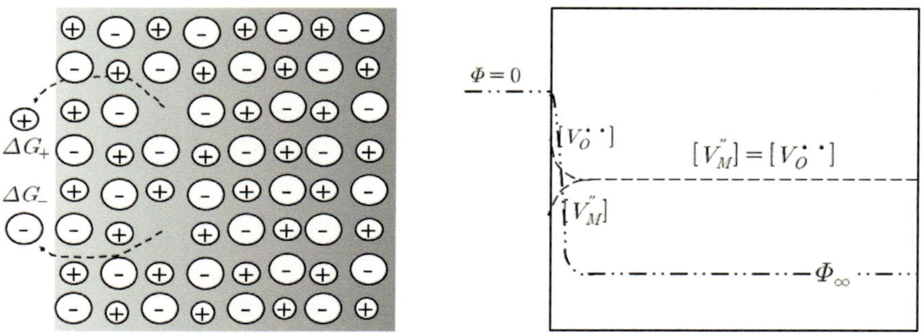

(a) Schottky-Wagner 점결함 형성 과정

(b) Schottky-Wagner 점결함의 농도분포와 그에 따른 Galvani potential 분포

[그림 5.18]

이와같은 표면현상은 산화물의 전도도를 조절하는데 사용될 수 있다. 가령 예를 들면 고온에서는 특정 산화물의 경우, 이온의 점결함 농도나 이동도(mobility)가 전자나 전공의 농도보다 많아져서 대부분의 전기를 전자나 전공이 아닌 이온들에 의해 통하는 경우가 있다. 이러한 재료를 이온전도체라고 하는데, 특히 한 종류의 이온에 의해 전기가 통하면 이를 선택적 고체 전해질(selective ion electrolyte)이라고 해서 센서나 고체연료전지에 많이 응용되는 공업적으로 매우 중요한 재료 중 하나이다. 만약, 여러 종류의 이온들에 의해 전기가 통하면 우리는 이를 혼합 이온전도체(mixed ion conductor)라고 부른다.

따라서 산화물에 새로운 표면이 생기는 경우, 그 재료에서 어떤 종류의 이온 점 결함이 전기를 더 많이 나르느냐에 따라 전도도가 증가할 수도 있고, 감소할 수도 있다. 예를 들면, [그림 5.18(b)]에서 이 산화물재료가 V_M'' 에 의해 대부분의 전기를 흐른다면, 표면이 생겼을 때 표면의 V_M'' 의 농도가 낮아지기 때문에 전도도가 감소하게 되고, 반대로 $V_X^{\bullet\bullet}$ 가 대부분의 전기를 흐르게 하는 재료라면 표면을 만들어 줌으로서 표면에

$V_X^{\bullet\bullet}$ 의 농도가 증가하여 전도도가 증가하게 된다. 이렇게 산화물에 표면을 만들어 주는 방법으로는 산화물에 부도체인 Al_2O_3같은 이종 개재물(inclusion)을 넣어주면 새로운 표면들이 생겨 게재물의 농도에 따라 전도도가 변화하는 현상이 생긴다(Wagner's trick). 예를 들면, Li이온에 의해 전기가 통하는 LiI에 Al_2O_3 입자들을 삽입해 줌으로써 전도도가 증가하는 현상을 들 수 있다.

보충설명

불순물이 존재하는 경우에도 전기적 중성조건, $\sum_i z_i[X^{+z_i}]+h=\sum_i z_i[Y^{-z_i}]+n$은 항상 만족되어야 한다. 다만 Shottky-Wagner형의 결함 쌍의 농도가 같을 필요는 없다($[V_M''] \neq [V_O^{\bullet\bullet}]$). Frenkel형의 경우도 $[V_M''] \neq [M_i^{\bullet\bullet}]$이다.

■ **ΔG_+^o 와 ΔG_-^o 의 절대 값**

재료내부의 기공 점결함은 표면 밖으로 나가서 없어지는 방향이 열역학적으로 에너지가 낮아지는 자발반응이므로 금속이온이나 비금속이온을 재료로부터 끄집어 내는 반응, $\Delta G_\pm^o > 0$이 된다. 예를 들면 NaCl의 경우, $\Delta G_+^o=$(0.80−3.1kT)eV, $\Delta G_-^o=$(1.32eV−3.1kT)eV이다.

CHAPTER 6

통계 열역학

기초적인 기체 운동이론 • 6.1

양자역학(Quantum Mechanics) • 6.2

Macrostate와 Microstate • 6.3

여러 가지 확률함수들 • 6.4

열역학 함수의 응용 • 6.5

6.1 기초적인 기체 운동이론

(1) Avogadro 수

기체는 분자로 이루어져 있으며 일정한 부피를 차지한다. 이상기체 1몰이 차지하는 부피는 22.4l이고 이 안에 6.03×1023개의 분자들이 들어있다. 이 숫자를 아보가드로 숫자(No)라고 부른다. 대략 기체상의 분자들은 자기 직경의 10배정도 되는 거리로 서로 떨어져서 끊임없이 움직이고 있다고 볼 수 있다.

(2) 방향성

기체 분자들은 모든 방향으로 같은 확률을 가지고 움직인다. 만약 부피가 V인 용기 내에 들어있는 N개의 분자로 된 기체를 각 분자에 벡터성분을 붙여서 방향과 크기를 표시하여 어느 원점에 모아놓으면 이는 원점을 중심으로 균일하게 퍼져나가는 밤송이 모양의 구가 될 것이다. 여기서 만약 직경이 r인 구의 단위 면적당 지나가는 입자의 수는 $N/4\pi r^2$이고 구의 표면적 ΔA를 통과하는 입자의 수는 $\Delta N = (N/4\pi r^2)\Delta A$가 된다. 그런데 ΔA를 극좌표(polar coordinate)를 사용하여 표시하면 아래 그림에서와 같이

$$\Delta A = (r \cdot \sin\theta \cdot \Delta\Phi)(r \cdot \Delta\theta) = r^2\sin\theta\Delta\theta\Delta\Phi \tag{6-1}$$

가 된다. 따라서 Φ와 $\Phi + \Delta\Phi$, θ와 $\theta + \Delta\theta$인 방향으로 지나가는 입자의 수는

$$\Delta N_{\theta\Phi} = \frac{N}{4\pi r^2} r^2\sin\theta\Delta\theta\Delta\Phi = \frac{N}{4\pi} sin\theta\Delta\theta\Delta\Phi \tag{6-2}$$

로 표현될 수 있다.

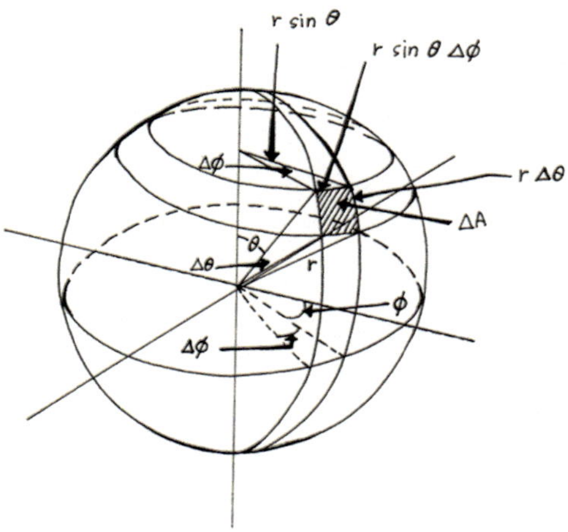

[그림 6.1] 극좌표 위의 면적 ΔA

(3) 기체 flux

부피가 V인 상자 안에 들어있는 N개의 기체 입자는 모든 방향으로 여러 가지의 속도를 가지고 움직인다. 이때 입자의 flux는 단위 면적당 단위시간에 한쪽방향을 통해 통과하는 입자의 수로 정의 된다. 즉 $J = \Delta N / \Delta A \Delta t$로 쓸 수 있다. 여기서 ΔN은 면적 ΔA로 모든 방향에서 모든 속도로 충돌해오는 입자의 수를 의미한다.

그런데 만약 Δn_v를 입자 중 속도 v와 $v+dv$를 가진 입자의 농도라고 가정하면 $\theta\Phi v$를 가진 입자의 농도는

$$\Delta n_{\theta\Phi v} = \frac{1}{4\pi}\Delta n_v \sin\theta \Delta\theta \Delta\Phi \tag{6-3}$$

가 된다. 이 입자가 그리는 궤적은 [그림 6.1]과 같이 각도 $\theta\Phi$를 갖는 실린더 모양의 부피가 된다. 이 실린더의 부피는 $V = \Delta A \cdot v\cos\theta \Delta t$로 표시할 수 있다. 따라서 상자 내에서 $\theta\Phi v$를 가지고 ΔA로 충돌하는 입자의 총 개수는

$$\Delta N_{\theta\Phi v} = \frac{1}{4\pi} v \Delta n_v \sin\theta \cos\theta \Delta\theta \Delta\Phi \Delta A \Delta t \tag{6-4}$$

가 된다. 따라서 $\theta\Phi v$를 가지는 입자의 flux는 $J = \Delta N_{\theta\Phi v} / \Delta A \Delta t$ 이므로

$$J_{\theta\Phi v} = \frac{1}{4\pi} v \Delta n_v \sin\theta \cos\theta \Delta\theta \Delta\Phi \tag{6-5}$$

가 된다. 모든 방향의 Φ에 대해서는 θ를 0에서 2π까지 적분하면 $J_{\theta v} = \frac{1}{2} v \Delta n_v \sin\theta \cos\theta \Delta\theta$ 가 되고 다시 모든 방향의 θ에 대해서는 한 방향이므로 0에서 $\pi/2$까지 적분하면 $J_v = \frac{1}{4} v \Delta n_v$가 된다. 따라서 모든 각도와 모든 속도를 갖고 한쪽에서 ΔA에 충돌하는 입자의 flux는

$$J_v = \frac{1}{4} \sum_v v \Delta n_v \tag{6-6}$$

가 된다. 그런데 평균속도는 $< v \geq (v_1 \Delta N_1 + v_2 \Delta N_2 + \ldots)/N = \frac{1}{N} \sum_v v \Delta N_v$라고 쓸 수 있다. 여기서 분모, 분자를 전체 부피 V로 나누면 $< v >= \frac{1}{n} \sum_v v \Delta n_v$이 되고 따라서 위식을 평균농도를 이용하여 표시하면

$$J = \frac{1}{4} < v > n \tag{6-7}$$

이 된다 여기서 n은 입자의 농도에 해당된다.

그런데 실제로 이론적으로 계산하면 입자들의 평균속도는 $2\left(\frac{2kT}{\pi m}\right)^{1/2}$ 가 된다. 여기서 m은 입자 한개의 실제 무게(M/N_A : M =Molecular weight, N_A =Avogadro 수)에

해당된다. 따라서 $\rho = n = p/RT$(ρ=몰수/부피)이므로 이를 식 (6-7)에 대입하면

$$J = \frac{p}{\sqrt{2\pi mkT}} \tag{6-8)*$$

가 된다.

여기서 식 (6-5)를 solid angle 개념을 이용하여 표시하면 편리하다. 가령 그림 1의 ΔA는 원점에서 $\theta\Phi$라는 각도로 나와 r이라는 구와 만나 생기는 면적이다. 따라서 solid angle Δw를

$$\Delta w \equiv \frac{\Delta A}{r^2} \tag{6-9}$$

라고 정의하면 거리 r에 무관한 각도만의 함수가 된다. 즉 $\Delta w = \sin\theta\Delta\theta\Delta\Phi$가 된다. 따라서 식 (6-5)는

$$J_{\theta\Phi v} = \frac{1}{4\pi} v\Delta n_v \cos\theta\Delta w \tag{6-10}$$

이 된다. 속도 v를 갖는 입자들의 단위 solid angle 당 flux는

$$J_{\theta\Phi v}/\Delta w = \frac{1}{4\pi} v\Delta n_v \cos\theta \tag{6-11}$$

가 되고 모든 입자에 대해서는

$$J_{\theta\Phi v}/\Delta w = \frac{1}{4\pi} < v > ncos\theta \tag{6-12}$$

가 된다. 따라서 단위 각도 당 유입되는 flux의 양은 표면에 수직인 방향으로 가장 많고 평행한 방향으로는 거의 없음을 의미한다.

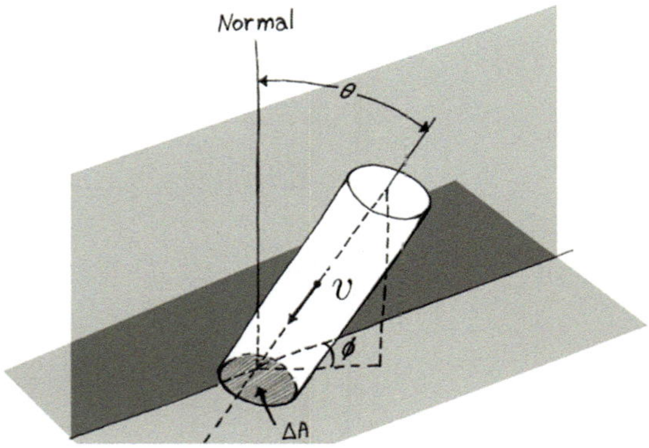

[그림 6.2] 각도 θ와 Φ를 가지고 v의 속도로 면적, ΔA를 통과하는 입자의 부피궤적

예제

만약 표준상태에 있는 산소의 농도가 3×10^{25}개/m^3이라고 가정하자. 300K에서 산소입자의 평균 속도가 450m/s라고 가정하면 표준상태에 있는 산소의 flux를 계산하시오.

풀이

$$J = \frac{1}{4} n < v > \approx \frac{1}{4} \times 3 \times 10^{25} \times 450 \approx 3.3 \times 10^{27} \text{개/m2s}$$

보충설명

- **Flux : J_m 무게 유속 (식(6-8))**

$$J_m = mJ_n = p/(2\pi RT)^{1/2}$$

(4) 가스의 상태 방정식

표면에 θ의 각도와 v의 속도로 입사하는 무게 m의 입자는 탄성충돌 후 같은 각도로 반사된다. 이때의 모멘텀 변화량은 $mvcos\theta-(-mvcos\theta)=2mvcos\theta$가 된다.

그런데 단위 시간당 단위 면적에 발휘하는 입자들의 총 모멘텀의 변화량이 표면에 미치는 압력에 해당되므로 각도 θ와 속도 v를 갖는 입자들이 만드는 압력, $\Delta P_{\theta v}$는 $J_{\theta v}\cdot 2mvcos\theta=\left(\frac{1}{2}v\Delta n_v \sin\theta\cos\theta\Delta\theta\right)(2mvcos\theta)$가 된다. 여기서 모멘텀 변화량은 옆 각도, Φ에는 무관하게 된다. 따라서 속도 v를 갖는 입자들이 발휘하는 총 압력은 θ를 0에서 $\pi/2$까지 적분하면

$$\Delta P_v=\frac{1}{3}mv^2\Delta n_v \tag{6-13}$$

가 된다. 이를 모든 속도를 갖는 입자에 대해서 적용하면 결국

$$P=\frac{1}{3}m\sum v^2\Delta n_v \tag{6-14}$$

가 된다. 그런데 앞에서와 마찬가지로 평균 제곱속도는 $<v^2>=\sum v^2/N$로 표시되며 이는 다시 $<v^2>=\sum v^2\Delta N_v/N$와 같은 의미이므로 분모 분자를 부피로 나누면 농도가 되어 $<v^2>=\sum v^2 n_v/n$가 된다. 따라서 위 식은

$$P=\frac{1}{3}nm<v^2> \tag{6-15}$$

가 된다. 기체 입자의 평균 운동에너지가 $1/2m<v^2>$이니까 압력은 단위 부피당 입자들의 총 운동에너지의 2/3이라고 볼 수 있다. 또 $n=N/V$이므로 위 식은

$$PV = (1/3)Nm < v^2 > = nRT \tag{6-16}$$

이 된다. 여기서 $n = N/N_A$(N_A는 Avogadro 수)이고 Boltzmann 상수 $k_B = R/N_A$이므로

$$< v^2 \geq 3kT/m \tag{6-17a}$$

혹은

$$\text{입자의 운동에너지} = \frac{1}{2}m < v^2 > = \frac{3}{2}kT \tag{6-17b}$$

가 된다. 여기서 만약 평균 제곱근 속도(v_{rms})를 $\sqrt{< v^2 >}$ 라고 가정하면 $v_{rms} = \sqrt{3kT/m}$ 이 된다. 이로부터 우리는 기체 입자의 평균 운동에너지는 오로지 온도에만 의존하고 부피나 압력에는 무관한 것임을 알 수 있다. 즉 온도가 같으면 H_2나 CO_2나 O_2나 다 같은 평균 운동에너지를 가지고 있다는 것을 의미한다.

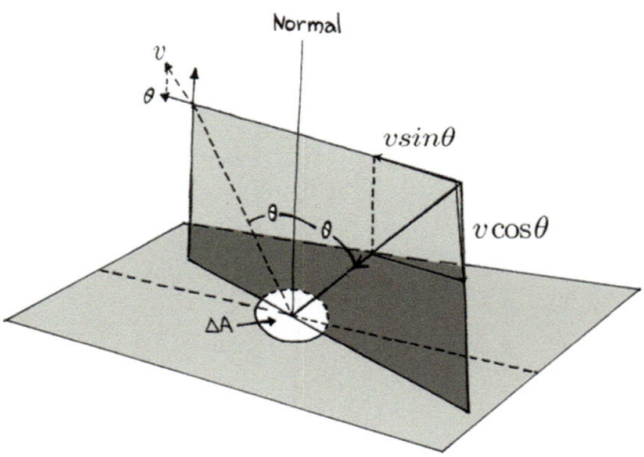

[그림 6.3] 표면에 θ의 각도로 입사하는 입자가 전달하는 운도에너지

보충설명

- 항상 $< v^2 > > < v >^2$이 성립된다. 실제로 $< v >$: vrms=1 : 1.085이다.

- **상온(300K)에서 $kT \approx 1/40 \quad eV$**

전자 하나(1.602×10^{-19}C)가 1V에 의해 가속되는 에너지를 1eV(=1.602×10^{-19} J)라고 한다. 따라서 300K에서 보면 $3/2kT = 6.21\times10^{-21}J \approx 0.04\, eV$가 된다. 따라서 $kT \approx 1/40 \quad eV$이다.

6.2 양자역학(Quantum Mechanics)

양자역학에서는 고전 뉴턴역학과 달리 입자들의 에너지가 연속적인 값을 가질 수 없고 구별된 어떤 고정된 값들을 가진다. 즉 [그림 6.4]와 같이 입자의 파동성 측면에서 보면 길이 L인 벽 사이에 존재하는 입자파의 파장은 양쪽 벽 끝에서는 파의 움직임이 고정(fixed boundary condition)되어 있으므로 파동들이 가질 수 있는 파장의 길이는

$$\lambda_1 = 2L, \quad \lambda_2 = \frac{1}{2}2L, \quad \lambda_3 = \frac{1}{3}2L, \cdots \tag{6-18}$$

과 같이 $2L$에 비례하게 된다. 일반적으로 표현하면 입자의 파장은 $\lambda_i = \frac{1}{n_i}2L$로 구별된 값을 가지게 된다. 그런데 양자역학에 의하면 파장이 λ인 입자파의 운동량(momentum)은 $p = h/\lambda$(De Broglie 관계식)로 표시되고 그 입자의 에너지는 $E = p^2/2m$로 표현된다. 여기서 h는 Planck 상수(=6.6262×10^{-34} Js)이다. 따라서 일차원의 벽안에 존재하는 입자파의 에너지는

$$E_i = n_i\frac{h^2}{8mL^2} \tag{6-19}$$

로 양자화 되어 있음을 알 수 있다. 그런데 만약 여기서 입자파가 삼차원적으로 움직인다면 그 x, y, z 방향에 대한 각각의 운동량이 $p_x = n_x \dfrac{h}{2L}$, $p_y = n_y \dfrac{h}{2L}$, $p_z = n_z \dfrac{h}{2L}$ 이 되고 총 운동량은 $p_j^2 = p_x^2 + p_y^2 + p_z^2$이 된다. 여기서 n은 양자수(quantum number)로서 입자의 운동방향을 나타내는 자연수이다. 또한 $p_j^2 = p_x^2 + p_y^2 + p_z^2 = (n_x^2 + n_y^2 + n_z^2)[h^2/4L^2]$이 되므로 $n_j^2 = n_x^2 + n_y^2 + n_z^2$이라 표현하면 $E_j = n_j^2[h^2/8mL^2]$이 된다. 여기서 우리는 n_x, n_y, n_z를 에너지 상태(energy state)라고 하고 n_j^2을 에너지 준위(energy level)라고 한다. 즉 방향이 다르더라도 n_j^2 값이 같으면 같은 에너지를 가진다. 따라서 같은 에너지 준위에 대해 n_x, n_y, n_z 조합에 따라 여러 가지 에너지 상태가 존재 할 수 있다. 이와 같이 같은 에너지 준위에 여러 에너지 상태가 존재하는 경우를 에너지 준위가 분리(degenerate)되어 있다라고 부르고 그 분리된 정도(degeneracy)를 g_i 로 표시한다. 즉 에너지 준위 E_i의 분리도는 g_i가 된다.

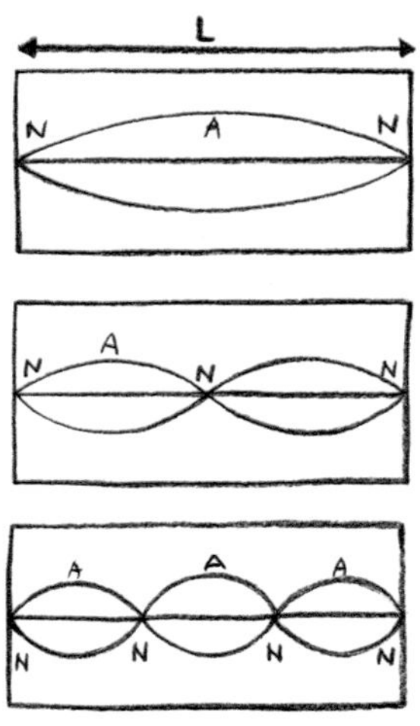

[그림 6.4] 길이 L인 벽사이의 정류파(stationary wave)의 모양들

예를 들면 길이 L인 정육면체 상자 안에 있는 입자의 가장 낮은 에너지 준위는 $n_x = n_y = n_z = 1$인 에너지 상태를 갖는 $n_1^2 = 3$이 되고 그 에너지는 $E_1 = [3h^2/8m]V^{-2/3}$이 된

다. 여기서 상자의 부피는 L^3이므로 $L^2 = V^{2/3}$인 관계를 이용하였다. 따라서 최저 에너지 준위는 분리되지 않았으며(nondegenerate) $g_1 = 1$이라 표시한다. 그 다음 에너지 준위는 $(n_x, n_y, n_z) = (2,1,1), (1,2,1), (1,1,2)$ 상태를 갖고 $n_2^2 = 6$이 되어 입자의 에너지는 $E_2 = [6h^2/8m]\, V^{-2/3}$가 된다. 따라서 두 번째 에너지준위는 3개의 상태가 같은 에너지를 가지게 되어 $g_1 = 3$ 이라 표현한다. 즉 E_2의 에너지를 갖는 입자는 3가지의 방향을 가지고 존재한다고 할 수 있다.

6.3 Macrostate와 Microstate

만약 아래 그림과 같이 9개의 입자(구별이 가능한 입자일 수도 있고, 똑같이 생겨서 구별이 안 되는 입자일 수도 있음)로 구성된 시스템을 고립된 상태로 두면 입자들이 여러 가지 방법으로 각 에너지 준위(energy level, E)와 에너지 상태(energy state, I)로 배열될 것이다. 여기서 E_1, E_2, E_3는 에너지 준위에 해당되고 I, II, III는 에너지 상태에 해당된다. [그림 6.5]의 경우 E_1에 4개가 배열되고 E_2에 3개, E_3에 2개의 입자가 배열되었다. 여기서 우리는 이 에너지 준위에 배열된 상태(즉 입자들의 총에너지가 같은 상태)를 macrostate라고 부른다. 그러나 고립된 계이기 때문에 입자들의 에너지의 총 합계만 같다면(즉 같은 macrostate에 대해) 다른 형태로의 입자의 배열도 가능할 것이다.

같은 에너지 합을 가지면서 여러 가지의 입자배열 방법이 존재할 수 있으므로 각 macrostate에 대해서 입자들이 각 에너지 상태에 배열되는 경우의 수가 달리 존재할 수 있다. [그림 6.5]의 경우, 입자들의 구별이 불가능하다면, E1에 배열되는 방법은 1가지이고 E_2에 배열되는 방법은 2가지, E_3에는 3가지의 배열방법이 가능하다. 이와 같이 어떤 macrostate에 대해 입자들이 에너지 상태에 배열된 각각의 경우의 수를 microstate라고 부른다. 이 경우 이 macrostate에는 총 6가지의 microstate가 존재하는 셈이다.

모든 경우의 수가 실제에서 모두 같은 확률로 나타난다고 가정할 때, 계의 열역학적 경우의 수, Ω는 모든 microstate 수의 합이 된다. 즉 어떤 macrostate, k에 존재할 수 있는 microstate의 수를 W_k라고 하면 계의 열역학적 경우의 수는 모든 macrostate에 대해 모든 가능한 microstate 수의 합

$$\Omega = \sum_k W_k \tag{6-20}$$

가 된다. 그리고 엔트로피*는

$$S = k_B \ln 1\Omega \tag{6-21}$$

로 표현된다.

그런데 통계 열역학에서는 우리가 느끼는 물질의 특성은 각 에너지 준위에 들어있는 평균입자 수에 따른다고 이야기 한다. 따라서 각 에너지 준위에 존재하는 입자들의 수를 아는 것이 물질의 열역학적인 특성을 규정짓는데 매우 중요하다. 만약 각각의 microstate가 같은 확률로 일어난다고 가정하고 macrostate, k에 대해 에너지 준위, j에 존재하는 입자의 수를 N_{jk}라고 하면 계의 에너지 준위 j에 존재하는 평균 입자의 기대수를 구해보면 각 macrostate의 N_{jk}를 전체 macrostate에 대해 합치고 이를 전체 경우의 수로 나누면 된다. 이를 수식으로 표현하면

$$N_{jk} = \frac{\sum_k N_{jk} W_k}{\sum_k W_k} = \frac{1}{\Omega} \sum_k N_{jk} W_k \tag{6-22}$$

가 된다.

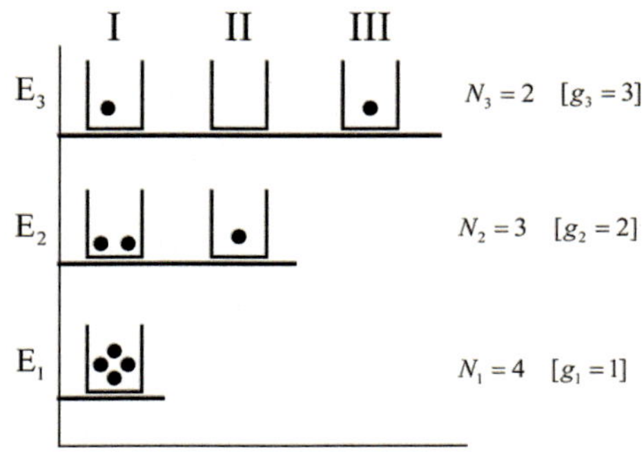

[그림 6.5] Macrostate와 Microstate

보충설명

■ $S = k_B \ln \Omega$의 증명

엔트로피는 시량변수이기 때문에 만약 엔트로피가 S_1인 계와 S_2인 계를 합하면 합한 계의 엔트로피는 $S = S_1 + S_2$가 된다. 그런데 만약 두 계의 열역학적 경우의 수가 각각 Ω_1과 Ω_2라고 하면 합친 계의 경우의 수는 $\Omega = \Omega_1 \cdot \Omega_2$가 된다. 만약 엔트로피가 경우의 수의 어떤 함수, $S = F(\Omega)$가 된다고 가정하면

$$F(\Omega_1) + F(\Omega_2) = F(\Omega_1 \Omega_2)$$

가 된다. 여기서 $\Omega_1 \cdot \Omega_2$는 그냥 총 경우의 수를 말한다. 만약 위식의 양변을 Ω_1에 대해 미분하면

$$\frac{dF(\Omega_1)}{d\Omega_1} = \frac{\partial F(\Omega_1 \Omega_2)}{\partial(\Omega_1 \Omega_2)} \frac{\partial(\Omega_1 \Omega_2)}{\partial \Omega_1}$$

이 되고 또 Ω_2에 대해 미분하면

$$\frac{dF(\Omega_2)}{d\Omega_2} = \frac{\partial F(\Omega_1 \Omega_2)}{\partial(\Omega_1 \Omega_2)} \frac{\partial(\Omega_1 \Omega_2)}{\partial \Omega_2}$$

가 된다. 따라서 위 두 식으로부터

$$\Omega_1 \frac{dF(\Omega_1)}{d\Omega_1} = \Omega_2 \frac{\partial F(\Omega_2)}{\partial \Omega_2}$$

가 된다. 그런데 Ω_1과 Ω_2은 서로 무관하므로 위식은 상수 값으로 같은 값이 되어야 한다. 즉 $\Omega\frac{dF(\Omega)}{d\Omega}=k_B$가 된다. 이는 $F(\Omega)=k_B ln\Omega$가 됨을 의미한다. 즉 $S=k_B\ln\Omega$가 된다. 여기서 k_B는 Boltzmann 상수로서 R/N_A이다.

■ **$TdS=dQ$에 대하여…**

닫힌계(closed system)에서 내부에너지 U는 에너지 준위 Ei에 차있는 입자의 수 N_i의 총 에너지합인 $U=\sum_i \epsilon_i N_i$로 표현된다. 따라서 내부에너지의 변화는

$$dU=\sum_i \epsilon_i dN_i+\sum_i N_i d\epsilon_i$$

가 된다. 즉 내부에너지 변화는 각 에너지 준위에 차있는 입자들의 수의 변화와 에너지 준위 자체의 변화에서 온다는 것을 의미한다. 그런데 두 번째 항, 즉 에너지 준위의 변화는 경계조건에 의해 크기와 같은 외적인 요소에 의존하는 성질을 가지고 있으므로 크기 변수를 X라고 하면 $d\epsilon_i=\frac{d\epsilon_i}{dX}dX$라고 쓸 수 있다. 따라서 $\sum_i N_i d\epsilon_i=[N_i\frac{d\epsilon_i}{dX}]dX=-PdV$와 같이 표현할 수 있게 된다. 여기서 $N_i\frac{d\epsilon_i}{dX}=-P$로 생각하였다. 또한 열역학 제 1 법칙의 의해 첫째항 $\sum_i \epsilon_i dN_i=TdS$가 된다. 즉 열은 각 에너지 준위에 채워지는 입자들의 수의 변화를 가져온다.

THE ANNUAL DEATH RATE AMONG PEOPLE WHO KNOW THAT STATISTICS IS ONE IN SIX.

6.4 여러 가지 확률함수들

6.4.1 Bose-Einstein statistics

이는 입자들이 서로 구별이 불가능하고 에너지 상태에 들어갈 수 있는 입자들의 수에 제한이 없는 경우이다. 이때 i에너지 준위에 있는 g_i개의 에너지 상태(energy state)에 N_i개의 입자를 배열하는 방법의 수, w_i는

$$w_i = \frac{(g_i + N_i - 1)!}{(g_i - 1)!N_i!} \tag{6-23}$$

(6-23)*

이 된다. 따라서 각 에너지 준위에 각각 특정 개수의 입자들이 배치되는 경우(k-macrostate)를 고려하면 각각의 경우에 대해 다 독립적으로 배열이 가능하므로 이 macrostate에 대한 총 경우의 수는

$$W^k_{B-E} = W_k = \prod_i w_i = \prod_i \frac{(g_i + N_i - 1)!}{(g_i - 1)!N_i!} \tag{6-24}$$

가 된다.

보충설명

■ B-E의 증명

에너지 상태는 구별이 가능하므로 에너지상태(a, b, c, d ⋯)와 입자(1, 2, 3 ⋯)에 다 번호를 기입하고 처음에 상태번호가 나오면서 배열하는 방법은 첫 자리에 상태가 나오는 방법의 수 g_i에다 나머지를 배열하는 방법의 수를 곱한 $g_i(g_i + N_i - 1)!$이 된다. 그런데 입자의 구별이 불가능하므로 입자간 배열은 다 중복이 되어 $N_i!$로 나누어 주어야 된다. 또한 아래와 같은 어떤 배열에 대해 같은 조합의 배열을 $g_i!$ 만큼 나올 수 있으므로 나누어 주어야한다.

따라서 $w_i = \dfrac{g_i(g_i + N_i - 1)!}{g_i!N_i!}$ 가 된다.

[(a)12] [(b)3] [(c)] [(d)4,5,6]

1 2 3 4 …… g_i

예제

B-E 통계에서 2개의 에너지 준위 1과 2를 가지고 있다고 생각해 보자. 준위 1에는 상태수가 $g1 = 3$이고 2개의 입자가 배치되어 있으며 준위 2에는 상태수가 $g2 = 2$이고 한개의 입자가 배치되어 있다고 가정하자. 이 경우의 열역학적 확률은 얼마인가?

풀이

$$W_{B-E} = \frac{4!}{2!2!}\,\frac{2!}{1!1!}$$

예제

B-E 통계에서 어떤 에너지 준위 i에 3개의 상태(energy state)가 있고 여기에 2개의 입자들을 배치하고자 한다. 가능한 배열방법의 수는 몇 가지인가?

풀이

$g_i = 3,\ N_i = 2$이므로 $w_i = \dfrac{(3+2-1)!}{(3-1)!2!} = 6$이 된다. 즉, 아래 그림과 같은 6가지 경우이다.

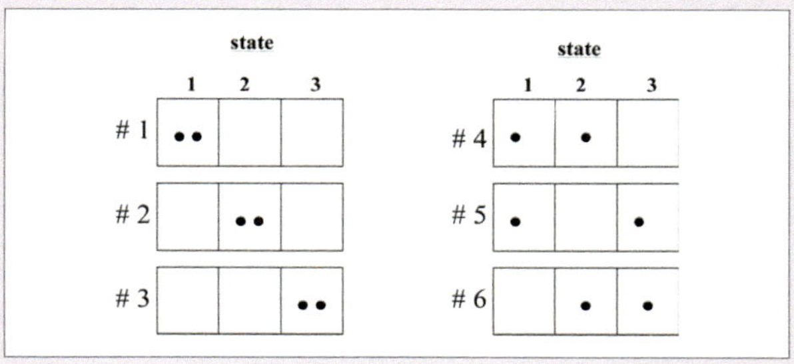

가령 예를 들면 아래 예제 [그림 6.6]과 같이 수직 축에 있는 7개의 에너지 준위(각 에너지 값이 $0, \epsilon, 2\epsilon, \cdots, 6\epsilon$ 이고 각 준위에 3개의 에너지 상태가 존재한다고 가정)에 6개의 입자를 총 에너지가 6ϵ 이 되도록 닫힌계를 만들 때 가질 수 있는 총 macrostate의 수는 11가지 경우(x 축에 표시)이다. 각 macrostate에 대해 가질 수 있는 microstate의 수를 맨 아래 줄에 표기했다. 예를 들면 $k=1$ 의 경우, 한 입자가 6ϵ 준위에 있고 나머지 5개가 0 준위에 위치한 경우 식 (6-24)에 의해 열역학적인 확률, W_1은 $W_1 = \frac{(3+1-1)!}{2!1!} \cdot \frac{(3+5-1)!}{2!5!} = 3 \times 21$가 된다. 이와 같이 계산 하면 총 열역학적인 확률, Ω은

$$\Omega = \sum_k W_k = 1532 \qquad (6\text{-}25)$$

가 된다. 그리고 각 준위에 존재하는 평균 입자의 수는

$$< N_j > = \frac{1}{\Omega} \sum_k N_{jk} W_k \qquad (6\text{-}26)$$

와 같이 표현된다. 여기서 $\langle N_j \rangle$는 에너지 준위 j에 존재하는 평균입자 수이고 N_{jk}는 macrostate k의 경우 에너지 준위 j에 존재하는 입자의 수이고 W_k는 macrostate k의 총 경우의 수이다. 따라서 만약 아래 그림의 경우 에너지 준위 2에 존재하는 평균입자의 수를 계산하면

$$< N_2 > = \frac{1}{\Omega} \sum_k N_{2k} W_k = \frac{1272}{1532} = 0.83 \qquad (6\text{-}27)$$

이 된다. [그림 6.6]에서 보면 $k=6$가 가장 확률이 높은 경우로서 각 준위의 입자 수가 평균입자 수에 가까운 것을 발견 할 수 있다. 실제로 입자의 수가 아주 많을 경우 가장 확률이 높은 경우는 각 준위에 배치되는 입자수가 평균입자수와 일치한다.

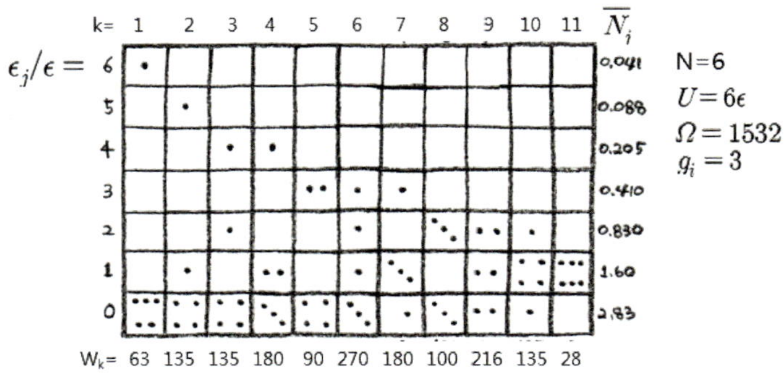

[그림 6.6] 6개의 입자가 B-E 통계를 만족하면서 총 에너지, U가 6ϵ인 11개의 macrostate 들 (에너지 상태는 각 준위 공통으로 3개라고 가정)

그리고 이 경우 각 에너지 준위에 들어가는 입자들의 평균수는 아래와 같은 분포함수를 가지게 된다.

$$\frac{N_i}{g_i} = \frac{1}{\exp\left(\frac{E_i - \mu}{kT}\right) - 1} \tag{6-28}$$

보충설명

■ B-E 분포함수의 증명

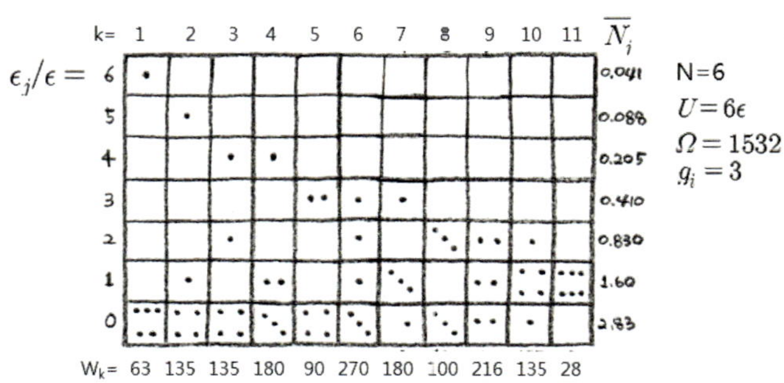

(a)

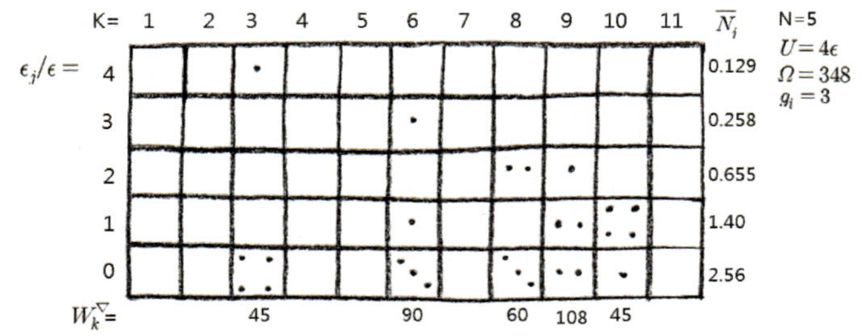

(b)

위 그림과 같이 만약 어떤 계(입자수=6, 총에너지=6ϵ)에서 1개의 입자를 제거하여 입자수는 5개가 되게 하고 총에너지는 2ϵ가 모자란 4ϵ가 되게 하면 유일한 방법은 첫 번째 계(그림 a)의 각 macrostate 경우 수 중에서 2ϵ에 해당되는 에너지 준위의 입자 1개씩을 뺀 것과 같아야 한다(그림 b). 만약 입자수가 많은 경우를 가정해서 계에서 에너지 준위 r에 있는 입자를 1개를 빼낸다고 가정해보면 처음과 나중 계의 k-macrostate의 열역학적인 확률은 각각

$$W_k = \prod_i \frac{(g_i + N_{ik} - 1)!}{(g_i - 1)!N_{ik}!} \text{과} \quad W_k^{\nabla} = \prod_i \frac{(g_i + N_{ik}^{\nabla} - 1)!}{(g_i - 1)!N_{ik}!}$$

가 된다. 여기서 g_i는 각 준위의 상태수이고 N_{ik}는 첫 번째 계의 k-macrostate의 경우, i 준위를 차지하고 있는 입자수이고 N_{ik}^{∇} 는 두 번째계로서 입자 1개를 제거한 경우의 k-macrostate의 경우, i 준위를 차지하고 있는 입자수이다. 따라서

$$\frac{W_{rk}^{\nabla}}{W_k} = \prod_i \frac{(g_i + N_{ik}^{\nabla} - 1)!N_{ik}!}{(g_i + N_{ik} - 1)!N_{ik}^{\nabla}!}$$

이 된다. 여기서 첫계와 두 번째 계는 r 준위의 입자가 한개 빠진 것 이외에는 모두 동일하므로

$$\frac{W_{rk}^{\nabla}}{W_k} = \frac{N_{rk}}{g_r + N_{rk}^{\nabla}}$$

혹은

$$N_{rk}W_k = (g_r + N_{rk}^{\triangledown})W_{rk}^{\triangledown}$$

가 된다. 여기서 $N_{rk}^{\triangledown} = N_{rk} - 1$이다. 이를 모든 macrostate 에 대해 생각하면

$$\sum_k N_{rk}W_k = g_r\sum_k W_{rk}^{\triangledown} + \sum_k N_{rk}^{\triangledown}W_{rk}^{\triangledown}$$

가 된다. 그런데 $\sum_k N_{rk}W_k = <N_r> \Omega$이고 $g_r\sum_k W_{rk}^{\triangledown} = g_r\Omega^{\triangledown}$이며 $\sum_k N_{rk}^{\triangledown}W_k^{\triangledown} = <N_r^{\triangledown}> \Omega^{\triangledown}$이다. 따라서 위 식은 $<N_r> \Omega = (g_r + <N_r^{\triangledown}>)\Omega^{\triangledown}$과 같이 쓸 수 있다. 그런데 입자의 수가 많을 경우 $<N_r> \simeq <N_r^{\triangledown}>$이라 볼 수 있다. 이를 정리하면

$$\frac{<N_r>}{g_r + <N_r>} = \frac{\Omega^{\triangledown}}{\Omega}$$

혹은

$$ln\frac{<N_r>}{g_r + <N_r>} = ln\frac{\Omega^{\triangledown}}{\Omega} = \frac{S^{\triangledown} - S}{k} = \frac{\Delta S}{k}$$

이 된다. 여기서 $S = k_B \ln\Omega$ 관계를 사용하였다. 그런데 두 계의 에너지와 입자수의 차이는 각각 $\Delta U = -\epsilon_r$과 $\Delta N = -1$이고 열역학 제 1법칙에 의해

$$\Delta U = T\Delta S - \mu\Delta N$$

이 성립되므로 두 계의 엔트로피 차이는

$$\Delta S = \frac{\mu - \epsilon_r}{T}$$

가 된다. 여기서 ϵ_r은 r준위에 해당하는 에너지 값이다. 그러므로 이를 위식에 대입하여 정리하면 아래와 같이 된다.

$$\frac{N_i}{g_i} = \frac{1}{\exp\left(\frac{E_i - \mu}{kT}\right) - 1}$$

6.4.2 Fermi-Dirac statistics

이는 입자들이 서로 구별이 가능하고 에너지 상태에 들어갈 수 있는 입자들의 수가 1개로 제한되는 경우(Pauli exclusion principle)에 해당된다. 이 경우 i에너지 준위에 있는 g_i상태에 N_i개의 입자를 배열하는 방법의 수는

$$w_i = {}_{g_i}P_{N_i} = \frac{g_i!}{(g_i - N)!N_i!} \tag{6-29}$$

이 된다. 따라서 각 에너지 준위에 대해 각각 특정 개수의 입자들이 배치되는 경우(k-macrostate)를 고려하면 각각의 경우에 대해 다 독립적으로 배열이 가능하므로 이 macrostate에 대한 총 경우의 수는 각 경우수를 곱한 값,

$$W_{F-D}^{k} = W_k = \prod_i w_i = \prod_i {}_{g_i}P_{N_i} = \prod_i \frac{g_i!}{(g_i - N)!N_i!} \tag{6-30}$$

이 된다.

그리고 이 경우 각 에너지 준위에 들어가는 입자들의 평균수는 아래와 같은 분포함수를 가지게 된다.

$$\frac{N_i}{g_i} = \frac{1}{\exp\left(\frac{E_i - \mu}{kT}\right) + 1} \tag{6-31}$$

보충설명

■ F-D 분포함수의 증명

앞의 B-E와 마찬가지로 두 계의 확률비는 $\frac{W_{rk}^{\nabla}}{W_k} = \prod_i \frac{(g_i - N_{ik}^{\nabla})!N_{ik}!}{(g_i - N_{ik}^{\nabla})!N_{ik}^{\nabla}!} = \frac{N_{rk}}{g_r - N_{rk}^{\nabla}}$ 가 된다. 그런데 이를 정리하고 모든 macrostate에 대해 생각하면 양변을 k에 대해 sum하는 것이 되므로 결국 $\frac{< N_r >}{g_r - < N_r >} = \frac{\Omega^{\nabla}}{\Omega}$ 가 된다. 여기서 입자수가 많은 경우이므로 $< N_r > \simeq < N_r^{\nabla} >$라고 가정하였다. 그런데 두 계의 에너지와 입자수의 차이는 각각 $\Delta U = -\epsilon_r$ 과 $\Delta N = -1$이고 열역학 제 1법칙에 의해 $\Delta U = T\Delta S - \mu\Delta N$ 이 성립되므로 두 계의 엔트로피 차이는 $\Delta S = \frac{\mu - \epsilon_r}{T}$ 가 된다. 여기서 ϵ_r은 r 준위에 해당하는 에너지 값이다. 그러므로 이를 위식에 대입하여 정리하면 F-D 분포함수를 얻게 된다.

6.4.3 Classical 분포

고전적으로 우리는 입자들의 구별이 불가능하고 에너지 상태수(g_i)에 비해 준위에 있는 평균 입자수가 아주 작을 경우(즉 $\frac{< N_i >}{g_i} \ll 1$), B-E나 F-D분포함수에서 분모의 1을 무시할 수 있으므로

$$\frac{N_i}{g_i} = \exp\left(-\frac{\epsilon_i - \mu}{kT}\right) \tag{6-32}$$

로 쓴다. 이 는 온도가 아주 높을 경우에 해당된다.

보충설명

■ 구별이 불가능한 입자의 확률분포함수 비교(B-E, F-D, Classical)

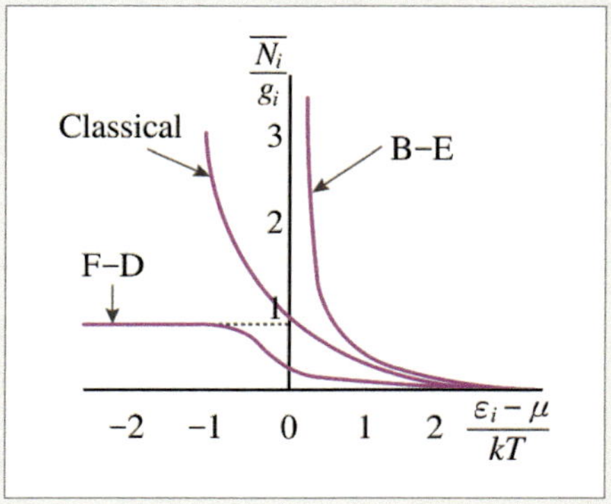

위 그림에서 보는 바와 같이 에너지가 높을 경우(즉, $\frac{\langle N_i \rangle}{g_i} \ll 1$인 경우), B-E나 F-D 모두 Classical 통계와 동일하게 된다. 이는 식의 분모항이 분자항에 비해 크기 때문에 1의 가치가 무시할 정도로 작아짐을 의미한다. B-E 통계에서는 화학포텐샬이 입자들의 가장 낮은 에너지 바로 밑에 위치하며 따라서 대부분의 입자들이 화학포텐샬 바로 위에 포진하고 있음을 알 수 있다. 반면 F-D 통계에서는 에너지준위가 낮은 곳에서는 확률이 거의 1로 접근하므로 모든 자리가 전자 1개씩 고르게 차있음을 의미한다. 그리고 Classical 통계는 $\frac{\epsilon_i - \mu}{kT}$가 큰 부분에서만 의미를 가진다.

■ F-D & B-E

실제로 열역학에서는 B-E과 F-D 통계함수 만이 적용된다. Classical이나 M-B은 근사식으로서 실제값과 오차를 유발할 수 있다. 예를 들면 M-B분포함수의 유도에서 입자를 구별하여 분포하는 것은 "같은 입자를 구별할 수 없다"는 양자역학의 개념과 배치된다. 그러나 실제 열역학에서는 절대 값보다는 차이 값을 다루기 때문에 미분하면 같은 값을 가지게 되어 문제가 없게 된다.

6.4.4 Maxwell-Boltzmann 분포함수

이는 입자들이 서로 구별이 가능하고 에너지 상태에 들어갈 수 있는 입자들의 수의 제한이 없는 경우에 해당된다. 이 경우 i 에너지 준위에 있는 g_i 상태에 N_i개의 입자를 배열하는 방법의 수는

$$w_i = g_i^{N_i} \tag{6-33}$$

이 된다. 따라서 각 에너지 준위에 대해 각각 특정 개수의 입자들이 배치되는 경우(k-macrostate)를 고려하면 각각의 경우에 대해 다 독립적으로 배열이 가능하므로 이 macrostate에 대한 총 경우의 수는 각 경우수를 곱한 값,

$$W_{F-D}^{k} = W_k = \prod_i w_i = \prod_i g_i^{N_i} \tag{6-34}$$

이 된다.

그리고 이 경우 각 에너지준위의 에너지상태에 들어가는 입자들의 평균수는 아래와 같은 분포함수를 가지게 된다.

$$\frac{N_i}{g_i} = \exp\left(-\frac{\epsilon_i - \mu}{kT}\right) \tag{6-35}$$

보충설명

■ M-B 분포함수의 증명

앞의 B-E나 F-D과 마찬가지로 두계의 확률비, $\frac{W_{rk}^{\nabla}}{W_k} = \frac{N^{\nabla}!}{N!} \prod_i \frac{g_i^{N_{ik}^{\nabla}} N_{ik}!}{g_i^{N_{ik}} N_{ik}^{\nabla}!} = \frac{N_{rk}}{Ng_r}$ 가 된다. 그런데 이를 정리하고 모든 macrostate에 대해 생각하면 양변을 k에 대해 sum하는 것이 되므로

결국 $\frac{\langle N_r\rangle}{Ng_r}=\frac{\Omega^{\nabla}}{\Omega}$가 된다. 여기서 입자수가 많은 경우이므로 $\langle N_r\rangle\simeq\langle N_r^{\nabla}\rangle$라고 가정하였다. 그런데 두 계의 에너지와 입자수의 차이는 각각 $\Delta U=-\epsilon_r$과 $\Delta N=-1$이고 열역학 제1법칙에 의해 $\Delta U=T\Delta S-\mu\Delta N$이 성립되므로 두 계의 엔트로피 차이는 $\Delta S=\frac{\mu-\epsilon_r}{T}$가 된다. 여기서 ϵ_r은 r 준위에 해당하는 에너지 값이다. 그러므로 이를 위식에 대입하여 정리하면 M-B 분포함수를 얻게 된다.

■ **Classical 분포와 M-B 분포의 차이**

Classical 분포는 에너지 상태 당 채워지는 입자의 수를 나타내고 M-B분포는 각 상태에 채워지는 확률(N_i/N)을 나타내 준다.

6.4.5 Partition Function

Maxwell-Boltzmann 분포함수와 기존의 Classical 분포함수는 각각

$$N_i=N\left[\exp\frac{\mu}{kT}\right]g_i\exp\left(-\frac{\epsilon_i}{kT}\right) \tag{6-36a}$$

과

$$N_i=\left[\exp\frac{\mu}{kT}\right]g_i\exp\left(-\frac{\epsilon_i}{kT}\right) \tag{6-36b}$$

로 표현된다. 여기서 N은 입자의 총합$\left(\sum_i N_i\right)$이고 μ는 화학포텐샬, g_i는 에너지 준위 ϵ_i의 에너지 상태수이다. 그런데 $\sum_i N_i$=N 이므로 위 식은 각각

$$\sum_i N_i = N = N\exp\frac{\mu}{kT}\sum_i g_i \exp\left(-\frac{\epsilon_i}{kT}\right) \qquad (6\text{-}37a)$$

$$\sum_i N_i = N = \exp\frac{\mu}{kT}\sum_i g_i \exp\left(-\frac{\epsilon_i}{kT}\right) \qquad (6\text{-}37b)$$

로 쓸 수 있다. 여기서 뒤의 항, 즉 모든 에너지 준위에 대한 합,

$$Z = \sum_i g_i \exp\left(-\frac{\epsilon_i}{kT}\right) \qquad (6\text{-}38)$$

를 "partition function"이라고 부른다. 이 partition function과 화학포텐샬의 관계는 Maxwell-Boltzmann 통계와 기존 Classical 통계의 경우 각각

$$\mu = -kTlnZ \quad \left[\exp\frac{\mu}{kT} = \frac{1}{Z}\right] \qquad (6\text{-}39a)$$

와

$$\mu = -kTlnZ/N \quad \left[\exp\frac{\mu}{kT} = \frac{N}{Z}\right] \qquad (6\text{-}39b)$$

이 된다. 또한 partition function을 이용하여 확률함수를 표현하면 M-B과 기존 함수의 경우 모두

$$\frac{N_i}{g_i} = \frac{N}{Z}exp\left(-\frac{\epsilon_i}{kT}\right) \qquad (6\text{-}40)$$

로 표현되어 에너지 상태(energy state) 당 차지하는 입자의 평균수는 에너지 준위가 높아질수록 작아짐을 알 수 있다. 그러나 F-D이나 B-E의 경우는 분포함수의 형태가

partition function을 이용하여 표현하기 곤란한 모양(+1이나 −1의 항을 가지고 있음)을 가지고 있다.

보충설명

■ Lagrange multiplier를 이용하여 M-B 확률분포 함수를 구하는 방법

총 원자의 수가 N이며, 총 에너지가 U인 계에서 에너지 준위 $\epsilon_1, \epsilon_2, \ldots \epsilon_m$준위에 각각 $n_1, n_2, \ldots, n_m$의 원자가 들어있다고 가정하면 평형상태는 가질 수 있는 경우 수, $\Omega(n_1, n_2 \ldots n_m)$가 최대인 점에서 결정된다. M-B분포의 경우의 수, Ω는

$$\Omega = \frac{N!}{\prod_{i=1}^{m} n_i!} \quad \text{(a)}$$

가 되고, Stirling approximation을 이용하면 식 (a)는 $\ln\Omega \approx (N\ln N - N) - \sum_i^m (n_i ln n_i - n_i)$ 이 된다. 그런데 $\sum_i^m n_i = N$ 이므로

$$ln\Omega = NlnN - \sum_i^m n_i ln n_i = \sum_i^m n_i (lnN - lnn_i) \quad \text{(b)}$$

가 된다. 식 (b)의 미분 값은

$$\begin{aligned} dln\,\Omega &= \sum_i [dn_i(lnN - lnn_i) + n_i d(lnN - lnn_i)] \quad \text{(c)} \\ &= \sum_i \left[dn_i(lnN - lnn_i) + n_i\left(\frac{1}{N}dN - \frac{1}{n_i}dn_i\right)\right] \\ &= \sum_i (lnN - lnn_i)dn_i + \sum_i \left(\frac{n_i}{N}\right)dN - \sum_i dn_i \\ &= \sum_i (lnN - lnn_i)dn_i = -\sum_i ln\left(\frac{n_i}{N}\right)dn_i \end{aligned}$$

가 된다. 그런데 이 경우

$$N = \sum_i n_i \tag{d}$$

와

$$U = \sum_i n_i \epsilon_i \tag{e}$$

조건을 만족해야 한다. 이와 같이 조건이 있는 상태에서 최대 값을 구하는데는 Lagrange multiplier기법을 사용한다. 즉

$$dln\Omega + \lambda_1 dN + \lambda_2 dU = 0$$

이 만족된다. 다시 쓰면

$$-\sum_i ln(\frac{n_i}{N})dn_i + \lambda_1 \sum_i dn_i + \lambda_2 \sum_i \epsilon_i dn_i = 0 \tag{f}$$

$$= -\sum_i [ln(\frac{n_i}{N}) - \lambda_1 - \lambda_2 \epsilon_i] dn_i$$

가 되고 식 (f)의 계수, $ln\frac{n_i}{N} - \lambda_1 - \lambda_2 \epsilon_i = 0$이 되어야 하므로

$$\frac{n_i}{N} = \exp^{\lambda_1} \exp^{\lambda_2 \epsilon_i} \tag{g}$$

가 된다. 여기서 $\sum_i \frac{n_i}{N} = 1$ 이므로 $1 = \sum_i \exp^{\lambda_1} \exp^{\lambda_2 \epsilon_i}$ 이 되어 $\exp^{\lambda_1} = 1/\sum_i \exp^{\lambda_2 \epsilon_i} 1/Z$가 된다. 따라서

$$\frac{n_i}{N} = \frac{1}{Z} exp^{\lambda_2 \epsilon_i} \tag{h}$$

가 된다. 그런데 λ_2는 식 (b)를 이용하여 구할 수 있다.

$$\ln\Omega = -\sum_i n_i ln\frac{n_i}{N} = -\sum_i n_i ln\frac{e^{\lambda_2\epsilon_i}}{Z} = -\sum_i n_i(\lambda_2\epsilon_i - lnZ) \qquad (i)$$

$$= -\lambda_2\sum_i n_i\epsilon_i + lnZ\sum_i n_i = -\lambda_2 U + NlnZ$$

그런데 시스템이 가역적으로 아무 일도 하지 않고(즉 $dV=0$) 열, dQ 를 흡수하는 경우 내부 에너지의 증가는 조합방정식으로부터

$$dU = dQ = TdS \qquad (j)$$

가 되고 이를 식 (i)에 대입하면

$$d\ln\Omega = -\lambda_2 dU = -\lambda_2 TdS \qquad (k)$$

가 된다. 따라서 $d\ln\Omega = -\lambda_2 TdS$가 되고 $S = -\left(\frac{1}{\lambda_2 T}\right)\ln\Omega$ 되므로 Planc 상수, $k_B = -1/\lambda_2 T$ 라 하면 우리가 1장의 열역학 제 2법칙에서 말한 엔트로피의 정의식

$$S = k_B \ln\Omega \qquad (l)$$

가 된다. 또한

$$\lambda_2 = -\frac{1}{k_B T} \qquad (m)$$

가 되어 식 (h)는 식 (6-40)과 같이

$$\frac{n_i}{N} = \frac{1}{Z}exp^{\epsilon_i/k_B T} \qquad (n)$$

가 된다.

▪ Lagrange Multiplier 기법

아래 그림과 같이 $U(P,T)$ 함수의 최대 값이 변수들 사이에 제약조건이 있느냐 없느냐에 따라 달라진다. 변수들이 서로 independent하면 점(a)가 $U(P,T)$의 최대값이 되나 $Y(P,T)$ 라는 조건을 만족하는 경우의 $U(P,T)$의 최대값은 점(b)가 된다. Lagrange는 m개의 제약조건

$$Y_1(x_1,x_2,...)=0 \quad (1)$$
$$Y_2(x_1,x_2,...)=0 \quad (2)$$
$$\vdots$$
$$Y_m(x_1,x_2,...)=0 \quad (m)$$

을 만족시키는 n개의 변수로 구성된 함수, $S(x_1, x_2, \ldots, x_n)$값의 최대 점에서는

$$dS + \lambda_1 dY_1 + \lambda_2 dY_2 + ... + \lambda_m dY_m = 0$$

을 만족한다는 것을 증명하였다. 따라서 각 변수에 대한 미분 값은

$$\frac{\partial S}{\partial x_i} + \sum_{k=1}^{m} \lambda_k \frac{\partial Y_k}{\partial x_i} = 0 \quad (m+n)$$

이 되고 0을 만족시키기 위해서는 각항의 계수가 0이 되어야 하므로 n개의 식을 만들 수 있다. 제약 조건식 m개와 합치면 총 $m+n$개의 식이 만들어지고 모르는 변수는 $x_1, x_2, ..., x_n$, $\lambda_1, \lambda_2, ..., \lambda_m$로 $m+n$개가 되어 식의 수와 변수의 수가 같게 되어 모든 변수의 값을 구할 수 있다.

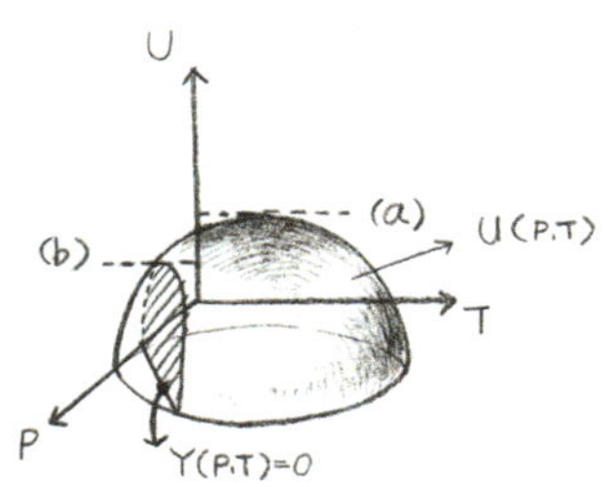

(a) 제약 조건이 없을 경우의 최대 값 (b) 제약조건이 있을 경우의 최대 값

6.4.6 Partition Function(Z 함수)와 열역학 함수 값

Z 함수의 중요성은 우리가 이 Z 함수 값을 알면 M-B통계나 Classical 통계가 적용되는 계에서 모든 열역학 함수의 값을 알 수 있다는데 있다. 가령 예를 들어 Classical 통계의 경우, 에너지 준위가 물질의 크기의 함수가 되는 경우를 가정하면 위 식 (6-39b)로부터 $\mu = -kT(lnZ - lnN) = \left(\frac{\partial F}{\partial N}\right)_{T,V}$ (여기서 Z 함수가 물질의 크기와 온도의 함수이기 때문에 Helmholtz 에너지를 이용하여 화학 포텐샬을 정의)가 되고 양변을 적분하면

$$F = -NkT(lnZ - \ln N + 1)^{*} \tag{6-41}$$

가 된다. 여기서 $\int \ln N dN = NlnN - N$과 $Z = f(T, V)$임을 이용하였다. 실제로 에너지 준위 값은 양자역학에서도 배운바와 같이 물질의 크기에 관계되는 값이므로 partition 함수의 값은 온도와 부피의 함수가 된다. 따라서 우리는 위 식으로부터 쉽게 F의 값을 구할 수 있다. 또한 $S = -(\partial F/\partial T)_V$이므로 우리는 쉽게

$$S = NkT\left(\frac{\partial \ln Z}{\partial T}\right)_V + Nk(\ln Z - \ln N + 1) \tag{6-42}$$

가 됨을 알 수 있고 또한 $U = F + TS$이므로 U는

$$U = NkT^2\left(\frac{\partial \ln Z}{\partial T}\right)_V \tag{6-43}$$

가 된다. 또한 $P = -(\partial F/\partial V)_T$이므로 압력은 $P = NkT\left(\frac{\partial \ln Z}{\partial V}\right)_T$로 표현할 수 있다. 따라서 partition function 만 알면 모든 열역학적인 함수의 값이 정의됨을 알 수 있다.

보충설명

- $S = U/T + Nk(\ln Z - \ln N + 1)$
- $PV = NkT$

한 가지 종류의 입자로 구성된 계에서 $G = \mu N$이다. 그런데 $G - F = PV$ 이므로 위의 $\mu N = -NkT(\ln Z - \ln N)$에서 F 값을 빼면 $PV = NkT$가 된다.

- $F = -NkT(\ln Z - \ln N + 1)$

$N = 0$일 경우 $F = 0$ 이므로 적분의 상수 값은 0이 된다.

예제

M-B 통계에서 $F = -NkT\ln Z$, $S = U/T + Nk\ln Z$, $U = NkT^2\left(\frac{\partial \ln Z}{\partial T}\right)_V$, $P = NkT\left(\frac{\partial \ln Z}{\partial V}\right)_T$ 가 됨을 증명하시오.

다른 예로 만약 M-B 확률함수를 만족하는 서로 다른 입자들로 구성된 계에서 에너지 준위가 압력의 함수인 경우를 가정해보자. 이 경우 Z 값는 온도와 압력의 함수가 된다. 따라서 온도와 압력의 함수인 Gibbs 에너지를 이용하여 화학 포텐샬을 정의하면 식 ( )로부터

$$\left(\frac{\partial G}{\partial N}\right)_{P,T} = -kT\ln Z \tag{6-44}$$

가 된다. 위 예와 마찬가지로 양변을 P와 T가 일정한 상태에서 적분하면 Gibbs 에너지 값은

$$G = -NkT\ln Z \tag{6-45}$$

가 된다. 따라서 엔트로피는 $S = -(\partial G/\partial T)_P$ 이므로

$$S = NkT\left(\frac{\partial \ln Z}{\partial T}\right)_P + Nk\ln Z \tag{6-46}$$

가 된다. 그리고 $H = G + TS$ 이므로

$$H = NkT^2\left(\frac{\partial \ln Z}{\partial T}\right)_P \tag{6-47}$$

가 된다. 이식을 이용하여 엔트로피를 표시하면 $S = H/T + Nk\ln Z$가 된다. 또한 $V = (\partial G/\partial P)_T$이므로 $V = -NkT\left(\frac{\partial \ln Z}{\partial P}\right)_T$ 가 된다.

좀 더 일반적인 예로 만약 입자의 에너지 준위가 시량변수(extensive variable, 예 부피), X_1과 시강변수(intensive variable, 예 자기장의 세기, H), Y_2로 구성되어 있다고 가정하자. 즉, $\epsilon_i = g(X_1, Y_2)$ 이다. 여기서 각 변수의 짝에 해당되는 시강변수, Y_1(예 부피에 해당되는 압력)과 시량변수, X_2(예 자기장의 세기에 해당되는 자화도, M)가 존재하게 된다. 따라서 partition function, Z 는 온도와 X_1과 Y_2의 함수가 된다. 즉 $Z = f(T, X_1, Y_2)$이다.

이 때 계의 총에너지는 내부에너지 U와 potential energy, E_p의 합으로

$$E = U + E_p = U + X_2 Y_2 \tag{6-48}$$

가 된다. 따라서 일반적인 Helmholtz 에너지, F^*는 $F^* = U - TS$로 정의되므로

$$F^* = U - TS + X_2 Y_2 \tag{6-49}$$

가 된다. 위 식에 의해 화학 포텐샬은

$$\mu = \left(\frac{\partial F^*}{\partial N} \right)_{T, X_1, Y_2} \tag{6-50}$$

가 된다. 따라서 Classical 통계의 경우 $\mu = -kT(lnZ - lnN)$ 이므로 T, X_1, Y_2가 일정할 경우는

$$F^* = -NkT(\ln Z - \ln N + 1) \tag{6-51}$$

가 된다. 따라서 나머지 열역학 함수의 값들은

$$Y_1 = -(\partial F^* / \partial X_1)_{N, T, Y_2} = NkT(\partial \ln Z / \partial X_1)_{T, Y_2} \tag{6-52a}$$

$$X_2 = -(\partial F^* / \partial Y_2)_{N, T, X_1} = -NkT(\partial \ln Z / \partial Y_2)_{T, X_1} \tag{6-52b}$$

$$U = NkT^2(\partial \ln Z / \partial T)_{X_1, Y_2} \tag{6-52c}$$

$$S = -(\partial F^* / \partial T)_{N, X_1, Y_2} = NkT(\partial \ln Z / \partial T)_{X_1, Y_2} + Nk(\ln Z - \ln N + 1)$$
$$= U/T + Nk(\ln Z - \ln N + 1) \tag{6-52d}$$

가 된다. 또한 M-B 통계의 경우는 $\mu = -kT\ln Z$이므로 위와 마찬가지로 계산하면

$$F^* = -NkT\ln Z \tag{6-53}$$

가 된다. 따라서 나머지 열역학 함수의 값들은

$$U = NkT^2(\partial \ln Z/\partial T)_{X_1, Y_2} \quad \text{(6-54a)}$$

$$S = NkT(\partial \ln Z/\partial T)_{X_1, Y_2} + Nk\ln Z \quad \text{(6-54b)}$$

$$= U/T + Nk \ln Z$$

가 된다.

6.5 열역학 함수의 응용

6.5.1 Einstein Cystal

간단한 Einstein의 스프링 모델로부터 결정의 열역학 함수의 값들을 구해보자. Einstein 모델에 의하면 결정은 정육면체의 구조(simple cubic 구조)를 가지고 있고 원자들이 서로 스프링 상수 C를 가진 스프링으로 연결되어있다. 이 원자들은 스프링의 harmonic 운동으로 서로 연결되어 진동하고 있다. 그때 이 진동이 가질 수 있는 에너지는 양자화되어 있다. 즉, 가질 수 있는 에너지는

$$\epsilon_n = (n + 1/2)h\nu \quad \text{(6-55)}$$

로 표현된다. 여기서 h는 Plank상수이고 ν는 스프링의 고유진동 주파수$(= \sqrt{C/m})$이다. 이 결정의 원자들은 인접원자의 수가 6개를 가지고 연결되어 있으며 결정 내 총 원자의 수가 N 개라고 가정하면 이 결정이 가진 결합의 총수는 서로 원자끼리의 결합이 중첩되므로 $6N/2 = 3N$개가 된다.

만약 에너지 준위가 n개라고 가정하면 partition function은

$$Z = \sum_{i=0}^{n} e^{-\epsilon_i/kT} = e^{-h\nu/2kT} \sum_{i} e^{-ih\nu} \tag{6-56a}$$

$$= \frac{e^{-h\nu/2kT}}{1 - e^{-h\nu/kT}} \tag{6-56b}$$

이 된다. 여기서 식 (6-56b)는 $\sum_{n}^{\infty} a^n = 1/(1-a)$를 사용하여 얻었다. Maxwell Boltzmann 함수의 경우에 해당되고 결합의 총 수는 $3N$이므로 $\mu = \left(\frac{\partial F}{\partial N}\right)_{T,V}$ 관계를 이용하면

$$F = -3NkT\ln Z \tag{6-57}$$

가 된다(예제참조). 따라서 식 (6-56b)를 대입하면

$$F = (3/2)Nh\nu + 3NkT\ln\left(1 - e^{-\frac{h\nu}{kT}}\right) \tag{6-58}$$

가 된다. 또한 식 (6-43)으로부터 내부에너지, U는

$$U = NkT^2\left(\frac{\partial \ln Z}{\partial T}\right)_V = (3/2)Nh\nu\frac{1+e^{-h\nu/kT}}{1-e^{-h\nu/kT}} \tag{6-59}$$

가 된다. 따라서 비열, C_v는

$$C_v = \frac{\partial U}{\partial T} = 3Nk\left(\frac{h\nu}{kT}\right)^2 \frac{e^{-h\nu/kT}}{(1-e^{-h\nu/kT})^2} \tag{6-60}$$

가 된다. 그런데 온도가 높으면 $h\nu/kT \to 0$ 이므로 Taylor expansion에 의해 $e^x \simeq 1+x$ 가 되어

$$C_v = 3Nk\left(\frac{h\nu}{kT}\right)^2 \frac{1-h\nu/kT}{(h\nu/kT)^2} = 3Nk - 3Nh(\nu/T) \tag{6-61a}$$

$$\simeq 3Nk \tag{6-61b}$$

가 된다. 따라서 원자 당 비열이 $3kB$가 되어 Dulong-Petit의 법칙과 일치한다.

6.5.2 Monoatomic gas

또 다른 M-B 통계를 가지는 예로서 단원자로 된 이상기체의 경우, 이 가스들의 운동에너지는

$$\epsilon = \frac{1}{2}mv^2 = \frac{1}{2}m(v_x^2 + v_y^2 + v_z^2) \tag{6-62}$$

가 된다. 그런데 운동에너지는 연속적인 값을 가지므로 에너지 준위도 연속적인 값을 갖게 되어 partition function, $Z = \sum_{i=0}^{n} e^{-\epsilon_i/kT}$에서 값을 더하는 것이 아니라 적분을 해 주어야 한다. 즉

$$Z = \int_0^L \int_0^L \int_0^L \int_0^\infty \int_0^\infty \int_0^\infty e^{-\frac{1}{2kT}(v_x^2+v_y^2+v_z^2)} dv_x dv_y dv_z dx dy dz \tag{6-63a}$$

$$= V\int_0^\infty e^{-\frac{1}{2kT}mv_x^2} dv_x \int_0^\infty e^{-\frac{1}{2kT}mv_y^2} dv_y \int_0^\infty e^{-\frac{1}{2kT}mv_z^2} dv_z \tag{6-63b}$$

가 된다. 그런데 $\int_{-\infty}^{\infty} e^{-\alpha x^2} dx = \sqrt{\pi/\alpha}$ 인 관계식을 이용하면 식 (6-63b)는 간단히

$$Z = V\left(\frac{2\pi kT}{m}\right)^{3/2} \tag{6-64}$$

가 된다. 따라서

$$F=-NkT\ln Z=-NkT\left[\ln V+\frac{3}{2}ln\left(\frac{2\pi kT}{m}\right)\right] \tag{6-65}$$

$$U=NkT^2\left(\frac{\partial \ln Z}{\partial T}\right)_V=NkT^2(3/2T)=\frac{3}{2}NkT \tag{6-66}$$

이 된다. 여기서 식 (6-54)로부터 $\partial \ln Z/\partial T=3/(2T)$를 식 (6-66)에 이용하였다. 따라서 식 (6-66)은 1장의 식 (1-20)과 식 (1-21)에서 이상기체에의 내부에너지는 온도만의 함수라는 사실과 일치함을 알 수 있다. 마찬가지로 식 (6-66)으로부터 비열은

$$C_v=\frac{\partial U}{\partial T}=\frac{3}{2}Nk \tag{6-67}$$

이 된다. 식 (6-67)은 N 개의 원자에 해당되는 값이므로 이를 몰 수로 계산하면 $C_v=\frac{3}{2}nR$ 이 된다. 또한 압력은 $-(\partial F/\partial V)_T$로 정의되므로

$$P=NkT\left(\frac{\partial \ln Z}{\partial V}\right)_T \tag{6-68a}$$

$$=NkT\frac{\partial}{\partial V}\left[\ln V+\frac{3}{2}ln\left(\frac{2\pi k}{m}\right)+\frac{3}{2}ln\,T\right] \tag{6-68b}$$

$$=\frac{NkT}{V}=nRT/V \tag{6-68c}$$

로 이상기체 방정식이 유도된다.

보충설명

■ 가스분자 운동의 자유도와 비열

실제로 원자간 진동이나 회전 등의 운동을 하는 분자의 경우, 이런 운동에너지들이 일반 운동과 마찬가지로 속도의 제곱에 비례하는 형태를 가지고 있기 때문에 partition function이 식 (6-56a)의 앞 계수만 다른 에너지형태를 띤다. 그런데 이 계수에 무관하게 이런 운동들이 몇 개가 있는가, 즉, 자유도의 수, F에 따라 $(\partial \ln Z/\partial T)_V = F/(2T)$가 된다. 따라서 내부에너지와 비열은 각각

$$U = F(NkT/2)$$
$$C_v = F(Nk/2)$$

가 된다. 실제로 단원자의 경우도 자유도가 x, y, z축 3개이기 때문에 $U = (3/2)NRT$, $Cv = (3/2)Nk$가 되었다.

Maxwell's demon은 1867년 Scottish physicist James Maxwell가 "Limitation of the Second Law of Thermodynamics"에서 "일정한 온도에 있는 고립계에서 온도의 불균일은 도깨비가 없으면 불가능하다"고 말한 것에서 유래한다. 이 도깨비는 매우 영민해서 밀폐된 방안에 움직이는 가스 분자들을 구별해 낼 수 있는 능력을 가진 가상적인 도깨비이다. 그래서 밀폐된 방에 격막을 만들어서 A방에 있는 빠른 분자가 오면 중간의 문을 열어 B방으로 보내고, B방에 있는 느린 분자는 문을 열어 A로 보낸다. 그러면 열역학 제2법칙에 어긋나게 외부 일의 도움 없이 열을 낮은 온도에서 높은 온도로 옮길 수 있다고 말했다.

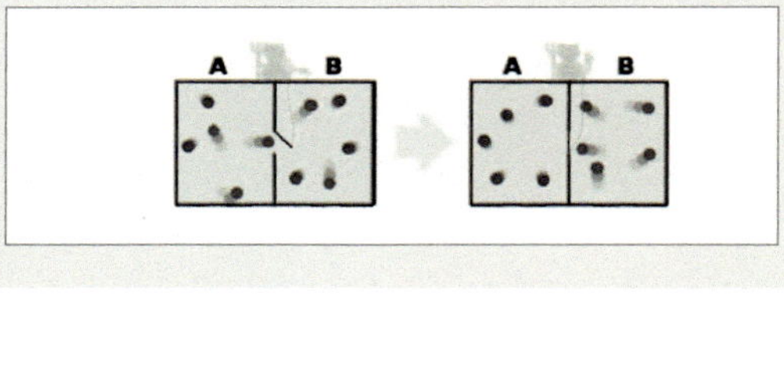

INDEX

1차 변태 102
2차 변태 103, 120

A

Absolute potential 299
activity 133
adiabatic system 15
Ag/AgCl 전극 298
allotropic transformation 102, 103
α-함수 199
antiferromagnetic 변태 103
Avogadro 수 362

B

Boltzmann 상수 33
Bose-Einstein statistics 375
Bouduard 반응 239
Boyle의 법칙 26

C

capillary force 319
Carnot 엔진 43
Carnot Cycle 43
Charles의 법칙 26
chemical potential 68
Classical 분포 382
Clausius Inequality 43
Clausius inequality 32, 50
Clausius Statement 32
Clausius-Clapeyron Equation 107
closed system 15
clustering 166
Combination Equation 35
combination equation 66
concentration cell 292
condensation 60
configurational entropy 188
Constant Total Pressure-Isobars 241
coordination number 184
Coulomb force 272
critical de-mixing 193
cryolite 236
CTIP 159

D

degraded work 53
degree of freedom 108
degree of irreversibility 34
degree of randomness 34
Dielectric Work 18
dilute region 163
divariant plane 96
Dupre's Eq. 352

E

Einstein Cystal 395
Electrical Work 20
electrocapillary 329
electrochemical potential 68
Ellingham Diagram 222, 228
Ellingham 그래프 228
Enthalpy 71
Enthalpy of formation 216
Entropy 31
Euler's Theorem 70
eutectic point 166
eutectic transformation 104
Evaporation 58
exact differential 14, 37, 67

extnsive property 69

F

Faraday 상수 289
Fermi-Dirac statistics 381
ferromagnetic 변태 103
first order transition 102
fugacity 167

G

Galvani potential 274
Galvanic Cell 289
Gibbs - Helmoltz 식 181
Gibbs Adsorption Equation 323
Gibbs Adsorption Isotherm 324
Gibbs 에너지 71
Gibbs 자유도 96
Gibbs-Duhem 방정식 70
Gibbs-Thompson Effect 347
Gibbs-Thompson equation 348
Guggenheim 53

H

Helmoltz 에너지 71
Henry의 法則 163
Hertz-Langmuir 식 266
homogeneous function 69
homogeneous nucleation 344

I

Ideal Solution 180
image force 272
immiscibility 164
immiscibility gap 166
intensive property 69
intensive variable 67
Interaction Parameters 151
Interfacial potential 279
isolated system 13, 15

J

Junction potential 284

K

Kellog Diagram 264
Kelvin Equation 339
Kelvin Statement 32

L

Lagrange multiplier 387
Laplace 관계식 338
latent heat 102
Le Chatlier의 법칙 116
Lippmann 식 332
Loop Analysis 215

M

macrostate 371
Magnetic Cooling 80
magnetic susceptibility 85
magnetocaloric effect 80
magnetostriction 84
Mandelung potential model 353
Maxwell relation 14
Maxwell 관계식 76
Maxwell-Boltzmann 384

microstate 371
Miscibility Gap 194
molal Gibbs free energy 126
Molal Quantity 126
molecular effusion 139

N

Nernst 식 290
non-polarizable electrode 331

O

open circuit potential 284
open system 15
order-disorder 변태 103
ordering 165, 166

P

paramagnetic 82
Partial Molar Enthalpy 123
Partial molar Gibbs energy 123
Partial molar quantity 122
Partial Molar Volume 123
Partition Function 385
Paul Ehrenfest의 분류법 102, 103
Pauli exclusion principle 381
perfect differential 70
peritectic point 166
Phase Rule 94
polarizable electrode 331
polarization 307
potential of zero charge 333
Pourbaix diagram 304

Q

Quantum Mechanics 369
quantum number 370

R

Raoult의 法則 163
Real Solution 203
Regular Solution 184
Richard's rule 57

S

short circuit potential 284
Sievert 149
solid electrolytes 140
Spinodal Point 196
standard Gibbs free energy change 210
Standard Hydrogen Electrode 296
state function 13, 14
Sterlings Approximation 188
super cooling 344
supersaturation 339
surface excess 330
Surface potential 273
surrounding 12
system 12

T

Tangent Intercept Principle 128
TdS 방정식 37
Thermal Expansion coefficient 43
Thompson-Freundlich Equation 345
tie line 97
Transformation Formula 74

trivariant space 96

U

univariant line 96
univariant point 96
universe 12

V

Van der Waals 작용 29
Van't Hoff 법칙 75, 169
Volta potential 272

W

water shift reaction 211
work function 275

Y

Young's Eq. 352
Young's Modulus 43
YSZ(yttria stabilized zirconia) 140

ㄱ

가스상수 27
계 12
계면 315
계면 에너지 319
계면전압 279
고립계 13, 15
고체 전해질 140
공정점 166
공정점 변태 104
공통접선 158
공통접선의 원리 159
과냉각 344
과포화 339
극성전극 331
기계적 일 16
기준전극 295
기화점 106

ㄴ

내부에너지 13
농담전지 292

ㄷ

다성분계 151
단열계 15
닫힌계 15
동소변태 102, 103
동초함수 69
등 압력선 241
등 화학 포텐샬 238

ㅁ

무게비율 활동도 146
무전하 전압 333
무한 희박 활동도 145
물의 치환반응 211

ㅂ

보조함수 71
비가역도 34
비극성 전극 331
비극성전극 332
비열 22
빙정석 236

ㅅ

삼중점 119
상 분리 164, 166
상율 94
상태도 242
상태함수 13, 14
상호작용 인자 151
석출현상 344
수소 기준전극 296
수증기압 112
스피노달 분해점 196
시강변수 67, 69
시량변수 69
실제용액 203

ㅇ

압축계수 25
양자수 370
양자역학 369
엔탈피 23, 71
엔트로피 31
엘링검 그래프 222
열린계 15
열역학 第 三 法則 62
열역학 第 二 法則 31
열역학 상태 방정식 28
열역학 제 1 법칙 15
열역학 제 일 법칙 13
열팽창계수 25
염다리 286
완전 미분 70
완전미분 67
용융점 107
용해과정 56
우주계 12
위치 엔트로피 188
유전 일 18
유전일 16
응축과정 60
이상기체 27
이상용액 164, 180
일함수 275
임계 분리농도 193

ㅈ

자기 변형 84
자기엔탈피 81
자기적 일 16
자발반응 86
자화율 85
잠열 102
전기적 일 16
전기적인 일 20
전도 밴드 275
절대온도 48
정상용액 184
제 1종 전극 280
제 2종 전극 280
제련 234
조합 방정식 66
조합방정식 35
주변계 12
준안정상 161
증기압 직접 139
증발과정 58

ㅊ

초전도 변태 103
최배위 원자 수 184

ㅌ

타이라인 97
퇴화일 32, 53

ㅍ

팽창과정 54
평형 반응상수 171
평형 증기압 114
평형상태 213
평형자유도 108
평형전극 332
포정점 166
표면 에너지 314
표면 흡착 323
표면에너지 일 16
표면일 21
표면장력 319
표준 Gibbs 자유에너지 차이 210
표준 Gibbs 형성 에너지 213
표준 형성 엔탈피 216
표준상태 135, 210

ㅎ

혼란도 34
혼합 함수 127
혼합가스 208
화학포텐샬 67
화합물 형성 165
활동도 133, 238
활동도 계수 162
희박영역 163

■ **저자 약력**

1979년 서울공대 금속과 졸업

1985년 미국 오하이오 주립대학교 박사

1988년 KAIST 신소재과 교수

E-mail : cops@kaist.ac.kr

풀어 쓴 재료 열역학

발 행 일 • 2012년 2월 10일

저　　자 • 박종욱

발 행 자 • 최봉조

발 행 처 • 진샘미디어

주　　소 • 서울시 은평구 역촌동 58-9
부호아파트 102동 상가 5호

전　　화 • 02)353-4421

F A X • 02)353-4431

Home-page • www.jinsaem.co.kr

신고번호 • 제311-2005-000025호

I S B N • 978-89-92887-57-1 (93570)

정가 22,000원